実験医学 別冊
最強のステップUPシリーズ

新版

フローサイトメトリー

もっと幅広く使いこなせる！

マルチカラー解析も、
ソーティングも、
もう悩まない！

中内啓光［監修］　清田　純［編集］

羊土社
YODOSHA

【注意事項】本書の情報について─────────────────────────────
　本書に記載されている内容は，発行時点における最新の情報に基づき，正確を期するよう，執筆者，監修・編者ならびに出版社はそれぞれ最善の努力を払っております．しかし科学・医学・医療の進歩により，定義や概念，技術の操作方法や診療の方針が変更となり，本書をご使用になる時点においては記載された内容が正確かつ完全ではなくなる場合がございます．
　また，本書に記載されている企業名や商品名，URL等の情報が予告なく変更される場合もございますのでご了承ください．

新版の発行にあたって

　本書の前版となる「直伝！フローサイトメトリー　面白いほど使いこなせる」が世に出て早くも2年半が経つ．"使いこなせる！"を主眼に企画した本書は幸いにも好評を博し，日本各地でフローサイトメーターの脇に常備され参照されていると聞く．

　この2年半でフローサイトメトリーと他分野の融合が急速に進み，応用範囲が一気に拡大した．具体的には，質量分析法と組み合わせた「マスサイトメーター（CyTOF）」，顕微鏡画像を1細胞毎に解析する「イメージングサイトメーター」，そしてディープ・シークエンサーの普及に伴って脚光を浴びる「シングルセル（1細胞）・ソーティング」などがある．そこで，前版の内容にアップデートを行うと共に，上記の新技術を使い込んでいる方々に新たに執筆していただいた内容を加え，新版として出版することにした．

　こういった新しい技術を含め，フローサイトメーターのポテンシャルをより多くの研究者に"幅広く"使いこなしてほしいというのが本書の目的である．その目的を共有し貴重なノウハウを公開していただいた執筆者の方々と，全体をまとめていただいた羊土社の関係者各位に深く感謝したい．今後も再生医療分野の盛り上がりやシングルセル生物学の勃興にともなって，フローサイトメトリーの活用範囲は広がり，ユーザー層が厚くなることが予想される．デジタル化されたフローサイトメトリーの基本原理や幅広い実践的手法が，本書によって「現場」に届き，新しい発見や更なる他分野との融合の一助になることを願っている．

2016年8月

清田　純，中内啓光

初版の序

　医学・生物学の分野において科学と技術は表裏一体であり，新しい科学の進展には新しい技術・方法論の発展に負うものが多い．なかでもフローサイトメトリーはPCRなどと並んで，現在の医学・生物学の発展に果たした役割がきわめて大きい．特に近年の免疫学，血液学，幹細胞生物学の発展はフローサイトメトリーの貢献なしには考えられないと言ってもよいだろう．50年以上も前にこのような技術の必要性に気付き，現在でもなかなか思いつかないような手法で個々の細胞を生きたまま分取する仕組みを開発し，実用化した科学者・技術者達の先見性と創造性に驚くばかりである．

　特にこの10年，機器のデジタル化や抗体，蛍光色素などの進歩は著しく，4カラー以上の解析を行うことが日常的になり，複雑なコンペンセーションやマルチカラー解析後のデータ解析など，これまでにはなかった新しい課題が明らかになるとともに，それらに対応した新しい技術開発がなされてきた．また長い間，米国製のフローサイトメーターが世界の市場を席巻していたが，近年国産の機器の性能が著しく向上し，米国市場に参入するレベルになったことは特筆すべきことである．わが国の工業技術によって，使いやすく正確で価格競争力のあるフローサイトメーターを提供することが可能になると，フローサイトメトリーの医学生物学への貢献度は一気に上昇するだろう．国産である利点を生かし，メーカーと研究者が一緒になってさらに進んだサイトメトリー機器を開発することが期待される．

　本書の目的は，このようなフローサイトメトリーの著しい進歩に対応するべく，幅広い利用者にマルチカラー解析を行ううえでの問題点を認識し，それに対応して開発された新しい解析法をしっかりと理解していただくことにある．また，解析専門の機種（アナライザー）はかなり手軽に利用されるようになってきたが，フローサイトメトリーの真価はやはり目的の細胞を生きたまま分取できるところにある．最近はクローニング装置を備えた機種も多く，細胞をクローナルに解析することの重要性も是非理解していただきたい．本書の趣旨に共感し，貴重な時間を費やしてくださった執筆者の方々と，出版にあたりお世話になった羊土社の関係者各位に深く感謝したい．

　最後に，つねにFACSの先駆者であり，モノクローナル抗体の利用，キメラ抗体の作製等，医学・生物学に多大な貢献をしたスタンフォード大学のLeonard（Len）A. Herzenberg教授が2013年10月26日に逝去された．本書の出版を心より喜び，推薦の言葉を書いていただいたのであるが，本書が完成する直前に亡くなられてしまったことは誠に残念である．博士のご冥福を祈り，本書を捧げる次第である．

2013年12月

清田　純，中内啓光

推薦の言葉

　われわれがFACSと名付けた一番最初のフローサイトメーターが"誕生"したとき，それが細胞が生きているかを見分けたり，1つか2つの細胞表面マーカーを識別したりする様子は驚くべきことでした．今日，数々の小型卓上型フローサイトメーターは，それと同等もしくはそれ以上の仕事を当然のようにこなします．そして，進化をとげた最新の機器は，さまざまなサンプルに含まれる細胞の，表面や内部に発現する10以上の特異的マーカーを同時に解析することを可能にしています．

　膨大な種類の蛍光標識された試薬が購入可能になったことと相まって，4～12色の蛍光色素を同時使用する，高次元なフローサイトメトリーは身近なものとなりました．しかし，多くの，もしくはほとんどの研究室では，この高次元なフローサイトメトリーに必要な技術および手技を習得することは難しいと感じているのではないでしょうか．本書の包括的な内容が，その困難さを解消する糸口となるでしょう．

　本書に収載された一連の記事は，高次元なフローサイトメトリーの方法や技術がどのように開発され，基礎研究および臨床の場でどのように利用されているのかを解説していま

Len and Lee Herzenberg

す．本書を読み進むことによって，論文に掲載された高次元なフローサイトメトリーのデータを理解・解釈し検証する手段を獲得することができ，また最先端のフローサイトメトリーの手法を，読者自身のプロジェクトに導入して活用できるようになるでしょう．われわれは，フローサイトメトリーの技術と手技の向上をめざすすべての人に，本書を強くお勧めします．

Len and Lee Herzenberg
（翻訳：清田　純）

Len Herzenberg

Recommendation

　The first flow cytometer, which we named FACS when it was "born", was amazing at the time because it could detect viable cells or reveal cells one or two distinct cell surface markers. Now, of course, there are little desktop cytometers that can do this and sometimes more. In addition, and perhaps more important, modern instruments have forged ahead and can detect a dozen or more distinct markers differentially expressed on or in cells in single suspensions taken from a wide variety of source. A large number of fluorescent labeled reagents have also become commercially available, making it possible to set up high-dimensional (4-12 colors) protocols. However, many (perhaps most) laboratories have found it difficult to master the technologies and skills required to take full advantage of this powerful high-dimensional flow cytometry technology. This comprehensive collection of articles opens the way to addressing this issue.

　In this volume, the editors provide a series of articles that explain the reasoning that underlies the development of current flow methods and the ways in which high-dimensional methods and technologies can be applied in basic and clinical settings. Collectively, these articles arm the reader with the means to understand, interpret and criticize high-dimensional FACS data published in today's journals and to introduce or expand the use these advanced flow cytometry methods in their own work. Thus, we enthusiastically recommend this volume to all readers who would like to improve their flow work and to learn how they can do so.

Len and Lee Herzenberg

実験医学別冊　最強のステップUPシリーズ
新版　フローサイトメトリー
もっと幅広く使いこなせる！
マルチカラー解析も、ソーティングも、もう悩まない！

CONTENTS

- 新版の発行にあたって .... 清田　純, 中内啓光　3
- 初版の序 .... 清田　純, 中内啓光　4
- 推薦の言葉 .... Leonard A. Herzenberg, Leonore A. Herzenberg　5

基礎編 —デジタル世代FACSの原理と基本知識—

1. フローサイトメトリーの基本原理　フローサイトメーターのデジタル化とデータ解析の進化 .... 清田　純　10
2. マルチカラー解析のための蛍光色素の基本, 選び方からパネル作製の具体例まで .... 戸村道夫　23

Tips　フローサイトメトリーのエッセンス .... 石井有実子　38

実践編 —プロトコールを中心に—

アナリシス（個々の細胞の状態を調べる）

1. DNA量の変化などを利用した細胞周期の解析 .... 武石昭一郎, 中山敬一　50
2. Fucciを用いたマルチカラー細胞周期解析 .... 阪上—沢野朝子, 宮脇敦史　62
3. CFSEを用いた細胞分裂頻度の高感度解析 .... 滝澤　仁　70
4. 形態学的・生化学的変化を用いたアポトーシスの解析 .... 沖田康孝, 中山敬一　76
5. DCF, APFを用いた細胞内活性酸素種の解析 .... 石田　隆, 大津　真　88
6. 細胞内染色法を用いたサイトカイン産生の解析 .... 金丸由美, 渋谷和子　93
7. Flow-FISH法を用いたテロメア長の定量解析 .... 西村聡修　104
8. 臨床への応用　患者の病態をリアルタイムで可視化する .... 渡辺恵理, 佐藤奈津子, 渡辺信和　114

ソーティング（目的の細胞を生きたまま分取する）

- 9 ソーターのセッティング① ソニー株式会社（SH800S) ……… 篠田昌孝 126
- 10 ソーターのセッティング② 日本ベクトン・ディッキンソン株式会社（BD FACSAria）……… 田中 聡, 柴田倫宏, 廣瀬弥保 138
- 11 ソーターのセッティング③ ベイバイオサイエンス株式会社（JSAN JR）……… 陶山隆史, 坂本金也, 鈴木健太, 河合文隆 152
- 12 ソーターのセッティング④ ベックマン・コールター株式会社（MoFlo Astrios/AstriosEQ）……… 井野礼子, 関口貴志, 角 英樹 168
- 13 造血幹細胞のクローンソートおよび in vivo 機能解析 ……… 山本 玲 177
- 14 がん幹細胞のソーティング ……… 保仙直毅, 下野洋平 185
- 15 間葉系幹細胞のソーティング ……… 森川 暁, 松崎有未 200
- 16 iPS細胞からの血球分化誘導とソーティング ……… 西村聡修 208
- 17 T細胞のソーティング ……… 増田喬子, 河本 宏 219
- 18 樹状細胞前駆細胞および樹状細胞サブセットのソーティング ……… 小内伸幸, 椛木俊聡 229
- 19 プライマリマスト細胞の単離と解析 ……… 永井 恵, 渋谷 彰 241

エマージング・テクノロジー（最先端の技術を知る）

- 20 マスサイトメトリーの原理と解析の流れ ……… 日下部 学, Xuehai Wang, Andrew P. Weng 251
- 21 マスサイトメーターのセッティング フリューダイム株式会社（Helios a CyTOF system）……… 齋藤和德, 細野直哉 259
- 22 1細胞採取法としてのフローサイトメトリーと関連技術 1細胞遺伝子発現解析の観点から ……… 林 哲太郎, 二階堂 愛 267
- 23 フローサイトメーターを用いた1細胞遺伝子発現解析の実際 ……… 林 哲太郎, 二階堂 愛 275
- 24 スペクトル解析型セルアナライザー ……… 古木基裕 284
- 25 イメージングサイトメーターの原理と応用 ……… 山崎 聡, 小林民代 293
- 26 赤色蛍光タンパク質 蛍光タンパク質長波長化のメカニズム ……… 宮脇敦史 303
- 27 AutoGateによるデータ解析のさらなる自動化 Leonore A. Herzenberg, Stephen Meehan, Guenther Walther, David Parks, Wayne Moore, Connor Meehan, Megan Philips, Eliver Ghosn, Leonard A. Herzenberg 309

◆ 付録 ① フローサイトメーター購入ガイド ……… 石井有実子 316
　　　　② 機器一覧 ……… 監修：清田 純 318

◆ 索引 322

基礎編

─デジタル世代FACSの原理と基本知識─

1 フローサイトメトリーの基本原理 10

2 マルチカラー解析のための蛍光色素の基本，選び方から
　　パネル作製の具体例まで 23

Tips フローサイトメトリーのエッセンス 38

基礎編

1 フローサイトメトリーの基本原理
フローサイトメーターのデジタル化とデータ解析の進化

清田　純

> 生物は多種多様な細胞から成り立っているがゆえに，細胞を1つ1つ解析し，目的の細胞を生きたまま分取することを可能にする，フローサイトメトリーの重要性は増すばかりである．ここ10余年でフローサイトメーターのデジタル化が進み，より多くのパラメーターを，より論理的に解析可能になってきた．その可能性をフル活用した実験を計画するために，本稿ではデジタル時代のフローサイトメトリーの基本原理を解説する．

はじめに：フローサイトメトリーとは

　フローサイトメトリーとは，その名の通りフロー（水流）を巧みに利用することによって細胞を1つ1つ解析することである．広義には細胞数の計測を目的としたコールター・カウンターなども含まれるが，本書は主に免疫染色した細胞にレーザー光を照射して得られる蛍光強度を解析する手法を対象とする．フローサイトメトリーのための機器，フローサイトメーターには，解析のみを目的としたアナライザーと，解析した結果に基づいて目的の細胞だけを生きたまま分取する機構が追加されたセルソーターに大別される．またFACS[※1]の4文字が，手法としてのフローサイトメトリーや機器としてのフローサイトメーターの代名詞として使われることも多い．

フローサイトメトリーでできること

1）細胞を1つ1つ解析する

　蛍光色素を測定対象としたフローサイトメトリーは，当初DNA結合性蛍光色素を用いたDNA量の測定からはじまった．その後，モノクローナル抗体技術および抗体に結合可能な蛍光色素の開発が進んだことにより，その可能性が指数関数的に拡大し生命科学に必要不可欠な実験方法となった．現在では数百種類を超えるモノクローナル抗体のリストのなかから測定対象とする細胞表面タンパク質や細胞内タンパク質を選ぶことができる．抗体をラベルする蛍光色素はその蛍光波長分布の違いと励起波長の違いの組み合わせで識別される．これによって，10以上のターゲット分子の細胞あたりの発現量を同時測定することが可能となっている．またカルシウムイオン濃度や活性酸素濃度に反応する蛍

※1　**FACS**
頻用されるFACSという言葉は本来Fluorescence Activated Cell Sorterの頭文字をとった機器（フローサイトメーター）を表す略語であり，セルソーターの原型を生み出したStanford大学のHerzenberg研究室で使われはじめた．後に4文字の"FACS"はBD Biosciences社の登録商標となり，その発音のしやすさからか一人歩きが進んだ．その名に"sorter"を含むにもかかわらずアナライザーの機器名にも用いられたり，フローサイトメトリーおよびフローサイトメーターの代名詞のように用いられることも多いが，ホッチキスやゼロックスと同様に実は固有名詞であり一般名称ではないので，論文執筆時などには注意が必要である．

光色素，GFPに代表される細胞内で発現可能な蛍光タンパク質と組み合わせることも可能である．

2）目的の細胞を生きたまま分取する

最新のセルソーターでは毎秒10,000細胞以上の速さで10以上のパラメーターを同時測定し，その組み合わせから目的の細胞かどうかをリアルタイムで判定し，生きたまま分取することができる．そして設定を最適化することによって純度や収率をコントロールすることが可能である．さらに機種によっては1つの培養皿に細胞1つだけを分取することを繰り返す機能（クローンソーティング）もある．

3）他の手法との比較

目的の細胞の頻度を高めることは，薬剤耐性遺伝子の導入や磁気ビーズ法※2でも可能だが，複数のパラメーターを組み合わせて要不要の判断をすることは困難であり，選別の純度を保証することも難しい．また，細胞を1つ1つ観察することは顕微鏡・蛍光顕微鏡でも可能だが，同時に特定の細胞を分取することは難しい．

一方，フローサイトメーターでは対象分子の細胞内外における空間的分布（核への局在など）を知ることはできない（最近フローサイトメーターと顕微鏡を合体したイメージング・サイトメーターも登場してきた）．観測値は細胞あたりの相対的蛍光強度として得られるため，多数の細胞を測定し，観測値の分布や相関から同じ特徴をもった細胞集団（population）単位でデータを解釈していく．また1つ1つ観察するという原則から，実験に要する時間は観察する総細胞数に正比例する．そして，サンプルは1つ1つの細胞がバラバラになった細胞浮遊液として用意する必要があり，細胞の種類によっては向かないものもある．

以上のような特徴から，フローサイトメトリーは生命科学のさまざまな分野でなくてはならない実験手法となっている．具体的な利用例を本書の実践編に幅広く収載したので参照していただきたい．

フローサイトメーターの基本原理

フローサイトメーターのしくみは，フロー（水流）系を縦軸，測定系を横軸に分けて考えるとわかりやすい（図1）．フロー系は流体力学の原理を使って，免疫染色された細胞を1つ1つ測定することを可能にし，液滴荷電方式という巧妙なしくみによって，目的の細胞だけを分取することを可能にする．測定系は1つ1つ流れてくる細胞の蛍光強度，すなわちターゲット分子の細胞あたりの量を測定する．

以前はコンピューターの処理能力が低く，フロー系の制御および測定系の多くの部分をアナログ電気回路に頼っていた．そのために制限も多く，機器の最適化や安定した運用には職人芸ともよべる無数のノウハウが必要であった．しかし近年のコンピューター性能の急激な向上により，ここ10余年でフローサイトメーターのデジタル化が進み，ソフトウェアによりさまざまな最適値を論理的に設定することが可能になった．またレーザー光源の小型化が進み，安価で卓上型の装置も多数登場している．このように自動化・ブラックボックス化が進んでいるが，その能力を活かした実験を計画し，スムーズに測定を行って結果を正しく解釈するには，フローサイトメーターの動作原理の理解が欠かせない．

1．フロー系

1）流体力学的絞り込み

フローサイトメーターのすべての中心となるのがシース（鞘）液の流れ，シース・フローである（図2A）．

※2　磁気ビーズ法とは

モノクローナル抗体を蛍光色素でラベルするかわりに磁性体ビーズでラベルした後，細胞浮遊液を強い磁場に近づけることによって，モノクローナル抗体で認識された細胞とそれ以外の細胞を一気に分けることができる．2つ以上のモノクローナル抗体を組み合わせることもできるが区別はできない．単独で細胞種を濃縮する利用法に加え，フローサイトメトリーの前処置として，サンプル中の大部分を占める不必要な細胞種を一気に取り除いて，目的の細胞種の頻度を高める，などの利用法がある．

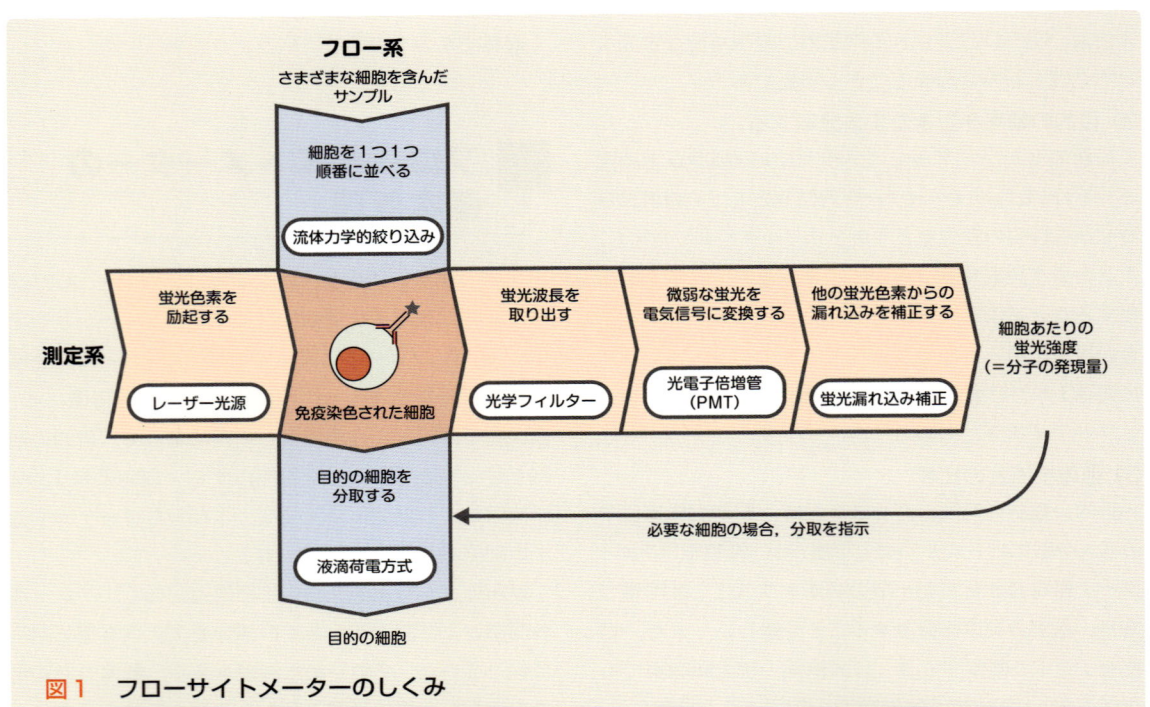

図1　フローサイトメーターのしくみ

免疫染色されたサンプルは流体力学的絞り込みを利用して1つ1つ順番にレーザー光との交点を通過してゆく．セルソーターには液滴荷電方式を用いた目的の細胞だけを生きたまま分取する機構が備わる（フロー系）．蛍光色素から発せられた蛍光は，光学フィルターによって各蛍光色素の代表的蛍光波長域へと分光され光電子倍増管に導かれる．光電子倍増管は光子の量を効率よく電圧に変換する．この電圧には他の蛍光色素から漏れ込んできたシグナルも含まれるのでこれを補正し（蛍光漏れ込み補正），細胞あたりの各蛍光色素の量，すなわちターゲット分子の存在量が求められる

　免疫染色された細胞浮遊液（サンプル液）はフローセルとよばれる部分で，一定の速度で流れるシース・フローの中心に合流するが，このときサンプル・フローの圧がシース・フローの圧よりわずかに低い状態にあると流体力学的絞り込み（hydrodynamic focusing）という現象が発生する．これによりサンプル・フローとシース・フローは混ざることなく層流を形成し，サンプル・フローをシース・フローがまさに鞘のように包み込む形態となる．そしてこの現象を利用してサンプル・フローの直径を細胞1つしか通れない細さまで絞ることができ，結果として水流のある断面には2つ以上の細胞が存在しない，という状況をつくることができる（ただし細胞と細胞の間隔を一定にするわけではない）．こうして細胞は1つずつ水流にのって測定系との交点を通過する[※3]．

　各細胞の測定条件を同じにしてノイズを最小限にするためには，どの細胞も同じ強さのレーザー光にあたることがまず重要となる．レーザー光の強度は断面に対して均一ではなく，中心が一番強く周辺部へ向かうほど弱くなる．このためまず水流とレーザー光の位置合わせが重要となる．一方，サンプル液は強い圧で押し込むほどその流径は太くなり，細胞が水流の中心から外れる確率が高くなる．各フローサイトメーターの性能に合った適切な細胞濃度のサンプル液の準備がノイズの少ない実験結果を得るための鍵を握る．

2）液滴荷電方式

　アナライザーの場合，測定が終わった細胞は廃液容器へと向かうが，セルソーターの場合，目的の細胞だけを分取する機構が加わる．それが液滴荷電方式である（図2B）．

図2 フロー系のしくみ

A) サンプル液はフローセルでシース液の流れの中心に合流し，流体力学的絞り込み効果によって1つ1つ順番にレーザー光との交点に流れていき測定される．**B)** セルソーターの場合これに目的の細胞を分取する機構が加わる．フローセル〜ノズルを超音波振動させることによって液滴を形成させ，目的の細胞が含まれた液滴だけを荷電することによって（液滴荷電方式），液滴はサンプル回収チューブへと進路を変える

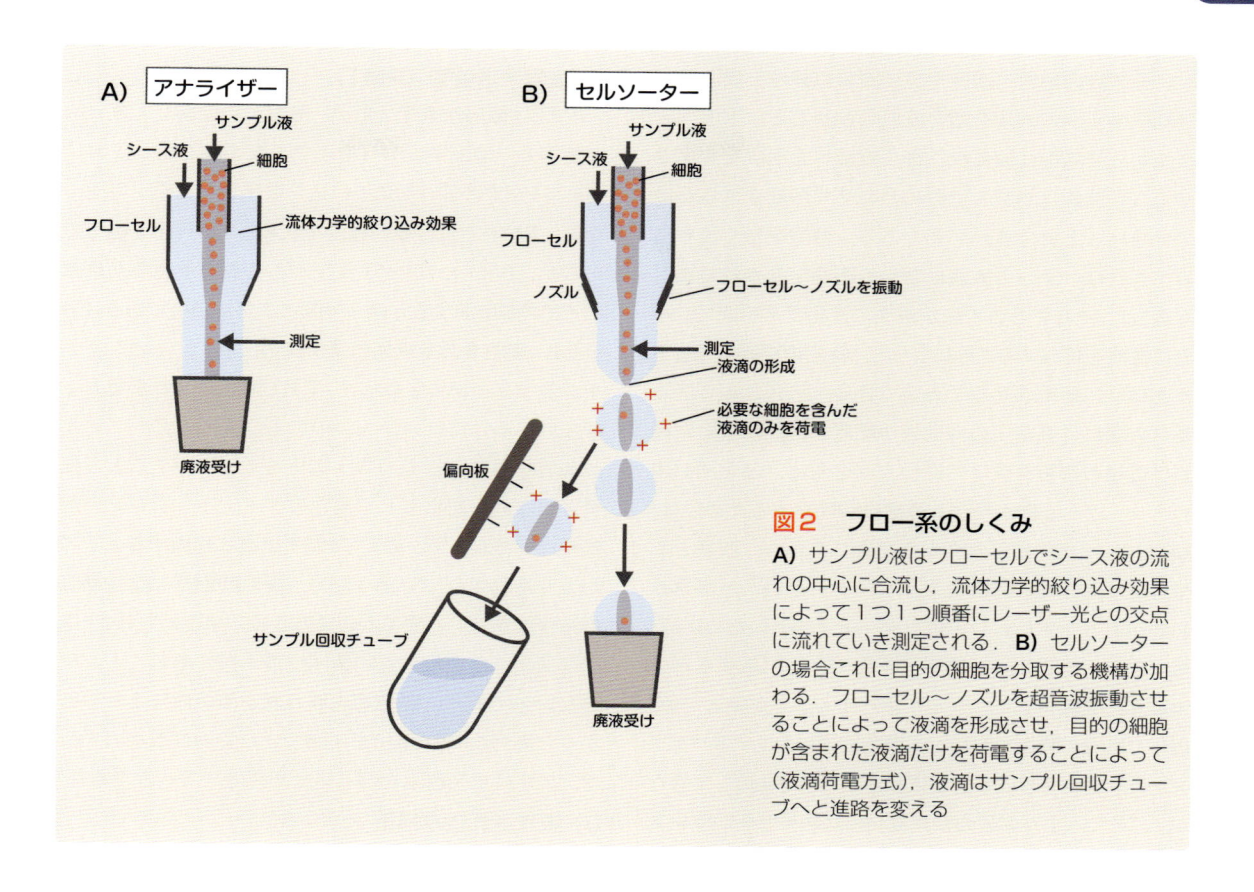

※3 フローサイトメーターの構成による分類

A) フローサイトメーターは水流とレーザー光の交点の位置関係によって2つのタイプに分類される．フローセル内方式は交点がフローセルの中にある．この場合フローセルを光学特性に優れた材質でつくらなければならないが，水流とレーザー光の位置関係が固定されるため光軸の最適化が容易である．一方，水流がノズルから空気中に出た後に交点があるタイプをJet-in-Air方式とよぶ．水流はノズルで絞られて流速を増すため，単位時間あたりより多くの細胞を測定することができる．

B) また複数のレーザー光源を搭載している場合，それが1点で水流と交わるタイプ（同軸型）とそれぞれ別の位置で水流と交わるタイプ（異軸型）に分類される．前者は光学フィルターや検出器を共用できるが，励起波長が違うが蛍光波長分布が似ている蛍光色素同士（例えばPE-Cy5とAPC）を区別することができず，同時には使用できない．後者はレーザー光源の数だけ検出系を用意する必要があり，装置が大型化する．

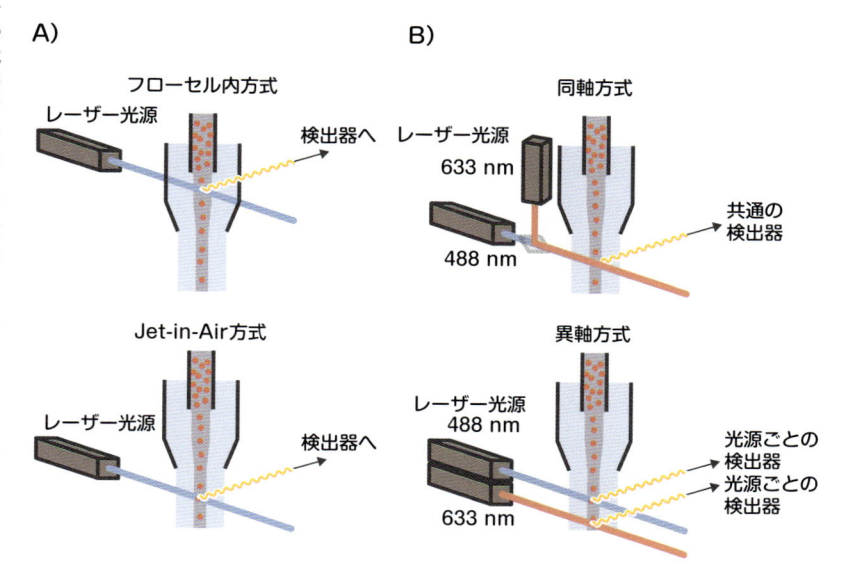

13

シース流の粘性，速度や径に固有の強さと周波数でフローセル～ノズルを超音波振動させると，水流はノズルから空気中に放たれた後，液滴へと形状を変化させる（各液滴は細胞の位置に合わせて形成されるわけではないことに注意が必要である．細胞を早く流し込みすぎれば，1つの液滴に2つの細胞が含まれることもある）．そしてこの水流が液滴に変化する瞬間に，水流に電荷を付与することによって，特定の液滴だけを＋または－に荷電させることができる．ノズルから廃液受けの間には高電圧の偏向板が配置され，荷電した液滴は電場の影響を受けて進行方向を変え，細胞回収用のチューブへと向かう．この機構が成立するためには，細胞がレーザー光との交点を通過してから，液滴として分離するまでの時間をセルソーターがわかっている必要がある．すなわち正確なソーティングのためには，まず安定した水流・液滴形成を得ることが必要不可欠であり，実験中もその安定を維持することが鍵となる．近年，水流の画像を解析して振動機構にフィードバックをかけ，液滴の形成を安定させるしくみが発達してきたが，ここでもより影響力が大きいのはユーザーのサンプルの準備である．その具体的なテクニックについては石井の稿（基礎編－Tips）を参照していただきたい．

2．測定系

1）レーザー光源と光学フィルター

免疫染色された細胞は1つ1つ順番に，レーザー光を通過する．このときレーザー光が遮られることによって，前方散乱光（forward scatter：FSC）と側方散乱光（side scatter：SSC）が観測される．前方散乱光は細胞のサイズを，側方散乱光は細胞の内部構造の複雑さを反映しているが半定量的である．

そして各蛍光色素は励起され蛍光が発せられる．各蛍光色素からの蛍光は，特定の波長以上もしくは以下のみを反射するダイクロイック・ミラーと，特定の波長域のみを通過させる光学フィルターを組み合わせることによって，それぞれの蛍光色素を代表する波長域ごとに分けられ，光電子増倍管（photomultiplier tube：PMT）に導かれる．

2）光電子増倍管（PMT）

PMTは微弱な蛍光（光子）を電子に変換してきわめて効率よく増幅するデバイスである（図3A）．これによってPMTに届いた光子の量を電圧として測定可能になる．PMTでの増幅の程度を決めるのがPMT電圧であるが，PMTにはPMT電圧がある値を下回ると急激にノイズが増加するという特徴に注意が必要である（図3B）．細胞をある蛍光色素で染めてみて，そのシグナルが強すぎるからといって，PMT電圧をどこまでも下げていくわけにはいかないのである．一方，シグナルが弱いからといって，PMT電圧を上げていくことも推奨されない．結果として測定のダイナミックレンジが狭くなってしまい，加えてPMT以前に起因するノイズがより増幅されてしまうため，陽性細胞群と陰性細胞群の分離がむしろ悪くなってしまう．すなわちPMT電圧はノイズが急増しない範囲で最小値であることが望ましいのである．陽性細胞群の測定値が期待よりも低かった場合，PMT電圧を手動で上げるのは最後の手段で，まずは蛍光色素を割り当てを再考するべきである．

3）蛍光漏れ込み補正

各PMTは対応する光学フィルターによって測定したい蛍光色素の代表的蛍光波長域の光子を受け取るが，各蛍光色素の蛍光波長分布は意外に幅広く，隣接する蛍光色素の代表的蛍光波長域と重複することが多い（図4A）．例えば488 nmレーザーによって励起されたFITCからの蛍光は，FITC用のPMTのみならず，隣接するPE用のPMTでも検出されてしまう〔各蛍光色素の波長分布を知る方法については戸村の稿（基礎編－2）に詳しい〕．すなわち各PMTの段階では目的とする蛍光色素からのシグナルと，他の蛍光色素から漏れ込んできたシグナルを区別することはできていないのである．これを補正して各PMTからの出力を目的とする蛍光色素の蛍光強度に変換するプロセスを蛍光漏れ込み補正（compensation）とよぶ．

例えばFITCのPE用PMTへの漏れ込み量は，FITCのみで染色した単染色コントロールを測定する（図4B）．これによってPE用PMTの出力値（＝漏れ込み量）と，FITC用PMTの出力値の比がわかる．これを補正

図3 光電子増倍管とその特性

A) 光電子増倍管（photomultiplier tube：PMT）に導かれた光子が光電陰極にぶつかると電子が放出される．放出された電子は光電陰極〜陽極間の電圧（PMT電圧）に従い次にダイノードという素子に向かう．ダイノードは1つの電子がぶつかると数個の電子を放出する．これを多段階に組み合わせることによって電子の量が指数関数的に増幅され，最終的に電圧として計測可能となる．**B)** PMTの感度（増幅効率）はPMT電圧によって調整可能であるが，PMTにはPMT電圧がある値を下回るとノイズが急激に増加するという特性がある

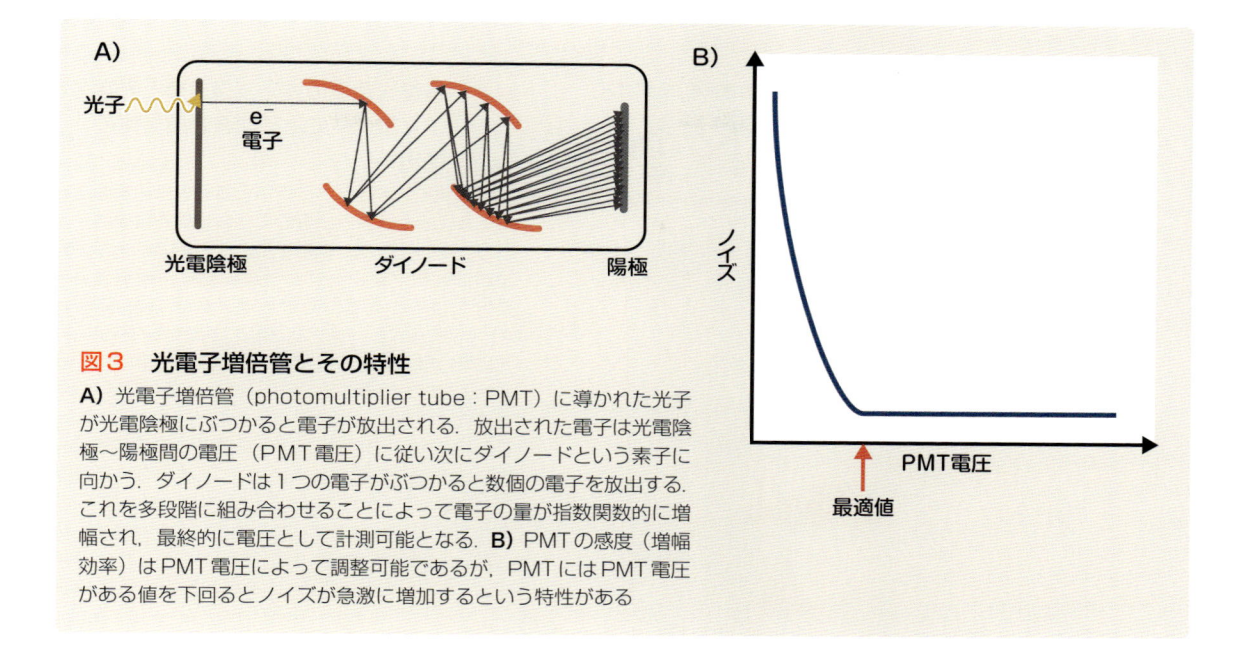

係数とよび，仮にこれが20％の場合，PE用PMTの出力値からFITC用PMTの出力値の20％を減算することによってPE用PMTの出力値に含まれるFITC由来の漏れ込みを補正する．ここで注意が必要なのは，各PMTの増幅率（PMT電圧）は独立して設定できることである．つまり各蛍光色素の蛍光波長分布特性から補正係数を求めることはできず，実験ごとに求める必要があるのである．そして蛍光漏れ込み補正係数を求める前に，すべてのPMT電圧を決定しておく必要がある．実験の途中でPMT電圧を変更したら…，蛍光漏れ込み補正係数も求め直しである．この点からもPMT電圧は「ノイズが急増しない範囲で最小値」に固定してやみくもに上げ下げしないことが推奨される．

蛍光漏れ込み補正を経ることによって，各蛍光色素由来の相対的蛍光強度，すなわち各ターゲット分子の細胞あたりの相対的発現量を得ることができる．あとはコンピューター上でその分布を確認し，目的の細胞集団の頻度を測定したり，分取するべき細胞集団を指定するだけである．

アナログからデジタルへ

1）フローサイトメーターのデジタル化

n種類の蛍光色素を使う実験の場合，n(n−1)の補正係数を求めておき，リアルタイムで測定値の蛍光漏れ込み補正を行う必要がある．以前はコンピューターの演算性能が低く，この蛍光漏れ込み補正はアナログ電気回路で行われていた（図5左）．そのため拡張性に乏しく，またレーザー間での補正ができないなど，いろいろと制限があった．またデジタルに変換されて記録が残るのはすべての補正が完了した加工されたデータのみであり，生データは残らなかった．さらにコンピューター・プログラムが測定値を見ながら機器の設定を変化させ論理的に最適値に設定を合わせるということも不可能であった．

コンピューターの処理能力の急速な向上を受けて，近年フローサイトメーター内部の処理はPMTを出た直後からデジタル化された（図5右）．これによってアナログ時代の制限は解き放たれ，全くの別物になったといっても過言ではない．またデジタル化されて初めて見えるようになった事象も多い．

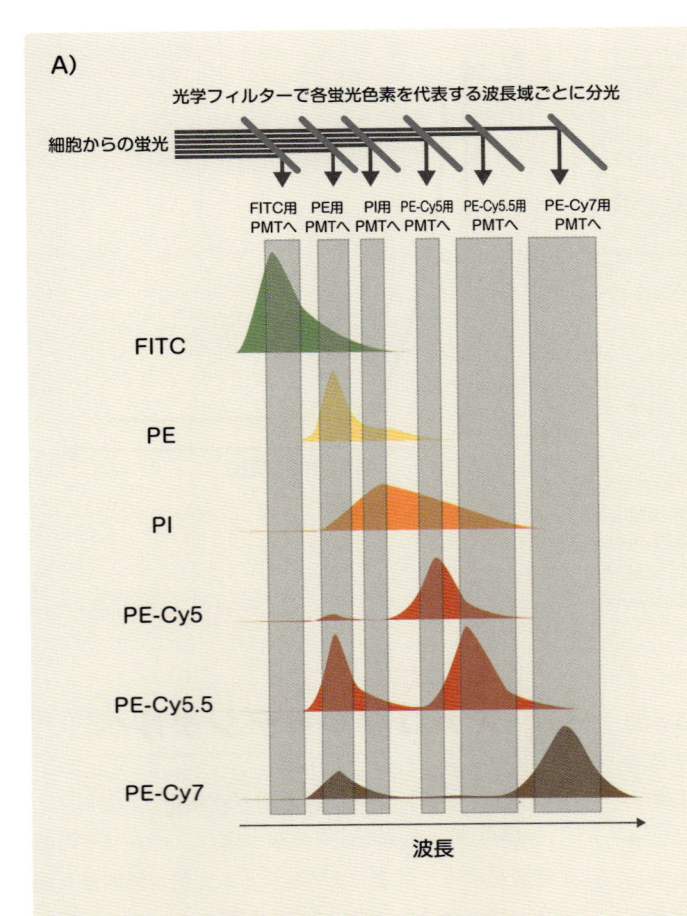

図4 各蛍光色素の蛍光波長分布と光学フィルターによる代表的波長域の抽出

フローサイトメトリーに用いられる蛍光色素の蛍光波長分布は意外に幅広く，隣接する蛍光色素の代表的波長域と重複することも多い．また励起に利用するレーザーが違っても，蛍光波長分布はきわめて似ている蛍光色素もある．**A)** 488 nmレーザーで励起される代表的な蛍光色素の蛍光波長分布を示す．FITC用PMTに漏れ込む蛍光色素はほとんどないが，PE用PMTにはさまざまな蛍光色素からの蛍光が漏れ込むことがわかる．**B)** 蛍光漏れ込み補正係数の求め方．各蛍光色素の単独染色サンプルを測定することによって，他のPMTにどれくらい漏れ込むのかを実測し，蛍光漏れ込み補正係数を求める（詳しくは本文を参照）

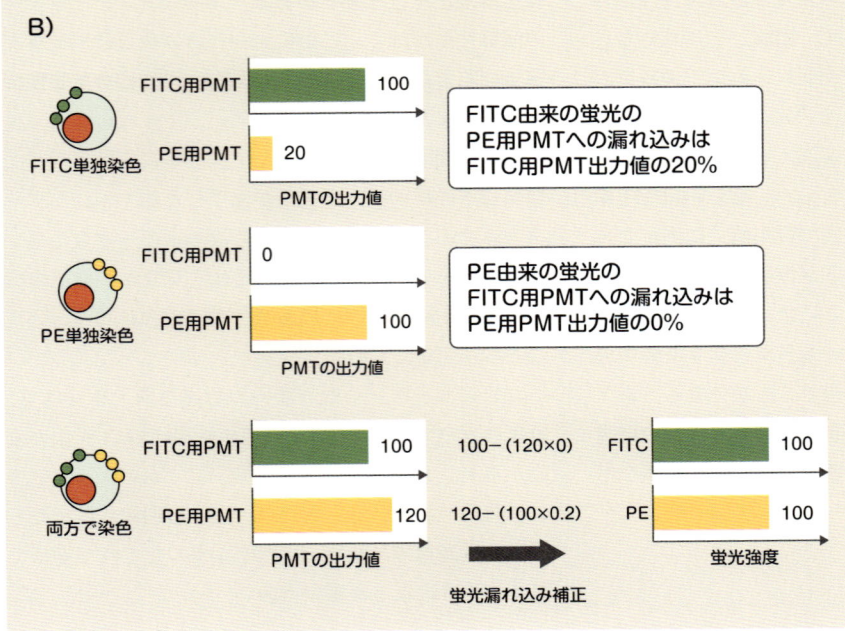

16 │ 新版 フローサイトメトリー もっと幅広く使いこなせる！

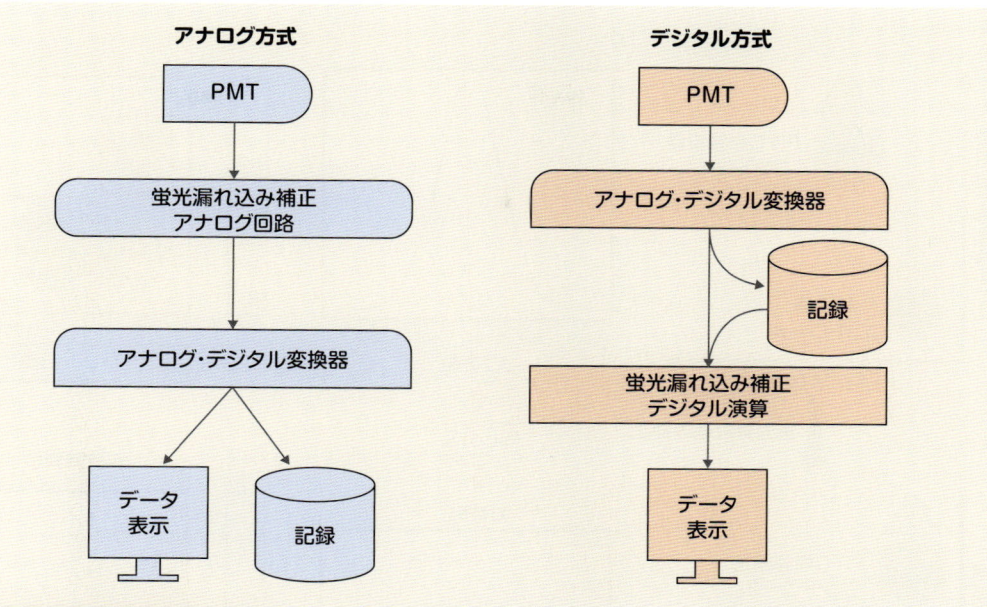

	アナログ方式	デジタル方式
蛍光漏れ込み補正	アナログ電気回路	デジタル演算
レーザー間蛍光漏れ込み補正	不可	可能
データ保存	蛍光漏れ込み補正後	蛍光漏れ込み補正前
同時観察可能蛍光数	〜6	〜12
機器の最適化	ユーザー	ソフトウェア
ネガティブ・コントロール	Isotype IgG	FMO (fluorescence minus one)
データ表示法	対数スケール	Logicle（リニア/対数混合）

図5 アナログ・フローサイトメーターとデジタル・フローサイトメーター

アナログ・フローサイトメーターでは測定系のほとんどの処理がアナログ電気回路で行われ，実験データとして記録されるのは，すべての処理が終わった値である．デジタル・フローサイトメーターではPMTからの出力はすぐにアナログ・デジタル変換され，いったん記録される．蛍光漏れ込み補正などはコンピューターによる演算として行われる．このためアナログ時代よりも正確な測定が可能になった

2）論理的な最適化・データ解析

まずPMT電圧の最適化だが，BD Biosciences社のCST法のように，標準ビーズとソフトウェアを使って，ノイズが少なくかつ最小値のPMT電圧を実測値をもとにロジカルに決めることができるようになった．

蛍光漏れ込み補正への恩恵もきわめて大きい．細胞には生物学的ばらつきがあり，さらにフローサイトメーターの各段階でノイズは加算・増幅されるので，充分な数の無染色の細胞を測定すると，結果は一定の幅をもった分布となる（細胞が完全に均一であれば正規分布）．ここでFITCのPEに対する漏れ込みが完璧に補正された状態とは，FITC単染色コントロールを測定したとき，PEの蛍光強度の分布の中心が，無染色サンプルのPEの蛍光強度の分布の「中心」と一致したときである（図6A）．

では，フローサイトメトリーで頻用される対数軸を用いた場合，人間は分布の中心が一致していることを認識できるのであろうか．図6Bは同じ分布をリニア

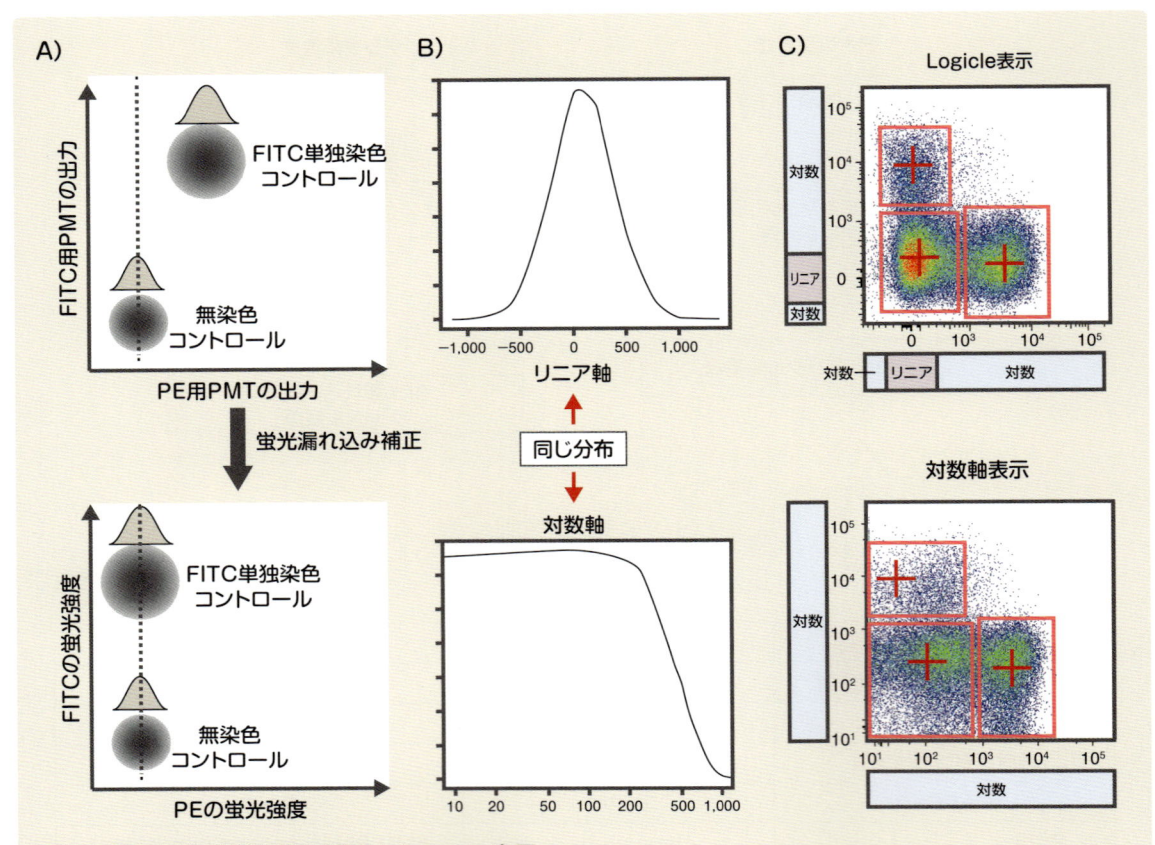

図6　正しい蛍光漏れ込み補正とLogicle表示

A) 十分な細胞数を測定すると，蛍光強度は一定の幅をもった分布となる．FITC由来の蛍光は波長域が広く，PE用PMTでも検出されてしまう（上段：蛍光の漏れ込み）．この蛍光の漏れ込みが正しく補正された場合，下段のようにFITC単独染色コントロールのPE方向の分布の「中心」は無染色コントロールの分布の「中心」と一致する．**B)** 人間は正規分布の中心を対数軸で認識することはできない．**C)** リニア軸と対数軸を組み合わせたLogicle表示法の開発により，原点に近い領域では分布の中心を視認でき，値が大きい領域では対数軸によってダイナミックレンジを稼ぐことが可能になった．図は全く同じデータをLogicle軸表示および対数軸表示したものである．＋の交点は，各細胞群の蛍光強度の平均値である．Logicle軸表示では，分布の中心とデータの平均値がよく一致するのに対して，対数軸表示では多くの細胞のデータがX軸もしくはY軸上に張り付いてしまっていて，人間の視覚は細胞集団の分布に関して間違った印象を受けてしまう

軸と対数軸でプロットしたものである．残念ながら対数軸では分布の中心を見つけることはできないのである．一方コンピューターにとって，5,000個の細胞の蛍光強度を測定してその平均値を求める，という作業は簡単な演算である．蛍光漏れ込み補正係数の決定は人間が見た目で判断せず，ソフトウェアに任せた方が圧倒的に正確なのである．

デジタル・フローサイトメーターでは，蛍光漏れ込み補正前の生データと蛍光漏れ込み補正係数のテーブルが別々に保存され，画面にデータをプロットするたびにその場で補正が計算される．アナリシスの場合，もはやフローサイトメーターの前で蛍光漏れ込み補正係数を決定する必要すらない．PMT電圧を決め，単染色コントロールを含めてサンプルを順番に計測し，蛍光漏れ込み補正係数の計算も含めたデータ解析は自分のコンピューター上で後日行えばよい．一方ソーティングの場合，蛍光漏れ込み補正済みのデータをもとに，どの細胞を分取するかを指示する必要がある．

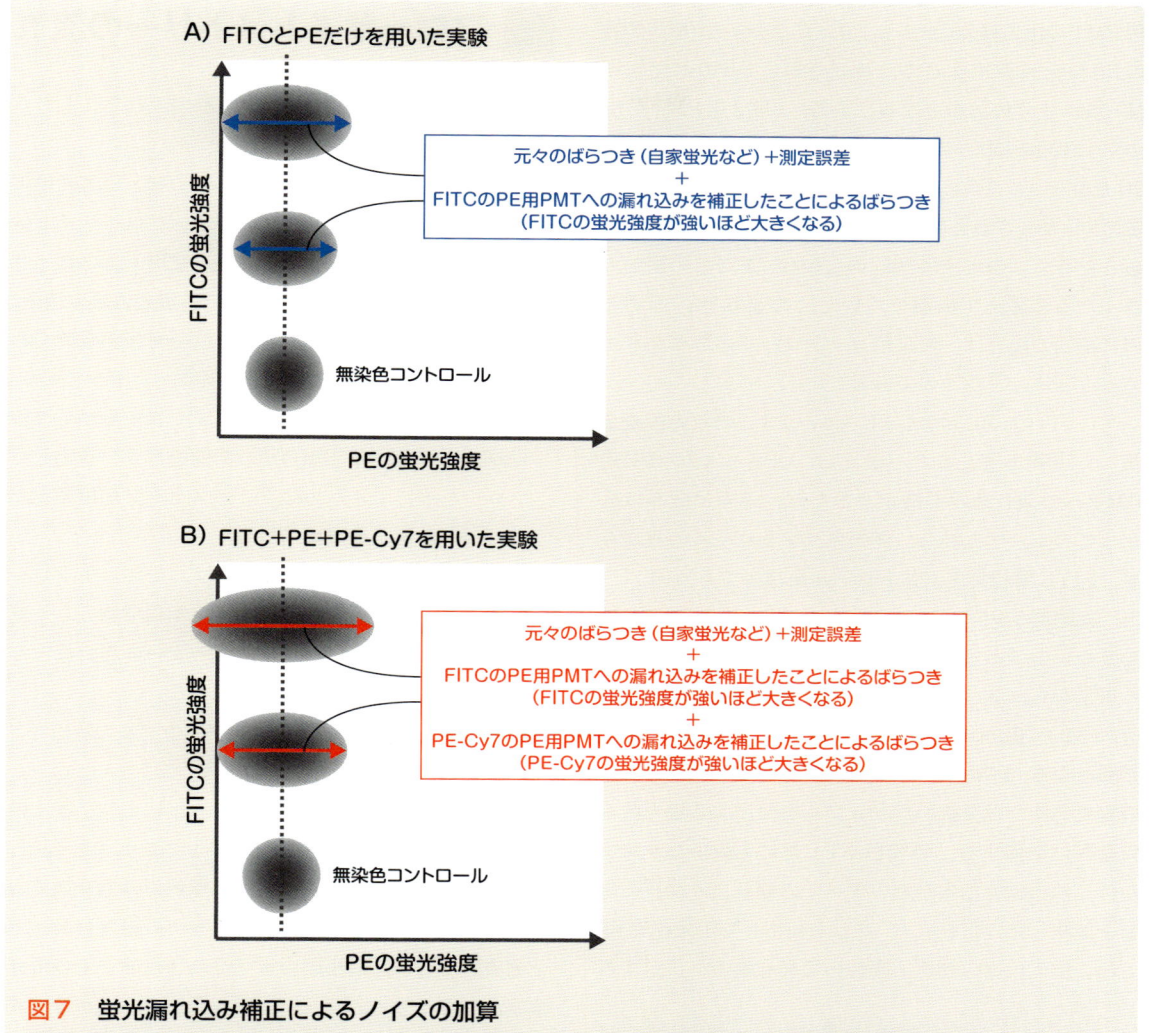

図7 蛍光漏れ込み補正によるノイズの加算
同時に使用する蛍光色素の数が違えば，蛍光漏れ込み補正によって付加されるノイズの量も異なってくるため，3つ以上の蛍光色素を使用する実験の場合，FMO（fluoresence minus one）コントロールが必要となる（詳しくは本文を参照）

3）Logicle表示

では人間が分布の中心を認識するためには，どうしたらよいのだろうか．これを解決するために考案されたのが，リニア軸と対数軸を組み合わせたLogicle表示法である（Bi-exponentialなど各社固有の名称でよばれる）[1]．これによって蛍光強度が低い領域ではリニア軸によって分布の対称性が，高い領域では対数軸によって幅広いダイナミックレンジが確保される（図6C）．

4）FMOコントロール

分布の中心を合わせる正しい蛍光漏れ込み補正，そしてLogicle表示法が導入されて認識されるようになった問題が，蛍光漏れ込み補正によって加味されるノイズの影響である．まず，FITCとPEの2つの蛍光色素だけを使った実験を考える（図7A）．FITCのPEへの漏れ込み補正係数を20％，フローサイトメーターの測定誤差を10％とすると，FITC単独染色サンプルを測定して，FITC用PMTの出力が100±10のとき，PE

用PMTの出力は20±2となり，ここから（100±10）の20％を減算するので，補正されたPEの蛍光強度は－4～＋4の分布となる．一方，FITC用PMTの出力が1,000±100のとき，PE用PMTの出力は200±20となり，ここから（1,000±100）の20％を減算するので，補正されたPEの蛍光強度は－40～＋40の分布となる．このようにPE⁻の分布は，FITCの値が大きくなるに従って広がっていく．つまりPE⁻細胞とPE⁺細胞の境界は，無染色コントロールの分布から決めることはできないのである．

次にFITC，PEおよびPE-Cy7の3つの蛍光色素を使った実験を考えると（図7B），PE-Cy7のPE用PMTへの漏れ込みも補正するため，さらに分布は広がっていく．すなわち，無染色コントロールのみならず，FITC単独染色コントロールを用いても，FITC⁺PE⁻細胞群とFITC⁺PE⁺細胞群の境界を決めることはできないのである．

以上から，3つ以上の蛍光色素を使用する実験の場合，FMO（fluorescence minus one）コントロールが必須となる．FMOコントロールはその名の通り，1つの蛍光色素だけを抜いたサンプルを使用する蛍光色素の数だけ準備する．蛍光色素PEだけを抜いたサンプルは，他の蛍光色素からのすべての漏れ込み補正の影響を加味した分布を示す．これを利用して蛍光色素PEと他の蛍光色素の陰性・陽性の境界を確実に決定することができる．

以上のように，デジタル・フローサイトメーターでは，アナログ時代には考慮することのできなかったさまざまな問題に対して論理的な解決が可能となり，格段に正確で再現性の高い解析が可能となった．Logicle表示，FMOコントロールなどは2006年にはすでに紹介されていることを特記しておく[2]．アナログ時代に定義した重要な細胞集団は，デジタル・デジタルフローサイトメーターで同じ見た目を再現するのではなく，デジタル時代のメソッドで再定義する必要があるだろう．

フローサイトメトリーの流れ

フローサイトメトリーによる実験の流れをまとめると図8のようになる．

①まずはじめに，どのターゲット分子をどの蛍光色素に割り当てるか，実験計画を練る．フローサイトメトリーの基本原理の他に，実際に使用するフローサイトメーターのスペック，そして各蛍光色素の特徴，そしてターゲット分子の発現頻度の情報が必要である（戸村の稿，基礎編-2）

②次に細胞の免疫染色と必要なコントロールサンプル（無染色，単染色，FMO）の準備を行う．安定したフローを維持するために，このステップが重要となる（石井の稿，基礎編-Tips）．

③標準ビーズやコントロールサンプルを用いてフローサイトメーターの最適化を行う．本稿で紹介した通り，デジタル・フローサイトメーターの場合ほとんどのステップは論理的に決定できる．

④準備が整ったら，いよいよ実際のサンプルの解析（アナリシス）・ソーティングである．

フローサイトメーターのデジタル化により，多くのステップが理論的に決められるようになり，今や試行錯誤が必要なのは最初の抗体・蛍光色素の割り当ての計画だけなのである．まずは何通りかの組み合わせで予備実験を行い，最小限の蛍光漏れ込み補正で各蛍光強度が測定できる，ベストな組み合わせを見つけておくことは，結局早道であることが多い．またソーティングが必要な実験の場合，事前にアナリシスだけを行って，FMOコントロールを含めてじっくり解析しておくことはきわめて有用である．

スムーズな実験が行えるかどうかは，フローサイトメーターの前に座る前に決まっているといっても過言ではない．本書の基礎編と実践編を組み合わせることによって，デジタル化の恩恵を最大限利用して，フローサイトメトリーを幅広く活用していただきたい．

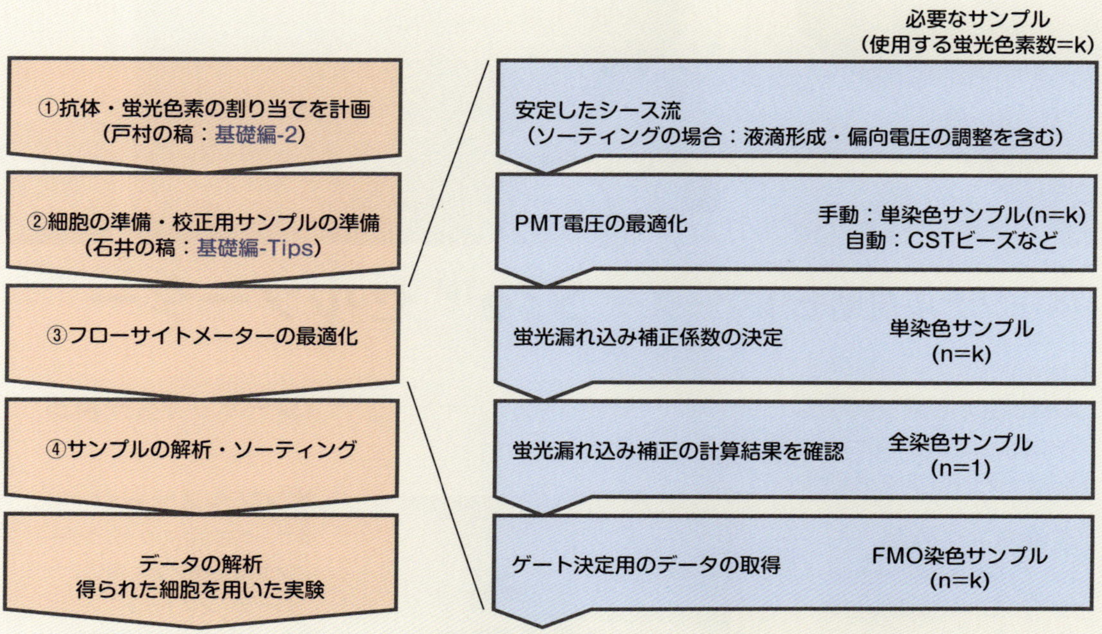

図8 フローサイトメトリーによる実験の流れ

① 抗体・蛍光色素の割り当てを計画（戸村の稿：基礎編-2）
② 細胞の準備・校正用サンプルの準備（石井の稿：基礎編-Tips）
③ フローサイトメーターの最適化
④ サンプルの解析・ソーティング
⑤ データの解析　得られた細胞を用いた実験

必要なサンプル（使用する蛍光色素数＝k）

- 安定したシース流（ソーティングの場合：液滴形成・偏向電圧の調整を含む）
- PMT電圧の最適化　　手動：単染色サンプル(n=k)／自動：CSTビーズなど
- 蛍光漏れ込み補正係数の決定　　単染色サンプル(n=k)
- 蛍光漏れ込み補正の計算結果を確認　　全染色サンプル(n=1)
- ゲート決定用のデータの取得　　FMO染色サンプル(n=k)

◆ 文献

1）Parks, D. R. et al.：Cytometry A, 69：541-551, 2006
2）Herzenberg, L. A. et al.：Nat. Immunol., 7：681-685, 2006

Cell Biology : Cell Sorter

パーソナル自動セルソーター S3e™ セルソーター

AutoGimbalシステム
X,Y,Z軸にピンチとロールを加えた5軸を
ピコモーターによる全自動調整

送液タンク内蔵
ソーティング中のタンク交換
(シース液/DW/廃液)が可能

コレクションチャンバー
- 2方向ソーティング
- 温度コントロール：4～37℃
- 多彩な分取容器

2レーザー4蛍光検出

サンプルステージ
- コンタミ防止のため、クリーニング用とサンプル用の2つのローディングポート
- 4～37℃の温度制御機能
- サンプル撹拌機能
- バブルセンサーでサンプルが無くなると自動的にソーティングを終了可能

Jet-in-Air方式による充実の基本性能

▶ **高　　速**：分析速度100,000イベント/秒、分取速度30,000イベント/秒の高速ソーティング。
▶ **高 純 度**：分取純度99％以上の高純度ソーティングを実現。
▶ **高生存率**：Jet-in-Air方式は生存率低下の原因となる乱流が発生しないため、生存率を維持したままのソーティングが可能。

簡単操作・自動ソーティングセットアップ

▶ **自動セットアップ**：
ソフトウェアのボタンを2つクリックして、キャリブレーションビーズを入れるだけでレーザーのウォームアップ、5軸での光軸調整、Drop Delay調整等が自動的に終了します。セルソーティングの準備が30分未満で終了します。

70×65×65cmのコンパクトサイズ

▶ 送液部・コンプレッサーは本体内蔵のため、本体とPCのみで設置可能なコンパクトサイズ。

機器の安心稼動のためメンテナンス等には、様々なサポートプランをご提供しています。

価格 ￥18,000,000～￥23,000,000

BIO-RAD バイオ・ラッド ラボラトリーズ 株式会社
ライフサイエンス
TEL：03-6361-7000

www.bio-rad.com/S3e

Z10854L 1608a

基礎編

2 マルチカラー解析のための蛍光色素の基本，選び方からパネル作製の具体例まで

戸村道夫

免疫細胞は以前にも増して多数のサブセットに分類されるようになり，さらにそれらの表現型解析のために検出する分子数も増加している．また，貴重なサンプルでは少ない細胞でできるだけ多くの情報を得る必要がある．マルチカラー解析はこれらを可能にする有用な手段の1つである．そこで本稿では，6～10色のマルチカラー解析を最初から立ち上げるために，蛍光色素の基礎，マルチカラー解析のための蛍光色素選びからマルチカラー解析の実際までを概説する．

はじめに

マルチカラー解析と一口にいっても，用いるサンプルおよび検出する分子などによりその難易度は変わってくる．6色程度まではセッティングも容易であり実験の効率性からもお勧めである．しかし8色程度を超えてくると，1色増えるごとに難易度は急激に上昇する．したがって，6色程度の色数のサンプルを複数作製することで，色を増やした場合と同様の結果が得られる実験系を組める場合（たくさんの細胞を準備できる，同時に検出する必要がない，など）には，6色程度のマルチカラー解析を勧める．本稿では，現在主流の青・赤・紫の3レーザー搭載機でのマルチカラー解析を基本に説明する．

最初に **A．蛍光色素の基本** を示す．その後，マルチカラー解析を行うための基本知識として，**B．マルチカラー染色パネルを作製するための蛍光色素の選び方** を説明する．そして最後に，マルチカラー染色パネル作製の実際の思考過程と，その解析の具体例を **C．マルチカラー解析の実際** として示す．マルチカラー解析の設定と解析は，蛍光色素の強度・波長特性を確認しながら行う必要がある．**A．蛍光色素の基本** の項と **C．マルチカラー解析** の項の間を上手に往復しながら本稿を活用していただきたい．また，マルチカラー解析の項を最初に読んでいただいてから，なぜ，そのように考えるのか，というように後から基礎編（**A．蛍光色素の基本** と **B．マルチカラー染色パネル作製のための蛍光色素の選び方**）を読んでいただくのも読み方だと思う．折角なので理由を理解しながら研究に役立てて欲しい．

本稿では，ホームページや書籍で紹介されている一般的な情報に留まらず，個々の蛍光色素の実際の使用感や掲載されないことをできるだけ掲載した．しかしこの情報は筆者の経験に基づいている．異なるご意見や，よりよい色素の組み合わせをご存じの読者の方もおられると思うがご容赦いただきたい．

A．蛍光色素の基本

1．蛍光色素とフローサイトメトリーの関係

表1に一般的に用いられている蛍光色素の特性とコメントを示した．蛍光色素は励起する波長により，青，

表1　よく用いられる蛍光色素とその特徴

励起レーザー	検出チャネル（中心波長/波長幅）	最大励起波長	最大蛍光波長	蛍光色素	明るさ	タンデム色素	コメント
青	FITC（530/30）	494	525	FITC	3		緑の定番色素で標識抗体のバリエーションも多い．PE＞PerCP-Cy5.5の順に強く漏れ込みPE-Cy7には漏れ込まない
青	FITC（530/30）	495	519	AlexaFluor488	3		FITCと同様に使用．FITCよりもブリーチングし難いので免疫組織染色を同時に行う人にはFITCよりもお勧め
青／緑／黄	PE（575/26）	496, 564	575	PE	5		**染まりが弱く検出しにくい分子のヒストグラム検出に最適**．シグナルが強く一番使用しやすい．青レーザーの色素全てに漏れ込む
青／緑／黄	PE-Texas Red（610/20）	305, 540	620	PI	5		死細胞除去．直接手に付かないようにするなどの注意が必要
青／緑／黄	PE-Texas Red（610/20）	583	603	Texas Red	1		蛍光波長幅が広いうえ，青レーザーでは励起が弱いためあまり用いられない．販売されている標識抗体も少ない
青／緑／黄	PE-Texas Red（610/20）	496, 564	606	PE-efluor 610	3	○	いずれもPEとのタンデム色素のため，PEのシグナルも検出され，PEチャネルへの漏れ込み注意．そこそこ，PEチャネルとのかぶりを解決出来れば，明るく使用しやすい．
青／緑／黄	PE-Texas Red（610/20）	496, 565	612	PE/Dazzle 594	3-4	○	
青／緑／黄	PE-Texas Red（610/20）	496, 566	613	ECD (PE-TxRed)	2	○	
青／緑／黄	PE-Texas Red（610/20）	496, 567	614	PE-CF594	3	○	
青／緑／黄	PE-Texas Red（610/20）	496, 568	619	PE-Vio 615	3	○	
青／緑／黄	PerCP/Cy5.5（695/40）	546	620	7-AAD	5		死細胞除去
青／緑／黄	PerCP/Cy5.5（695/40）	496, 564	670	PE/Cy5	4	○	とても明るいが，APCに強く漏れ込むのでAPCとの同時使用はシグナルが弱いときに限る
青／緑／黄	PerCP/Cy5.5（695/40）	482	675	PerCP	2		PerCP/Cy5.5よりも若干暗い．青レーザーの4色目に使用可能
青／緑／黄	PerCP/Cy5.5（695/40）	482	690	PerCP/Cy5.5	3	○	PE/Cy7に多く漏れ込み，漏れ込みはきれいに補正しきれないが，青レーザーの4色目に使用されてきた
青／緑／黄	PerCP/eFluor710（710/50）	482	710	PerCP/eFluor710	3	○	PerCP/Cy5.5に比べ，若干明るいがPE/Cy7に少し多く漏れ込む
青／緑／黄	PE/Cy7（780/60）	496, 564	774	PE/Cy7	3〜4	○	強く染色した場合，PE，APC/Cy7への漏れ込みに注意．明るさを逆に利用し不要な細胞のゲートアウトにも使用
赤	APC（670/30）	650	660	APC	4〜5		**染まりが弱く検出しにくい分子のヒストグラム検出に最適**．APC/Cy7への漏れ込み注意
赤	APC（670/30）	650	668	AlexaFluor647	4		APCと同様に使用．APCよりもブリーチングし難いので免疫組織染色を同時に行う人にはAPCよりもお勧め
赤	AlexaFluor700（730/45）	696	719	AlexaFluor700	1〜2		APC-AlexaFluor700よりも暗いが充分に使用可能．APCとAPC/Cy7への漏れ込みに注意．赤レーザーの3色目に使用
赤	AlexaFluor700（730/45）	650	723	APC-AlexaFluor700	2	○	AlexaFluor700よりも明るいがタンデム色素なので注意．APCとAPC/Cy7への漏れ込みに注意．赤レーザーの3色目に使用
赤	APC/Cy7（780/60）	650	774	APC/Fire750, APC/Cy7	2	○	APCへの漏れ込みを考え強く染色しない方が良い．APCからの漏れ込みを考えて使用する．PE/Cy7からも弱いが漏れ込む
赤	APC/Cy7（780/60）	633	780	APC/eFluor780	2	○	
赤	APC/Cy7（780/60）	650	785	APC/H7	1	○	
紫	Pacific Blue（450/50）	405	421	Brilliant Violet 421	5		**染まりが弱く検出しにくい分子のヒストグラム検出に最適**．明るいが高価なので充分なシグナルが得られるときはPacific Blueで充分
紫	Pacific Blue（450/50）	404	450	BD Horizon V450	1		Pacific Blueよりも波長域狭く，明るい
紫	Pacific Blue（450/50）	405	450	eFluor 450	1		Pacific Blueよりも波長域狭く，明るい
紫	Pacific Blue（450/50）	401	455	Pacific Blue	1		検出波長が他と独立しているため使用しやすい．明るさは1だがAPCよりも若干弱いシグナルは得られる
紫	Pacific Blue（450/50）	359	461	DAPI	4		DNA含有量検出．UVレーザーで一般的に解析されるが紫レーザーでも解析可能
紫	AmCyan（525/25）	458	489	AmCyan	1		あまり使用されてない
紫	AmCyan（525/25）	415	500	BD Horizon V500	1		Pacific Orangeに比べ明るく，Pacific Blueへの漏れ込みも少なく使用しやすい
紫	AmCyan（525/25）	405	510	Brilliant Violet 510	4		Orange系で一番明るく使用しやすい
紫	AmCyan（525/25）	400	551	Pacific Orange	1		暗いためシグナルの強い分子の検出のみで使用可能．Pacific Blueへの漏れ込みは上記の2つに比べ少ない
紫	AmCyan（585/42）	405	570	Brilliant Violet 570	4	○	PEと同じフィルターで検出可能．置き換え：Pacific Orange, eFluor 565NC, Qdot-545, Qdot-565
紫	AmCyan（610/20）	405	603	Brilliant Violet 605	5	○	緑レーザーを用いたときは，PEチャネルへの漏れ込みに注意．置き換え：eFluor 605NC Qdot-605
紫	Qdot 655（670/30）	405	645	Brilliant Violet 650	4	○	APCチャネルへの漏れ込みに注意
紫	Qdot 655（670/30）	350, 635	650	eFluor 650NC	5		シグナルが強く使用しやすい．APCチャネルに漏れ込むので染色強度は中程度が良い．Qdot-655よりも明るい．置き換え：Qdot-655
紫	Qdot（710/50）	405	711	Brilliant Violet 711		○	PerCP/Cy5.5およびAlexaFluor700チャネルへの漏れ込みに注意．置き換え：eFluor 700NC, Qdot-705
紫	Qdot（780/60）	405	785	Brilliant Violet 785	3 (4)	○	他のチャネルへの漏れも少なく使用しやすいので，紫レーザーの2あるいは3色目として使用している．置き換え：Qdot-800

上記の表は，BioLegend社，eBioScience社，BD BioSciences社各社のホームページなどを基に作成した．色素の明るさ（数字が大きいほど明るい色素である）については，各社で若干異なる場合もある．コメント欄は，筆者の使用経験からのコメントを加えている．市販されている全ての蛍光色素は網羅していない．色素の漏れ込みのお互いの関連性については，表5も合わせて参照

表2　タンデム蛍光色素使用上の注意点

1) 長波長側蛍光色素の波長でも励起される．例えばPE/Cy5のCy5は，赤レーザーで励起されAPCの蛍光とほぼ一致する．そのため，PE/Cy5とAPCの同時使用は現実的に困難である
2) 同一名の蛍光標識抗体でも，同じメーカーの製造ロット間，メーカー間で異なるので，可能であれば比較して一番品質のよいものを使用する
3) 実際に使用する標識抗体で蛍光補正用サンプルを調製する
4) 分解が進むと，例えば，PE/Cy7の場合，PEへの漏れ込みが強くなる
5) 光によって分解が進むため，染色中，特に遮光に注意する
6) 染色後は分解が進むので速やか（4時間以内）に解析する．すぐに解析するのが難しい場合は短時間の固定を行う方法もあり，専用の固定液（FluoroFix Bufferなど）も販売されている
7) 一般的に標識抗体は4℃で保存するが，APC，PEのタンデム抗体は凍結すると劣化が著しく進むので特に注意する
8) 冷暗所に保存していても経時的に分解するので買い置きは不適である．われわれは小容量入りチューブを購入し，必要に応じ品質管理しながら使用している
9) タンデム蛍光色素一般ではないが，PE/Cy5はMonocyte（単球）への非特異的結合に注意する

赤および紫レーザー用に分けられる．最大蛍光強度の波長が蛍光色素の波長として表記されているが，実際の蛍光波長は山形をしている．山の広がり幅は各々の蛍光色素で異なり，蛍光波長のピークがシャープな方が使用しやすい．また，各々の蛍光色素の明るさは異なる．これらの特性はマルチカラー染色パネルの作製に大きくかかわるので詳細は後で詳しく述べる．

市販されているフローサイトメーターに組み込まれている検出用の蛍光フィルターセットは，一般的な蛍光色素の組み合わせで使用した場合，お互いの波長の漏れ込みが少なくなるように選択，設定されている．通常，青レーザーで5〜6チャネル，赤レーザーで3チャネル，紫レーザーで3チャネルの合計11〜12色検出が可能になっている．最近，緑レーザー，UVレーザーを搭載した5本レーザー，20チャネル搭載機も市販されはじめている．

2. タンデム蛍光色素の特徴と注意点

タンデム蛍光色素は2つの蛍光色素を組み合わせ，短波長側の蛍光色素の励起波長で励起し，長波長側の蛍光色素の蛍光を発する蛍光色素である．例えば，PE/Cy7は，PEを励起して出てきたPEの蛍光で直接Cy7を励起しCy7の蛍光を検出する．したがって，タンデム蛍光色素では2つの蛍光色素間の光エネルギーの伝達効率が種々条件で変化すると，検出される蛍光波長が変わってしまうため注意しながら使用する（表2）．また，必要により次節に述べるような品質管理を行う．

3. タンデム蛍光色素の品質管理

PE/Cy7を例に説明する．PE/Cy7が分解すると，PEからCy7への光エネルギーの伝達効率効率が落ちるため，PEのピークが上がってしまう．図1上段に示すようにPE/Cy7はもともとPE由来の蛍光の山があるが，分解が進むとこの山がどんどん高くなる．すなわち，PEへの漏れ込みが増えることになる．いろいろなPE/Cy7標識の抗体で染色した結果を，PE/Cy7を横軸，PEを縦軸に**蛍光補正（コンペンセーション）を掛けず**にドットプロットして並べてみると，PEへの漏れ込みがそれぞれ異なる．そこからできるだけPEへの漏れ込みが低い標識抗体を選ぶ．蛍光補正の値（PE－％PE/Cy7）をどんどん大きくしていっても，分解が進んでいる色素では漏れ込みがなかなか補正できないことがわかる．理想的ではないが現実的に若干分解した試薬を使用する場合，PEへの漏れ込みが大きくなり，蛍光補正の値が大きくなるので注意が必要である．

4. 紫レーザー用蛍光色素

以前は主にPacific BlueとPacific Orangeを使用し

ていたが，Pacific Orange はシグナルが弱いため，染まり具合が強い分子の検出に限られていた．しかし，BD Horizon V500 の登場により，オレンジ色が使用しやすくなった．さらに，ナノ粒子技術を用いた Q-dot 系の色素，そして最近，Brilliant Violet が登場し，紫レーザーで使用できる色数が大きく増えた．

1）ナノクリスタル（Q-dot）系の蛍光色素

ナノクリスタル系の蛍光色素は，励起できる波長がブロードであるうえ，蛍光波長が長くなると，励起波長も長くなり，青レーザーでもかなり励起されてしまう．そのため，長波長側の色素を使用する場合には注意を要する．短波長側の色素（Q-dot xxx，および eFluor xxNC）は比較的使用しやすい．

2）Brilliant Violet

従来の蛍光色素に比べ，Brilliant Violet は明るく使用しやすい．Brilliant Violet の登場により紫レーザー用色素が，青，赤レーザーの色素に 1，2 色加えるという存在から，しっかりと使用できる存在になった（図1）．ただ，Brilliant Violet 421 と 510 は単独分子の蛍光色素だが，それより長い波長の Brilliant Violet 色素は，Brilliant Violet 421 とのタンデム蛍光色素であるため，他のチャネルへの漏れ込みに注意する．また，登場して間もないため，実際に使用した場合の情報はまだ少なく，明るいが従来の標識抗体に比べ価格高い．そのうえ，内容量が何サンプル分，あるいは容量表示で販売されているので抗体濃度，1 チューブあたりの容量は不明である（執筆中に一部は容量表示での販売が開始された）．現行の市販機では紫レーザー用の検出器は最大 3 チャネルのため最大 3 色であり，さらなる多色対応は現在行われている．また，現行機では検出用のフィルターセットが新登場の Brilliant Violet の波長に適応していないため，検出用のフィルターセットを自前で準備しなければならない場合も多く注意を要する．表1 の検出するチャネルの項目に，使用するフィルターの波長のみを示している色素がそれにあたる．

5. UV レーザー用蛍光色素

最近，使用できるカラーを増やすために，UV レーザー用蛍光色素が発売されている．励起波長は 355 nm で BD Horizon BUV395，BUV496，BUV737 である．現在，BD からのみ発売されており，標的分子のラインナップの充実が待たれるが，BD LSRFortessa X-20 フローサイトメーターなど，UV レーザーのマルチカラー解析装置を使用できる環境のある研究者には朗報である．

6. 緑レーザー励起によるメリット

赤色系色素は，青レーザーよりも緑レーザー（541 nm など）で，より効率的に励起される．表1 で青色レーザーで使用される色素のなかに緑レーザーでも使用される色素を分類している．赤色系色素を緑レーザーで励起することによって，マルチカラー解析を容易にすることも行われている．

7. 新しい蛍光色素について

従来の色素に比べ，明るくブリーチング（レーザーによる退色）し難いことを特徴とする新しい蛍光色素が発売されているが，フローサイトメーター検出でのレーザー照射は瞬間的（$0.2\,\mu$ 秒程度）であり，ブリーチングのし難さはほとんど考慮しなくてもよい．むしろ，明るく波長がシャープで他のチャネルにシグナルが漏れ込まない特性が大切である．

Horizon シリーズ（BD），eFluor シリーズ（eBioScience），Fire（BioLegends），Vio シリーズ（Miltenyi Biotec）の新しい蛍光色素の単体，あるいはタンデム色素標識抗体が発売され，各社がメリットをアピールしている．すべてを紹介することは割愛するが，自分の染色したい標的分子がラインアップにあれば，まずは使用してみるのがよい．

1）APC/Cy7 チャネルの改良色素：

従来使用されてきたタンデム蛍光色素用のCy7を，H7（BD），eFluor780（eBioScience），最近，Fire750（BioLegends），Vio770（Miltenyi Biotec）などに代えた蛍光色素標識抗体が，APC/Cy7 に代わり発売されている．これらは，従来の色素とほぼ同様に使用できる．

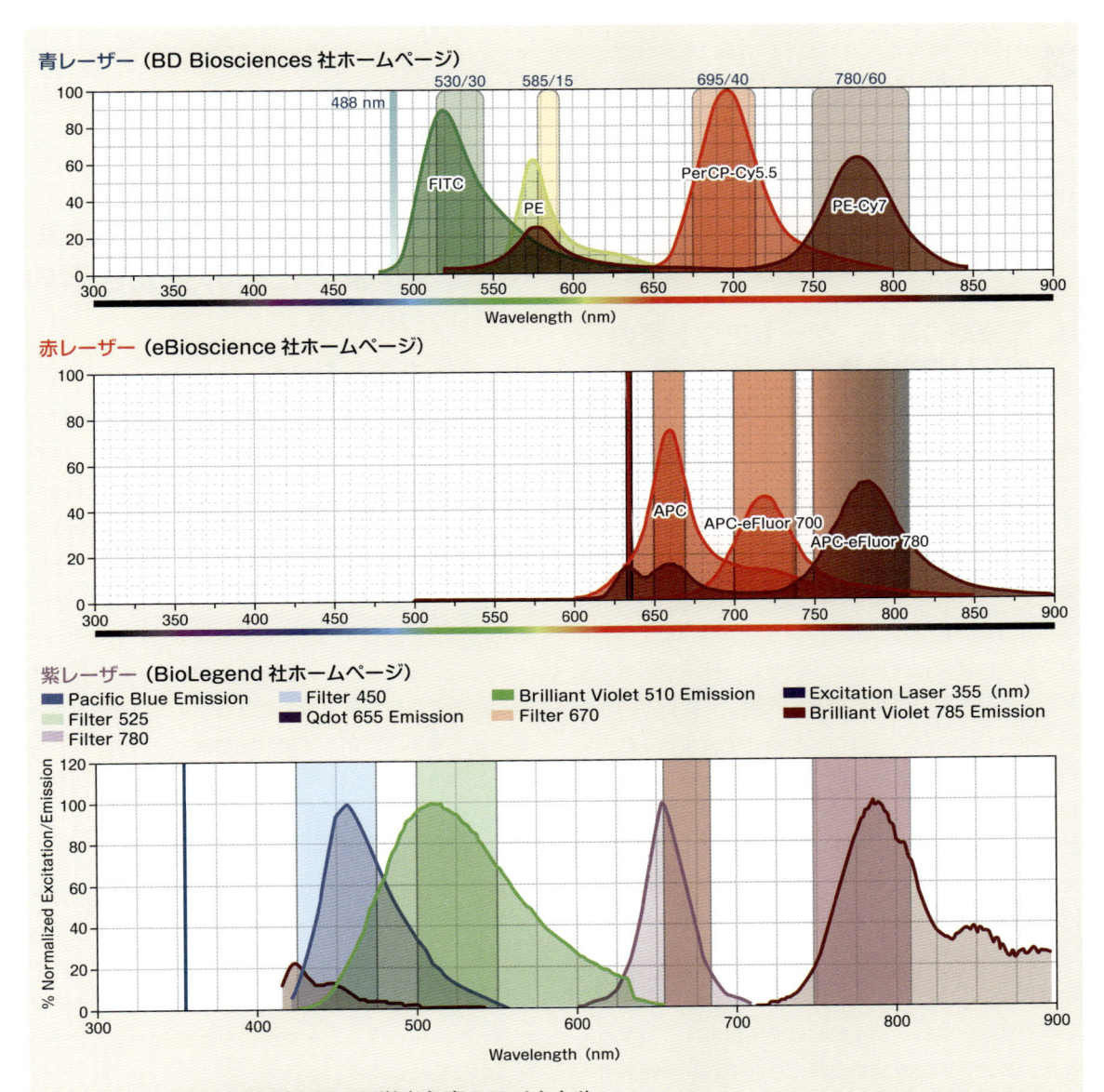

図1 マルチカラー解析に用いる蛍光色素のスペクトル

マルチカラー解析に用いる蛍光色素のスペクトルおよび，検出フィルターを各社のホームページのツールを用い表示した．各蛍光色素の蛍光の高さは，励起するレーザーの効率を考慮した場合（青レーザー：BD Biosciences社，赤レーザー：eBioscience社），あるいは蛍光のピークを100%とした% of Max（紫レーザー：BioLegend社）で表示されている．励起レーザーは縦線で，検出フィルターは長方形でそれぞれ示されている．各図の縦横比は見やすさを優先し，ほぼ同じになるように変形している

2) PE-Texas redチャネルの改良色素：

以前はTexas-Redしかなく，標的分子のラインナップも貧弱であったため，使用頻度が少ないチャネルであった．しかし最近，この検出波長チャネル（590 nm〜620 nm付近）に蛍光波長を有する蛍光色素は，青色レーザーでも励起出来して使用可能なうえ，多色化

の流れで最近使用されはじめている緑/黄レーザーでより強く励起されるため，最近，各社が競って新しいタンデム色素を投入している．

PE-efluor 610 (Em 606 nm), PE/Dazzle 594 (BioLegends) (Em 612 nm), ECD (PE-TxRed) (Em 613 nm), PE-CF594 (BD) (Em 614 nm), PE-Vio 615 (Em 619 nm) などがある．

8. 死細胞の除去，ゲートアウト用の新しい蛍光色素

死細胞は，細胞死を検出する場合を除き，ほとんどの場合，除去して解析する．

従来，遺伝子二重らせんにリンカーするPIや7-AADなどの低分子化合物が，死細胞では容易に細胞膜を通過できるようになることを利用し，PIあるいは7-AAD陽性細胞を死細胞として同定，除外してきた．しかし，これらの色素は前述のように細胞の透過性を使用しているため，細胞内染色などのために，細胞の固定や細胞膜に穴を開ける操作を行うと使用できないという難点があった．それに対し，現在各社から発売されている死細胞分別用の色素はアミンを染色することで，細胞膜に穴をあける操作を行った後も，死細胞を分別できる．生細胞では細胞表面のみ染色されるが，死細胞では細胞表面と内部のアミンが染色されるため，死細胞はより強く染色される．

また，7-AAD，PIはブロードな蛍光波長のため，複数のチャネルへの漏れ込みが当然なまま使用していた．それに対し，これらの死細胞分別用色素は，種々波長のラインナップが各社から発売されており，従来用いてきた蛍光色素に一色加える感覚での使用が可能である．以下に，各社から発売されている死細胞分別用色素の励起レーザーと各蛍光波長（nm）の一例を示す．

Fixable Viability Dye eFluor シリーズ（eBioScience）の色素として，紫レーザー用（Em 450 nm, 506 nm）と赤レーザー用（Em 660 nm, 780 nm）がある．Zombieシリーズ（BioLegends）の色素として，UVレーザー用（Em 459 nm），UV，紫レーザー用（Em 516 nm），紫レーザー用（Em 423 nm, 572 nm），青レーザー用（Em 515 nm），黄/緑レーザー用（Em 624 nm）と赤レーザー用（Em 746 nm）がある．

B. マルチカラー染色パネル作製のための蛍光色素の選び方

1. 全体のストラテジー

1）検出したい分子，色数を厳選して最初に決定

マルチカラー解析を行うためにはマルチカラー染色パネルをまず決定する．途中で1色（検出したい分子を1つ）増やそうとすると，欲しい色の標識抗体がないことや，お互いのシグナルの漏れ込み具合が変わってしまうなどの理由により，一度作製したマルチカラー染色パネルをほぼすべてつくり直す必要に迫られることがある．また，サンプル・検出する分子にも依存するが，ある色数を超えると1色増やすだけで難易度は急上昇する．したがって検討開始前に，検出したい分子をしっかりと絞り込んでから，マルチカラー染色パネルを作製して検討するようにする．

2）パターンに慣れたら色数を増やす

上記では色数（検出したい分子）を1つでも厳選するとよいと書いたが，用いているサンプルで検出されるパターン（ドットプロットでの発現分布など）にある程度慣れてきたら，色を増やす前後で同じパターンが得られるということを指標にしながら，もう1色，あるいは何色か増やしていく．

2. マルチカラー解析における色素選び・染色パネルの作製

1）検出したい分子に対する蛍光標識抗体のリストアップ

検出する分子を決めたら最初に，検出したい分子に対する標識抗体がラボにあるか，なければBioLegend社，eBioscience社，BD Biosciences社，ベックマン・コールター社，TONBO biosciences社などから

表3 マルチカラー蛍光染色パネルに用いられる蛍光色素の組み合わせ

レーザー	蛍光色素	6+1色		8+1色				10+1色			ヒストグラム/弱いシグナルの検出
青	FITC or Alexa Fluor 488	1	1	1	1	1	1	1	1	1	
	PE	2	2	2	2	2	2	2	2	2	○
	PerCP/Cy5.5		3			3		3	3	3	
	PE/Cy7	3	4	3	3	3	4	4	4	4	
赤	APC or Alexa Fluor 647	4	5	4	4	4	5	5	5	5	○
	Alexa Fluor 700 or APC-Alexa Fluorr 700							6	6		
	APC/Cy7, APC/eFluor 780 or APC/H7	5	6	5	5	5	6	7	7		
紫	Pacific Blue, eFluor 450, BD Horizon V450 or Blliriant Violet 421	6		6	6	6	7	8	8	8	○
	Brilliant Violet 510 or BD Horyzon V500			7	7		8	9	9		
	eFluor 650NC			8		7		10		9	
	Brilliant Violet 785				8	8			10	10	
青	PI or 7-AAD	7	7	9	9	9	9	11	11	11	

購入可能かを調べて，必要に応じてすべてリストアップする．せっかくマルチカラー染色パネルの色の組み合わせを考えても抗体が入手できなかったら元も子もない．FITC，PE，APCなど従来から使用されている色素が最初にラインナップされる．また，国内に在庫がない場合，納品まで2週間程度かかる場合もあるので実験の日程が決まったら，早めに注文するのがよい．マイナーな分子ではマルチカラーで用いる蛍光色素の標識抗体が市販されていないことも多いが，タンデム色素でなければ自分たちで精製抗体を標識することは可能である（ビオチン，Alexa Fluor 633，Pacific Blue，Pacific Orangeなど）．

2）マルチカラー解析に用いる一般的な染色パネル

マルチカラー解析に用いる一般的な染色パネルを表3に示す．6+1色，8+1色，10+1色と数を増やしながら説明する．＋1は，死細胞除去のための1色であり，PIあるいは7-AADを用いる．図1の「マルチカラー解析に用いる蛍光色素のスペクトル」を一緒に見ながら読んでほしい．最初になるべくそれぞれの蛍光色素のピークが遠くなるように蛍光色素を選び，新しく色を増やすときは，なるべく影響の少ないところ（ピーク波長とピーク波長の隙間）に色を加えていっていることがわかる．

- **6+1色**：3レーザーで6色は容易である．青レーザーでFITC，PE，PE/Cy7，赤レーザーでAPC，APC/Cy7の計5色となる．最後の1色はPacific Blueのチャネルを用いる．PerCP/Cy5.5はピークもシャープで最後の1色としても用いられるが，PE，PE/Cy7との蛍光漏れ込み補正が生じる．それに対し，Pacific Blueは紫レーザーだけで励起されるので他のチャネルには漏れ込まない．そのうえ，青および赤レーザーで励起される蛍光色素の蛍光は，Pacific Blueの領域には入らないので，他と完全に独立したチャネルとして使用できる．そのためPacific Blueのチャネルを使用するメリットは高い．
- **8+1色**：6+1色にBrilliant Violet 510 or BD

Horizon V500と，Qdot-655あるいはBrilliant Violet 785のどちらか1色を加える．あるいは，Qdot-655あるいはBrilliant Violet 785のかわりにPerCP/Cy5.5を加える．

- **10＋1色**：8＋1色にPerCP/Cy5.5とAlexa Fluor 700 or APC-Alexa Fluor 700の2色を加える．さらにBrilliant Violet 510 or BD Horyzon V500，eFluor 650 NCおよびBrilliant Violet 785のうちから2色を加える．従来機の紫レーザーの検出チャネルは最大3チャネルであるが，BD LSR Fortessa X-20（BD Biosciences社）が5チャネル対応しており，紫レーザーの色素の使用を増やせると思われる．

3. マルチカラー染色パネルの作製を助けるツール類

マルチカラー解析では，各々の蛍光色素の最大蛍光波長間の距離に加え，波長のひろがりと蛍光色素の強さを考慮して用いる蛍光色素を決定する．お互いの蛍光の重なりと他の検出チャネルの漏れ込み具合は，蛍光の波形を見るとよくわかる．これらを助けるツールを，BioLegend社，eBioScience社，BD Biosciences社各社がホームページで提供している（図1）．各社ホームページで行えることは若干異なるが，基本的にそれぞれの蛍光色素の励起波長，蛍光波長，検出フィルター，それぞれの検出チャネルへの漏れ込み値のシミュレーションが可能である．各蛍光色素の蛍光の高さは，励起するレーザーの効率を考慮した場合（青レーザー：BD Biosciences社，赤レーザー：eBioScience社），あるいは蛍光のピークを100％とした% of Max（紫レーザー：BioLegend社）で表示されている．しかし，これらの表示は蛍光色素の明るさが同じで細胞上の検出している分子数が同じ，という特殊な状況の場合を示している．**実際のサンプルでは各々の蛍光色素のピークの高さは異なる**ことに注意しなければならない．そして，漏れ込みの割合（％）（ある蛍光色素から出る蛍光のうちのどれくらいの割合が漏れ込むか）は，ピークの高さが異なっても同じだが，漏れ込む光の量はピークの高さに依存する．

実際のサンプルで漏れ込む光の量は，

細胞上の蛍光の強さ
　＝蛍光色素の明るさ×検出している分子数

なので，

実際に漏れ込む光の量
　＝細胞上の蛍光の強さ×漏れ込みの割合（％）
　＝（蛍光色素の明るさ×検出している分子数）×漏れ込みの割合（％）

となる．漏れ込む光の割合が低いことはもちろん大切だが，漏れ込む光の量への配慮はより重要である．いくら漏れ込みの割合が少なくとも，漏れ込み元の蛍光色素の蛍光量が，漏れ込み先の蛍光色素の蛍光量より2～3 log（100～1,000）倍高い場合（実際のサンプルでは充分あり得る），蛍光補正は困難になる．一方，逆に漏れ込みの割合が若干高くとも，漏れ込み元の蛍光色素の蛍光量が漏れ込み先の蛍光色素の蛍光量より2～3 log（100～1,000）倍低い場合，蛍光補正は容易である．漏れ込む光の量を考慮したマルチカラー染色パネル作製のポイントを次で述べる．

4. マルチカラー解析における色素選び・染色パネル作製のポイント

ポイントを表4にまとめ，詳細を以下に示した．

1）染まり具合に合わせた色素で検出する

染まり具合が強い分子は暗い色素で，染まり具合が弱い分子は明るい色素で検出する．例えば，CD4，B220，MHC Class IIなどは染まり具合が強いので暗い色素で，一方，CD11cやCD69などは染まり具合が弱いので明るい色素を選ぶ．話が少し異なるが，得られるシグナルが弱い場合はビオチン化抗体＋蛍光標識ストレプトアビジンを組み合わせ，より強いシグナルを検出できるようにする．

表4　マルチカラー解析における色素選び・染色パネル作製のポイント（詳細は本文を参照）

```
1）染まり具合に合わせた色素で検出する
2）それぞれのシグナルを染める強さは中庸が肝心
3）色素の組み合わせパターンによる漏れ込みやすさを知る
4）漏れ込まれる色素のシグナルは強くする
5）細胞ゲーティングとヒストグラム検出で色素を使い分ける
6）解析時に色素の漏れ込みを無視できるようにする
7）強く漏れ込む蛍光色素をゲートアウトに用いる
```

2）それぞれのシグナルを染める強さは中庸が肝心

それぞれのシグナルは必要以上には強く染めない．蛍光補正は完璧ではない．特に漏れ込み元の蛍光シグナルが測定レンジの上の方ぐらいになると他のチャネルに漏れたシグナルの漏れ込み補正（除去）は難しくなる．蛍光補正を強くかけていっても，蛍光補正前の位置に細胞を残しながら，一部だけが軸に貼りついていく．このような場合，染色に用いる蛍光標識抗体の濃度を下げるなど工夫する．

3）色素の組み合わせパターンによる漏れ込みやすさを知る

漏れ込みやすい色素，漏れ込みにくい色素の組み合わせパターンを知る．後述する表5に示すように，蛍光補正を必要としない色素の組み合わせがある．したがって，色素を増やしたときにすべての色素に対して，蛍光補正を考える必要が生ずるわけではない．うまく，その組み合わせを理解する必要がある．また漏れ込む色素同士でも以下の蛍光の特徴がある．

- 一般的に短波長側の色素から長波長側の色素への漏れ込みの方が多い（図1）
- 各レーザーの1st検出チャネル（一番短い波長）に近い検出チャネルの方が漏れ込みは少ない（図1）
- 励起されるレーザーが異なる蛍光色素間では，お互いの漏れ込みは一般的に少ない
- タンデム蛍光色素では前述のように，例えば，PE/Cy7やAPC/Cy7はPEやAPCにそれぞれ漏れ込む（図1）

4）漏れ込まれる色素のシグナルは強くする

漏れ込み元の色素のシグナルは弱く，漏れ込まれる色素のシグナルは強く．例えばPerCP/Cy5.5とPE/Cy7ではPerCP/Cy5.5からPE/Cy7への漏れ込みが強い．この場合，PerCP/Cy5.5よりもPE/Cy7を強く染める方が蛍光補正は容易である．

5）細胞ゲーティングとヒストグラム検出で色素を使い分ける

細胞ゲーティング用の色素と，ヒストグラムを取る色素を使い分ける．条件により以下の2つに分けられる．

ゲーティングする細胞集団のシグナルが独立している場合．分画したい目的の細胞集団と他の細胞集団の境界が，ネガティブ，ポジティブというようにはっきりと区別できる場合，蛍光補正で完全に漏れ込みを補正できない場合でも，ネガティブ細胞集団とポジティブ細胞集団を区別できればよい．そこで，細胞分画を行う色素を**漏れ込まれる側**に設定，あるいはお互いに漏れ込みあう同士を組み合わせて用いる．例えばCD4とCD8，CD3とCD19などである．

ゲーティングしたい細胞集団と他の細胞集団の境界が連続しており区別し難い場合，およびヒストグラムを検出する場合．前述のように蛍光補正は完璧でない．そこで，上記と逆に分画する色のチャネルに，他の色素のシグナルがなるべく漏れ込まないように設定する．特にヒストグラムは，ネガティブ集団のピークとポジティブ集団のシグナルの差を最終結果として得たいので，なるべく，ネガティブ集団のピークに影響が及ばないようにする．そのために，ヒストグラムの検出チャネルに漏れ込む色素を使用しない，あるいは蛍光補正が可能な組み合わせでも漏れ込みが低い組み合わせの方がよい．さらに，明るい蛍光色素を選ぶ．

前述のように他の色素からの漏れ込みは1st検出チャネル（一番短い波長）の方が低いので，ヒストグラムの検出にはこれらを当て，さらに明るい色素を用いる．

青レーザーではPE（FITC染色なし），赤レーザーではAPC，紫レーザーではBrilliant Violet 421をわれわれは使用している（表1，表3）．

6）解析時に色素の漏れ込みを無視できるようにする

<u>解析時の細胞ゲーティングを想定し，細胞をゲーティングした後にはお互いの漏れ込みを無視できる関係になるように，強く漏れ込み合う色素同士を組み合わせる</u>．例えば，B細胞とT細胞をゲーティングした後であれば，T細胞サブセット用の蛍光シグナルがB細胞に漏れ込んでも全く問題はない．

7）強く漏れ込む蛍光色素をゲートアウトに用いる

目的としない細胞をゲートアウトしたい場合，ゲートアウトに用いる蛍光色素は明るい方がよい場合が多い．そこで，明るくて他のチャネルに漏れ込みやすい色素をゲートアウトに使用する．例えば，PE/Cy7は，PEおよびAPC/Cy7に漏れ込むが中程度に明るい．そこで，前もってPE/Cy7-CD19を加えてB細胞（CD19$^+$）をゲートアウトした後，さらにCD11cで樹状細胞をゲーティングする，というように用いている．

5. コンペンセーションはほどほどに

カラー数が増えてくると，すべてのチャネルで完璧な蛍光補正をすることは困難になる．そのようなときには，蛍光補正の目的を，細胞分画用のチャネルについては，きちんと欲しい分画を分けられることと割り切るのがよい．

特に，測定レンジの上の方になればなるほど，蛍光補正の値を大きくしていっても，細胞集団の一部は元の位置に残りながら一部だけが軸に張り付いてしまうことになる．このような場合，一部の細胞が表示されることとなり，表示されている細胞集団の全体に対する比率の印象が，実際のサンプル内での細胞集団の比率との乖離が起こるため，細胞集団を特定しにくくなることも多い（軸に貼り付いてしまう問題は双指数関数表示を行うことである程度は回避できる）．また，とりわけ少数の細胞で構成されている細胞集団は，蛍光補正を完璧にかけて，細胞を分散させてしまうよりも，むしろ蛍光補正を適度にかけて，細胞集団の同定を優先することも重要である．

6. 実際の測定による検証

以下1）～3）の検討は若干面倒だが，マルチカラー解析では色数が増えると，蛍光補正のマトリックスも指数関数的に増えるのである程度は仕方がない．得られたプロットをもう少し確実な形にしたいときや自信がもてないときには面倒でも特に行ってみることを勧める．

1）単染色サンプルを用いた相互漏れ込みの確認

単染色サンプルで，蛍光補正前，蛍光補正後について，すべての組み合わせでドットプロットを描く．面倒でも一度行ってみると，自分の用いている蛍色色素の組み合わせ間の漏れ込み具合がわかる．

2）FMOコントロール

マルチカラー染色パネルから，1色を抜いたFMO（fluorescence minus one）コントロールを作製することにより，抜いた色素が，他のチャネルにどれくらい漏れ込んでいるかわかる．

3）異なる蛍光標識抗体の組み合わせで確認

検出する分子の組み合わせは変更せず，色の組みあわせを変えて，同じパターンで解析できることを確認する．特に，各々の細胞分画の頻度，ヒストグラムではポジティブ細胞の頻度の再現性を確認する．

7. 日々のデータ測定

われわれは普段蛍光色素のセッティングはデータ取得時には行わず，後で解析時に行っている．測定モニター上で無染色サンプルの山の位置が通常通りであること，蛍光補正用の単染色サンプルおよび実験サンプルが想定した強度のシグナル内にきちんと収まっていることを確認して測定を開始している．

最近では常に同じ機器の設定でデータを取り込める機器の標準化が簡単にできるようになっているので毎回単染色サンプルを取る必要はないかもしれないが，筆者の場合，後々の解析のために，すべての実験について蛍光色素用の単染色サンプルを作製している．実際の解析においてデータの信頼性を確認するうえでもとても役に立っている．

C. マルチカラー解析の実際

1. マルチカラー染色パネルの作製

　マルチカラー染色パネルの具体例を図2に示す．そして図2中に，1. 検出したいパラメーター，2. 解析過程，3. 考慮したい条件，4. 考慮したい条件をできるだけ満たすようにパネルをつくるときに考えたこと，の項目に分け，染色パネル作製に至る思考過程の実際を示した．是非，参考にして欲しい．

2. サンプルの準備

　通常通り，マルチカラー染色パネルの抗体でサンプルを染色する．また，蛍光補正用として各色素の単染色サンプルを作製する．このとき，前述のようにタンデム色素では，シグナルの強弱に拘らず，マルチカラー染色パネルで用いた抗体で単染色サンプルを作製する．一方，単一分子蛍光色素の場合には，マルチカラー染色パネルで用いた抗体である必要はないので，充分に強いシグナルが得られる抗体を用いる．例えば，ここでは，Brilliant Violet 421標識抗CD69抗体の代わりに，Brilliant Violet 421標識抗MHC class II抗体などを用いている．

3. データ解析 – 蛍光補正

　蛍光補正パネル（表5）は一度作製してしまえば，次回からは，関係する蛍光色素間についてのみ確認と微調整を行うだけで済む．FlowJoなどの解析ソフトでは，自動蛍光補正機能があるが，筆者は自分で蛍光補正用のパネルを作製している．1つ1つ，順番に確認，数値を入力していく．例えば，FITCから他のチャネルへの漏れ込みの補正値を入力する場合には，FITCを横軸，縦軸に蛍光補正前と後のPEのドットプロットを2枚作製し，PEに対する漏れ込みを補正していく．それが終了したら，次は縦軸を蛍光補正前と後のPerCP/Cy5.5に変更して漏れ込みを補正，というように順次進んでいく．FlowJoで作製した蛍光補正パネルの完成版を表5に示す．

4. データ解析 – 解析サンプル

　3で作製した蛍光補正パネルを，解析サンプルにあてた後，予定通り，細胞をゲーティングしていく．目的細胞のゲーティングは，一番漏れ込む蛍光色素同士のドットプロットでゲートを作製していくのがよい．また，PIから他のチャネルへの蛍光補正は必要な場合のみかけている．このときに，単染色を用いて適切だ

表5　7-1色のマルチカラー解析の蛍光補正パネル

	FITC	PE	PerCP/Cy5.5	PE/Texas Red	PE/Cy7	APC	APC/Cy7	Pacific Blue
FITC		27.5	3.5	9	0	0	0	0
PE	1.2		16	36	3	0	0	0
PerCP/Cy5.5	0	0		0	19	4.2	2	0
PE/Texas Red	0	0	0		0	0	0	0
PE/Cy7	0	6.5	0	2.3		0	2.5	0
APC	0	0	0	0	0		8.5	0
APC/Cy7	0	0	0	0	6	17.5		0
Pacific Blue	0	0	0	0	0	0	0	

それぞれの数字は，上段のチャネルから左列のチャネルに入ったシグナルの何%を引いて補正するか，その値を示している．例えば，上段FITCと左列PEの「交差するマトリックスの27.5は，FITCからPEに漏れ込んでいるシグナルについて，FITCのシグナルの27.5%分を差し引く」ということを示している．したがって漏れ込みが多い方が値は大きくなる．一方，0は該当する蛍光色素間では蛍光補正が不要であることを示している

レーザー	検出チャネル	蛍光色素	色数 7+1色	分子
青	FITC	FITC	1	CD62L
	PE	PE	2	CD3
	PerCP/Cy5.5	PerCP/Cy5.5	3	CD4
	PE/Cy7	PE/Cy7	4	CD19
赤	APC	APC	5	CD8
	APC/Cy7	APC-eFluor 780	6	CD44
紫	Pacific Blue	Brilliant Violet 421	7	CD69
青	Texas Red	PI	8	PI

1．検出したいパラメーター

B細胞，CD4$^+$T細胞およびCD8$^+$T細胞のナイーブ，メモリーサブセット，それぞれの頻度と各サブセットにおけるCD69発現細胞の頻度

2．解析過程

(1) PIで，死細胞を除去
(2) CD19とCD3で，生細胞をB細胞とT細胞にわける
(3) CD4とCD8で，T細胞をさらにCD4$^+$T細胞とCD8$^+$T細胞に分ける
(4) CD62LとCD44で，CD4$^+$T細胞とCD8$^+$T細胞をそれぞれのナイーブ，メモリーサブセットに分ける
(5) CD69でCD4$^+$T細胞とCD8$^+$T細胞それぞれのナイーブ，メモリーサブセットのCD69発現細胞の頻度を調べる

3．考慮したい条件

(1) 各分子を検出したときのシグナル強度（染まり具合）：CD4，CD62L＞CD44，CD19＞CD8＞CD3＞CD69
(2) ヒストグラムを検出したい分子：CD69
(3) 他のチャネルに漏れ込んでも構わない分子：CD19
(4) 他から若干漏れ込んでも問題ない分子：CD4，CD8
(5) お互いに，また，他のチャネルから若干漏れ込んでも解析できるができたら漏れ込まない方がよい分子：CD62LとCD44

4．上記の考慮したい条件をできるだけ満たすようにパネルをつくるときに考えたこと

(1) 各分子を検出したときのシグナル強度（染まり具合）を考慮し，染まり具合が弱い分子は明るい色素，シグナル強度（染まり具合）が強い分子は暗い色素に割りあてる
(2) PE-CD3はそれほど強くないので，PEからFITCおよびPerCP/Cy5.5への漏れ込みは弱い．また，もし漏れ込んだとしても，FITC-CD62LおよびPerCP/Cy5.5-CD4は明るいので影響は少ない
(3) PerCP/Cy5.5-CD4のシグナルがPE-CD3に漏れ込んでも，CD3はT細胞のゲーティング用なので問題は少ない
(4) PE/Cy7 CD19は，B細胞のゲーティングに用いるので，PE-CD3，PerCP/Cy5.5-CD4およびAPC/Cy7-CD44への漏れ込みは考慮しなくてよい
(5) CD62LとCD44はできるだけ，隣り合わない方がよいので，FITC-CD62LとAPC/Cy7-CD44とする
(6) APC-CD8のシグナルはそれほど高くないので，APCからAPC/Cy7への漏れ込みは弱い．また，もし漏れ込んだとしても，APC/Cy7 CD44は明るいので影響は少ない
(7) APC/Cy7-CD44のシグナルがAPC-CD8に漏れ込んでも，CD8はCD8T細胞のゲーティング用なので問題はない
(8) CD69はシグナルが弱いうえ，ヒストグラムを取りたいので，できるだけ他と独立し明るい色素が使える，Brilliant Violet 421-CD69で行う
(9) ちなみに，PIは最初にPI$^+$細胞を死細胞として除去してしまうので，解析するPI$^-$細胞には関係ない

図2 マルチカラー蛍光染色パネル作製の実際

マルチカラー染色パネル作製の例として解析の手順と考慮すべき要素をまとめた．見やすさを優先し各抗体の，〇〇標識抗CD△△抗体を〇〇-CD△△，と略している

と思い設定した蛍光補正値では，解析サンプルでは蛍光補正が強すぎたり，逆に蛍光補正が足りないときもある．このような場合は臨機応変に蛍光補正値を微調整する．蛍光補正後のマルチカラー解析の解析結果を図3（次ページ）に示す．

おわりに

当然ながらすべての蛍光色素を網羅できているわけはなく，われわれが頻繁に使用している蛍光色素を中心としたマルチカラー染色パネルの作製になっている可能性はある．しかし，本稿で紹介したマルチカラー染色パネル作製の思考法はある程度普遍的に通用するであろうと推測している．本稿がマルチカラー解析を立ち上げる研究者の参考になれば幸いである．本稿では述べなかったが，今後，蛍光タンパク質を発現した細胞やマウスを用いた，蛍光タンパク質と蛍光色素のマルチカラー解析が増えていくと考えられる．本稿で紹介した蛍光色素プローブよりも蛍光タンパク質は蛍光波長がブロードで，また強い発現であることも多いため，複数のチャネルに強いシグナルが漏れ込む条件で解析を行う必要に迫られることもある．しかし，本稿で紹介した「各蛍光色素の波形とシグナル強度」の考え方を適応していけば解決できるので，こちらにもぜひ挑戦してもらいたい．標識抗体を販売する各社のホームページは，とても充実しているので参照していただきたい．最後に，色が1色増えると情報量は何倍にも上がる．ぜひ，1色でも多いマルチカラー解析に挑戦して立ち上げて，研究の発展に役立てて欲しい．

◆ 参考

1) BD Biosciences社：http://www.bdbiosciences.com/research/multicolor/spectrum_viewer/
2) eBioscience社：http://www.ebioscience.com/resources/fluorplan-spectra-viewer.html
3) BioLegend社：http://www.biolegend.com/spectraanalyzer

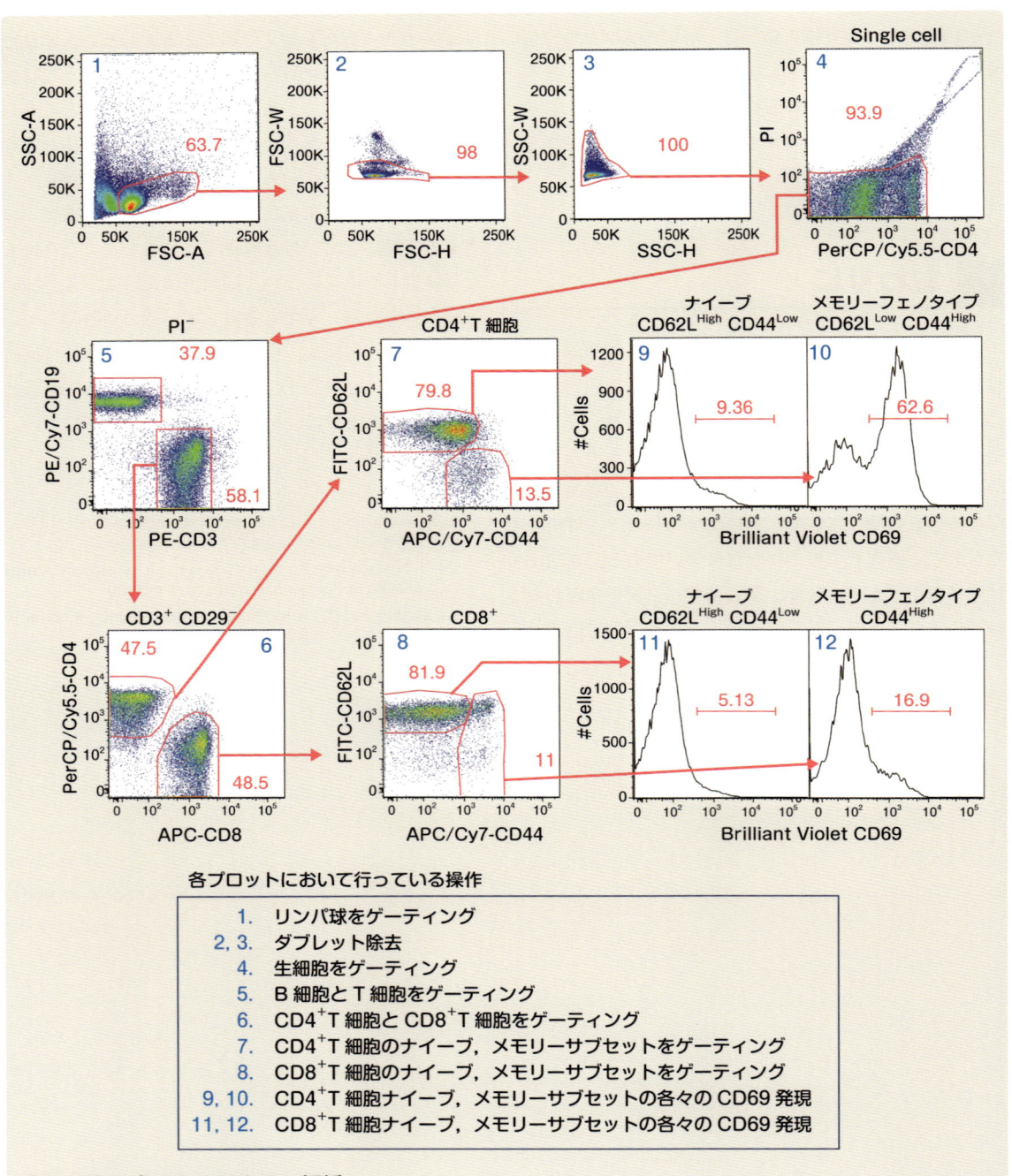

各プロットにおいて行っている操作

1. リンパ球をゲーティング
2, 3. ダブレット除去
4. 生細胞をゲーティング
5. B細胞とT細胞をゲーティング
6. CD4⁺T細胞とCD8⁺T細胞をゲーティング
7. CD4⁺T細胞のナイーブ，メモリーサブセットをゲーティング
8. CD8⁺T細胞のナイーブ，メモリーサブセットをゲーティング
9, 10. CD4⁺T細胞ナイーブ，メモリーサブセットの各々のCD69発現
11, 12. CD8⁺T細胞ナイーブ，メモリーサブセットの各々のCD69発現

図3 7-1色のマルチカラー解析
皮下および腸間膜リンパ節の細胞をプールした後，表4に示した蛍光色素標識抗体および，PIにて染色した後，BD LSR FortessaによりデータをFlowJoで解析して示した．CD4⁺およびCD8⁺細胞をナイーブサブセットとメモリーサブセットに分離した．制御性T細胞は，ここでは分離していない

マルチカラー解析ソフトウエア

本誌中で多数紹介

フローサイトメトリー実験のデータ解析をサポートする世界標準ソフトウエアをご紹介します。両ソフトともお手元のPCでマルチカラーデータ解析を行っていただくことが可能です。

マルチカラー解析の定番ソフトウェア

FLOWJO フロージョー

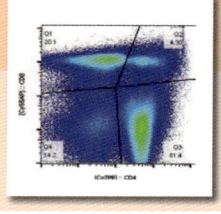

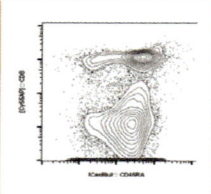

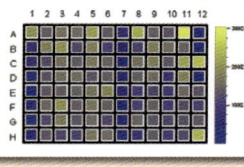

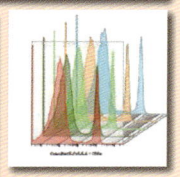

シンプル操作 / 一括処理 / オフライン解析

- **ソフトウエアコンペンセーションによる自動蛍光補正**
  蛍光補正値を自動 or 手動で計算入力することが出来ます。
- **10色以上のマルチカラー解析にも対応**
- **ゲートの一括コピー＆ペースト可能**
  スクリーニングなど多サンプルでも短時間で解析可能
- **シンプルで直感的な操作性**

最新バージョンのv10特長
・FCS3.1解析　　　・軸のスケールを変更可能
・Windows10対応　・スパイダーゲート設定可能
・96ウェルのヒートマップ表示可能

詳細は下記URLもしくは右記QRコードをご参照ください。
URL: http://www.digital-biology.co.jp/allianced/products/flowjo/

CyTOF・マルチカラー解析の新手法

Cytobank サイトバンク

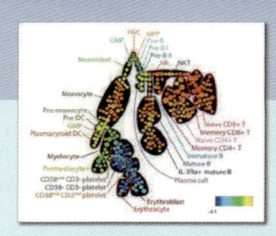

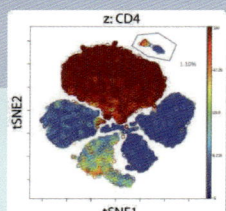

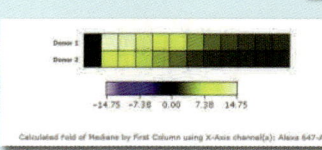

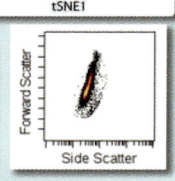

データ共有 / 最新解析手法 / クラウド解析

- **クラウド上で解析データ共有が可能**
- **通常のマルチカラー解析に加えて、統計的に解析できる新解析手法にも対応**
  ・ヒートマップ表示
  ・SPADE解析
  ・viSNE解析
  ・CITRUS解析

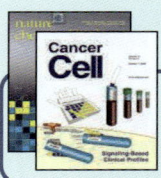

スタンフォード大学やハーバード大学など米国主要大学・製薬会社での導入・有名科学誌に掲載多数

viSNE enables visualization of high dimensional single-cell data and reveals phenotypic heterogeneity of leukemia. Amir el-AD et al. Nat Biotechnol (2013) 31(6):545-52. PMID: 23685480

詳細は下記URLもしくは右記QRコードをご参照ください。
URL: http://www.digital-biology.co.jp/allianced/products/flowjo/

総販売元
Digital Biology®
トミーデジタルバイオロジー株式会社
住所：東京都台東区池之端2-9-1
電話：03-5834-0810
BioLegend製品専用ダイヤル：03-5834-0843
http://www.digital-biology.co.jp/allianced/

30日間無料トライアル！
TEL: 03-5834-0810
Email: info_ap@digital-biology.co.jp

Try Now !

基礎編

Tips フローサイトメトリーのエッセンス

石井有実子

1. 凝集塊, ゴミ, エアには細心の注意を
2. 高速ソーティングは細胞濃度を意識する
3. 専用のサンプル調製用バッファーを用意する
4. サンプルの粘性にも気を配る
5. 溶血剤ごとの違いを把握する
6. 自家蛍光物質を知っておく
7. 細胞を回収するときも油断しない
8. FCMの維持・管理のポイント

ここではフローサイトメーター（FCM）に関するさまざまなアプリケーションなどについての解説ではなく，これから使おうと考えている方々に，初心者（でなくても）がやりがちな失敗や，落とし穴，解決方法について事例ごとにまとめた．

1. 凝集塊, ゴミ, エアには細心の注意を

サンプルの凝集塊，ゴミなどにより発生するノズル詰まりはフローサイトメーターで起こる最も代表的なトラブルであり，特にソーティング時は回収サンプルが無駄になる危険性が高く，多くのユーザーが苦しんできた．

サンプルを測定直前に，30～100 μm線径のナイロンメッシュをカットしたものや，セルストレーナー（細胞の凝集塊やゴミなどを除くためのフィルター）に通すことで，このトラブルはかなり低減する．ほかにもサンプルライン側にストレーナーフィルターをつけることでも，ノズル詰まりはほとんど起こらなくなるが，フィルターにサンプルが付着しやすいため，フィルター側が詰まってサンプルが流れなくなったり，次のサンプルへもち込まれたりする（キャリーオーバー）．これを防ぐには，フィルターをサンプルごとに交換するか，充分に洗浄する必要があるため，同じサンプルを長時間ソーティングするときなどに使用するとよいだろう．

またサンプルを吸いきるなどして，エアが混入するノズル詰まりもよく起きる．エアバブルがノイズとして検出され，サンプルの流れが安定せず，データが乱れるなどの影響を与える．いったんストリームを切り，再度流すことで簡単にエア抜きができる機種もあるが，ノズルをつけ直す→圧力安定までしばらく流す→光軸チェックまでしなければならない機種もあるので，余計な時間を費やしたくないのであれば，サンプルは吸いきらないように注意する．

現在ではノズル詰まりやエアを吸ったことを感知し，自動で止まる機能をもつ機種もあり，ソーティング中の光軸ずれやノズル詰まりの監視のために，常に機械にへばりついていた頃よ

りも，だいぶ気軽な装置となった．しかし，感知機能は完璧ではなく，ノズル詰まりが発生する危険性はゼロではない．また長くサンプルを流していると，細胞が沈殿してイベントレート（細胞が流れる速さ）が落ちるなどのトラブルもあり，定期的なモニターは必要である．

2. 高速ソーティングは細胞濃度を意識する

高速ソーティングの機能をもつ機種であっても，細胞濃度が低ければ細胞流速は低くなり，サンプルの細胞濃度を適切に調整する必要がある．1秒間に10,000個以上の解析・ソーティングが可能な圧力設定時は，$2〜3×10^7$個/mL程度の比較的高い濃度で調製をする．ただし，組織細胞や，がん細胞株などの付着性の強い細胞の場合は，高い濃度では凝集が起こりやすくなり，ノズル詰まりなどの原因となるため，これよりも低い濃度（$5〜9×10^6$個/mL）で調製をする．

3. 専用のサンプル調製用バッファーを用意する

サンプル調製に使用するバッファーは細胞の生存率や凝集などに影響する．使用している培養液をそのまま使用することは可能だが，フェノールレッドによるバックグラウンドの上昇や，粘性が高い場合は液滴形成が不安定になりソーティングの効率が落ちるなどの影響がある．細胞染色とソーティングに使用される基本的なバッファーの組成を続けて示す．

サンプル調製用バッファーの組成

＜Basic Staining（ソーティング）バッファー＞

Cation-free 1 × HBSS w/o Phenol-Red[*1]	1 L
0.5 M EDTA[*2] stock sol（最終濃度1 mM）	2 mL
1 M HEPES[*3]（pH7.0，最終濃度25 mM）	25 mL
1〜2％ Serum	1〜2 mL
ペニシリン/ストレプトマイシン[*4]（×100）	10 mL
（ペニシリン 100 unit/mL, ストレプトマイシン 100 μg/mL）	
Total	約 1 L

[*1] PBSでも解析はできるが，HBSSバッファーの方がソーティング後の細胞の生存率が高くなる．
[*2] リンパ球系の細胞などは凝集傾向が強くないため，EDTAが含まれていなくても問題はない．付着性の強い細胞はEDTA濃度を5 mM程度まであげることで，カチオン依存の細胞接着を抑えることができる．
[*3] 圧力変化に伴う，バッファーのpH変動を低減させるために加える．
[*4] ソーティング後に培養する場合は添加する．

4. サンプルの粘性にも気を配る

　　死細胞が多く含まれるサンプルは，細胞から放出されたDNAで粘性が上がってくる．粘性が上がるとサンプルの凝集によるノズル詰まりやサンプル流の乱流が起こりやすく，ソーティングの効率が落ちたり，データが乱れたりといったようなトラブルが起こりやすくなる．セルストレーナーなどで除くことはできないので，DNase Iで処理をするか，バッファーを追加して粘性を下げる必要がある．通常のサンプルでもあてはまることだが，遠心後に長時間放置すると凝集塊ができやすくなり，細胞の回収率低下の原因となる．遠心後は速やかに上清を捨て，タッピングでペレットを懸濁後，バッファーを加えるようにする．

DNase I 処理

❶ 細胞に100 μg/mL DNase I，5 mM $MgCl_2$ を添加したHBSSバッファーを加え15〜30分室温で反応させる

❷ 5 mM $MgCl_2$ HBSSバッファーで1回洗浄し，前述のBasic Stainingバッファーで懸濁する

❸ セルストレーナーに通す

❹ ソーティング中の凝集を防ぐため，バッファーに$MgCl_2$と20〜50 μg/mL DNase Iを添加する

5. 溶血剤ごとの違いを把握する

　　血液や脾臓細胞などのサンプルで白血球などの解析をする場合，溶血処理が必要になる．溶血処理をしないで直接解析をすると，大量の赤血球が混入するため細胞処理速度が著しく低下し，データ容量を圧迫したり，白血球の蛍光シグナルが落ちたりするなどの悪影響が出る（図1）．また血餅を形成するため，サンプルラインを詰まらせる原因にもなる．

　　市販の溶血剤は溶血作用が強いものが多いが，長時間反応させると有核細胞までダメージを受けるので注意する．また固定剤が含まれている製品もあるため，生細胞での解析をする場合はよく確認をすること．一般的な塩化アンモニウム溶血剤（ACKバッファー）の組成と，溶血処理法を以降に示す．この溶血剤の溶血作用はそれほど強くないため，サンプルによっては反応時間などの条件を検討する必要がある．

> **参考　固定サンプル測定時の注意**
>
> 　　共通機器などで，前の使用者のサンプルにPIなどが添加されていた場合，ラインに微量に残ったPIが固定サンプルを染めてしまうことがある．測定前にはサンプルラインをフローレート最速の状態で，10% bleach，DWの順に各5〜10分程度洗浄をしておく必要がある．

図1 溶血をしていない末梢血サンプルの例
ほとんどが赤血球（ゲート外のドット部分）で占められ，白血球の頻度も0.02％と非常に低い

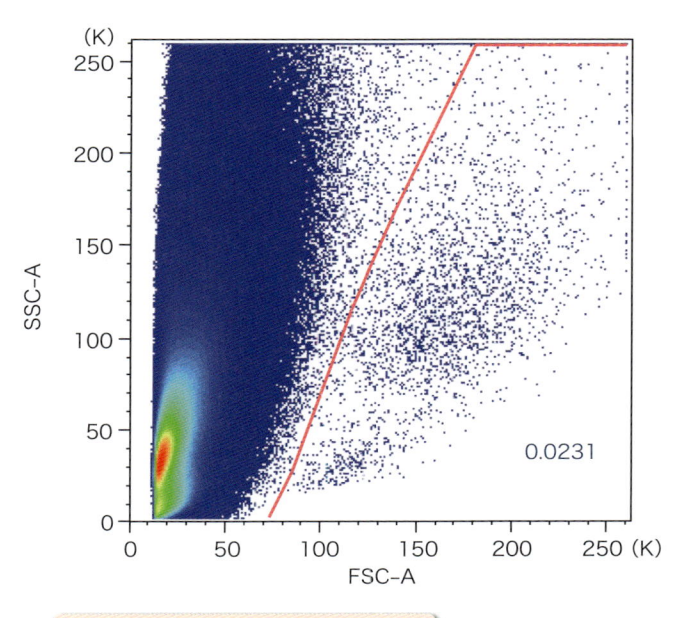

Ungated Event Count：11847944

1. 塩化アンモニウム溶血剤の組成

＜ACK Lysis バッファー 10×ストック溶液＞

1.6 M NH$_4$Cl	8.9 g
100 mM KHCO$_3$	1.0 g
1 mM EDTA	0.037 g
(or 25.4 μL from 500 mM EDTA)	
Total	9.937 g

H$_2$Oで100 mLにメスアップする．50 mLチューブに分注し4℃保存．

＜1×ACK Lysis バッファー＞

ACK Lysis バッファー 10×ストック溶液	5 mL
H$_2$O	45 mL
Total	50 mL

よく混和する．**室温で1週間まで保存可能．**

2. 溶血処理法

ヒト全血の場合

❶ 全血1 mLに対し，10〜20 mLの1×ACK Lysisバッファーを加える

❷ 室温で3～5分反応させる

❸ 300～400×g，室温で5分間遠心後，上清を除き，5 mLの冷PBSを加える

❹ 300～400×g，4℃で5分間遠心後，上清を除き，1 mLのBasic Stainingバッファーに懸濁する

マウス全血の場合

❶ 100 μLに対し1 mLの1×ACK Lysisバッファーを加える

❷ 軽くボルテックスし，300～400×g，室温で5分間遠心後，P200のピペットで上清を除き，1 mL冷PBSを加える

❸ 300～400×g，4℃で5分間遠心，上清を除いてBasic Stainingバッファーに懸濁する

マウス脾臓の場合

❶ 脾臓の細胞懸濁液を300～400×g，4℃で5分間遠心し，上清を捨てペレットを得る

❷ ペレットに5 mLの1×ACK Lysisバッファーを加え，室温あるいは氷上で5分間反応させる　ときどき混和する．

❸ 20～30 mLの冷PBSを加えて希釈し反応を停止させる

❹ 300～400×g，4℃で5分間遠心し，上清を捨ててBasic Stainingバッファーを加える

6. 自家蛍光物質を知っておく

　蛍光顕微鏡などと同様に，フローサイトメーターにおいても，自家蛍光物質の存在は考慮する必要がある．

　代表的な自家蛍光物質としてフラビン類，NAD(P)H，Lipofuscin類，コラーゲン，植物細胞であればさらにクロロフィルなどがある．ある種の培養細胞や，老化した細胞，組織から分離した細胞，死細胞などで，強い自家蛍光をもつものがある．自家蛍光物質は幅広い蛍光波長をもつため，実際に使用している蛍光色素あるいは蛍光タンパク質の蛍光波長と重なることが多い．そのためデータの表示の仕方によっては，本来の蛍光シグナルを測定できず，単に自家蛍光をもっているだけの細胞を解析，ソーティングする危険がある．ここに実際の例を示す（図2）．

　単純なGFP導入細胞のデータだが，1D（ヒストグラム）プロットで直接展開してしまうと，GFP陽性細胞と自家蛍光をもつGFP陰性細胞が重なり，分離することは難しい．またこの状態でソーティングすると，必要のないGFP⁻細胞が混入してしまう．これを避けるためには，GFPチャネルと使用していない蛍光チャネルで，2Dプロットに展開をするとよい．自家蛍光は幅広い蛍光波長をもつものが多く，他のチャネルでも陽性として検出される場合が多いため，GFP⁺

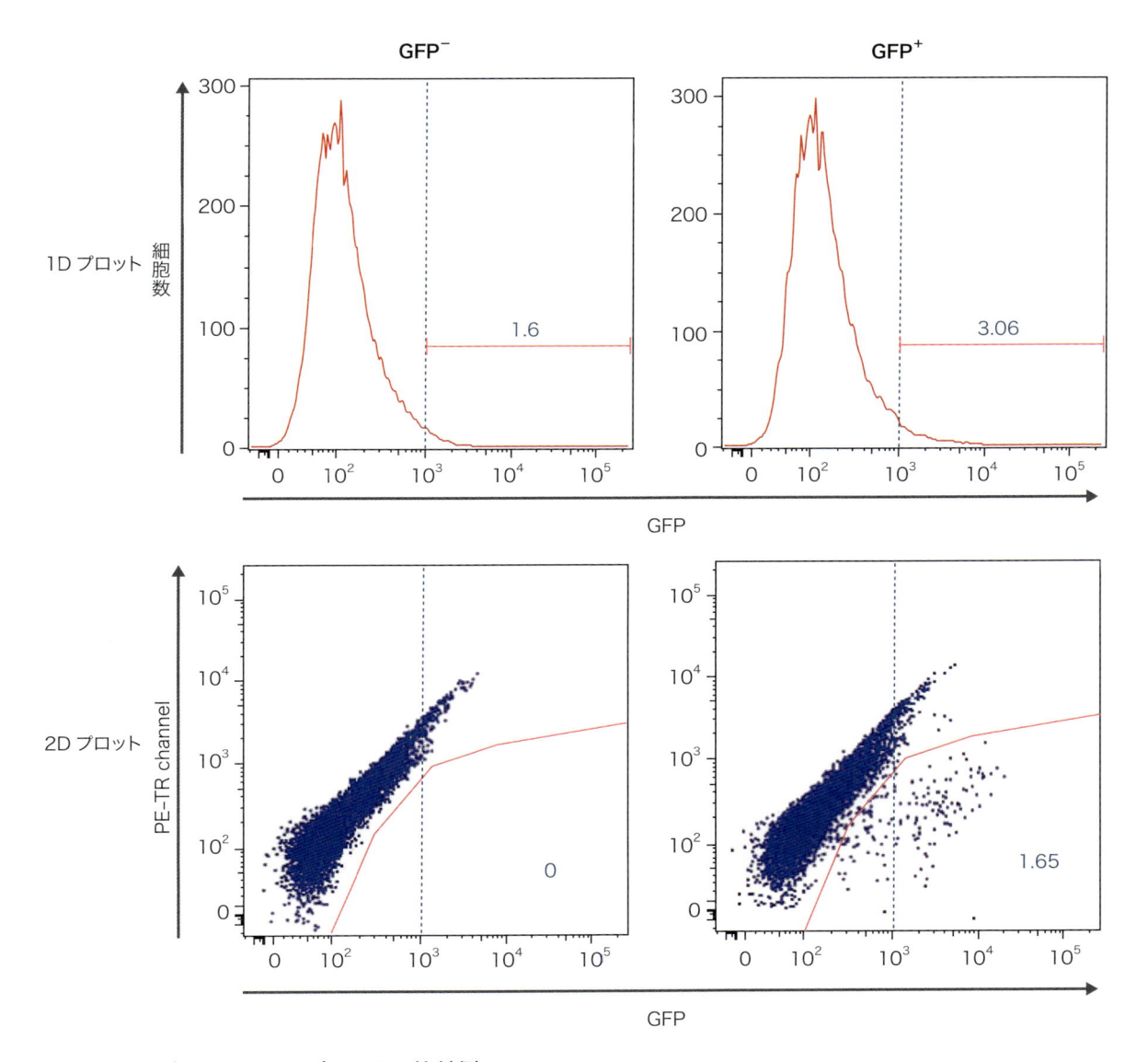

図2　1Dプロットと2Dプロットの比較例

左はGFP導入前の細胞，右は導入後の細胞．1Dプロットでは自家蛍光細胞と発現レベルが低いGFP陽性細胞を分離することはできず，GFP陽性細胞の割合も不正確だが，2Dプロットでは分離が容易で，より正確なGFP陽性細胞の割合がわかる．点線はヒストグラムでのゲート位置を示す

細胞とGFP⁻細胞を明確に分離することができる．これは単染色サンプルにおいても同様である．また死細胞の場合はPIや7-AADなど染色し，除くこともできる．

このようなサンプルで，陽性集団にゲートをかけてオートコンペンセーション（自動蛍光補正）機能を使用すると，自家蛍光細胞の集団に対しても補正をかけようとするため，数値が100％を超えてしまうなど誤りの原因となるので注意が必要となる．

7. 細胞を回収するときも油断しない

　　回収チューブには事前に溶液を入れておくようにする．空のチューブにソートすると，細胞は〜30 m/秒の速度で壁に衝突することになり，確実にダメージを受ける．

　　チューブに入れる溶液はソーティング後の細胞で何をするかによる．例として100％ Serum，培養に使用するメディウム（抗生物質は必須），PBS，Trizolなどがある．

　　ソーティングをする前に，ソート細胞が回収容器中のメディウムに着水するか確認をする．ソーターの機種によっては，サイドストリーム（基礎編1の図2のサンプル回収チューブに向かう流れ）と回収容器の角度がずれているものがあり，容器の口の部分で中央に合わせていても，メディウムなどに到達する前に壁に衝突していることがある．最近はサイドストリームが自動調整される機器もあるが，細胞によってはズレが生じることもあるので，念のため目視で確認した方が安全である．ビーズとサンプルではサイドストリームの開きが異なることがあるため，プレートソーティング時は事前に実際のサンプルでテストしてウェル中に確実に液滴が入るか確認するとよい．

　　液滴電荷方式のソーティングでは，細胞が静電気を帯びるためか，ソート後に容器の壁に強く張りつきやすく，細胞の回収率に影響を及ぼすことがある．

　　回収容器に入れる溶液に20％ Serumなどでプレコートしておくと，細胞の容器の壁への張りつきが抑えられる．またチューブの素材をポリスチレンからポリプロピレンや低吸着タイプのものへ変更することも有効である．また遠心分離後に回収する際は，通常よりも時間を長め（2〜3倍）にすることで回収率が上がる．

8. FCMの維持・管理のポイント

　　フローサイトメーター（FCM）はトラブルが多い装置だが，起きている現象から原因を把握し，迅速に対処することは可能である．FCMのトラブルは経年劣化や突発的故障によるものと，メンテナンス不良や操作ミスなどの人為的なものがある．

1）経年劣化に備える

　　経年劣化によるトラブルの具体例としては，レーザー出力不良，コンプレッサー不良による圧力低下，ノズルやトランスデューサーの劣化による液滴形成不良，サンプルライン劣化，フローセル劣化，光軸ずれ（固定式のFCMの場合は自身で直せない）などがある．突発的故障は基盤故障，バルブ故障，圧力レギュレーター故障などがある．

> **参 考　マルチカラー染色時の注意**
>
> 　非常にくだらない話だが，マルチカラー染色の途中で人に話しかけられたりすると，どこまで蛍光標識抗体を入れていたか高確率で忘れる．前もって抗体をサンプル本数＋αの量でpre-mixしておくと，この手のトラブルは避けられる．

これらの多くは避けられないトラブルであり，基本的にはサービスによる定期点検や修理，サンプルラインなどの簡単なパーツであれば，自身で定期的に交換を行うことで，トラブルの発生を抑えるしかない．

FCMのパーツは高額なものが多いため，修理費用が高額になる場合も多いが，サービス保守契約を結んでいれば定額で，大抵のパーツは修理，交換が可能であり，有償修理と比較して対応も迅速である．予算次第であろうが，稼働率が高い装置（特にソーター）に関しては，契約をしていた方がよいと思われる．

2）メンテナンスはこまめに

メンテナンス不良や操作ミスによるトラブルは，注意していれば避けられるものが多い．以下に具体例と，筆者のラボで実際にあったトラブル例を紹介する．

フローセル形式のソーター（基礎編1を参照）はフローセル部に汚れが溜まりやすく，蓄積した汚れの散乱光ノイズにより解析ができなくなるトラブルがある．そのまま放置していると，汚れがレーザーによって焼きつくなどして，フローセルの寿命を極端に短くしてしまう．そのため前述のサンプルライン洗浄の他に，定期的なフローセルのクリーニングが必要である．定期クリーニングのログをとることで，このようなトラブルは起こりにくくなる．

ノズル詰まりなどで飛び散ったシース液は，放置すると塩析し各パーツを腐食させるため，速やかに拭いておく必要がある．とくにソーティング部，Deflection Plateが腐食すると，ソーティング時にサイドストリームの開きが悪くなり，漏電による火花の発生原因ともなり，非常に危険である．

3）必要な手順を省かない

解析やソーティング中にソフトウェアが，フリーズ（実際には処理が遅くなっている場合もある）し，動作しなくなることがある．この場合は通常タスクマネージャーからソフトを強制終了させるか，装置側の非常停止ボタンを押すことでフリーズ状態を解消することができる（筆者のラボの装置の場合）．ある使用者は，この手順をふまず，PC電源を直接落とした後，すぐに再起動した．その結果，解析ソフトウェアのファイルが破損し，復旧にはサービスによる修理を要した．通常のPC使用の際と同様に，電源から直接落とした直後に再起動をすることは，瞬間的に高い電圧がかかるため，ソフトウェアのみならず，ハードディスクや基盤などへの影響も非常に大きい（実際にこの故障後，基盤も破損し交換を行った）．面倒だからと，必要な手順を省いてしまうと，思わぬトラブルの原因となる．

4）設定やトラブル時の記録はとっておく

操作に慣れてくると，確認不足による失敗（ソートゲート設定，Drop Delay，Laser Delay，ソートモード，サイドストリームなどの確認を怠ることで起きやすい）が増えてくるので注意する．また自身の解析の設定（各パラメーターのVoltage，プロットのパターンなど），ソーティング時の設定（ノズル径，圧力，使用レーザー，光学フィルター構成など）は記録しておくことで，前のユーザーが設定を変えたときや，何かトラブルが起きているときの変化に，すぐ気がつくことができる．同様にトラブルの発生時に出ている現象（エラーログ，データがどのように変化しているかなど）や，起きた原因，どのように対処したかなどの記録をきちんと取っておくと，今後同様のトラブルが発生した時など迅速な対応が可能となる．

まとめ

　現在のFCMは光軸の調整や，Laser Delay，周波数や圧力，Drop Delayの設定などが不要，あるいは自動で行われるのが主流となり，気軽に使用できるようになった．反面，フローサイトメトリーの原理への理解不足から，トラブルが発生した際の原因がわからず，全く対処できない人，またトラブルが起きていることさえ気づかず，間違ったデータをとり続ける人などが増えているように思える．

　フローサイトメトリーの原理を理解することが，正しいフローサイトメトリー使用のためにも，またトラブルによるダウンタイムを減らし，効率よく管理，運用するうえでも重要なことである．

Cell Biology:Cell Imager & Cell Counter

倒立デジタル蛍光顕微鏡
ZOE™ 蛍光セルイメージャー

フローサイトメトリー前の蛍光発現・蛍光染色の確認や細胞培養時の形態観察に最適！

- 明視野＋3蛍光（青/緑/赤）検出
- 長寿命LED光源採用
- 20倍対物レンズ上で4倍対物レンズ相当の広い視野
- 多人数観察に最適な10.1インチカラー液晶
- タッチパネル液晶でタブレットのような簡単操作
- モーターライズステージのため、直感的操作が可能
- ライトシールドにより室内光下でも蛍光検出可能

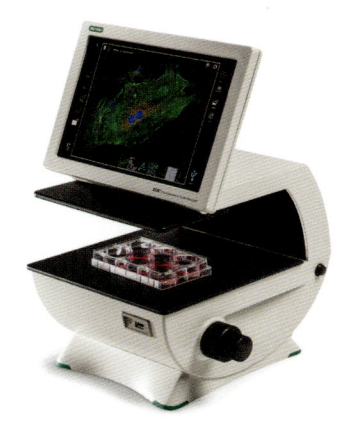

カタログ番号：1450031J1
価格 ¥1,500,000

全自動セルカウンター
TC20™ 全自動セルカウンター

細胞培養時やフローサイトメトリー前の細胞数カウントを自動化
機器による全自動測定で人的誤差を解消します。

- 測定はわずか30秒
- トリパンブルー自動検出（細胞懸濁液のみでは総細胞数のみ計数）
- プリンター付システムもご用意
- 他にはない **複数焦点面分析** により、正確な細胞計数を実現！

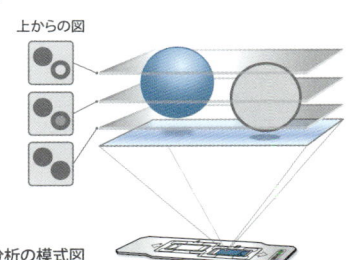

上からの図

複数焦点面分析の模式図

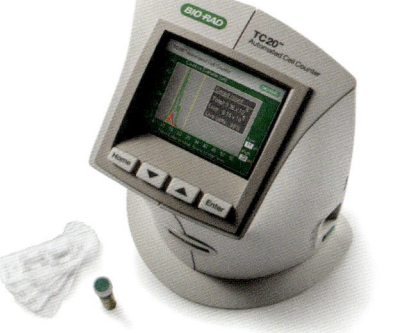

カタログ番号：1450101J1（TC20本体）
価格 ¥480,000

カタログ番号：1450109J1（プリンター付）
価格 ¥540,000

BIO-RAD　バイオ・ラッド ラボラトリーズ 株式会社
ライフサイエンス
TEL：03-6361-7000
www.bio-rad.com

Z10855L 1608a

47

実践編
―プロトコールを中心に―

アナリシス（個々の細胞の状態を調べる）　　　　　　　　50
ソーティング（目的の細胞を生きたまま分取する）　　　126
エマージング・テクノロジー（最先端の技術を知る）　　251

実践編 1　アナリシス（個々の細胞の状態を調べる）

DNA量の変化などを利用した細胞周期の解析

武石昭一郎，中山敬一

実験の目的とポイント

細胞増殖は生物にとって最も重要な営みの1つであり，その理解に細胞周期の制御機構の解明は欠かせない．特にがん細胞の細胞周期制御に関する知見は新たながん治療の開発に直結する可能性を有しており，これまでに世界中の研究者が精力的に解析してきた．本稿ではフローサイトメトリーを用いてDNA・RNA量やDNAの複製，ヒストンのリン酸化などを検出し，細胞周期を解析する手法について，S期，M期，G0期に分けて詳しく紹介する．

はじめに

　細胞周期の制御は細胞増殖という生物にとって最も重要な現象と密接に関連しており，その制御機構の解明は生物学における重要なテーマの1つである．細胞周期はG1期→S期→G2期→M期の順に進行するが，S期ではDNAが複製されてDNA量が2Nから4Nへと増加し，M期では細胞分裂が起こりDNAが2個の娘細胞に分配される（図1）．細胞周期の制御機構の破綻は発がんを招くことから，細胞周期研究は基礎医学のみならず臨床医学にも大きく貢献しており，抗がん剤の多くは細胞周期の制御機構に関する知見をもとに開発されている．
　胎児期の細胞やがん細胞が増殖期に存在しているのに対し，成体の分化した細胞は増殖期を

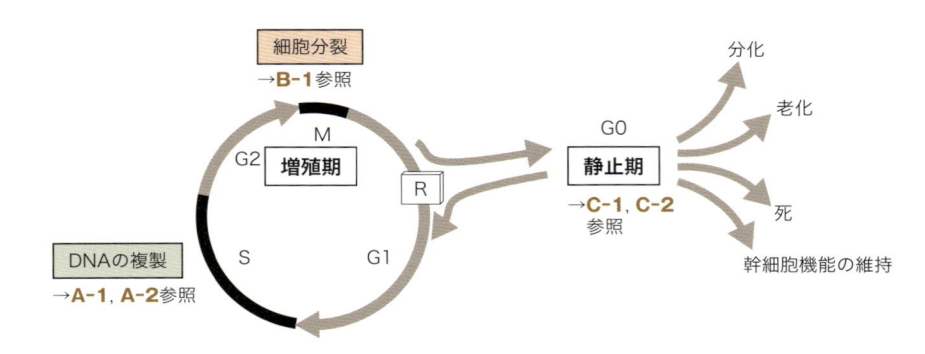

図1　細胞周期の概要
増殖している細胞はG1→S→G2→M期の順に細胞周期を回り，その数を増加させる．一方，終末分化した細胞，老化細胞，死細胞，体性幹細胞などは増殖期を脱出してG0期に留まっている．R：restriction point（制御点）

脱出してG0期とよばれる静止期に維持されている（図1）．この静止期は分化だけではなく老化，アポトーシスなどさまざまな生命現象の入り口となっている．また最近，造血幹細胞などの体性幹細胞や，がん細胞を生み出すがん幹細胞がG0期に留まっており，この細胞周期の静止性が幹細胞機能の維持に重要であると考えられていることから[1)〜3)]，増殖期だけではなく静止期の制御機構の解明も細胞周期研究における重要な課題である．

　フローサイトメトリーは定量性に優れ，また短時間で多数の細胞の解析が可能であることから，細胞周期の解析において重要な役割を果たしてきた．特にがん組織のような不均一な細胞から構成されている組織の解析には，1細胞ごとの情報が得られるフローサイトメトリーは非常に有用である．本稿ではフローサイトメトリーを用いたS期（**A**参照），M期（**B**参照），G0期（**C**参照）の検出法を紹介する．

A. S期の検出

　細胞周期の進行に伴って劇的に量が変化し，かつフローサイトメトリーで容易に検出できる細胞成分はDNAである．DNAの検出試薬としては主にPI（propidium iodide），7-AAD（7-amino-actinomycin D），Hoechst 33342が用いられ（表），いずれもDNAの二重らせん構造にインターカレートすることにより蛍光を発し，その強度を調べることによりDNA量を定量できる．これらの蛍光色素のうちPIおよび7-AADは生細胞の細胞膜を透過しないため，染色には膜透過処理が必要となる．7-AADがGC塩基対に特異的に結合するのに対し，PIにはそのような塩基配列の選択性はない．一方，Hoechst 33342はAT塩基対に特異的に結合する試薬であり，膜透過処理を行わなくても染色が可能という利点があるが，励起にUVレーザーを必要とする．ここでは，これらの核染色試薬のうちPIを用いた細胞周期の解析法を紹介する（Hoechst 33342を用いた解析法は後述）．

表　核染色試薬の比較

蛍光色素	膜透過処理	塩基配列選択性	励起レーザー
PI	必要	なし	Arレーザー
7-AAD	必要	GC塩基対	Arレーザー
Hoechst 33342	不要	AT塩基対	UVレーザー

A-1. PI染色

準備

細胞
- □ Jurkat細胞

試薬

- ☐ PBS（phosphate buffered saline）
- ☐ PI/PBS
    $2\mu g/mL$，遮光して4℃で保存
- ☐ 100％エタノール

プロトコール

❶ 1×10^6個の細胞をPBS 300 μLに溶解し，1.5 mLマイクロチューブに入れる*1．このチューブにエタノールを1滴ずつ加えては，直ちにボルテックスをすることを繰り返し，100％エタノールを計700 μL加える（エタノールの最終濃度：70％）

> *1 染色する細胞数によってフローサイトメトリーで検出されるPIの蛍光強度が異なるため，サンプル間で細胞数をきちんと揃えることが重要である（Hoechstも同様）．

❷ 氷上で30分静置する*2

> *2 エタノール固定後は−20℃で半永久的に保存可能である（以降の実験でも同様）．

❸ PBS 1 mLで1回洗浄後，PI/PBS溶液 1 mLで沈殿を溶解する

❹ ナイロンメッシュで濾過し，フローサイトメトリーで解析する

実験例～PI染色を用いたS期の検出

上記プロトコールに沿ってJurkat細胞をPI染色し，フローサイトメトリーで解析した（図2）．核染色試薬のみによる細胞周期の解析にはいくつかの欠点がある．まず，DNA量の情報だけではG0期とG1期，およびG2期とM期の細胞を区別することができない．もう1つの欠点は，細胞周期の「進行」を直接検出できないことである．例えば，図2で示したS期の細胞が，S期を進行しているのか，それともS期で停止しているのかを判断することは困難である．このS期の進行を調べるために用いられるのがチミジンアナログであるブロモデオキシウリジン（bromodeoxyuridine：BrdU）である．これはS期においてDNAが複製される際にBrdUを取り込ませ，抗BrdU抗体で検出することにより，S期を進行しているかどうかを確認する方法である．そこで次に，このBrdU染色と前述したPI染色を組み合わせたS期の検出法を紹介する．

実践編　アナリシス **1**

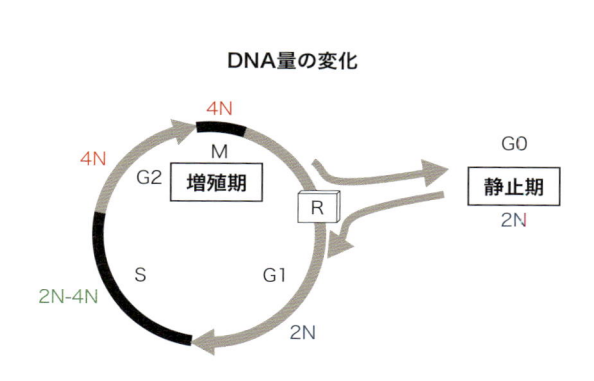

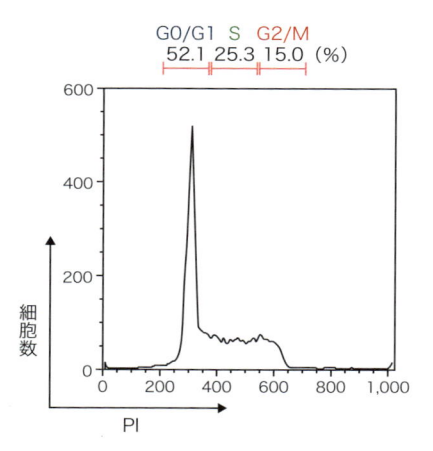

図2　Jurkat細胞のPI染色例
DNA量が2N, 2N-4N, 4Nの分画はそれぞれG0/G1期, S期, G2/M期の細胞を示している. 右図のG0/G1, S, G2/Mの区分は, 専用解析ソフトを用いたフィッティングによる

A-2. PI/BrdU染色

準備

細胞
- [ ] Jurkat細胞

試薬
- [ ] 10 mM BrdU（B5002, シグマ・アルドリッチ社）
    PBSに溶解し, −20℃で保存.
- [ ] 2N HCl/0.5% Triton X-100
- [ ] 0.1 M 四ホウ酸ナトリウム（B9876, シグマ・アルドリッチ社）
    pH 8.5に調整.
- [ ] 1% BSA/0.5% Tween 20/PBS
    4℃で保存.
- [ ] FITC-抗BrdU抗体（556028, BD Biosciences社）
- [ ] PI/PBS
    2 μg/mL.
- [ ] 100％エタノール

プロトコール

❶ 6ウェルプレートに1×10⁶個の細胞を撒き, インキュベーターで培養する

❷ 細胞を回収する1時間前にBrdUを最終濃度が10μMとなるように添加する[*3]

> [*3] BrdUの取り込みは細胞の種類や培養条件によって異なるため，BrdUを添加してから細胞を回収するまでの時間は検討が必要である．

❸ 回収した細胞をPBS 300μLに溶解し，1.5 mLマイクロチューブに移す．このチューブをボルテックスしながら，100％エタノールを1滴ずつ700μL加える

❹ 氷上で30分静置する

❺ 2,300×gで2分遠心後，50μL程度溶液が残るように上清を吸引し，タッピングの後，ピペッティングして余った溶液で沈殿を溶解する

❻ チューブに2N HCl/0.5％ Triton X-100を1滴ずつ加えては，直ちにボルテックスすることを繰り返し，2N HCl/0.5％ Triton X-100を計500μL加える

❼ 室温で30分静置する（DNAの単鎖化）

❽ 2,300×gで2分遠心後，上清を吸引し，0.1M 四ホウ酸ナトリウム500μLで沈殿を溶解する

❾ 室温で2分静置する（HClの中和）

❿ 1％ BSA/0.5％ Tween 20/PBS溶液1 mLで1回洗浄後，同溶液80μLで沈殿を溶解し，FITC-抗BrdU抗体を20μL加える

⓫ 遮光して室温で30分静置する

⓬ 1％ BSA/0.5％ Tween 20/PBSを1 mL加え，2,300×gで2分遠心後，上清を吸引し，PI/PBS溶液1 mLで沈殿を溶解する

⓭ ナイロンメッシュで濾過し，フローサイトメトリーで解析する

実験例〜PI/BrdU染色を用いたS期の検出

　　　　　Jurkat細胞は急性リンパ性白血病患者由来の細胞株であるが，このタイプの白血病の治療に用いられている抗がん剤の1つがダウノルビシン（daunorubicin：DNR）である．DNRは核酸合成やDNAポリメラーゼの活性の阻害により抗がん作用を発揮する薬剤であり，DNR処理がJurkat細胞のS期の進行に及ぼす影響を調べた．

　　はじめに，6ウェルプレートに1×10⁶個のJurkat細胞を撒き（メディウム2 mL），PBSまたは1 mM DNR（30450，シグマ・アルドリッチ社）を20μL添加し（DNRの最終濃度：10μM），インキュベーターで培養した．DNRを添加して3時間後に，10 mM BrdUを2μL加え，さらに1時間培養した後に細胞を回収した（図3上段）．その後，回収した細胞を上記プロトコールに沿ってPIおよび抗BrdU抗体で染色し，フローサイトメトリーで解析した（図3下段）．

実践編　アナリシス **1**

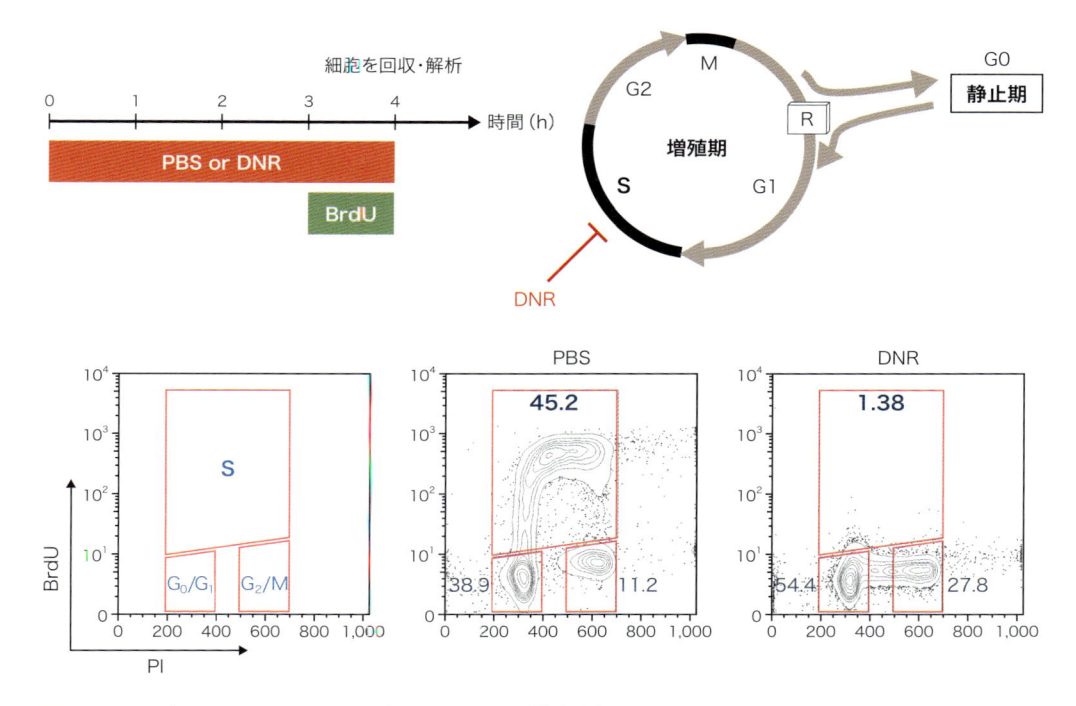

図3　DNR処理したJurkat細胞のPI/BrdU染色例

DNR処理によりBrdUの取り込みが著明に抑制されており，S期の進行が障害されている（DNAの複製が行われていない）ことがわかる

B. M期の検出（PI/リン酸化ヒストンH3染色）

前述のように，核染色試薬のみによる細胞周期の解析ではG2期とM期の細胞を区別することができないが，ヒストンH3のリン酸化を指標にしてM期を検出することができる．細胞周期の進行に伴うヒストンH3の10番目のセリン（Ser[10]）および28番目のセリン（Ser[28]）のリン酸化はAurora BキナーゼやPP1ホスファターゼによって厳密に制御されており，前者（pSer[10]）はG2後期からM期の後期にかけて，後者（pSer[28]）はM期の前期から後期にかけておこる．ここでは，このリン酸化ヒストンH3（pSer[28]）染色とPI染色を組み合わせたM期の検出法を紹介する．

準備

細胞
☐ Jurkat細胞

試薬

- [ ] 2％ Fetal calf serum（FCS）/0.1％ NaN$_3$/PBS
    4℃で保存．
- [ ] Alexa Fluor 647-抗リン酸化ヒストンH3（pSer^{28}）抗体（558217, BD Biosciences社）
- [ ] PI/PBS
    2 μg/mL

プロトコール

❶ 1×10^{6}個の細胞をPBS 300 μLに溶解し，1.5 mLマイクロチューブに入れる．このチューブをボルテックスしながら，100％エタノールを1滴ずつ計700 μL加える

❷ −20℃で4時間静置する

❸ 2％ FCS/0.01％ NaN$_3$/PBS溶液1 mLで1回洗浄後，同溶液80 μLで沈殿を溶解し，Alexa Fluor 647-抗リン酸化ヒストンH3（pSer^{28}）抗体を20 μL加える

❹ 遮光して室温で20分静置する

❺ 2％ FCS/0.01％ NaN$_3$/PBSを1 mL加え，2,300×gで2分遠心後，上清を吸引し，PI/PBS溶液1 mLで沈殿を溶解する

❻ ナイロンメッシュで濾過し，フローサイトメトリーで解析する

実験例～PI/リン酸化ヒストンH3染色を用いたM期の検出

急性リンパ性白血病の治療にはDNRの他に，アルカロイド系抗がん剤であるビンクリスチン（vincristine：VCR）が使用される．VCRは微小管重合の阻害により抗がん作用を発揮する薬剤であり，VCR処理によるM期のJurkat細胞の割合の変化を調べた．

はじめに，6ウェルプレートに1×10^{6}個のJurkat細胞を撒き（メディウム2 mL），MeOHまたは0.5 mM VCR（V8879，シグマ・アルドリッチ社）を2 μL添加し（VCRの最終濃度：0.5 μM），インキュベーターで培養した．そして，VCRを添加して4時間後に細胞を回収した（図4上段）．その後，回収した細胞を上記プロトコールに沿ってPIおよび抗リン酸化ヒストンH3（pSer28）抗体で染色し，フローサイトメトリーで解析した（図4下段）．

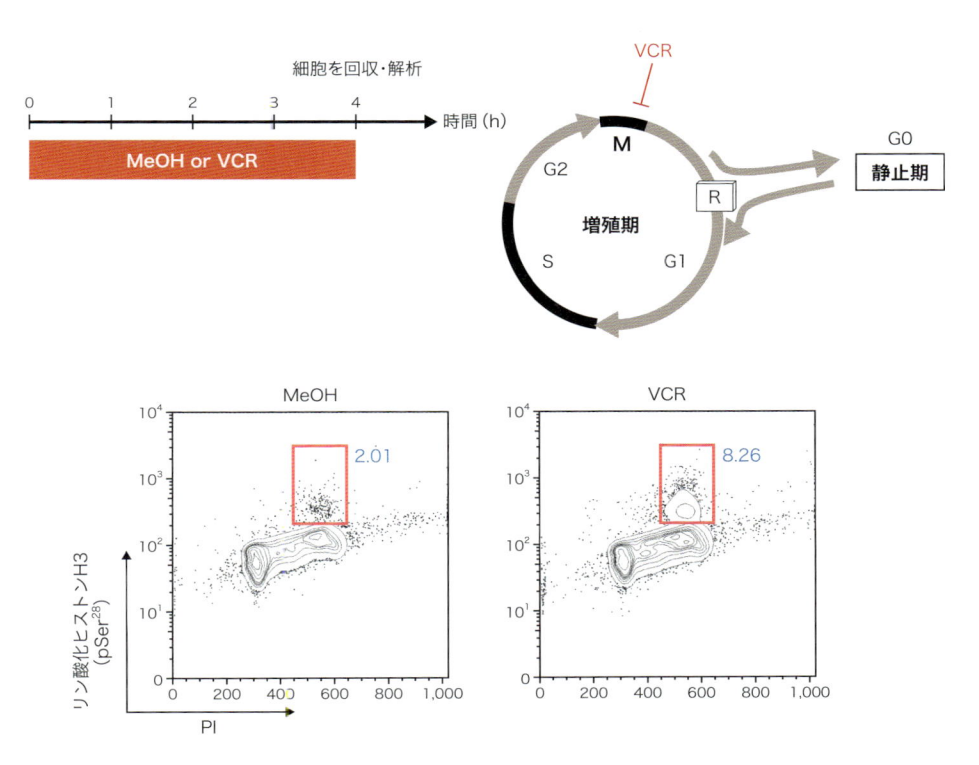

図4　VCR処理したJurkat細胞のPI/リン酸化ヒストンH3（pSer²⁸）染色例
□で囲んでいる分画がM期の細胞を示している．VCR処理したJurkat細胞ではこの細胞集団の割合が増加していることから，VCRによりM期の進行が障害されていることがわかる

C. G0期の検出

　PI/BrdU染色などではG0期とG1期の細胞を区別することができないため，G0期の検出にはKi-67などが用いられる．このKi-67はもともと白血病患者の血液中の自己抗体として発見された抗体の名称だったが，その後この抗体が認識するKi-67抗原が増殖期の細胞に高発現しており，特にS期でその発現量が増加し，M期で最大となることが明らかとなった．現在ではKi-67はがん細胞などの増殖能の指標として用いられている他に，Ki-67低発現の細胞集団をG0期の細胞と定義して解析している論文も散見される．Ki-67の機能に関しては，リボソームRNAの転写に関係しているという報告もあるが[4]，いまだ不明な部分が多い．ここではまず，このKi-67染色とPI染色を組み合わせたG0期の検出法を紹介する．

C-1. PI/Ki-67染色

準備

細胞
- ☐ NIH 3T3細胞

試薬
- ☐ 2％FCS/0.01％NaN₃/PBS
- ☐ FITC-抗Ki-67抗体（556026, BD Biosciences社）
- ☐ PI/PBS
  $2\,\mu g/mL$

プロトコール

❶ 1×10^6個の細胞をPBS 300 μLに溶解し，1.5 mLマイクロチューブに入れる．このチューブをボルテックスしながら，100％エタノールを1滴ずつ計700 μL加える

⬇

❷ －20℃で2時間静置する

⬇

❸ 2％FCS/0.01％NaN₃/PBS溶液1 mLで1回洗浄後，同溶液100 μLで沈殿を溶解し，FITC-抗Ki-67抗体を20 μL加える

⬇

❹ 遮光して室温で30分静置する

⬇

❺ 2％FCS/0.01％NaN₃/PBSを1 mL加え，2,300×gで2分遠心後，上清を吸引し，PI/PBS溶液1 mLで沈殿を溶解する

⬇

❻ ナイロンメッシュで濾過し，フローサイトメトリーで解析する

実験例～PI/Ki-67染色によるG0期の検出

　G0期の解析において，最もよく用いられる細胞の1つが血清飢餓状態で培養した線維芽細胞である．ここではNIH 3T3細胞を通常の培養条件下または血清飢餓状態で培養し，静止期の割合を比較した．

　はじめに，通常の培養条件下で培養したNIH 3T3細胞として，15 cmディッシュに1×10^6個のNIH 3T3細胞を撒き，インキュベーターで培養した．培養開始から24時間後に細胞がコンフルエントになっていないことを確認し，細胞を回収した（図5上段）．次に，血清飢餓状態で培養したNIH 3T3細胞として，10 cmディッシュに2.5×10^6個のNIH 3T3細胞を撒き，インキュベーターで培養した．培養開始から24時間後に細胞がコンフルエントになっていることを確認し，メディウムを1％CS（calf serum）に交換して，さらに48時間培養した後に細胞を

実践編　アナリシス **1**

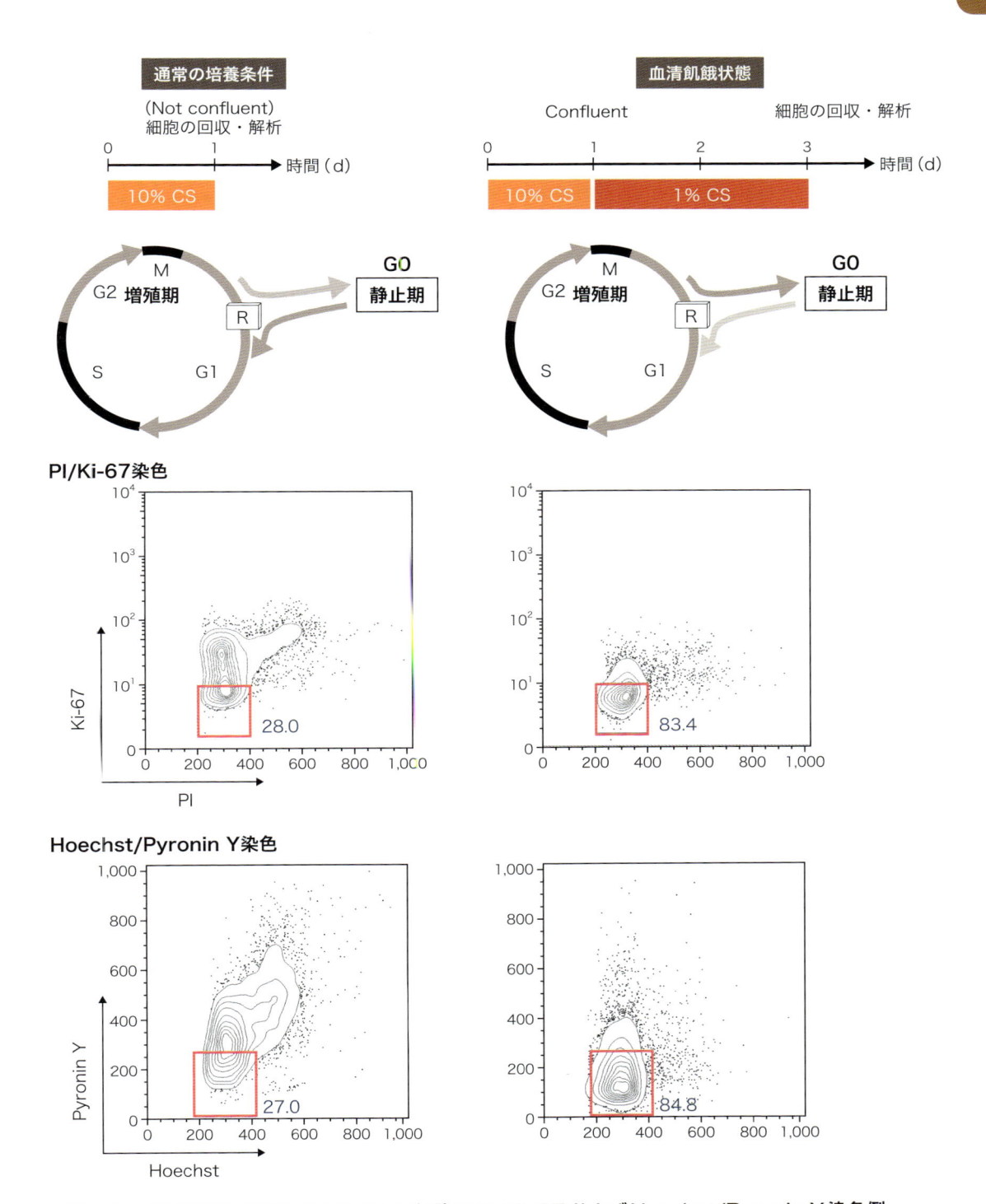

図5　血清飢餓状態で培養したNIH 3T3細胞のPI/Ki-67およびHoechst/Pyronin Y染色例
□で囲んでいる分画が静止期の細胞を示している．PI/Ki-67染色とHoechst/Pyronin Y染色においてほぼ同様の結果が得られており，血清飢餓によりほとんどのNIH 3T3細胞が静止期へと誘導されていることがわかる．ただし，いずれの染色法においてもゲーティングは恣意的であると言わざるを得ない．「おわりに」参照

59

回収した（図5上段）．その後，回収したこれらの細胞のうち，それぞれ 1×10^6 個を上記プロトコールに沿って PI および抗 Ki67 抗体で染色し，フローサイトメトリーで解析した（図5中段）．

　G0期の検出に用いられる試薬にはKi-67の他にPyronin Yがあるが，このPyronin YはRNAと結合することにより蛍光を発する色素である（DNAにも結合する）．これはG0期の細胞では代謝が低下して細胞内の総RNA量が減少していることを利用した検出法であり，Pyronin Y^{low}の細胞集団がG0期の細胞と定義されている．Pyronin YはPIとの蛍光スペクトルの重なりが大きいため，Pyronin Y染色をPI染色と組み合わせることは困難である．そこで次に，Pyronin Y染色をHoechst染色と組み合わせたG0期の検出法を紹介する．これは細胞を37℃でインキュベートすることにより，膜透過処理を行わずに蛍光色素を細胞内に取り込ませるというユニークな手法である．

▢ C-2. Hoechst/Pyronin Y 染色

準備

細胞
- ☐ NIH 3T3 細胞

試薬
- ☐ Hoechst 33342（B2261，シグマ・アルドリッチ社）
  1 mg/mL．超純水に溶解し，遮光して－20℃で保存．
- ☐ Pyronin Y（P9172，シグマ・アルドリッチ社）
  1 mg/mL．超純水に溶解し，遮光して室温で保存．

プロトコール

❶ 1×10^6 個の細胞をPBS 1 mLに溶解し，Hoechst 33342を5 μL加える
　Hoechstの最終濃度：5 μg/mL*1～3．

> *1　免疫染色などでよく用いられるHoechst 33258は生細胞の細胞膜透過性が低いため，このプロトコールではHoechst 33342を使用する．
> *2　体性幹細胞はHoechstを細胞外に汲み出すという性質を有している．このため，このプロトコールを用いて体性幹細胞の静止期の割合を調べる際には，ベラパミルを添加してHoechstの排出を阻害する必要がある．
> *3　Pyronin YはRNAだけではなくDNAにも結合するため，Hoechstを先に加えてDNAと結合させる．

❷ 37℃のウォーターバスで40分間インキュベートする
　20分の時点でチューブを転倒混和する．

❸ 細胞を洗浄せずに，Pyronin Yを1 μL加える
　Pyronin Yの最終濃度：1 μg/mL．

❹ 37℃のウォーターバスでさらに20分間インキュベートする
　　Hoechstは60分間染色することになる．

❺ PBS 1 mLで1回洗浄し，同溶液1 mLで沈殿を溶解する

❻ ナイロンメッシュで濾過し，フローサイトメトリーで解析する[*4]

*4　Pyronin Yはlinear scaleで展開する．

実験例～Hoechst/Pyronin Y染色によるG0期の検出

　C-1.と同様に，通常の培養条件下または血清飢餓状態で培養したNIH 3T3細胞を調製した．調製した細胞のうち 1×10^6 個を上記プロトコールに沿ってHoechstおよびPyronin Yで染色し，フローサイトメトリーで解析した（図5下段）．

　われわれは造血幹細胞や白血病幹細胞の静止期維持機構に関する研究を行っており，最近その成果を発表したが[5)6)]，これらの論文ではHoechst/Pyronin Y染色を用いている．このような幹細胞の細胞周期解析では，細胞周期マーカーの染色に加えて，細胞膜に発現している幹細胞マーカーの染色が必要となることが多いが，細胞表面抗原の染色はHoechst/Pyronin Y染色の後に行う．

おわりに

　フローサイトメトリーを用いた細胞周期研究はすでに広く行われているが，今後検討すべき課題も多く，G0期の検出法の改良もその1つである．今回G0期の解析法としてKi-67およびPyronin Yを紹介したが，いずれも細胞周期の静止性を直接検出しているものではない．このようにS期などと比較してG0期の真の検出法が確立されていない背景として，G0期自体がいまだブラックボックスであることがあげられる．したがって，G0期維持機構の全容解明がG0期の検出法の改良の鍵となるであろう．そして，そのようなフローサイトメトリーを用いた細胞周期の解析法の開発は体性幹細胞やがん幹細胞の理解を通して基礎医学の発展に寄与するのみならず，再生医療や新たながん治療の開発など臨床医学の進歩にも貢献するものと期待される．

◆ 文献

1) Matsumoto, A. & Nakayama, K. I.：Biochim Biophys. Acta, 1830：2335-2344, 2013
2) Clevers, H.：Nat. Med., 17：313-319, 2011
3) Takeishi, S. & Nakayama, K. I.：Br. J. Cancer, 111：1054-1059, 2014
4) Bullwinkel, J. et al.：J. Cell. Physiol., 206：624-635, 2006
5) Matsumoto, A. et al.：Cell Stem Cell, 9：262-271, 2011
6) Takeishi, S. et al.：Cancer Cell, 23：347-361, 2013

◆ 参考

- 『キーワードで理解する細胞周期イラストマップ』（中山敬一／編），羊土社，2005
- 『細胞周期の最前線』（中山敬一／編），実験医学増刊 Vol.23 No.9，羊土社，2005
- 『ヒトと医学のステージへ拡大する細胞周期』（中山敬一／編），実験医学増刊 Vol.31 No.2，羊土社，2013

実践編

アナリシス（個々の細胞の状態を調べる）

2 Fucciを用いたマルチカラー細胞周期解析

阪上—沢野朝子，宮脇敦史

実験の目的とポイント

Fucciは細胞周期の変遷をリアルタイムに抽出する技術である．タイムラプスイメージングや生物個体イメージングを行う研究でその威力を発揮することが示されてきたが，本稿では，フローサイトメトリーのような細胞集団スナップショット解析においても有効であることを実証したい．Fucci技術に，従来の細胞周期解析手法（DAPI染色，Hoechst染色，BrdUあるいはEdUの取り込みなど）を組み合わせ，細胞周期変遷と核DNAの量および複製との相関を詳細に解析する．

はじめに

2008年，われわれは細胞周期を生きたままの状態で可視化する技術Fucci（fluorescent ubiquitination-based cell cycle indicator：" フーチ " と発音する）の開発を報告した[1]．Fucciを発現する細胞をフローサイトメトリーで解析する基本的実験法を解説しながら，蛍光タンパク質と蛍光有機化合物とを併用する技術に触れたい．細胞周期制御のダイナミズムに迫るためには，複数の蛍光色素を組み合わせた多角的な解析が必要である．色素の蛍光特性と，励起レーザーや蛍光フィルターなどのハードウエア特性を相互に把握することがますます求められる．

Fucciを用いたマルチカラー解析

図1にFucciを中心としてマルチカラー解析を行う際の基本セットを示す．こうした図を作成するうえで，Spectrum Manager（理研BSI—オリンパス連携センターが無償ソフトウェアを提供）が役に立つ[2]．

第1世代Fucciは，FucciG1〔mKO2-hCdt1（30/120）〕とFucciS/G2/M〔mAG-hGeminin（1/110）〕より構成される[1]．それぞれの蛍光特性は，mKO2（励起極大/蛍光極大は548/559 nm），mAG（492/505 nm）である．これら2色の蛍光タンパク質は，いずれも488 nmレーザーで励起が可能である．561 nm近辺の励起レーザーが搭載されていないフローサイトメーターでも解析することができる．もちろん，488 nmの1波長励起と，488 nmプラス561 nmの2波長励起とでは，異なる展開パターンのドットプロットが得られる．

第2世代Fucci2は，FucciG1〔mCherry-hCdt1（30/120）〕とFucciS/G2/M〔mVenus-hGeminin（1/110）〕より構成される[3,4]．それぞれの蛍光特性は，mCherry（587/610 nm），

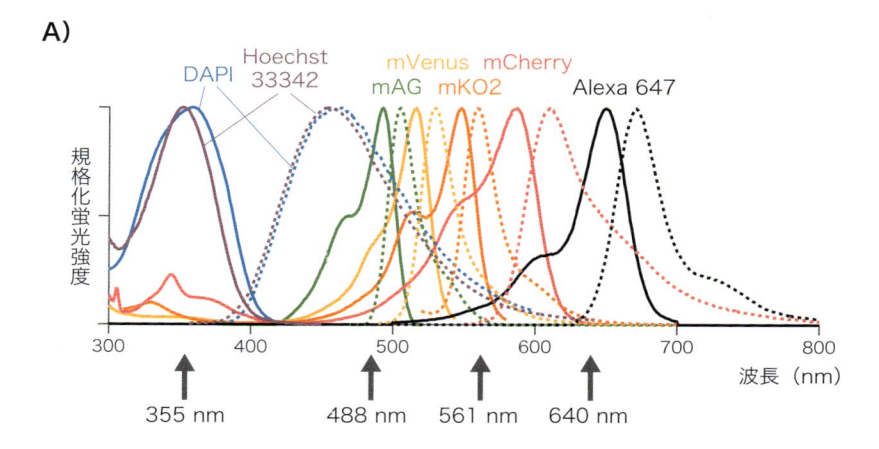

A)

[グラフ: 各種蛍光色素の励起スペクトル（実線）と蛍光スペクトル（破線）。DAPI, Hoechst 33342, mAG, mVenus, mKO2, mCherry, Alexa 647。励起レーザー: 355 nm, 488 nm, 561 nm, 640 nm]

B)

BD FACSAria II		核DNA量	Fucci		EdU/Ki-67
		DAPI/Hoechst 33342	mAG/mVenus	mKO2/mCherry	Alexa 647
	励起レーザー	355 nm	488 nm	561 nm	640 nm
	蛍光フィルター	450/50BP	530/30BP	610/20BP	710/50BP

図1　Fucci解析を考慮したスペクトルマネジャー
A) DAPI, Hoechst 33342, Fucci (mAG, mKO2), Fucci2 (mVenus, mCherry), Alexa 647の励起スペクトル（実線）と蛍光スペクトル（破線）．B) Fucciと，核DNA量（DAPIまたはHoechst 33342），DNA複製（Alexa 647），Ki-67（Alexa 647）を解析する際のフローサイトメーターセットアップ．測定にはBD FACSAria IIを使用した

mVenus（515/528 nm）である．これら2色の場合には，488 nmと561 nmの励起レーザーを別々に用いることが勧められる．

　Fucciのシグナルすなわち細胞周期情報と同時に，核DNA量に関する情報を得るためには，細胞をDAPI（358/461 nm）やHoechst 33342（350/461 nm）で染色し，355 nmレーザーで励起して解析すればよい．また，抗Ki-67抗体の染色やEdU（5-ethynyl-2′-deoxyuridine）の取り込みなどをAlexa 647（650/668 nm）で標識し，640 nmレーザーで読み出すことができる．

A. Fucci + Ki-67：exponentially growing state vs. contact inhibition state

　NMuMG細胞はコンフルエントになると細胞増殖を停止する（接触阻害）[4)5)]．Fucciを恒常的に発現するNMuMG細胞（NMuMG/Fucci細胞）において，核DNA量とKi-67抗原量を測定した．細胞の増殖の状態（図2A〜D）と接触阻害の状態（図2E〜H）との比較検討から，Fucciの赤色蛍光シグナル（mKO2）を示す細胞群の中にRed[high]（#1）とRed[mid]（#2）の2つの分画が確認でき，それぞれquiescent G0 phase（静止期）（Ki-67⁻）とcycling G1 phase（Ki-67⁺）に相当することが示唆された．以下，本実験のプロトコールを紹介する．

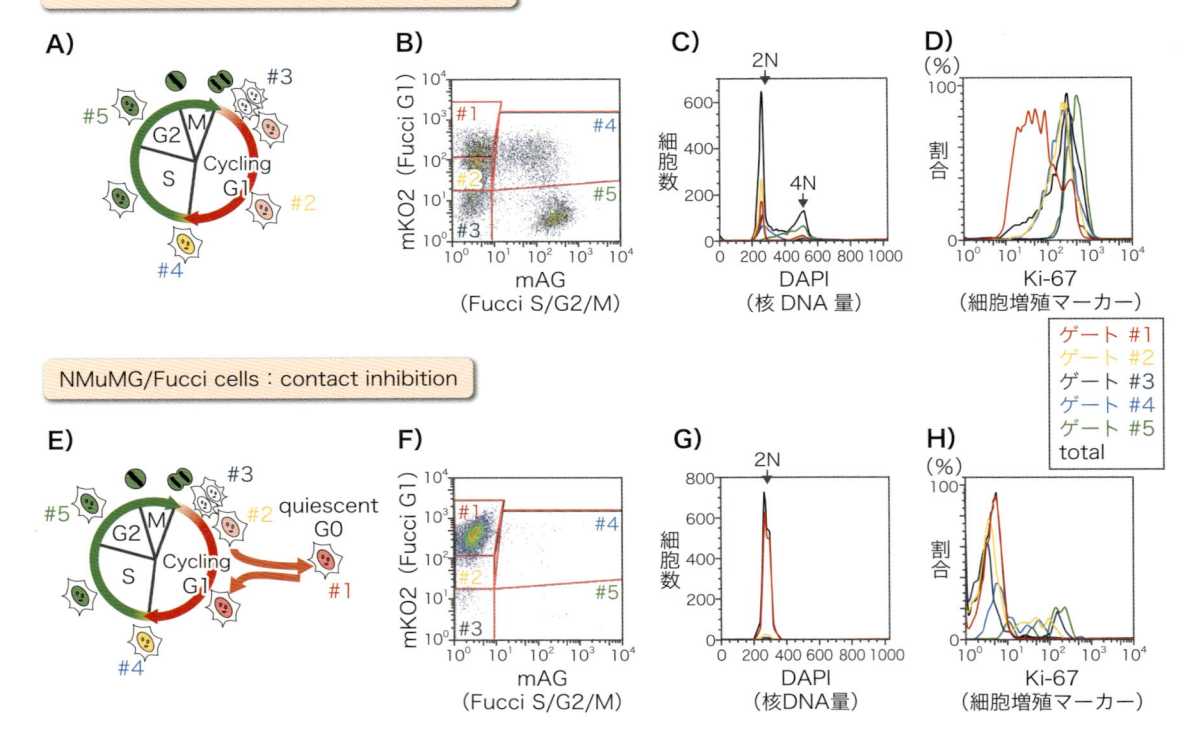

図2 Fucci + Ki-67：exponentially growing state vs. contact inhibition state
A)～D) exponentially growing state（指数関数的増殖を示す状態）におけるFucciの挙動．E)～H) contact inhibition state（接触阻害を示す状態）におけるFucciの挙動．B)～D)，F)～H) Fucci（細胞周期），DAPI（核DNA量），Ki-67（増殖細胞マーカー）のマルチカラーフローサイトメトリー解析．G)，H) ゲート#1は，diploid（2N）かつKi-67⁻を示しquiescent G0 phaseと定義される（A～Hはすべて文献6より転載）

準備

細胞
- □ NMuMG/Fucci細胞
  詳細は以下のURLを参照
  (http://cfds.brain.riken.jp/Fucci.html, http://www.brc.riken.go.jp/lab/cell/english)

試薬
- □ 1％パラホルムアルデヒド（PFA）
- □ 70％エタノール
- □ PBS（−）
- □ トリプシン

- □ DAPI
- □ Alexa Fluor647-conjugated 抗Ki-67 monoclonal antibody（BD Biosciences 社）

機器・ソフトウェア
- □ BD FACSAria Ⅱ（BD Biosciences 社）
- □ FlowJo（FlowJo 社）

プロトコール

❶ NMuMG/Fucci 細胞をトリプシン処理にて剥がし PBS（－）に懸濁する

❷ 細胞を固定する[*1]

1％PFA，室温，1時間の条件で処理した後，70％エタノール，室温，overnight．

> [*1] この固定条件は蛍光タンパク質を消光しないことを確認している．したがって，消光した蛍光タンパク質を抗体染色で検出する必要がない．Ki-67を含む多くの核内抗原に対する抗体の染色は，エタノールやメタノール固定を要求し蛍光タンパク質の消光を引き起こしてしまう．このような場合に，今回の固定条件は有効である．

❸ PBS（－）で細胞を洗浄．Alexa Fluor 647-conjugated 抗Ki-67 monoclonal antibody（mAb）と DAPI で染色する

❹ BD FACSAria Ⅱ（BD Biosciences 社）で解析する

用いたレーザーおよび蛍光フィルターセットは図1Bの通り．FlowJo（FlowJo 社）でデータ処理を行う．

B. Fucci＋EdU：DNA複製期の可視化

哺乳類動物の細胞のほとんどは，mitotic cycling（細胞分裂周期）を繰り返すことで細胞数を倍加する（図2）．例外として，胎盤内のTGC（trophoblast giant cell）や骨髄由来のMKC（megakaryocyte）はendoreplication（細胞分裂せずDNAの倍化のみが生じる状態）という細胞周期様式をとることが知られている．核DNA量が4Nより大きくなると，Fucciの赤シグナル（mKO2）はendoG1を，一方Fucciの緑シグナル（mAG）はendoSおよびendoG2を反映することになる（図3A）．TGCとMKCが示すendoreplicationは，それぞれendoreduplicationとendomitosisとよばれ，図3Bの矢印で示すような大小のシャント経路を辿って，M期全体あるいは細胞質分裂（cytokinesis）をスキップする．細胞は分裂することなく核DNA量を倍加させ，時には1,000Nを超えることもある[7)8)]．今回，われわれはFucciトランスジェニックマウスに由来するTGCとMKCを材料にして，それぞれendoreduplicationとendomitosisを観察した．まず，核DNA量（DAPI染色）とDNA複製（EdU取り込み）で展開する

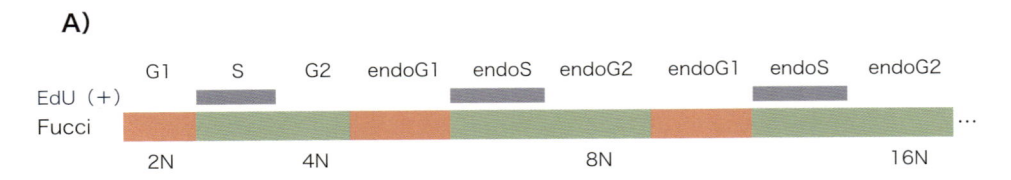

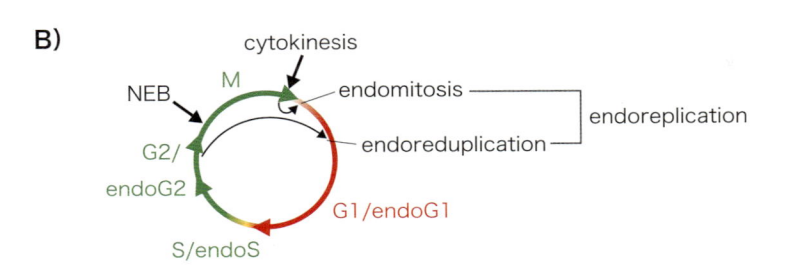

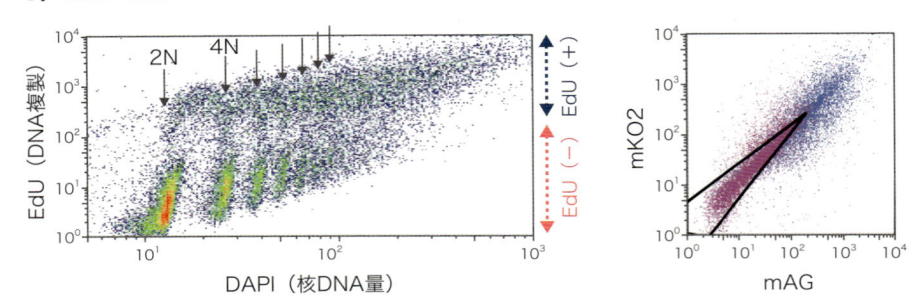

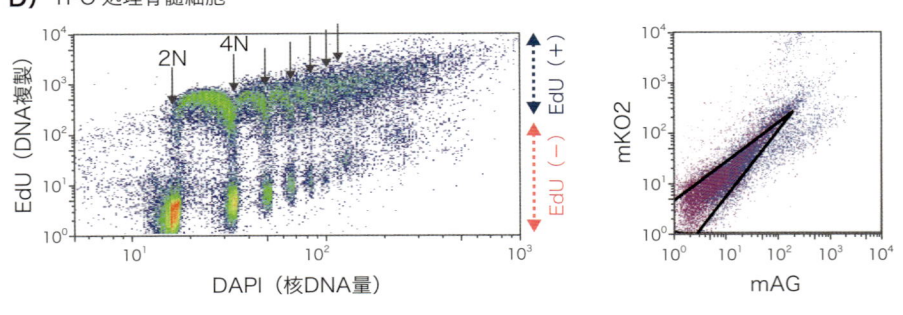

図3 NMuMG/Fucciの挙動：endoreplication state

A) endoreplication stateにおけるFucci（細胞周期），DAPI（核DNA量），EdU（DNA複製）の図式．B) endoreplication stateにおけるFucciの挙動．endoreduplication（TGC），endomitosis（MKC）においてM期およびcytokinesis（細胞質分裂）をバイパスするルートを黒矢印で示す．NEB：nuclear envelope breakdown（核膜の崩壊）．C) Fucci #504/#596マウス胎盤細胞．D) およびFucci #474/#610マウス骨髄細胞におけるFucci（細胞周期），DAPI（核DNA量）EdU取り込み（DNA複製）のマルチカラーフローサイトメトリー解析．骨芽細胞分画をTPO（thrombopoietin）で処理することで，megakaryocytesへの分化を促進する．左図より，DNA複製を介しながら核DNA量が倍加していく様子が明らかである．右図はFucci展開図．黒線ゲートはcell debrisなど（A〜Dは文献9より転載）

実践編　アナリシス 2

と，核DNA量が段階的に増えながらDNA複製が振動する様子が明らかとなった（図3C，Dの左側）．DNA複製の有無で分画しFucciの赤と緑のシグナルで展開した結果を図3C，Dの右側に示す[9]．

準備

- [ ] Fucciトランスジェニックマウス
  詳細は以下のURLを参照
  （http://cfds.brain.riken.jp/Fucci.html，http://www.brc.riken.go.jp/lab/animal/en/）

試薬
- [ ] PBS（-）
- [ ] コラゲナーゼI（Worthington Biochemical社）
- [ ] DNase I（Worthington Biochemical社）
- [ ] 4% PFA
- [ ] Azide-conjugated Alexa 647（サーモフィッシャーサイエンティフィック社）
- [ ] DAPI
- [ ] 5-ethynyl-2′-deoxyuridine（EdU，サーモフィッシャーサイエンティフィック社）

機器・ソフトウェア
- [ ] 100μm ナイロンメッシュ
- [ ] BD FACSAria II（BD Biosciences社）
- [ ] FlowJo（FlowJo社）

プロトコール

1. 胎盤Trophoblast giant cellにおけるendoreduplicationの解析（図3C）

❶ 妊娠（E10.5）Fucciトランスジェニックマウス（#504/#596）にEdU（体重1 kgあたり50 mg）を静注する

❷ 20分後，胚と胎盤を取り出し，PBS（-）で洗浄し，解剖ハサミで細かく刻む．コラゲナーゼI（500 U/mL）で処理する（37℃，30分）．さらに，DNasa I（6.25 U/mL）を追加し30分処理する

❸ 洗浄後，サンプルを100μm ナイロンメッシュに通す

❹ 固定する（4% PFA，10分，氷上）

❺ Click-iT反応（Azide-conjugated Alexa 647を銅イオン存在下で細胞に反応させる）

重要ポイント！：銅イオンは，アルキン化 EdU とアジド化 Alexa 色素の環化付加反応を触媒するが，高濃度で蛍光タンパク質を消光してしまう．銅イオンの濃度を検討したところ，通常プロトコールに記載されている量の 1/3 から 1/10 で充分であることがわかった（サンプルによって使い分ける[*2]）．こうして希釈した銅イオンは，充分な環化付加反応を誘導し，かつ，蛍光タンパク質を消光させることがない．

> [*2] 純度の低いサンプル（生体サンプルなど）では 1/3 量，培養細胞では 1/10 量が適当である．近年では，銅イオンを用いない Click-iT 反応の開発も進んでおり，蛍光タンパク質との併用には好都合である．

❻ 反応後，細胞を 3μM DAPI で染色し，BD FACSAria Ⅱ で解析する

用いたレーザーおよび蛍光フィルターセットは図1Bの通り．FlowJo（FlowJo 社）でデータ処理を行う．

2. TPO 処理骨髄細胞中の Megakaryocyte における endomitosis の解析 （図3D）

❶ Fucci トランスジェニックマウス（#474/#610）の骨髄細胞を採取し，7日間培養する
　　組成：DMEM/F12，5% FBS，10 ng/mL マウス stem cell factor（SCF），100 ng/mL ヒト thrombopoietin（TPO），10 ng/mL マウス FGF-1，and 20 ng/mL マウス insulin-like growth factor-2（IGF-2）．

❷ 細胞を EdU（100μM）で 20 分間処理し，前述の胎盤細胞と同様に Click-iT 反応を行い解析する

■ Fucci 応用例：細胞運命と細胞周期依存性の関連をよむ

ヒト ES 細胞は，古典的細胞同調法（薬物使用）の適用によってその細胞運命が容易に影響を受けることが指摘されてきた．Pauklin と Vallier は，Fucci を恒常的に発現するヒト ES 細胞を作製し，Fucci シグナルに基づいて細胞周期に沿った分画実験を行った．図4Aに示す各分画について，Endoderm（内胚葉）系列への分化効率を確かめたところ，Early G1 phase に高率な分化能力があることがわかった．一方 Late G1 phase 以降では，Endoderm への分化が抑制されていることがわかった．

■ おわりに

Fucci 技術と FACS とのコラボレーションは大きな発展の可能性を秘めている[6,9,10,11]．本稿では，わずかにその一端を示した．すなわち，Fucci を発現する細胞集団を固定し FACS 解析に供することで，細胞の増殖と分化に関するデータ情報に，2軸の細胞周期情報を加える実験例を紹介した．Fucci 遺伝子導入の実験動物および細胞株が広く作製されれば，こうした Fucci/FACS コラボは一標準技術として浸透すると思われる．さらに現在は Fucci 技術の多様化が進んでおり，蛍光観察で得られる細胞周期情報は，近い未来，より詳細化されると期待される．多

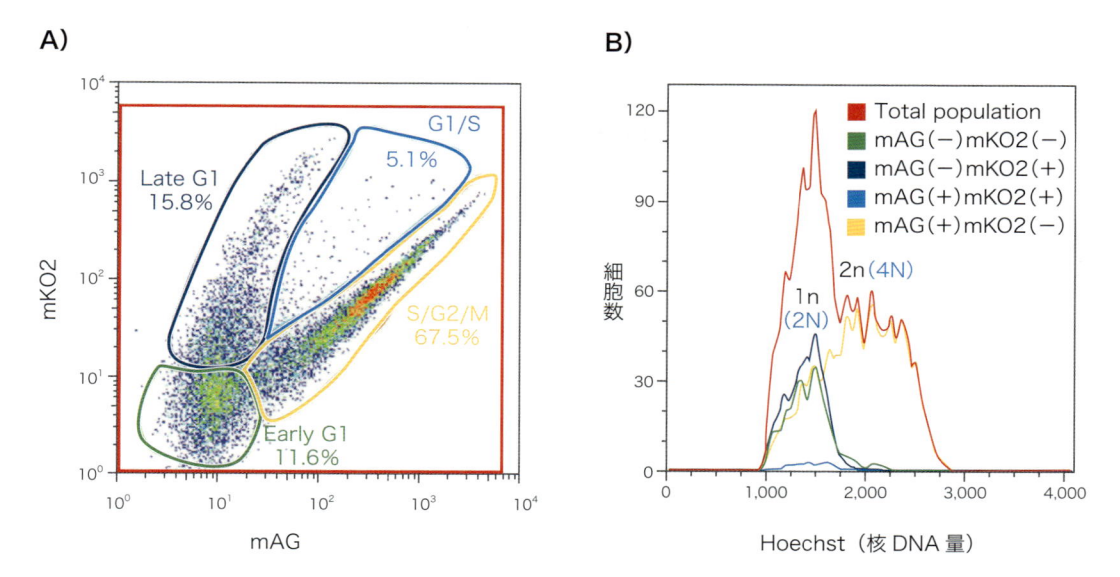

図4 細胞運命と細胞周期依存性の関連をよむ

A） hESCs/Fucci（Fucciを恒常的に発現するヒトES細胞）を作製し，セルソーターで展開（MoFloフローサイトメーター，488nmレーザーでFucciの2色を解析）．横軸：mAG-hGem（1/110）蛍光強度，縦軸：mKO2-hCdt1（30/120）蛍光強度．解析でさらにコンペンセーションを行えば，従来のFucciの展開パターン（図2参照）に近づくと思われる．**B）** hESCs/Fucciを生きたままHoechst染色し，Aのゲートごとに示す．緑ゲートは，mAG（-）/mKO2（-）/Hoechst（2N）を示し，Early G1であることが明らかである．各フラクションをソーティングし，Endodermへの分化効率を観察したところ，Early G1画分にのみ高効率な性質があることを証明した（A，Bは文献11より引用．Bの青字括弧は筆者らによる）

色化をふくめ，FACS機器システムに求められる機能もより一層拡大するであろう．とは言えFucci技術の真髄は，ライブ標本における細胞周期進行を経時的に観察するところにある．FACSで分画した細胞集団を材料に，細胞周期の完全追跡を行うことも実現しつつある．このようなアプローチを助ける培養皿として，我々が考案したFulTracがある（文献9，http://ibidi.com/xtproducts/en/ibidi-Labware/Open-Slides-Dishes:-Removable-Chambers/micro-Insert-4-Well-FulTrac）．

◆ 文献

1) Sakaue-Sawano, A. et al.：Cell, 132：487-498, 2008
2) BOCC-Spectrum Manager：http://rikenbocc.brain.riken.jp/spectrumManager.html/
3) Sakaue-Sawano, A. et al.：Chem. Biol., 15：1243-1248, 2008
4) Sakaue-Sawano, A. et al.：BMC Cell Biol., 12：2, 2011
5) Sakaue-Sawano, A. & Miyawaki, A.："Imaging in Developmental Biology", CSH Press, 2011
6) Tomura, M. et al.：PLoS One, 8：e73801, 2013
7) Rossant, J. & Cross, J. C.：Nat. Rev. Genet., 2：538-548, 2001
8) Ullah, Z. et al.：Cell Cycle, 8：1501-1509, 2009
9) Sakaue-Sawano, A. et al.：Development, 140：4624-4632, 2013
10) Kafri, R. et al.：Nature, 494：480-483, 2013
11) Pauklin, S. & Vallier, L.：Cell, 155：135-147, 2013

実践編 アナリシス（個々の細胞の状態を調べる）

3 CFSEを用いた細胞分裂頻度の高感度解析

滝澤 仁

実験の目的とポイント

　発生・分化・老化過程においてすべての細胞は増殖・分化を繰り返し，個体の恒常性維持を担う．近年，細胞生物学において，細胞分裂をもとに細胞増殖・分化・活性化を調べる種々の方法論が確立され，さまざまな生命現象の解明に寄与している．本稿では，そのなかでもとりわけ簡便・高感度かつ汎用性の高い，CFSEを用いた*in vitro*および*in vivo*細胞分裂評価系の原理・手法を紹介する．実験のポイントである細胞分裂頻度を正確に決定するためのコントロール細胞の最適化や細胞標識後のアッセイを工夫することにより，さまざまな細胞種の分裂動態を詳細に解析することが可能である．

はじめに

　フローサイトメーターを用いて試験管内（*in vitro*）または生体内（*in vivo*）における細胞の分裂動態を調べる方法には，遺伝子改変マウスの使用を除き，大きく分けて以下の2つがある．DNA，RNA，DNA複合体などの核内物質に結合する色素を用いた方法と細胞内外の脂質・タンパク質に結合する色素を用いた方法である（表）．そのなかでも，CFSE〔5-(and-6)-carboxyfluorescein succinimidyl ester〕は簡便性および蛍光強度に優れ，高い汎用性から免疫学をはじめとした多くの生物医学の分野で使用されている．

　CFSEの歴史を遡ると，Lyonsらのグループが白血球の生体内遊走の追跡に用いたのが始まりである[1]．CFSEの前駆体であるCFDA-SE〔5-(and-6)-carboxyfluorescein diacetate succinimidyl ester〕は細胞膜透過性の低分子化合物であり，細胞質内に存在する非特異的細胞質エステラーゼによるアミノ基の切断後，サクシニミジル基を介して細胞質タンパク質に共有結合する[2]．その後，細胞分裂ごとに標識タンパク質が娘細胞へ均等分配されるのに伴い，蛍光強度が半減していく．その非常に安定な共有結合は長期におよぶ細胞標識を可能にし，*in vitro*および*in vivo*において細胞分裂の追跡のみならず細胞接着や遊走など細胞動態の解析にも用いられている．他の分裂追跡分子と比較してCFSE標識の利点は標識細胞を固定なしで生きた細胞のまま解析できるため，ソーティングを同時に用いた標識細胞の細胞分画およびその後の細胞機能解析を行うことができることである．以下のプロトコールでは，一般的なCFSE標識の実験手順を紹介し，実験例では*in vitro*および*in vivo*実験の組み立て方とフローサイトメーターによるその解析法を解説する．

表 細胞周期および分裂の検出試薬（一例）

標識分子	試薬	検出方法	利点	欠点
DNA	BrdU	抗体	in vivo, in vitro での標識可能, 長期標識	生細胞の解析不可能, 低解像度
	EdU	二次蛍光化合物	in vivo, in vitro での標識可能, 二次蛍光物質の組織浸潤能が高い	生細胞の解析不可能, 低解像度
	DAPI	直接蛍光	生細胞の解析可能, 前標識不要	スナップショット細胞周期解析
	Hoechst 33342	直接蛍光	生細胞の解析可能, 前標識不要	スナップショット細胞周期解析
	7-AAD	直接蛍光	生細胞の解析可能, 前標識不要	スナップショット細胞周期解析
RNA	Pyronin Y	直接蛍光	生細胞の解析可能, 前標識不要	スナップショット細胞周期解析
核タンパク質	Ki-67	抗体	標識不要	生細胞の解析不可能
脂質	PKH26, PKH67	直接蛍光	生細胞の解析可能, 簡便性	ex vivo 標識, 低解像度, 多細胞への染色移行
細胞表面タンパク質	ビオチン	二次蛍光化合物	in vivo, in vitro での標識可能	細胞毒性, 低解像度, 短期標識
細胞内タンパク質	CFSE	直接蛍光	高解像度, 簡便性, 長期標識	ex vivo 標識

準備

材料・機器

- [ ] CFDA-SE（C1157, サーモフィッシャーサイエンティフィック社）
  DMSO に溶解し, 1回分使い捨てに小分けし, −20℃以下に保存. 溶解凍結禁止.
- [ ] Phosphate buffered saline（PBS：14040133, サーモフィッシャーサイエンティフィック社）
- [ ] Fetal bovine serum（FBS：10082147, サーモフィッシャーサイエンティフィック社）
- [ ] 恒温槽（37℃）
- [ ] ボルテックスミキサー
- [ ] 冷却遠心器
- [ ] 遠心チューブ（1.5 mL, 15 mL どちらのチューブも可能）

試薬準備

- [ ] 1％FBS/PBS（37℃）
- [ ] 10％FBS/PBS（氷上に保持）
- [ ] 最終反応濃度の2倍に希釈した CFDA-SE 溶解液（37℃）

プロトコール

❶ 組織あるいは培養細胞から適切な方法で目的細胞[*1]の単細胞懸濁液を調製する

> *1　標識細胞は均一なCFSE標識を得るためにできるだけ均一な細胞集団に精製しておくのが望ましい．

❷ $1×10^6$個/mLの細胞濃度で1％FBS/PBSに懸濁する[*2]．細胞が均一に単一細胞になるようによくボルテックスする

> *2　CFSE標識のために細胞を懸濁する容器は細胞懸濁液の5倍以上が入るものを選ぶ．

❸ −20℃からCFDA-SEを溶解し[*3]，1％FBS/PBSに目的濃度の2倍になるようにCFDA-SE溶解液を調製する

> *3　CFDA-SEの2回以上の凍結溶解は避ける．

❹ 細胞浮遊液と同量のCFDA-SE溶解液（最終反応濃度：0.5〜2μM[*4]）を加える

> *4　高濃度のCFDA-SEは細胞傷害性をもつので，使用細胞種により細胞機能を阻害しない適性濃度を予備試験しておく必要がある．上記の濃度は一般的に培養細胞株，初代培養細胞に用いられるものを基準として示してある．

❺ 37℃にて5〜10分間培養する[*5]．2〜3分ごとに細胞を低速度のボルテックスまたはタッピングで優しく撹拌する

> *5　エステラーゼの活性化による効率的な標識のために細胞を温める必要がある．培養時間も使用細胞により最適化を行う必要がある．

❻ 同量の氷冷10％FBS/PBS[*6]をすばやく加え，ボルテックスする

> *6　高濃度のFBSを加えることでCFSE標識反応を停止する．

❼ 300×gで5分間遠心する

❽ 遠心後，すばやく上清液を取り除き，10％FBS/PBSに懸濁する．細胞ペレットが黄緑色に変わったことを目視で確認する

❾ 300×gで5分間遠心する

❿ さらにもう一度，標識細胞を10％FBS/PBSにて同様に（❽〜❾）洗浄する

⓫ 最終培養液に標識細胞を懸濁後，次のアッセイ（試験管内または生体内）まで氷上，遮光下にて保持する

実験例

　　CFSEを用いた分裂頻度の解析において非常に大切なことは，実験ごとに非分裂細胞分画のもつCFSE輝度を決定するためのコントロールを置くことである．理想的なコントロールは，調べる細胞種と同じであることが望ましいが，実験によってそれが難しい場合，同様の標識輝度をもった細胞を準備する必要がある．時間経過とともに，タンパク質の代謝か蛍光色素そのものの消光によりCFSEの蛍光輝度が弱くなるので，経時的に解析を行う場合にはそれぞれの時間点に対して非分裂細胞のコントロールを用意する必要がある．さらに，フローサイトメーターにおける解析に際して，CFSEはその非常に高い蛍光輝度が他の蛍光波長へ漏れ込むので，解析で使用するそれぞれの蛍光波長とCFSEとの間で適切なコンペンセーション（蛍光補正）を行うことが大切である．

1. *in vitro* 実験

　　マウス骨髄から調製した造血幹細胞を含む分画（Lineageマーカー陰性，c-Kit陽性，Sca-1陽性，以下LKS）を標識後，種々のサイトカインを含む条件下で試験管内培養し，経時的にその分裂頻度を解析した（図1）．CFSEの蛍光輝度を解析することで，培養時間に依存した細胞の分裂回数を数えることができる．この実験で用いた 濃度のCFDA-SE（最終濃度 $1\,\mu$M）では最大7回の細胞分裂まで追跡可能である．

2. *in vivo* 実験

　　生体内での細胞分裂頻度決定の場合，上述の理由により非分裂細胞コントロールの選択には注意を要する．さらに生体外（*ex vivo*）でのCFSE標識後，細胞は養子移植により生体内に戻されるため，本来の組織への再局在は細胞能動的な遊走に依存する．故に，最適ドナー細胞とレシピエントマウスの選択，解析する組織または時間枠の最適化が必要となる．われわれはこ

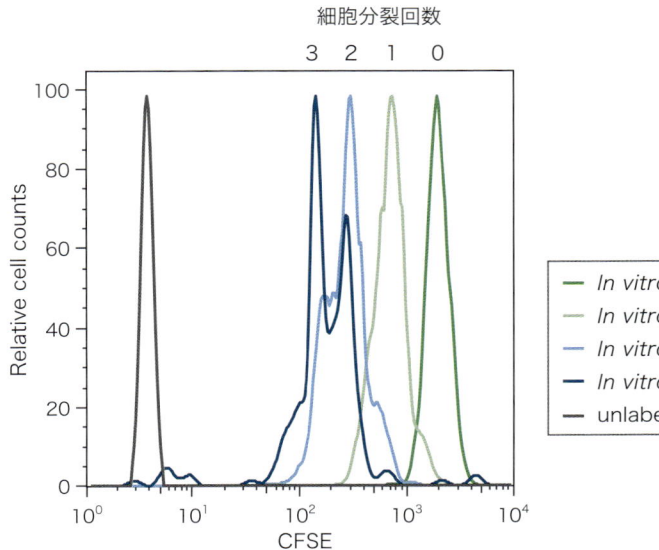

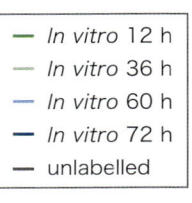

図1　試験管内細胞分裂追跡実験
造血細胞を含む分画（LKS）をマウス骨髄より調製しCFSE標識後，種々のサイトカインを含む培地で培養した．その後，経時的（12〜72培養時間）にCFSEの蛍光輝度を解析した

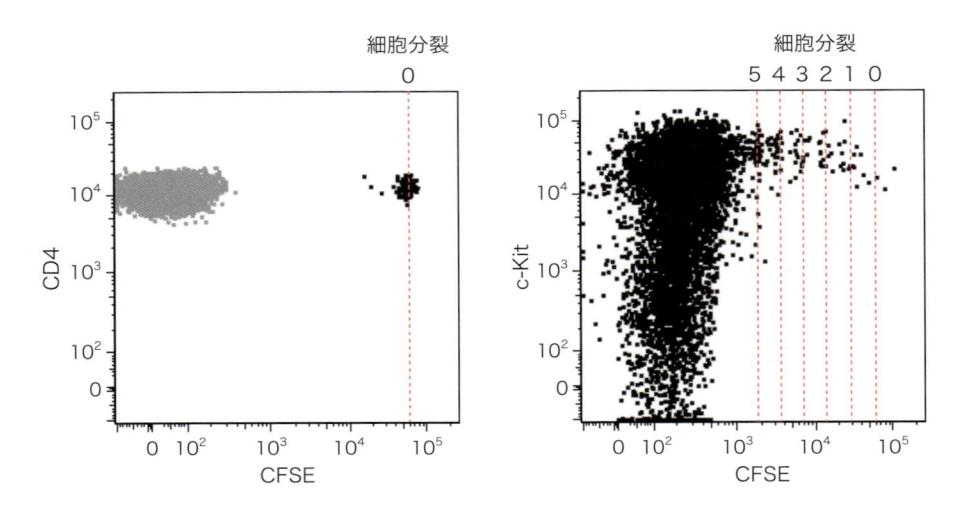

図2　生体内細胞分裂追跡実験

ナイーブT細胞（CD4⁺CD62L⁺）または造血細胞（LKS）を含む分画をマウス脾臓または骨髄より調製しCFSE標識後，放射線をかけていないレシピエントマウスへ静脈移植した．3週間後，脾臓（左）または骨髄細胞（右）をそれぞれ上に示した抗体で染色後，CFSEの輝度を解析した．黒色：ドナー由来細胞，灰色：レシピエント由来細胞

れまで，CFSE標識を用いて生体内定常状態における造血幹細胞の細胞分裂速度を決定した[3]．われわれの実験系では，非分裂細胞決定のコントロールとしてCD45.2アロタイプ抗原をもつマウス脾臓より調製したナイーブT細胞（CD4⁺CD62L⁺）を用いた．CFDA-SE最終濃度2 μM，7分間の培養の条件下で標識後，CD45.1とCD45.2双方のアロタイプ抗原をもつレシピエントマウスに非放射線下にて静脈移植した．移植後3週間後の脾臓においてドナー由来CD4⁺T細胞がみられ，ほぼすべての細胞が非標識のホスト由来細胞に比べて均一に高い輝度のCFSE標識を維持していた（図2左）．これとは対照的に，移植後3週間後のレシピエント骨髄に局在するドナー由来LKS細胞はCFSE輝度が示すように（図2右），多くの細胞がすでに5回以上分裂しているが，一部の細胞は非分裂状態にいることがわかる．この非分裂細胞をソーティングし，放射線移植した別のレシピエントに二次移植した結果，この細胞は造血幹細胞能を有することが明らかとなった[3,4,5]．

3. データ解析

解析方法に関しては，マニュアルによる方法と分裂ピークの蛍光強度に対する逆たたみ込み演算を用いたプログラムによる方法[2]がある．ここでは，プログラムによる方法は省き（各々のプログラムマニュアル参照），マニュアルによる方法についてのみ解説する．解析はまず非分裂細胞群からはじめる．種々の細胞表面抗原に対する抗体を用いて対象細胞群を選択する．その後，CFSEプロファイルをヒストグラムで展開し，非分裂細胞のピーク（例，図1の**明緑色**）にゲートをかけ，その幾何平均を得る．未標識の細胞（図1の**灰色**）からも同様に幾何平均を得る．非分裂細胞の値から未標識の値を差し引き（図1の例，1410－4＝1406），Log₁₀に変換する（3.148）．それぞれの細胞分裂に対し蛍光強度が半減するので（$\log_{10}2 = 0.3$，$\log_{10}4 = 0.6$

```
非分裂細胞の幾何平均（1410）－未標識の細胞の幾何平均（4）＝1406
                          ↓
              log₁₀に変換．log₁₀1406＝3.148
                          ↓
  非分裂細胞の値からlog₁₀2＝0.3を順次引き算し，続く分裂ピークの値とする
        1分裂＝2.848，2分裂＝2.548，3分裂＝2.248
                          ↓
     10を底とした値の指数をそれぞれのピークに対する幾何平均とする
           1分裂＝704，2分裂＝353，3分裂＝177
```

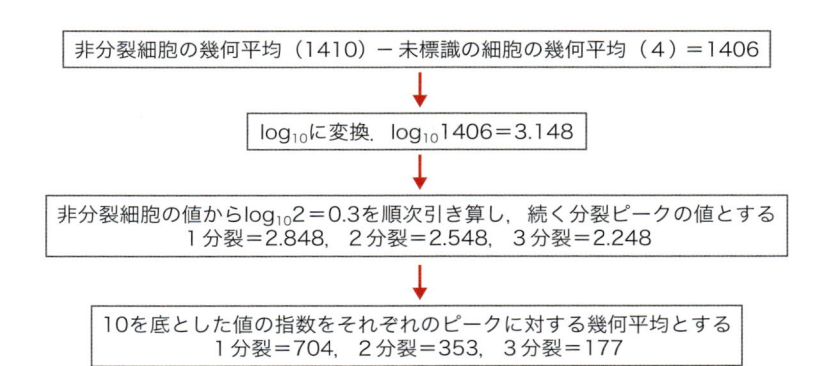

図3　図1における計算法の例

など），非分裂細胞の値から0.3を順次引き算し，続く分裂ピークの値とする．さらに，10を底とした値の指数をそれぞれのピークに対する幾何平均とする（図3）．

おわりに

　ここまで紹介した通り，CFSEによる細胞の標識は非常にシンプルで簡便であるが，その後のアッセイでは最適な非分裂細胞コントロール群の置き方や移植ドナー・レシピエントの選択を含め，一工夫が必要である．さらに，高い蛍光輝度のために高感度の細胞分裂解像度が得られる一方，他の蛍光への漏れ込みまたはCFSEと同波長の蛍光（FITC，Alexa Fluor 488など）で標識された抗体が使用できないなどの制約がある．しかしながら，近年，種々の会社からCFSEとは別の蛍光波長をもった標識物質〔一例としてCellTrace Violet Proliferation Kit（C34557，サーモフィッシャーサイエンティフィック社），Cell Proliferation Dye eFluor 670（65-0840，eBioscience社）/450（65-0842，eBioscience社），Violet Proliferation Dye 450（562158，BD Biosciences社）〕が発売され，他の蛍光色を用いた同様の解析も可能になりつつある[6]．さらに，細胞質エステラーゼが発現してさえいれば，細胞標識が可能であるため，マウス以外の哺乳類細胞の研究にも応用できる．実際，われわれの研究室では，ヒト造血幹・前駆細胞の分裂決定も行っている[7]．蛍光・共焦点顕微鏡と組み合わせることで，組織切片を用いた標識細胞の生体内局在の決定も行えることは特筆である．以上，CFSEを用いた細胞分裂頻度の解析法は汎用性が高く，今後もさまざまな実験技術と組み合わせた新たな実験アプローチが出てくるものと期待される．

◆ 文献

1) Weston, S. A. & Parish, C. R.：J. Immunol. Methods, 133：87-97, 1990
2) Parish, C. R. et al.：Curr. Protoc. Immunol., Chapter 4：Unit4.9, 2009
3) Takizawa, H. et al.：J. Exp. Med., 208：273-284, 2011
4) Takizawa, H. & Manz, M. G.：Cell Cycle, 10：2246-2247, 2011
5) Takizawa, H. & Manz, M. G.：Ann. N. Y. Acad. Sci., 1266：40-46, 2012
6) Lyons, A. B. et al.：Curr. Protoc. Cytom., Chapter 9：Unit9.11, 2013
7) Kovtonyuk, L. V. et al.：Blood, 127：3175-3179, 2016

実践編

アナリシス（個々の細胞の状態を調べる）

4 形態学的・生化学的変化を用いたアポトーシスの解析

沖田康孝，中山敬一

実験の目的とポイント

アポトーシスは細胞の縮小，クロマチンの凝集，核および細胞の断片化などを示すカスパーゼファミリー依存的な細胞死である．生細胞や他の細胞死にはない一連の特徴的な形態学的・生化学的変化のうち6つのポイント（①細胞骨格の分解による形態変化，②DNA断片化，③カスパーゼによる標的タンパク質の切断，④細胞膜の変化，⑤ミトコンドリアの変化，⑥Ca^{2+}濃度の上昇と細胞内pHの減少といった細胞内の変化）を利用して，フローサイトメトリーによって目的の細胞のアポトーシスを検出する．

はじめに

　細胞は生理機能や環境に応じてさまざまな死に方を選択する．細胞死は形態学的特徴からアポトーシス（タイプ1細胞死），オートファジー性細胞死（タイプ2細胞死），ネクローシス（タイプ3細胞死）に分類される[1]．アポトーシスは，細胞の縮小，クロマチンの凝集，核および細胞の断片化（アポトーシス小体の形成）といった特徴を示し[2]，カスパーゼ依存的に起こる細胞死である[3]．オートファジー性細胞死はオートファゴソームの出現を伴う細胞死であり，ネクローシスは細胞の膨張，細胞膜の破綻といった特徴を示す細胞死である．アポトーシスを検出するためには，生細胞やオートファジー性細胞死，ネクローシスにはない，アポトーシスに特徴的な形態学的・生化学的変化を同定する必要がある．

　フローサイトメトリーによるアポトーシスの検出には大きく分けて6つのポイントがある（図1）．

① 細胞骨格の分解による形態変化
② DNA断片化
③ カスパーゼによる標的タンパク質の切断
④ 細胞膜の変化
⑤ ミトコンドリアの変化
⑥ Ca^{2+}濃度の上昇と細胞内pHの減少といった細胞内の変化

　アポトーシスの検出にはフローサイトメトリーを利用しない方法もあり，適切な系を利用する必要がある．本稿では当研究室において手技の練習として行われている，接着細胞NIH 3T3を用いたアポトーシスの3つの検出系（sub G1検出法，TUNELアッセイ，Annexin V・PIを用いた手法）を紹介する．その他の検出方法に関しては引用文献を参照していただきたい[4]．

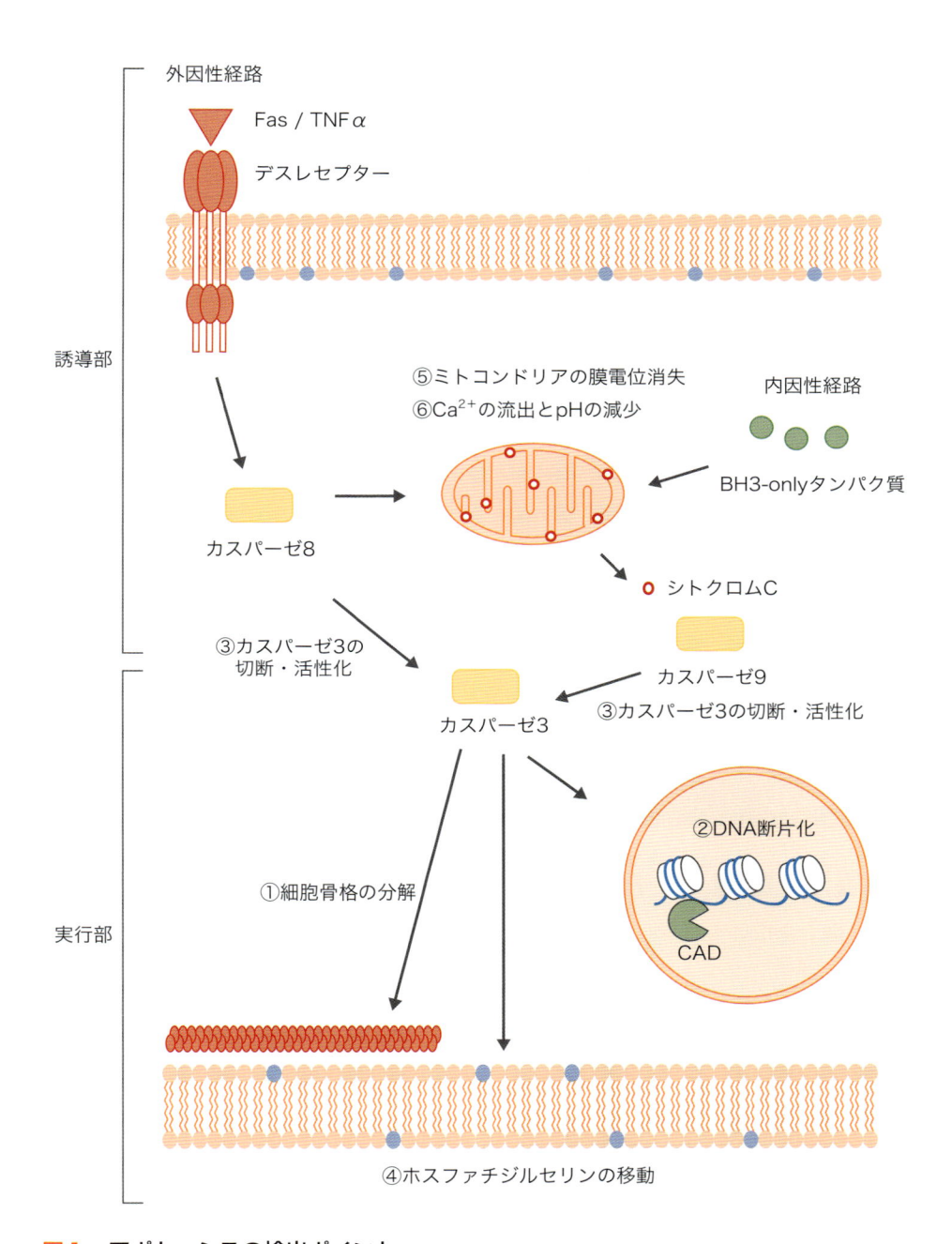

図1　アポトーシスの検出ポイント

①カスパーゼによりアクチン線維・微小管といった細胞骨格の分解が起こる．これにより細胞膜のブレビング（細胞表面に小泡が多数生じては消えることが繰り返される現象），細胞の大きさの減少といった変化がおこる．②CAD（caspase activated DNase）の活性化によってDNAが約180塩基ごとに分解される．③カスパーゼによって多くの基質が切断される．カスパーゼ3やPARP1が検出に利用されることが多い．④ホスファチジルセリンがカスパーゼ依存的に細胞外膜へ転移する．しかしこの機序はいまだあまりよくわかっていない．⑤ミトコンドリアの膜にBCL2ファミリーのタンパク質（BH3-onlyタンパク質）が穴をあける．これにより膜電位が消失する．⑥ミトコンドリアからCa^{2+}が流出することでアポトーシスが促進される（文献1を参考に作成）

A. ポジティブコントロールとネガティブコントロールの準備

準備

細胞
- [ ] NIH 3T3細胞

試薬
- [ ] ウシ血清（10371-029，サーモフィッシャーサイエンティフィック社）
- [ ] D-MEM（044-29765，和光純薬工業社）
- [ ] ペニシリン-ストレプトマイシン（15070-063，サーモフィッシャーサイエンティフィック社）
- [ ] PBS（10010-023，サーモフィッシャーサイエンティフィック社）
- [ ] トリプシン-EDTA溶液（25200-056，サーモフィッシャーサイエンティフィック社）
- [ ] フルオロウラシル（5-FU：F6627，シグマ・アルドリッチ社）
- [ ] DMSO（045-24511，和光純薬工業社）

機器
- [ ] 6ウェルディッシュ（3516，コーニング社）
- [ ] 15 mLコニカルチューブ（430791，コーニング社）

プロトコール

1. 培養液，細胞，5-FU溶液の準備（1日目）

❶ D-MEM 445 mL，ウシ血清 50 mL，ペニシリン-ストレプトマイシン 5 mLを混ぜる（培養液）

❷ NIH 3T3細胞をプレーティングする

ポジティブコントロールは 1×10^5 個，ネガティブコントロールは 5×10^4 個を撒く．2 mLの培養液を使用する．細胞が足りない場合は適宜ディッシュサイズを大きくすること．

❸ 5-FUをDMSOで溶き，2 mMに調整する

2. 5-FUを加える（2日目）

❶ ポジティブコントロール用に5-FU濃度が $2 \mu M$ の培養液と，ネガティブコントロール用に何も加えない培養液を調製し，37℃で温める

❷ プレーティングから24時間後に培地交換を行う

3. 5-FUを加えて48時間後に細胞を回収（4日目）

❶ 5-FUを加えてから48時間後に培養液をコニカルチューブへ回収する

❷ PBSを培養液の半量加え，コニカルチューブへ回収する

❸ トリプシン–EDTA溶液をPBSの半量ずつ加え，37℃で5分間反応させる

❹ 培養液をトリプシン–EDTA溶液の2倍量加え，混合後コニカルチューブへ回収する

❺ コニカルチューブを遠心分離する（490×g，4℃，5分）

❻ 上清を吸引除去する

❼ PBSを培養液の半量加え，混合し培養液をよく洗う．再度遠心分離をして上清を吸引する．これを2セット行う

❽ PBSを加え（6ウェルディッシュなら300 μL，100 mmディッシュなら1,800 μL），氷上に保持して血算盤で細胞を数える

B. Sub G1分画検出によるDNAの断片化の観察

　アポトーシスの際，カスパーゼはさまざまなタンパク質を切断するが，その1つにICADがある．ICADはふだんCAD（caspase activated DNase）を抑制しているが，アポトーシスの際にカスパーゼによって不活化される．ICADによる抑制を逃れたCADは活性化し，ヌクレオソーム間でDNAを切断する．これを検出する方法として，この稿ではsub G1検出法を紹介する．これは，固定・透過処理を行っても断片化したDNAが細胞から流出してしまうことを利用している．なお，細胞の洗浄の際に著しい細胞ロスが起こることに注意が必要である．

準備

細胞
　Aで用意したものを使う．150 mmディッシュで用意するとよい．

試薬
- ☐ ホルムアルデヒド（11-0720-5，シグマ・アルドリッチ社）
- ☐ 99.5％エタノール（057-00456，和光純薬工業社）
- ☐ Propidium iodide（PI：81845，シグマ・アルドリッチ社）
- ☐ RNase A（313-01461，ニッポンジーン社）

機器
- ☐ 1.5 mLシリコンチューブ（A.150Z，ザルスタット社）
　なければ，通常の1.5 mLチューブを一度FBSなどでコーティングするとよい．

- ☐ FCM用チューブ（352052，BD Biosciences社）
  - ☐ ナイロンメッシュ（DIN110-50，セミテック社）
  - ☐ フローサイトメーター（BD FACSCalibur，BD Biosciences社）
  - ☐ FlowJo（FlowJo社）

プロトコール

❶ 70％エタノール（原液と水から作製）と1％ホルムアルデヒド（原液とPBSから作製）を作製し，4℃に冷やす

❷ 細胞を1×10⁶個ずつ1.5 mLシリコンチューブへ移す

❸ 遠心分離を行う（2,300×g，4℃，2分）

❹ 上清を吸引除去する

❺ 1％ホルムアルデヒドを1.5 mL加え懸濁し，15分間氷上に保持

❻ 遠心分離を行う（2,300×g，4℃，2分）

❼ 上清を吸引除去する
　　各施設のホルムアルデヒドの処理方法に従うこと．

❽ PBSを1.5 mL加える

❾ 遠心分離を行う（2,300×g，4℃，2分）

❿ 上清を吸引除去する

⓫ 70％エタノールを1.5 mL加える

⓬ −20℃にオーバーナイトで保存

⓭ 細胞が落ちるまで遠心分離を行う（2,300×g，4℃，5分）
　　このとき細胞が壁に張り付きやすいので，チューブを回転させながら何度か遠心分離を行うとよい（図2）．

⓮ 遠心分離をしている間にPBSにて0.5 μg/mLのPI溶液を作製する．ここに100 μg/mLとなるようにRNaseを加える

⓯ 細胞が落ちたことを確認後上清を吸引除去する

⓰ PI/RNase溶液を500 μLずつ加える

⓱ 細胞液をメッシュに通しながらFCM用チューブへ移す

⓲ フローサイトメーターで測定

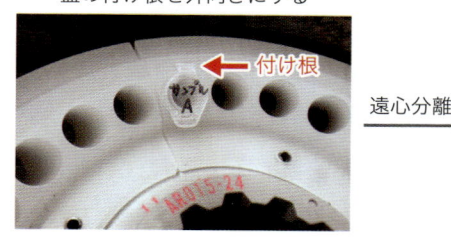

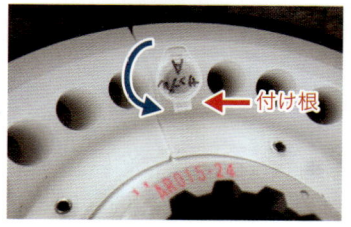

図2　遠心分離のコツ
固定した細胞など，チューブ壁面に接着してなかなか落とせない細胞を落とすときのコツ．3回程度遠心分離すると細胞をきちんと落とすことができる

実験例～Sub G1 分画検出による DNA の断片化

われわれの実験結果を示す（図3）．これはFL2-A（Area：面積）およびFL2-W（Width：パルス幅）でダブレットを除いた後の結果である．この実験では，ホルムアルデヒドによって

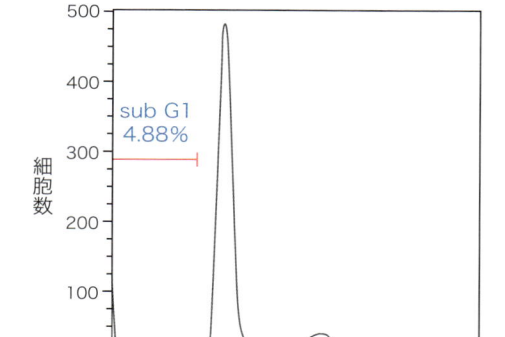

図3　Sub G1 分画検出によるアポトーシスをした NIH 3T3 細胞の検出
5-FUを加えず対数増殖期で維持した細胞（左）と5-FUを加えアポトーシスを誘導した細胞（右）のsub G1分画を比較した．いずれもダブレット除去・コンペンセーション（蛍光補正）後のデータを示す．縦軸は細胞数，横軸はDNA量を表す．5-FUを加えていないサンプル（左）で見方を示す．左側のピークが細胞周期のG1期にいる細胞である．右側のピークがG2期とM期であり，その間がS期を表す．Sub G1分画は，G1期を示すシグナルがなくなるところより小さい範囲とする．Sub G1分画の割合がアポトーシスの程度を示す．Sub G1分画の割合がアポトーシスを起こした細胞数とは厳密にはいえないが，そうしている論文もある

細胞を固定し，エタノールで膜透過処理を行い，PIを用いてDNAを染色している．PIはRNAにも結合するが，RNAはRNaseを加えることで分解除去されている．われわれの実験では，5-FUを加えたサンプルでsub G1分画が26.1％にまで増加しており，アポトーシスが起こっていることがわかる．

C. TUNELアッセイによるDNAの断片化の観察

さらに正確にDNAの断片化を検出する際にはTUNEL（terminal deoxynucleotidyl transferase-mediated dUTP nick end labeling）アッセイを利用する．これは，DNA断片の3'-OH基に外来性のTdT（terminal deoxynucleotidyl transferase）を用いてdUTPや蛍光色素等を結合させ，アポトーシス細胞を検出する方法である．

準備

細胞
細胞は**A**で用意したものを使う．150 mmディッシュで用意するとよい．

試薬
- ホルムアルデヒド（11-0720-5，シグマ・アルドリッチ社）
- 99.5％エタノール（057-00456，和光純薬工業社）
- TdT（3333574，ロシュ・ダイアグノスティックス社）
- Biotin-16-dUTP（11093070910，ロシュ・ダイアグノスティックス社）
- ストレプトアビジン-Alexa 488（S11223，サーモフィッシャーサイエンティフィック社）
- Propidium iodide（PI：81845，シグマ・アルドリッチ社）
- RNase A（313-01461，ニッポンジーン社）

機器
- 1.5 mLシリコンチューブ（A.150Z，ザルスタット社）
  なければ，通常の1.5 mLチューブを一度FBSなどでコーティングするとよい．
- FCM用チューブ（352052，BD Biosciences社）
- ナイロンメッシュ（DIN110-50，セミテック社）
- フローサイトメーター（BD FACSCalibur，BD Biosciences社）
- FlowJo（FlowJo社）

プロトコール

❶ 70％エタノール（原液と水から作製）と1％ホルムアルデヒド（原液とPBSから作製）を作製し，4℃に冷やす

❷ 細胞を 1×10^6 個ずつ 1.5 mL シリコンチューブへ移す

 無染色，PI染色のみ，ストレプトアビジン–Alexa 488染色のみ，全染色，全染色でTdTなしという5サンプル用意する．

❸ 遠心分離を行う（2,300 × g，4℃，2分）

❹ 上清を吸引除去する

❺ 1％ホルムアルデヒドを 1.5 mL 加え懸濁し，15分間氷上に保持

❻ 遠心分離を行う（2,300 × g，4℃，2分）

❼ 上清を吸引除去する

 各施設のホルムアルデヒドの処理方法に従うこと．

❽ PBS を 1.5 mL 加える

❾ 遠心分離を行う（2,300 × g，4℃，2分）

❿ 上清を吸引除去する

⓫ 70％エタノールを 1.5 mL 加える

⓬ −20℃にオーバーナイトで保存

⓭ 何度か遠心分離を行う（2,300 × g，4℃，5分）

 このとき細胞が壁に張り付きやすいので，チューブを回転させながら何度か遠心分離を行うとよい（図2）．

⓮ PBS を 1.5 mL 加える

⓯ 何度か遠心分離を行う（2,300 × g，4℃，5分）

⓰ TdT キットに従って反応液を調製する

 サンプルあたり 50 μL で，TdT は希釈して 20 ユニットを使用する．1サンプルだけ TdT を入れないので注意すること．

⓱ 上清を吸引除去する

⓲ TdT 反応液を加えて懸濁し，37℃で 30 分間保持する

⓳ PBS を 1.5 mL 加える

⓴ 何度か遠心分離を行う（2,300 × g，4℃，5分）

㉑ PBSで2.5 µg/mL ストレプトアビジン-Alexa 488 溶液を作製する

↓

㉒ 上清を吸引除去する

↓

㉓ ストレプトアビジン-Alexa 488 溶液を 100 µLずつ加え懸濁し，室温で30分間保持する

↓

㉔ PBSを1.5 mL加える

↓

㉕ 何度か遠心分離を行う（2,300 × g，4℃，5分）

↓

㉖ PBSにて0.5 µg/mLのPI溶液を作製する．ここに100 µg/mLとなるようにRNaseを加える

↓

㉗ 上清を吸引除去する

↓

㉘ PI/RNase 溶液を 500 µLずつ加える

↓

㉙ 細胞液をメッシュに通しながらFCM用チューブへ移す

↓

㉚ フローサイトメーターで測定

実験例～TUNELアッセイによるDNAの断片化

われわれの実験結果を示す（図4）．これはFL2-AおよびFL-2Wでダブレットを除いた後の結果である．5-FUを加えたサンプルにおいてTUNEL陽性細胞が検出されている．論文のデータも参考にするとよい[4]．また，sub G1分画にないがTUNEL⁺細胞もあり，sub G1分画の割合がアポトーシスを起こした細胞の割合と等しいわけではないこともわかる．

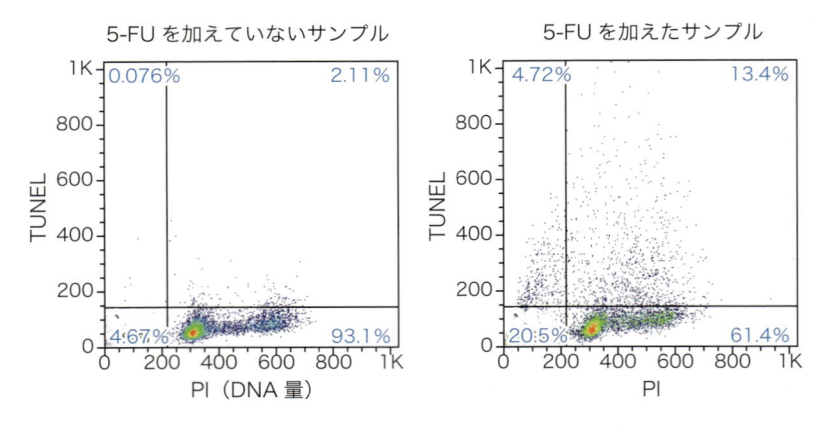

図4 TUNELアッセイによるアポトーシスをしたNIH 3T3細胞の検出
5-FUを加えず対数増殖期に維持した細胞（左）と，5-FUを加えアポトーシスを誘導した細胞（右）のTUNELアッセイの結果を比較した．縦軸がTUNEL反応の程度を，横軸がDNA量を表す．TdT反応がおこったかはTdTなしのサンプルと比較して確認する．TUNEL⁺の範囲はネガティブコントロールを参考に決める．Sub G1分画は前述のとおり．いずれもダブレット除去・蛍光補正後のデータである

D. Annexin V，PI を用いた細胞膜の変化の観察

細胞膜の脂質二重層には極性があり，生細胞では細胞質側にのみホスファチジルセリン（PS）が存在する．細胞がアポトーシスを起こすと，この膜の極性が失われPSが外側に露出する．Annexin Vはカルシウムイオン存在下でPSに対して強い親和性をもつため，アポトーシス細胞を検出できる（早期アポトーシス細胞）．アポトーシスがさらに進行すると，膜構造が破綻するため，細胞膜を通過できない核酸染色色素PIが染まるようになる．これを後期アポトーシス細胞もしくは二次的ネクローシスとよぶ．

準備

細胞
細胞は **A** で用意したものを使う．6ウェルディッシュで用意するとよい．

試薬
- ☐ Annexin V-FITC（556419，BD Biosciences社）
- ☐ 10 × Binding Buffer（556454，BD Biosciences社）
- ☐ PI（81845，シグマ・アルドリッチ社）

機器
- ☐ 1.5 mLチューブ（ST-0150F，イナ・オプティカ社）
- ☐ FCM用チューブ（352052，BD Biosciences社）
- ☐ ナイロンメッシュ（DIN110-50，セミテック社）
- ☐ フローサイトメーター（BD FACSCalibur，BD Biosciences社）
- ☐ FlowJo（FlowJo社）

プロトコール

❶ 10 × Binding Bufferを水で10倍に希釈する（1 × Binding Buffer）．100 μg/mLのPI溶液を調製する

❷ 細胞を 1×10^5 個ずつ1.5 mLチューブへ移す
　　無染色，PI染色のみ，Annexin V染色のみ，全染色という4サンプルずつ用意する．

❸ 遠心分離を行う（2,300 × g，4℃，2分）

❹ 上清を吸引除去する
　　1 × Binding Bufferを加え，サンプルあたりAnnexin Vは5 μL，PIは1 μLを加えて，計100 μLにする．細胞を懸濁し室温で15分間保持する．この間にフローサイトメトリーの準備やチューブの用意をする．1 × Binding Bufferに長く置くとFSC-SSCが変化するので，測定までの時間を短くすること．

❺ 1×Binding Bufferを400 μLずつ加え，細胞液をメッシュに通しながらFCM用チューブへ移す

❻ フローサイトメーターで測定

実験例～Annexin V，PIを用いた細胞膜の変化

われわれの実験結果を示す（図5）．これは単染色サンプルを用いて蛍光補正をかけた後の結果である．5-FUを加えていないサンプルと比較して，5-FUを加えたサンプルでは，早期アポトーシス，後期アポトーシスの割合がともに増加し，約32.2％の細胞がアポトーシスを起こしていると考えられる．論文のデータも参考にするとよい[5]．

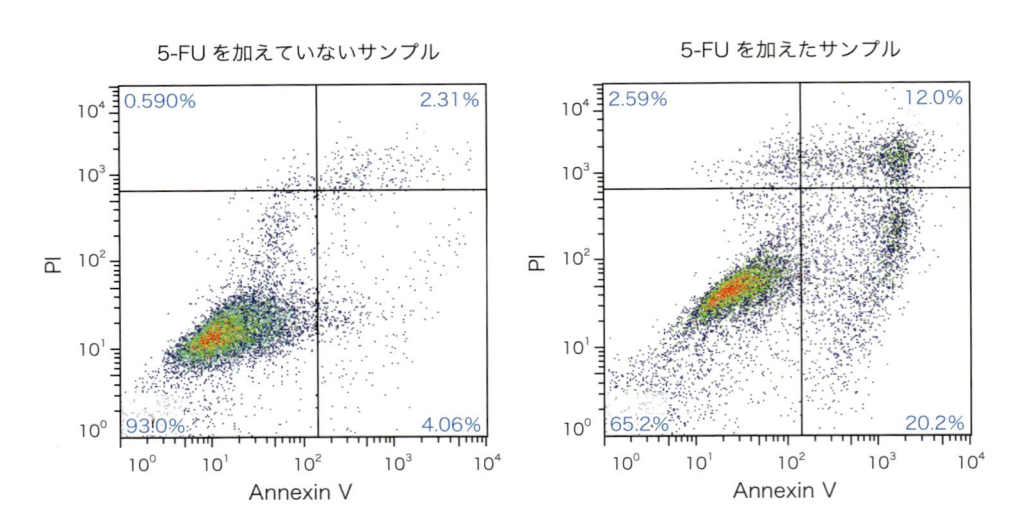

図5 Annexin VとPIによるアポトーシスしたNIH 3T3細胞の検出
5-FUを加えず対数増殖期で維持していた細胞（左）と，5-FUを加えアポトーシスを誘導した細胞（右）を，比較した．蛍光補正後の結果を示している．縦軸はPI染色の程度を，横軸が，Annexin Vの結合量を表す．Annexin Vに関して，5-FUを加えたサンプルでは集団が2つに分かれるため，その間に境界線をひく．PI染色も同様．Annexin V$^+$ PI$^-$の分画（右下）は早期アポトーシスを表し，Annexin V$^+$ PI$^+$の分画（右上）が後期アポトーシスを示す

おわりに

本稿では，NIH 3T3細胞を用いたアポトーシスの検出系を紹介したが，基本的にはすべての細胞に応用が可能である．しかし，細胞ごとにプロトコールを微調整する必要があると思われるため，各自目的の細胞において最適な条件を検討してから今回紹介したプロトコールを試し

てみることをお勧めする．本稿ではsub G1検出法，またはTUNELアッセイによるDNA断片化の観察，Annexin V，PIによる細胞膜の変化の検出法を紹介したが，他にもたくさんの検出方法がある．目的に応じた適切な系を利用していただきたい．

◆ 文献
1) Clarke, P. G.：Anat. Embryol. (Berl)., 181：195-213, 1990
2) Kerr, J. F. et al.：Br. J. Cancer, 26：239-257, 1972
3) Taylor, R. C. et al.：Nat. Rev. Mol. Cell Biol., 9：231-241, 2008
4) Vermes, I. et al.：J. Immunol. Methods, 243：167-190, 2000
5) Coleman, A. B. et al.：Mol. Pharmacol., 57：324-333, 2000

実践編

5 DCF，APFを用いた細胞内活性酸素種の解析

アナリシス（個々の細胞の状態を調べる）

石田　隆，大津　真

実験の目的とポイント

従来，活性酸素種の研究は，さまざまな疾患に関与する細胞毒性を軸に展開されてきた．近年は，細胞内シグナル伝達経路における生理的調節物質としての役割も明らかになり，研究対象として一層，注目を浴びている．この多彩な機能を有する活性酸素を蛍光プローブを用いてフローサイトメトリーで選択的に検出する手法を，近年開発されたAPFを活用した実験プロトコールも含め，自験例を紹介して解説する．

はじめに

1908年にドイツの医師Warburgは，ウニの受精後に酸素消費量が6倍に増加することを報告し，その概念をもとに酸素と細胞増殖の関連に着目し，後にがん細胞の糖代謝は有酸素下でも解糖系に偏るというワールブルグ効果を報告した．以降も酸素分子の研究は100年以上の長い歴史のなかでさらに裾野を広げ，さまざまなフィールドで展開されている．1970年代より酸素毒性が，活性酸素種（reactive oxygen species：ROS）による生体分子の酸化反応に起因することが明らかになり，ROSは，悪性腫瘍，感染症，炎症性疾患，動脈硬化，糖尿病，アルツハイマー認知症といった多岐に渡る疾患における病態生理に関与することが指摘されている[1,2]．さらに近年，細胞内シグナル伝達経路における重要な生理的調節物質としての役割も明らかになり，研究対象としてROSは一層，注目を浴びることとなった[3]．

こうしたROSの研究においては，生細胞のROS活性をリアルタイムで可視的に捉える蛍光プローブが汎用されている．使用される蛍光プローブは，元来，無蛍光であるが，観測対象であるROSと特異的に反応，結合することで初めて蛍光特性が変化し，細胞内におけるROS動態を蛍光変化として追跡することを実現させるきわめて重要なツールである．

ROSには，・OH，ONOO$^-$，$^-$OCl，O$_2^-$，H$_2$O$_2$，NOといったさまざまな種類があり，それぞれに特徴的な化学反応性を有し，生体内における機能も各々で異なると考えられている．ROS特異的蛍光プローブは複数開発されており，そのなかでDCF（2',7'-dichlorodihydro-fluorescein）が長く汎用されてきたが，DCFにはROS種の特異性はきわめて乏しく，励起光により蛍光が増大する自家発光が欠点であった．一方，近年開発されたAPF（aminophenyl fluorescein）は・OHや$^-$OClへの特異性が高く，さらに自家発光もなく安定性が高いため，ROS研究における強力な解析ツールとして活躍している[4]．

前述したようにROSを捉える蛍光プローブは複数種開発されているが，本稿では代表的なDCFおよびAPFを用いた解析方法について，それぞれ実際の実験例を提示して解説する．

準備

試薬

- ☐ Lysis バッファー
  組成：500 mL 超純水，4.15 g NH$_4$Cl，0.84 g NaHCO$_3$，1 mL 0.5 M EDTA．
- ☐ APC 標識抗 Mouse Ly-6G（Gr-1：17-5931，eBioscience 社）
- ☐ 2′,7′-Dichlorofluorescein diacetate（DCFDA：D6883，シグマ・アルドリッチ社）
  細胞内で DCF に変化する．
- ☐ Aminophenyl Fluorescein（APF：423673，積水メディカル社）
- ☐ PMA（P8139，シグマ・アルドリッチ社）
  終濃度 2 mg/mL となるよう，DMSO にて懸濁溶解し，－80℃にて保存．
- ☐ TNF-α（315-01A，ペプロテック社）
- ☐ Dulbecco's Modified Eagle's Medium（DMEM：D5796，シグマ・アルドリッチ社）
- ☐ Phosphate buffered saline（PBS）（－）
- ☐ BSA
- ☐ 0.5 μM EDTA

機器

- ☐ 37℃ 温水浴槽
- ☐ FACSCalibur（BD Biosciences 社）

検体

- ☐ HeLa 細胞（ATCC，CCL-2）
- ☐ マウス末梢血 30 μL
  C57BL/6 背景 *Cybb* 遺伝子欠損モデル（先天性免疫不全症の1つ，慢性肉芽腫症のモデルマウスで，通称 X-CGD マウス）より，本稿では，特に保因メスマウスのデータを提示．*Cybb* 遺伝子が X 染色体上にコードされており，保因マウスでは活性酸素産生能が正常な好中球と，機能欠損好中球とが混在しており，ここで紹介する APF アッセイによって両者が明確に区別できる例として紹介した．

プロトコール

1. DCF を用いた HeLa 細胞の ROS 産生の検出 [5]

❶ 実験前日に 6 ウェルプレートの各ウェルにそれぞれ 5 × 10^4 個の HeLa 細胞を播種し，一晩培養する．ここでは未刺激コントロールと刺激検体の 2 サンプルを準備する

❷ 翌日，一方は新しい DMEM でメディウムを置換し，もう一方は TNF-α 10 ng/mL を含む DMEM メディウムで置換する

❸ 37℃，5% CO$_2$ のインキュベーターで 48 時間培養する

❹ 各ウェルより細胞をマイクロチューブに回収し，25℃，440×g，5分の遠心後，上清を吸引し，ペレットの状態にする

❺ PBS（−）で調製した10μMのDCF[*1]を200μLずつ各チューブに入れて，遮光し37℃の温浴で30分間反応させる

> *1　DCFは使用直前に室温に出して使用するのがよい．

❻ 温浴から取り出して，FCMにて解析する[*2]．DCFの発色後の蛍光波長は530 nmであり，検出はFL1チャネルにて行う（図1）[*3]

> *2　DCFはAPFに比べて不安定であるため，FCM解析は手早く行うことを心がける．
> *3　図は本実験結果をFlowJoにて処理したものである．

2. APFを用いた好中球における活性酸素産生の検出[6)]

❶ マウス末梢血30μLをマイクロチューブに採取する

> ヘパリン，EDTAなどの抗凝固剤を使用する．

❷ APC標識抗Mouse Ly-6G抗体をチューブに原液で0.1μL相当量加え，遮光し，4℃で30分間反応させる[*4]

> *4　APFはDCFより安定しているが，できる限り反応後の工程は素早く行うよう心がける．

❸ Lysisバッファーをチューブに1 mL加え，遮光し，5分間反応させる

❹ 25℃，440×g，5分の遠心後，上清を除き，そこにAPFを終濃度10μMとなるようバッファー（PBS（−）500 mL，BSA 0.5 g，0.5μM EDTA 1 mL）を800μL加え，37℃の温浴に遮光して5分間静置する

❺ サンプルを400μLずつ2本のマイクロチューブに分け，一方にはPBS 100μLを，もう一方にはPBS 1 mLにPMA（2 mg/mL）2μLを加えたもの（4μg/mL）から100μLをとって加える[*5]

> *5　PMA刺激後，好中球のFSC/SSCゲーティングの位置は微調整する必要がある．

❻ 37℃の温浴に15分間静置する

> この間にフローサイトメーターを立ち上げておくとよい．

❼ FACSCaliburにより解析する

> われわれは，マウス末梢血中で活性酸素を強く発現する好中球を特異的に描出するために，細胞表面マーカー（APC）とAPFを2カラー解析しており，良好な結果を得ている（図2）．APFの発色後の蛍光波長は530 nmであり，検出はFL1チャネルを使用する[*6, *7]．

> *6　ネガティブピークが10に来るようFL1のゲインを調整する．
> *7　図は本実験による解析結果をFlowJoにて処理したものである．

実験例

　以上のプロトコールによって得られた結果が図1，図2であり，それぞれの実験で生細胞のROS活性をリアルタイムで可視的に捉えることができた．図2に示すように，従来より汎用されてきたDCFのみならず，近年，開発されたAPFは安定的に高い特異性を持ってROS産生を定量することの可能なツールである．

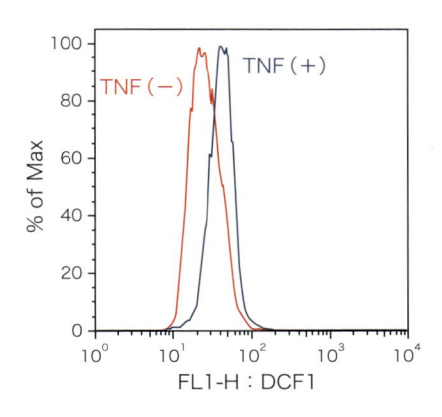

図1　HeLa細胞でTNF-α刺激を加えた検体（青）と無刺激の検体（赤）をDCFで染色した

TNF刺激を加えることでROS産生が生じ，DCFの蛍光が増強した（文献5を参考に作成）

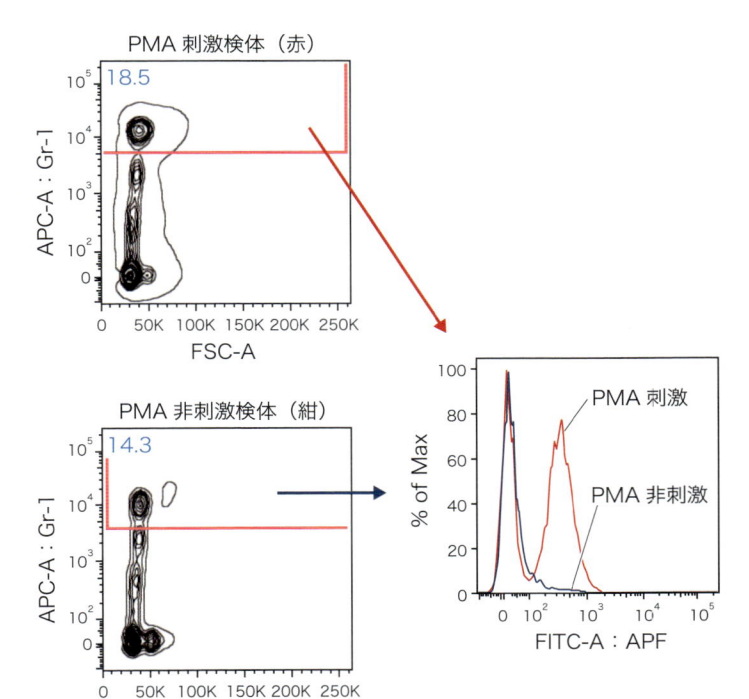

図2　雌のX-CGD保因マウス末梢血の好中球分画におけるROS産生をAPFにより検出する実験例

マウス末梢血の好中球をAPCで染色し，陽性部分をゲートし（図左），APFによる蛍光強度を定量した（図右）．PMA刺激を行った雌のX-CGDマウス由来の好中球（赤）では約50％の細胞にAPFによる蛍光が探知され，ROSが産生されていることがわかる

おわりに

本稿では，ROS検出の代表的蛍光プローブであるDCFとAPFによる具体的実験手法を解説した．現在はこれら以外にもROS活性を捉える蛍光プローブが開発されており，それぞれ目的に応じて有望な解析ツールとなるであろう（表）[7〜9]．APFは生きた生物試料における各種酸化ストレスを区別して解析することができる画期的なプローブである．APFをはじめ，ROS研究の世界の趨勢のなかで，日本人研究者の活躍は目覚ましく，ROS研究の急速な展開に多大なる貢献を果たしている．悪性腫瘍や老化に関連する疾患への対策は，高齢化が進行する現代社会における重要な課題であり，酸化ストレスやシグナル伝達研究におけるROS機能のさらなる解明は時代の要請である．

表　活性酸素種の種類と各プローブにおける蛍光強度

ROS	HPF	APF	DCF
·OH	730	1,200	7,400
ONOO⁻	120	560	6,600
⁻OCl	6	3,600	86
$^1O_2$	5	9	26
O_2^-	8	6	67
H_2O_2	2	<1	190
NO	6	<1	150
ROO·	17	2	710
(Autoxidation)	<1	<1	2,000

APFはDCFと比べ，⁻OClなどへの特異性が高く，またautoxidationも生じにくい特徴を有する．HPFはさらに⁻OClへの反応性が減じており，プローブの組み合わせにより特定の活性酸素種に絞った解析も可能となる．HPF：hydroxyphenyl fluorescein（文献4より引用）

◆ 文献

1) Halliwell, B. & Gutteridge, J. M. C.：Free Radicals in Biology and Medicine, Oxford University Press, 1989
2) Pala, F. S.：Advances in Molecular Biology（1）：1-9, 2008
3) D'Autréaux, B. & Toledano, M. B.：Nat. Rev. Mol. Cell Biol., 8：813-824, 2007
4) Setsukinai, K. et al.：J. Biol. Chem., 278：3170-3175, 2003
5) Yazdanpanah, B. et al.：Nature, 460：1159-1163, 2009
6) Vowells, S. J. et al.：J. Immunol. Methods, 178：89-97, 1995
7) Ueno, T. et al.：J. Am. Chem. Soc., 128：10640-10641, 2006
8) Kenmoku, S. et al.：J. Am. Chem. Soc., 129：7313-7318, 2007
9) Fujikawa, Y. et al.：J. Am. Chem. Soc., 130：14533-14543, 2008

◆ 参考

・『活性酸素・ガス状分子による恒常性制御と疾患』（山本雅之／監，赤池孝章，一條秀憲，森 泰生／編），実験医学増刊 Vol. 30 No. 17, 羊土社, 2012
・『活性酸素シグナルと酸化ストレス』（谷口直之／監，赤池孝章，鈴木敬一郎，内田浩二／編），実験医学増刊 Vol. 27 No. 15, 羊土社, 2009

実践編　アナリシス（個々の細胞の状態を調べる）

6 細胞内染色法を用いたサイトカイン産生の解析

金丸由美，渋谷和子

実験の目的とポイント

サイトカインやシグナル伝達分子，転写因子などの細胞内タンパク質は，細胞の機能を決定する重要な要素の1つである．したがってこれらの産生量や発現量を解析することはその細胞の機能を解明するうえで重要である．本稿では，フローサイトメトリーによる細胞内サイトカインや種々の細胞内抗原の簡便な検出方法を紹介する．

はじめに

　細胞内タンパク質には，サイトカインのように生成されるとすみやかに細胞外に分泌され，細胞外ではたらくタンパク質と，細胞質内，細胞核内で機能するシグナル伝達分子や転写因子のようなタンパク質がある．細胞内のタンパク質の発現量や産生量，リン酸化などを測定することは，そのタンパク質を介した細胞の機能を評価するための有用な指標とされており，医学・薬学研究，ライフサイエンス研究領域において精力的に研究されている対象の1つである．これらを解析する手段として，例えばサイトカインの測定にはELISA法が有用であるが，複数のサイトカインを同時に検出することができない，そのサイトカインを産生する細胞が何であるかを細胞表面マーカーなどの特徴から特定することができないなどの欠点がある．リン酸化の検出にはウエスタンブロッティング法などが有用であるが，大量の細胞数が必要であること，不均一な細胞集団では正しいデータが得られないため細胞分離が必要などの短所がある．転写因子の発現量は定量PCR法が汎用されているが，RNAの単離や逆転写の工程が必要であり，これらもまた目的細胞が均一な細胞集団であることが必須である．そしてELISA法，ウエスタンブロッティング法，定量PCR法は測定や解析に時間を要する．

　これに対してフローサイトメトリー（flow cytometry：FCM）を用いる最大の利点は，**個々の細胞レベルで産生量・発現量を観察でき，それを画像として一目で確認できる**ところにある．また**細胞の大きさや顆粒密度，細胞表面抗原など他のパラメーターが同時に測定でき**，これらを組み合わせて解析することで，不均一な細胞集団であっても，目的のタンパク質がどのような細胞から産生されているかを同定することができる．また少数の細胞サンプル（10^4個～）での解析も可能である．さらに，近年の目覚ましいフローサイトメトリー技術の発達や蛍光色素のラインナップの増加により，マルチカラー解析技術が進歩し，同時に多くのパラメーターを解析することも可能となった．

　本稿では，細胞内サイトカイン染色の方法を中心に，CD4$^+$ヘルパーT細胞を例にとりなが

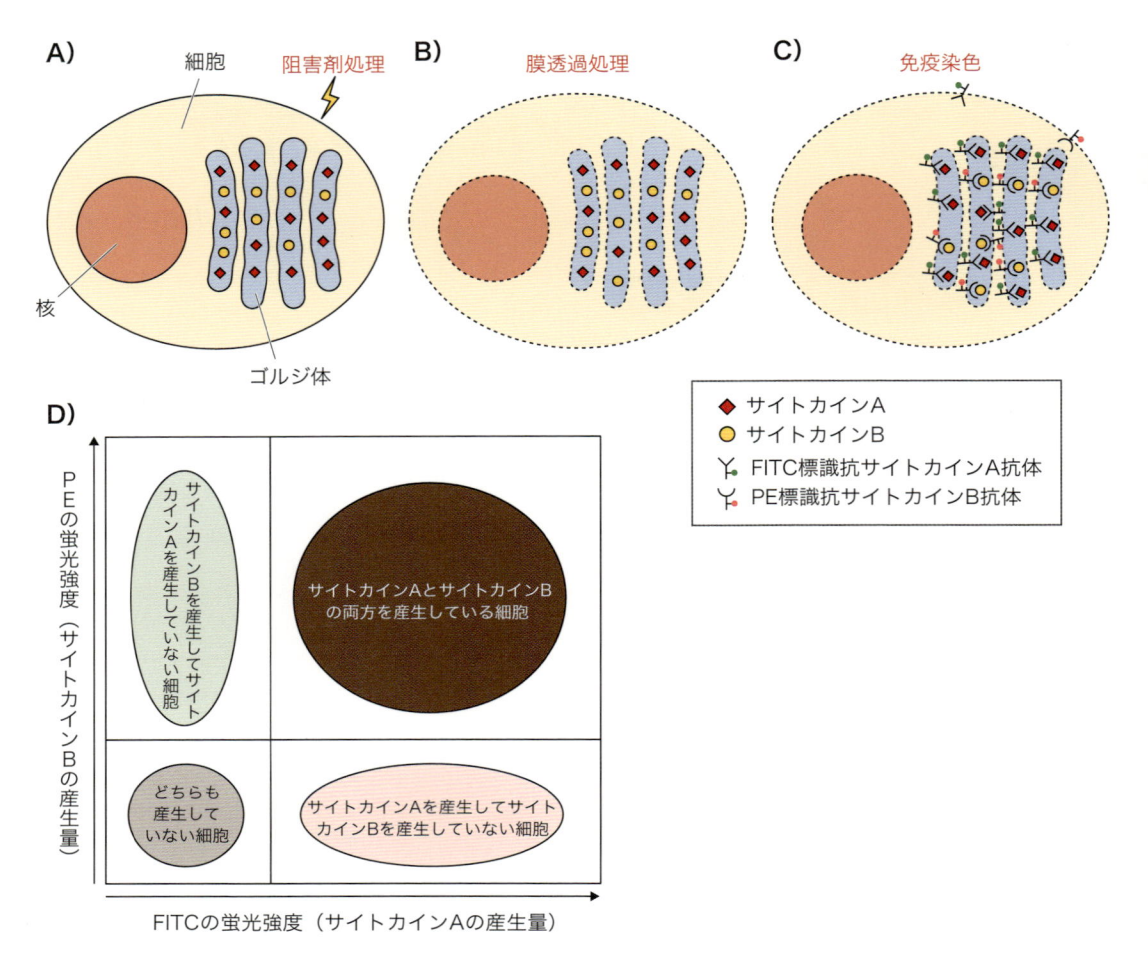

図1 細胞内サイトカイン染色の原理

A) サイトカイン産生中の細胞を細胞内タンパク質輸送阻害剤で処理して，サイトカインを細胞内（ゴルジ体）に蓄積させる．**B)** 細胞を固定し（このときサイトカインはゴルジ体内に固定される），サポニン（界面活性剤）処理で細胞膜透過性を高める．**C)** 抗サイトカイン抗体により細胞内に存在するサイトカインを染色し，FCMで解析する．複数の抗サイトカイン抗体を同時に用いることで，複数のサイトカインを同時に検出することができる．**D)** フローサイトメトリー解析の例を模式的に示す．「サイトカインAを産生してサイトカインBを産生していない細胞」，「サイトカインBを産生してサイトカインAを産生していない細胞」，「サイトカインAとサイトカインBの両方を産生している細胞」，「どちらも産生していない細胞」を検出することができる．また，蛍光強度が高いほど，サイトカインの産生量が多いことを意味している．本編ではサイトカインを例に解説しているが，その他の細胞内抗原の染色の場合でも同様にしてB），C）の工程を行う

ら説明する．

細胞内サイトカイン染色の原理は以下の通りである．

①サイトカイン産生中の細胞を細胞内タンパク質輸送阻害剤で処理して，**サイトカインを細胞内（ゴルジ体）に蓄積**させる（図1A）[1]．

②細胞を固定し，サポニン（界面活性剤）処理で**細胞膜透過性を高める**（図1B）[2,3]．

③抗サイトカイン抗体により**細胞内に存在するサイトカインを染色**し，FCMで解析する（図1C, D）．

多くの免疫細胞が休止状態ではサイトカインを産生しないため，実際には *in vitro* で細胞を

刺激しサイトカイン産生を促す場合が多い（①の前に行う）．ただし，生体内で充分刺激を受けている新鮮な活性化細胞を解析する場合や，恒常的にサイトカインを産生している細胞を解析する場合では，*in vitro* で改めて細胞を刺激する必要はない．

準備

器具

- □ 24穴プレート（3524など，コーニング社）
  細胞を刺激するのに用いる．細胞の種類や数に応じて，6，12，48穴プレートやプラスチックシャーレなどでも可能である．適切なものを選んで欲しい．
- □ トランスファーピペット（5660-222-1Sなど，深江化成社）
- □ 15 mLチューブ（Z707724-800EAなど，シグマ・アルドリッチ社）
- □ 5 mLポリスチレンラウンドボトムチューブ（352008など，コーニング社）
  染色用として用いる．検体数が多いときには96穴U底プレートが便利である．
- □ ナイロンメッシュ
- □ FCM解析用マイクロチューブ（MP32022など，MICRONIC社）
  または5 mLポリスチレンラウンドボトムチューブ．

試薬

- □ ホルボール12-ミリスタート13-アセタート（phorbol 12-myristate 13-acetate：PMA：79346など，シグマ・アルドリッチ社）
- □ イオノマイシン（19657など，シグマ・アルドリッチ社）
- □ ブレフェルディンA（B7651など，シグマ・アルドリッチ社）
- □ ホルムアルデヒド（11-0720など，シグマ・アルドリッチ社）
- □ サポニン（S7900など，シグマ・アルドリッチ社）
- □ 蛍光標識抗サイトカイン抗体（細胞内サイトカイン染色用）
  BD Biosciences社，eBioscience社をはじめとする各社から，細胞内サイトカイン染色用として，各種の抗サイトカイン抗体が出されている．細胞内サイトカイン染色用でない抗体を用いるときは，抗体によって細胞膜透過性に多少の差があるので，事前に抗体力価測定（titration）実験を行うほうがよい．
- □ 固定液
  4％ホルムアルデヒド含有PBS溶液[*1]．
- □ 細胞膜透過用バッファー
  0.5％サポニン，0.5％ BSA，0.1％ NaN_3 含有PBS溶液[*1]．

  > [*1] 調製済みの固定液と細胞膜透過用バッファーのセットが各種メーカー（GAS004，サーモフィッシャーサイエンティフィック社．00-5523など，eBioscience社）から市販されており，便利である．

- □ 染色用 FBS/PBS
  2％ FBS，0.1％ NaN_3 含有PBS溶液．

機器・ソフトウェア

- □ フローサイトメーター
  BD FACSCalibur, BD FACSCanto, BD LSRFortessa（いずれもBD Biosciences社），Gallios（ベックマン・コールター社）など．

- □ 解析ソフトウェア
  CellQuest Pro（BD Biosciences社），FlowJo（FlowJo社）など．

プロトコール

1. 細胞の刺激

❶ 細胞を$1×10^6$個/mLに調製してメディウムに懸濁し，24穴プレートに細胞を播種する

24穴プレートの場合，$2×10^6$個/穴程度が最適である．必要に応じてプレートまたはプラスチックシャーレを使い分ける．

❷ PMA（最終濃度50 ng/mL）とイオノマイシン（最終濃度500 ng/mL）を添加して細胞を刺激する[*2]

> [*2] われわれの研究室ではこの方法でCD4⁺ヘルパーT細胞を刺激している．細胞を刺激し，サイトカインの産生を促す目的なので，実験系，使用する細胞，目的とするサイトカインに応じて，刺激の方法を選択してほしい．また，恒常的にサイトカインを産生している細胞を扱う場合にはこの操作は必要ない．

❸ 37℃で一定時間インキュベーションする

細胞を刺激してからサイトカインが産生されるまでの時間は，サイトカインの種類や細胞の種類によって異なる．例えば，CD4⁺ヘルパーT細胞より産生されるインターフェロン-ガンマ（IFN-γ）やインターロイキン-4（IL-4）は，刺激後に産生がピークとなる時間が異なる．IL-4は比較的早く産生されて，4時間後位にピークを迎え，その後次第に減少していく．一方，IFN-γの産生はやや遅く，8〜12時間後位でピークとなる（詳細は文献4を参照）．目的とする細胞から目的とするサイトカイン産生を観察するためには，至適時間を設定するための予備実験が必要である．

❹ インキュベーション時間の最後の2時間にブレフェルディンA（最終濃度10 μg/mL）を添加する[*3]

> [*3] ブレフェルディンAを添加した状態で長時間培養すると，細胞の生存率が低下する．約4時間までが限界である．われわれの研究室では，ブレフェルディンAはインキュベーション時間の最後の2時間に添加している．

❺ プレートまたはプラスチックシャーレを氷上に置き，さらにメディウムの倍量以上の冷PBSを加えて反応を止める

❻ トランスファーピペットなどを用いて細胞を15 mLチューブに移し，細胞数を数える

2. 細胞の固定

固定や膜透過処理によって細胞の大きさがやや変化してFCM解析に影響を及ぼすことがあるので，染色をしないコントロールサンプルも必ずこれらの処理を同じ条件で行う．転写因子染色を行う場合はこのステップからはじめる．

❶ 5 mLポリスチレンラウンドボトムチューブに，細胞を10^5〜10^6個ずつ分注する

❷ 冷PBSにて2回洗浄する

5 mLポリスチレンラウンドボトムチューブ*4の場合300×g，4℃，5分（以下の洗浄も同様）

*4 96穴U底プレートの場合600×g，4℃，1分．

❸ 等量の固定液（4%ホルムアルデヒド，終濃度2%）を加え，ボルテックスを用いて混合する

細胞表面抗原を染色したい場合は，固定液を加える前に染色する．染色方法は一般の細胞表面抗原の染色と同じ．

❹ 室温にて20〜30分インキュベーションする*5

*5 細胞表面抗原を染色した場合は，暗所で行う．

❺ 2%FBS/PBSにて2回洗浄する*6

*6 洗浄後，2%FBS/PBSに懸濁した状態で4℃，暗所で48時間まで保管できる．

❻ トランスファーピペットなどを用いて細胞を15 mLチューブに移し，細胞数を数える

3. 細胞膜透過および細胞内染色

細胞膜透過処理のプロトコルで核膜透過処理がうまくいかない場合は市販のバッファーセットを用いる．市販のバッファーセットには，核膜透過処理に最適なプロトコルや調製済みバッファーがあるので，それらを活用するとよい．

❶ 細胞膜透過バッファーを加える*7

*7 市販のバッファーセットでは，細胞透過処理と細胞内染色（ステップ❹）を同時に行える場合が多い．各製品のデータシートを参考にしてほしい．

❷ ピペッティングで細胞をよくほぐし，室温にて10分間インキュベーションする

❸ 2%FBS/PBSにて2回洗浄する

❹ 蛍光標識サイトカイン抗体を添加する

数種類の細胞内サイトカイン染色をする場合は，すべての蛍光標識抗体を同時に添加して染色する．蛍光標識の直接ラベル抗体がない場合には，蛍光標識二次抗体を用いる．二次抗体の使用方法は細胞表面抗原染色の場合と同じ．

❺ ピペッティングで細胞を静かにほぐし，4℃，暗所にて30分間インキュベーションする

❻ 2％FBS/PBSにて2回洗浄する

❼ 細胞を約400 μLの2％FBS/PBSに懸濁し，ナイロンメッシュを通してFCM解析用チューブに移す

❽ FCMにて解析する*8

> *8 蛍光強度が低くてサイトカイン産生が観察しにくい場合は，①細胞の固定や細胞膜透過処理が適切でなく，蛍光色素標識抗サイトカイン抗体が細胞内に入っていけない，②細胞を刺激してから細胞内サイトカインを観察するまでの時間が適切でない，などの理由が考えられる．①については，固定液や細胞膜透過用バッファーの薬剤濃度が正しいかどうか調べる．特にサポニンは溶けにくいので，しっかり溶かして使用するよう気をつける．37℃に温めると溶けやすい．核内タンパク質染色の場合は，市販の核内染色用バッファーを試すとよい．②についてはあらかじめ予備実験を行い，観察至適時間を検討することが必要である．

実験例

1．CD8$^+$T細胞活性化におけるDNAM-1の役割

　　CD8$^+$T細胞に強く発現するDNAM-1（DNAX accessory molecule-1：CD226）は，腫瘍細胞上に発現するリガンドとの結合を介して細胞傷害活性を誘導する[5)6)]．このことから，DNAM-1がCD8$^+$T細胞を介した免疫応答に広く関与している可能性が示唆された．移植片対宿主病（graft-versus-host disease：GVHD）では，ドナーリンパ球（CD8$^+$T細胞，CD4$^+$T細胞）によってホストの組織や細胞が傷害される．われわれは，GVHDにおけるDNAM-1の役割を示すため，DNAM-1を欠損したC57BL/6（B6）マウス由来CD8$^+$T細胞を野生型のCD4$^+$T細胞と同時にB6C3F1（B6マウスとC3H/HeNマウスのF1）マウスへ移植しGVHDを誘導した．その結果，DNAM-1遺伝子欠損CD8$^+$T細胞と野生型CD4$^+$T細胞を移植すると，野生型CD8$^+$T細胞と野生型CD4$^+$T細胞を移植した場合に比べ，生存期間の有意な延長が認められた（図2A）．このことから，CD8$^+$T細胞上のDNAM-1がGVHDの病態に重要な役割を果たしていることが示された．

　　上記の結果から，DNAM-1がCD8$^+$T細胞の活性化に関与していることが考えられたので，野生型B6マウスより採取したCD8$^+$T細胞を抗CD3抗体と抗DNAM-1抗体で刺激しIFN-γの産生（CD8$^+$T細胞の活性化を示す指標）をFCMで解析した．その結果，CD3単独刺激（4.9％）に比べ，CD3とDNAM-1を同時に刺激すると，IFN-γ産生細胞の割合が増加した（10.5％）（図2B）．以上の結果から，DNAM-1がCD8$^+$T細胞上でIFN-γ産生に寄与しており，それがGVHD病態の増悪に関与していることが示された[7)]．

　　このように，FCMを用いて*in vitro*で刺激した細胞が産生するサイトカインを容易に解析することが可能である．

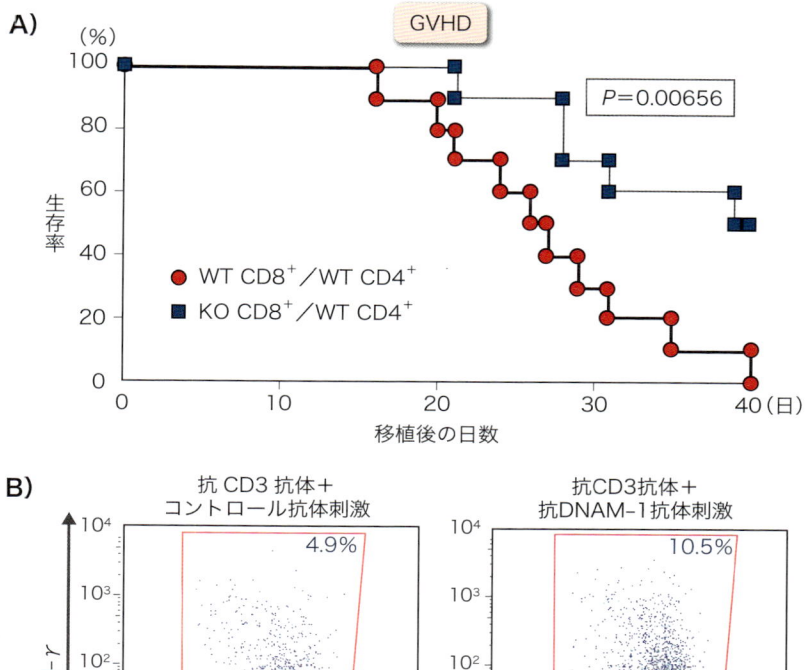

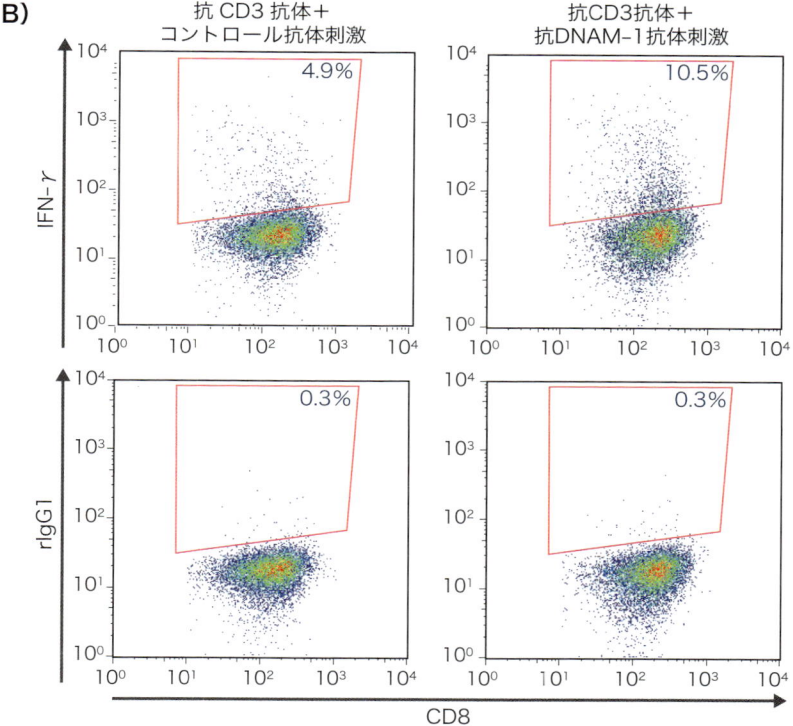

図2 CD8⁺T細胞活性化におけるDNAM-1の役割

A) GVHDマウスモデルの解析．DNAM-1遺伝子欠損（KO）C57BL/6（B6）マウス由来のCD8⁺T細胞（KO CD8⁺）と野生型（WT）B6マウス由来のCD4⁺T細胞（WT CD4⁺）をB6C3F1（B6マウスとC3H/HeNマウスのF1）マウスへ移植した．コントロールである野生型CD8⁺T細胞と野生型CD4⁺T細胞移植群に比べGVHDの生存率が改善したことから，CD8⁺細胞上のDNAM-1がGVHDの病態の増悪に関与していることが示された．**B)** 野生型B6マウスの脾臓から採取したCD8⁺T細胞を，抗CD3抗体と抗DNAM-1抗体で刺激し，48時間培養した．回収した培養細胞を，FITC標識抗CD3抗体，APC標識抗CD8抗体，PE標識抗IFN-γ抗体で染色し，FCMで解析した．図はCD3⁺CD8⁺細胞にゲーティングした後の展開である．縦軸はIFN-γの発現を示しており（**上段**），アイソタイプコントロールであるPE標識ラットIgG1（rIgG1）抗体による染色を陰性コントロールとしている（**下段**）．横軸はCD8の発現を示している．赤枠内の数字は細胞の比率を示している．CD3単独刺激に比べ，CD3とDNAM-1を同時に刺激すると，IFN-γ産生細胞の割合が増加した．固定，細胞透過処理にはFIX & PERM Cell permeabilization reagents（サーモフィッシャーサイエンティフィック社）を用いた．FCMにはBD FACSCalibur，解析ソフトウェアはFlowJoを用いた（Aは文献7より引用）

2. 実験的自己免疫性脳脊髄炎（EAE）におけるLFA-1の役割

　　CD4⁺エフェクターT細胞は，その産生するサイトカインによって，Th1, Th2, Th17細胞の主に3つのサブセットに分類される．Th1細胞は主にIFN-γやTNF-αを産生し，細胞性免疫に関与している．Th2細胞はIL-4, IL-5, IL-13などのサイトカインを産生し，アレルギー反応などにかかわっている．Th17細胞は，IL-17A/F, IL-22などを産生し，主に細胞外細菌・真菌の排除や自己免疫疾患に関与していることが知られている．ヒトの多発性硬化症のマウスモデルである実験的自己免疫性脳脊髄炎（experimental autoimmune encephalomyelitis：EAE）は，Th17細胞がその病態の増悪に関与する疾患の1つである．

　　CD4⁺ナイーブT細胞に発現する細胞接着分子LFA-1を介したシグナルは，Th1細胞を分化誘導することが知られているが[8]，LFA-1がTh17細胞におよぼす影響はほとんど明らかになっていなかった．われわれはTh17細胞とLFA-1の関係を解析するため，LFA-1遺伝子欠損マウスにミエリンタンパク質であるMOG（myelin-oligodendrocyte glycoprotein）を免疫してEAEを誘導し，病態を観察した．その結果，野生型に比べ，LFA-1遺伝子欠損マウスでEAEの病態の悪化が抑えられた（図3A）．われわれはこの原因を探索するため，MOGを免疫して4, 7日後の所属リンパ節におけるTh17細胞の割合を観察した．その結果，MOGを免疫した野生型マウスの所属リンパ節では，MOG特異的IL-17産生細胞（Th17細胞）とIFN-γ産生細胞（Th1細胞），またIFN-γとIL-17を同時に産生する細胞分画の比率が増加していたのに対して，LFA-1遺伝子欠損マウスでは，その増加が軽度であった（図3B）．このことから，LFA-1が生体内でTh1細胞，Th17細胞の出現に関与しており，それがEAE病態を悪化させていることが示された[9]．

　　このように，複数のサイトカインを同時に染色することによって，細胞集団のなかにどのサイトカインを産生する細胞がどの程度存在しているかを解析することもできる．

3. 制御性T細胞（Treg）の誘導と検出

　　ヘルパーT細胞は，Th1, Th2, Th17細胞などのエフェクター細胞分画と，制御性T細胞（regulatory T cell：Treg）とよばれる抑制性細胞の分画に分けることができ，Tregは，細胞表面分子CD4, CD25と細胞内転写因子Foxp3の発現で特徴づけられている[10]．

　　本実験では，野生型マウスの脾臓をCD3, CD4, CD25, Foxp3で染色し，Tregの割合を解析した．その結果，CD4⁺T細胞中，約10％がTregであった（図4A）．さらに，野生型マウスの脾臓からCD4⁺ナイーブT細胞を分離し，in vitroでTregを分化誘導した．誘導後6日目に前述の方法にて細胞内転写因子Foxp3を検出した．その結果，約90％がFoxp3⁺Tregに分化していることが確認できた（図4B）．

　　このように，細胞表面抗原と細胞内転写因子を組み合わせて多重染色して，細胞を分画することも可能である．

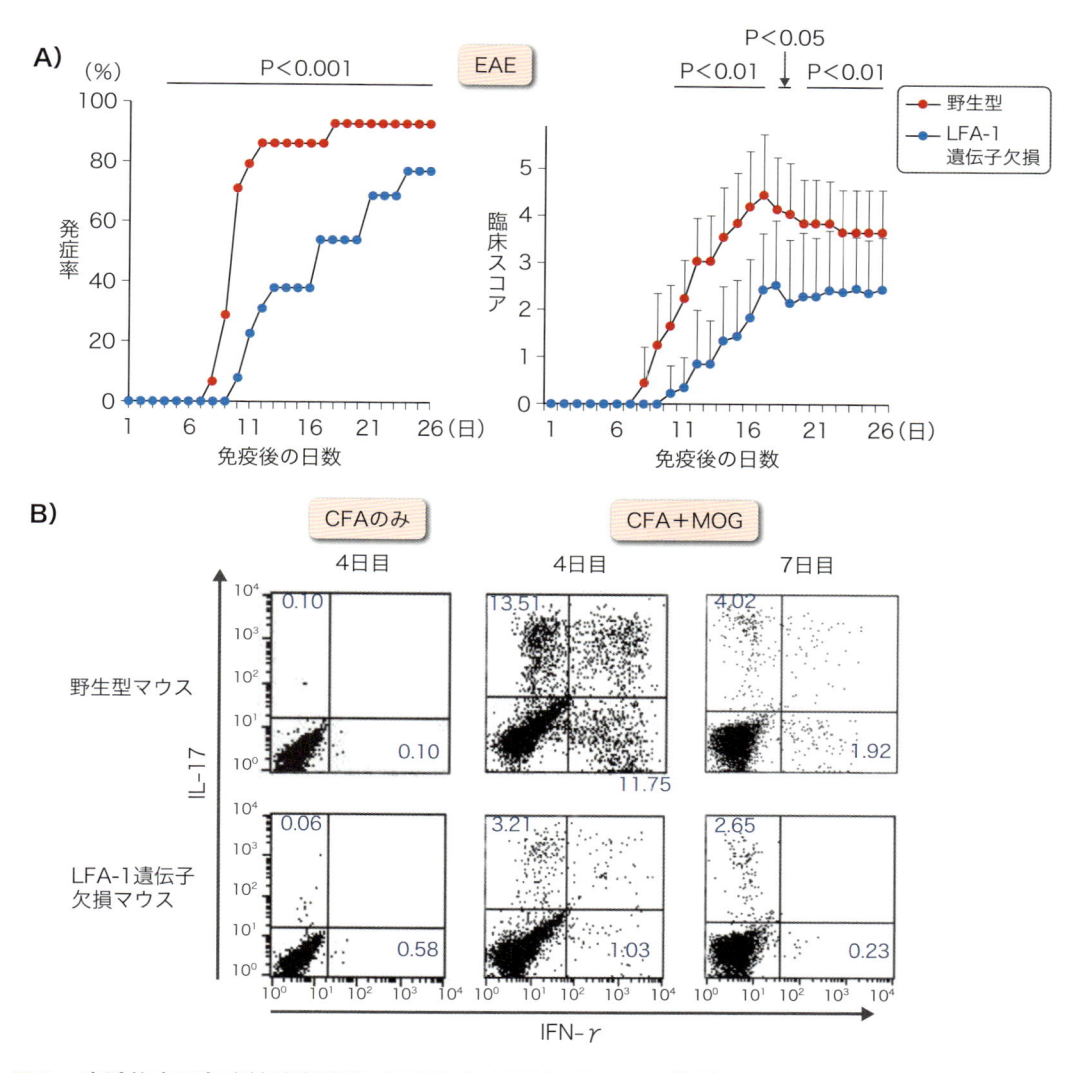

図3 実験的自己免疫性脳脊髄炎（EAE）におけるLFA-1の役割

A) 野生型マウスまたはLFA-1遺伝子欠損マウスにMOGを免疫してEAEを誘導し発症率と臨床スコア〔0～5点のスコアで病態の重症度を表す．（0点：症状なし，1点：尻尾の緊張消失，2点：片側後肢の麻痺，3点：両側後肢の麻痺，4点：四肢の麻痺，5：致死）〕を評価した．野生型に比べ，LFA-1遺伝子欠損マウスでは発症率，臨床スコアともに改善した．**B)** MOG免疫後4日目と7日目の所属リンパ節細胞をMOGで再刺激し，細胞内のIL-17とIFN-γをFCMにて観察した．図はCD4$^+$T細胞中のIL-17産生細胞とIFN-γ産生細胞をドットプロットに表したものである．枠内の数字は細胞の比率（%）を示している．MOGを免疫した野生型マウスの所属リンパ節では，MOG特異的IL-17産生細胞とIFN-γ産生細胞，これらを同時に産生する細胞の比率が増加していたのに対して，LFA-1遺伝子欠損マウスでは，その増加が軽度であった．固定，細胞透過処理にはFIX & PERM Cell permeabilization reagents（サーモフィッシャーサイエンティフィック社）を用いた．FCMにはFACSCalibur，解析ソフトはCellQuest Proを用いた（A，Bは文献9より転載）

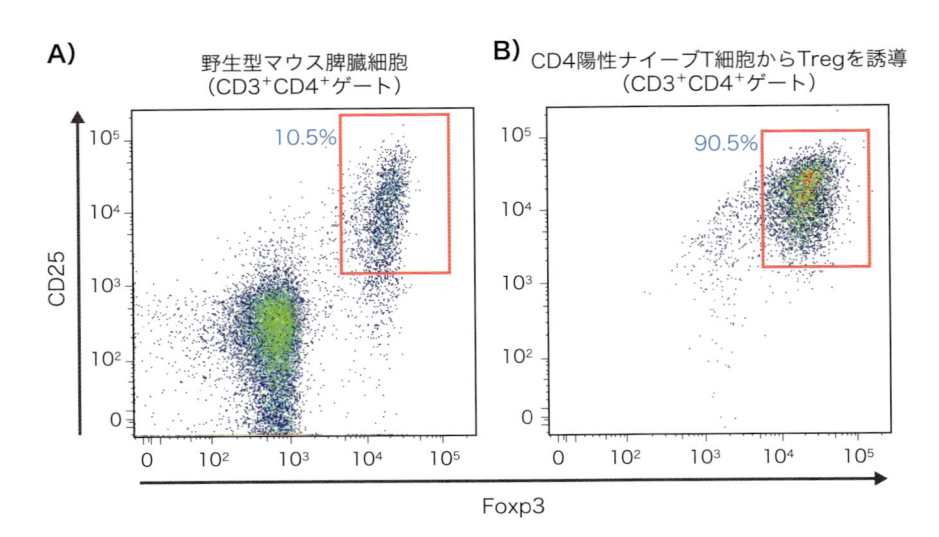

図4 制御性T細胞（Treg）の誘導と検出

A) 未感作野生型マウスから採取した脾臓細胞を，Pacific Blue 標識抗CD3抗体，APC標識抗CD4抗体，PE-Cy7標識抗CD25抗体，PE標識抗Foxp3抗体で染色し，FCMにて解析した．CD4⁺T細胞中のCD25⁺Foxp3⁺細胞（Treg）の割合は約10％であった．**B)** 未感作野生型マウスの脾臓から採取したCD4⁺CD62L^high CD44^low のナイーブT細胞を抗CD3抗体で刺激し，Treg分化条件（5 ng/mL TGF-β + 20 ng/mL IL-2）で培養した．6日後，CD4⁺CD25⁺Foxp3⁺細胞（Treg）の割合をFCMで観察した．CD4⁺T細胞中のTregの割合は約90％であった．固定，細胞膜透過処理にはFoxp3 Staining Buffer Set（eBioscience社）を用いた．FCMはBD LSRFortessa，解析ソフトウェアはFlowJoを用いた

おわりに

　細胞内タンパク質は細胞の増殖や分化にかかわっており，生命現象を解明していくうえでも，細胞内タンパク質を観察することは重要である．FCMを用いた細胞内タンパク質の検出は，簡便な手技で，個々の細胞におけるタンパク質の発現を観察できる点に優れている．また多重染色によって同時に複数のパラメーターを観察することが可能であるという利点もあり，汎用性が高い．本稿では説明を省略したが，リン酸化タンパク質など細胞内シグナル伝達にかかわる分子の検出も可能である．各種メーカーからさまざまな分子に対する多くの抗体が次々に発売されており，細胞内染色の解析の幅がますます広がってきている．

◆ 文献

1) Sander, B. et al.：Immunol. Rev., 119：65-93, 1991
2) Jung, T. et al.：J. Immunol. Methods, 159：197-207, 1993
3) Picker, L. J. et al.：Blood, 86：1408-1419, 1995
4) Openshaw, P. et al.：J. Exp. Med., 182：1357-1367, 1995
5) Shibuya, A. et al.：Immunity, 4：573-581, 1996
6) Tahara-Hanaoka, S. et al.：Blood, 107：1491-1496, 2006
7) Nabekura, T. et al.：Proc. Natl. Acad. Sci. USA, 107：18593-18598, 2010
8) Shibuya, K. et al.：J. Exp. Med., 198：1829-1839, 2003
9) Wang, Y. et al.：Biochem. Biophys. Res. Commun., 353：857-862, 2007
10) Hori, S. et al.：Science, 299：1057-1061, 2003

細胞内サイトカイン染色に使用できるBuffer

製品番号	製品名	容量
培養時にサイトカイン等をゴルジ体にとどめておくために		
420601	Brefeldin A Solution (1,000X)	1 ml
420701	Monensin Solution (1,000X)	1 ml
サイトカイン測定時の固定・開孔試薬		
420801	Fixation Buffer	100 ml
421002	Intracellular Staining Permeabilization Wash Buffer	100 ml
FOXP3/Heliosなどの転写因子、核内因子、Granzyme B, Perforin 測定		
424401	True-Nuclear™ Transcription Factor Buffer Set	120 tests
最終wash後、すぐにFCM測定できない時に		
422501	Cyto-Last™ Buffer	100 ml

抗体をはじめ、さまざまな実験試薬をご用意しております！下記URLまたはQRコードよりご確認ください！

培養上清・血清・血漿のサイトカイン測定・解析

フローサイトメーターによるタンパク同時定量キット LEGENDplex™

LEGENDplex™は、一つのサンプルから多項目の可溶性タンパクを同時に定量できるフローサイトメーター用ビーズアッセイキットです。

- **最大13項目まで同時測定が可能**
- **3カラー解析ができる一般的なフローサイトメーターで測定可能**
- **専用ソフトウエアによる迅速・簡便なデータ解析**
（ソフトウエアはキットに含まれます）

詳しくはこちらから

Q legendplex　検索

http://www.biolegend.com

製造元

BioLegend®
The path to legendary discovery™

総販売元

Digital Biology®

トミーデジタルバイオロジー株式会社
住所：東京都台東区池之端2-9-1
電話：03-5834-0810
BioLegend製品専用ダイヤル：03-5834-0843
http://www.digital-biology.co.jp/allianced/

実践編

アナリシス（個々の細胞の状態を調べる）

7 Flow-FISH法を用いた テロメア長の定量解析

西村聡修

実験の目的とポイント

正常な体細胞では，DNA複製のたびに染色体末端のテロメアが短くなり，それがある閾値以下に達すると細胞分裂の停止，もしくは細胞死に至る．テロメアが細胞分裂の回数を規定する特性を有するため，一方では細胞の"寿命"や"若さ"という観点から，また他方ではがん細胞などの"不死性"という観点から研究の対象として取り上げられてきた．近年において発展著しい再生医療の分野においても細胞の"時間"を知ることは重要な事項であり，テロメア研究の幅は多くの分野に広く行き渡っていると言ってもよい．実際にテロメアの機能解析を行うにあたっては，テロメア長を簡便にかつ正確に測定する技術が重要となっている．

はじめに

テロメア長を測定する方法として古くからサザンブロット法が用いられてきたが，10^6個以上といった多くの細胞数が必要であり，正確性と再現性の点でもばらつきが大きく，わずかなテロメアの長さの違いを検出することはできないものであった[1]．その後に発展したQ-FISH (quantitative fluorescence in situ hybridization) 法は，テロメアに対する染色体FISH[*1]を行ったのち，蛍光顕微鏡下にてCCDカメラで蛍光画像を取り込み，蛍光シグナルを染色体ごとに定量化し解析する方法である[2]．必要細胞数も少なく正確性の面では優れているが，手間と時間がかかり，画像解析の高い技術も要するため，一般的に用いるには少々難しい手法である．
フローサイトメトリーは，FISHを行った細胞1つ1つの蛍光シグナルを感度よく感知し，記録することが可能であることから，Q-FISHの欠点である蛍光強度解析の難しさを克服する簡便な手法としてFlow-FISH法が確立した（図1）．Flow-FISH法では，10^5個程度の細胞数で蛍光強度解析が可能であり，再現性も高く，わずかなテロメアの長さの違いも正確に検出することができる[3]．フローサイトメトリーによって個々の細胞の蛍光シグナルを検出するため，細胞系譜に特異的な抗体を用いれば，T細胞やマクロファージといった細胞集団ごとに分けて解析することができる利点も有する．
フローサイトメトリーでの解析に適したFISHプローブも開発され，従来のDNAプローブで

[*1] 検出したい配列と相補的な配列をもつ核酸などをプローブとして，ハイブリッド形成反応を行う方法である．プローブに結合させた蛍光色素を示標として，ハイブリッド形成，すなわち目的とする配列の有無を判別するするのがFISHである．

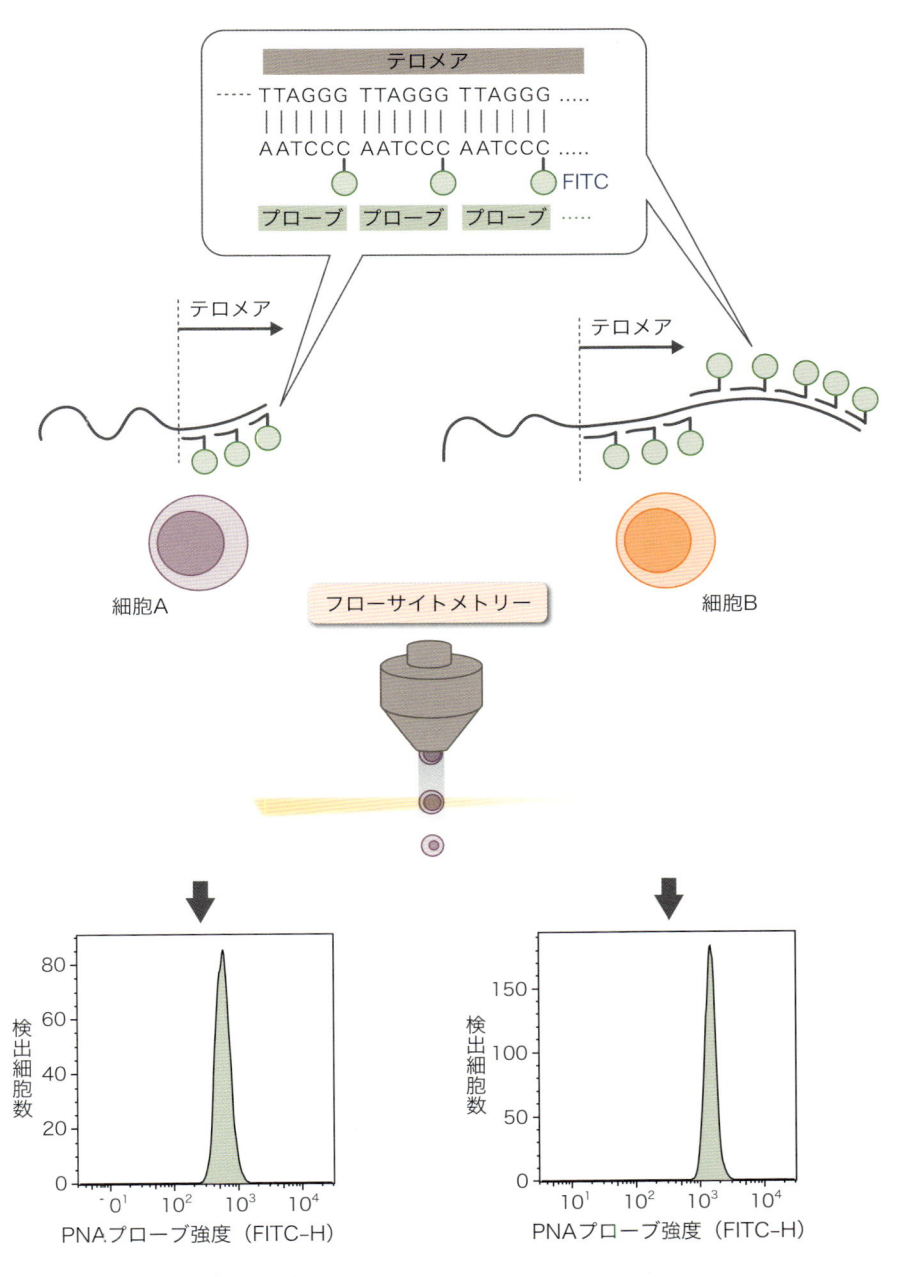

図1　Flow-FISH法の原理
FITC標識したテロメアPNAプローブを用いてテロメアに対するFISHを行い，個々の細胞のFITC蛍光強度をフローサイトメトリーによって定量的に解析し，テロメア長を算出する

はなく，テロメア配列〔脊椎動物の場合 $(TTAGGG)_n$〕に相補的な配列〔$(CCCTAA)_3$〕のペプチド核酸（peptide nucleic acid：PNA）をFITCなどで蛍光標識したものを用いている．PNAは，核酸に代わる物質として開発された化学合成核酸アナログで，核酸の基本骨格構造である五単糖・リン酸骨格を，グリシンを単位とするポリアミド骨格に置換したもので，核酸によく

似た三次元構造をしている．相補的な塩基配列をもつ核酸に対し非常に特異的でかつ強力に結合し，電荷のない中性の安定した骨格構造を有するため溶液のpH・塩濃度に影響されず，ハイブリダイゼーション反応が迅速に進行する．

このようなFlow-FISH法を用いた定量解析の一例を本稿では紹介する．

準備

細胞

- □ 1301細胞
    リンパ芽球様の形態を示すヒト急性T細胞白血病細胞である．安定した4倍体細胞であり，テロメア長も長く安定しているため，テロメア長の比較のためのコントロールとして使用しやすい．検体細胞のテロメア長を1301細胞との比テロメア長（relative telomere length：RTL）として算出しておくことで，異なる実験間でのテロメア長の比較が可能となる．

- □ ヒト末梢血単核球（peripheral blood mononuclear cell：PBMC）
    フローサイトメトリーの蛍光漏れ込み補正（コンペンセーション）用の単染色細胞を作製するために用いる．

キット*1

- □ Telomere PNA Kit/FITC for Flow Cytometry（K5327，DAKO社）
    キットの構成
    ・Vial 1：ハイブリダイゼーション液
    ・Vial 2：テロメアPNAプローブ/ハイブリダイゼーション液
    ・Vial 3：10×洗浄液
    ・Vial 4：10×DNA染色液（PIおよびRNase A含有）

    > *1 もしキットを用いずに各試薬を自作したい場合は，Vial 1〜4に相当する試薬を以下の組成で作製する．
    > ・ハイブリダイゼーション液：
    >   20 mM Tris-HCl（pH 7.1），1% BSAを70％脱イオンホルムアミドに溶かす（4℃保存）
    > ・テロメアRNAプローブハイブリダイゼーション液：
    >   終濃度0.3 μg/mLでハイブリダイゼーション液に溶かす（4℃保存）
    > ・10×洗浄液：
    >   1% BSA，1% Tween 20を10×PBSに溶かす（4℃保存）
    > ・10×DNA染色液：
    >   1% BSA，100 μg/mL RNase A，0.6 μg/mL propidium iodide（PI）を10×PBSに溶かす（4℃保存）

試薬類

- □ Phosphate-buffered saline（PBS）
    Ca^{2+}およびMg^{2+}を含まないもの
- □ 滅菌精製水
- □ FITC標識ヒトCD3抗体*2

    *2 解析する検体細胞にあわせて最も適当なものを用いる．

☐ Propidium iodide（PI）
  1 mg/mL（1,000×ストック溶液）

機器類
☐ フローサイトメーター
☐ 解析用ソフトフェア
☐ ヒートブロック
☐ 1.5 mLマイクロチューブ
☐ マイクロチューブ用遠心機
☐ FCM用チューブ

プロトコール

　検体細胞（2倍体）とコントロール細胞である1301細胞（4倍体）とを混合し，それらを同じチューブ内で同時に染色するため，染色操作の手間を省くことが可能である．解析においてはDNA量（PI蛍光強度）で2倍体細胞と4倍体細胞を区別可能であるので，混合することに関しては何も問題とならない（図2）．

1. 前処理

❶ 検体細胞および1301細胞をPBSにて洗浄する（2回）

❷ 細胞数を計測する

❸ 検体細胞と1301細胞を2×10^6個ずつ等量混合し，PBSにて全量を6 mLにする

❹ 細胞懸濁液を1.5 mLずつ4本のマイクロチューブ（1.5 mL）に分注し，それぞれA，B，C，Dとラベルする

❺ 500×gで5分間遠心する

❻ できるだけ完全に上清を取り除く

2. 染色体DNAのディネーチャー反応

❶ あらかじめヒートブロックを82℃に調整しておく

❷ FITCのバックグラウンドシグナル検出用とするA，BのチューブにはVial. 1のハイブリダイゼーション液のみを，PNAプローブと反応させるC，DにはVial. 2のテロメアPNAプローブを含むハイブリダイゼーション液を300 μLずつ加える

❸ 各チューブをボルテックスにてよく混和する[*3]

　　*3　細胞のペレットが崩れ，すべての細胞がきちんと浮遊していることを確認する．

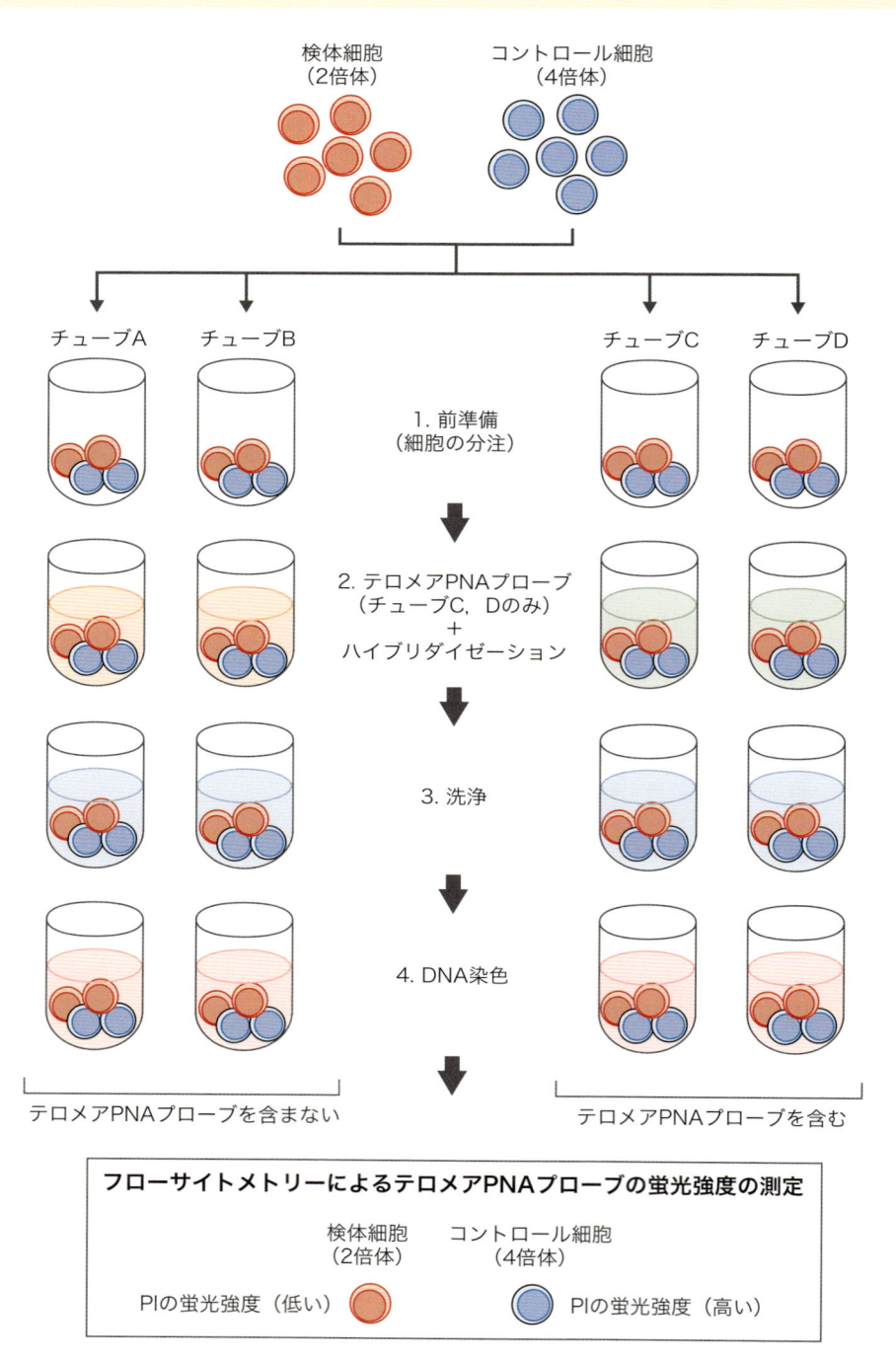

図2　Flow-FISHを用いた実験の流れ

実験全体の流れをフローチャートにして示す．検体細胞およびコントロール細胞は二重以上に測定をすることが望ましい．ここでは二重測定の場合を示す．1つのチューブの中で検体細胞（低いPI蛍光強度）とコントロール細胞（高いPI蛍光強度）とを同時に解析できる点が操作を簡便にするとともに，染色操作の差による影響を排除している

❹ 82℃のヒートブロック上に置き，10分間ディネーチャー反応させる*4

*4 ディネーチャー反応は適切な温度で行う必要があり，必ず80〜84℃の間で行うようにする．

3. ハイブリダイゼーション反応

❶ 各チューブをもう一度ボルテックスにてよく混和し，室温，暗所で一晩ハイブリダイゼーション反応させる

4. 洗浄

❶ あらかじめヒートブロックを40℃に調整しておく

❷ Vial. 3の溶液を水で10倍に希釈し，洗浄液を作製する

❸ 洗浄液を各チューブにそれぞれ1 mLずつ加え，ボルテックスにてよく混和する

❹ 40℃のヒートブロック上に置き，10分間反応させる

❺ 再度ボルテックスにてよく混和した後，500 × gで5分間遠心する

❻ 上清を静かに取り除く*5

*5 細胞が浮遊しやすくなっているので，より一層の注意を払う．

❼ ステップ❷〜❻をもう一度繰り返す

5. DNA染色

❶ Vial. 4の溶液を水で10倍に希釈したDNA染色液を作製する

❷ 各チューブにそれぞれ0.5 mLのDNA染色液を加え，ボルテックスにてよく混和する

❸ 細胞浮遊液をA，B，C，Dのチューブから，A，B，C，DのラベルがはられたFCM用チューブに移す

❹ 4℃，暗所にて3時間反応させる

6. 蛍光漏れ込み補正用の単染色細胞の準備

❶ 0.2テスト*6（0.2×10^6細胞）のPBMCsを分注したFCMチューブを2本準備する

*6 ヒトの検体は通例として，1.0×10^6細胞を1テストと呼ぶ．

❷ それぞれにFITC標識ヒトCD3抗体，PIを加える

❸ 氷上にて30分間反応させる

❹ PBSにて洗浄し，少量のPBSに再懸濁する

7. 測定および解析

ここではフローサイトメーターとしてBD FACSAria II（BD Biosciences社）を，解析ソフトウェアとしてFlowJo（FlowJo社）を用いた方法を紹介する．

❶ 解析に用いるパラメーターとして，Linear scaleのFSC-A，FSC-H，FSC-W，SSC-A，SSC-H，SSC-W，Log scaleのFITC-H，PI-Hを選択する[*7]

> *7　同時にPI-AとPI-Wのデータも保存しておき，PI-A/PI-Wプロットを用いてダブレット（1滴に2つ以上の細胞が入ってしまったもの）を取り除くとより好ましい．

❷ 単染色PBMCsを用いて，蛍光漏れ込みを補正する

❸ チューブA〜Dを流し，データを保存する

❹ 保存したデータをFlowJoに読み込む

❺ FSC-A/SSC-Aプロットでリンパ球を含む分画にゲートをかけ（図3 A），FSC-H/FSC-Wプロット，SSC-H/SSC-Wプロットの順に通してダブレットを取り除く（図3 B, C）[*8]

❻ PI-H/FITC-Hプロットにおいて，PI強度から判別したG0/1期にある検体細胞と1301細胞それぞれにゲートをかける（図3 D, E）[*8]

> *8　2倍体もしくは4倍体の染色体DNA量を有するG0/1期にある細胞のみでテロメア長（FITC蛍光強度）を比較する．このとき，DNA量が増加しているG2期およびM期の細胞が含まれていると，正確な平均テロメア長を算出できなくなるため，これらの細胞周期にある細胞をきちんとゲートアウトする．

❼ 検体細胞と1301細胞それぞれにおけるFITCの平均蛍光強度（mean fluorescent intensity：MFI）をFlowJoにて算出する（図4）

❽ 以下の式にて比テロメア長（relative telomere length：RTL）を計算する

$$MFI_{back} = \frac{MFI_{tube\ A} + MFI_{tube\ B}}{2}$$

$$MFI_{probe} = \frac{MFI_{tube\ C} + MFI_{tube\ D}}{2}$$

$$RTL = \frac{MFI_{probe}(Sample) - MFI_{back}(Sample)}{DNA_{index}(Sample)} \div \frac{MFI_{probe}(Control) - MFI_{back}(Control)}{DNA_{index}(Control)} \times 100$$

ここで，検体細胞として正常T細胞を用いた場合のDNA_{index}は2，1301細胞のDNA_{index}は4である．

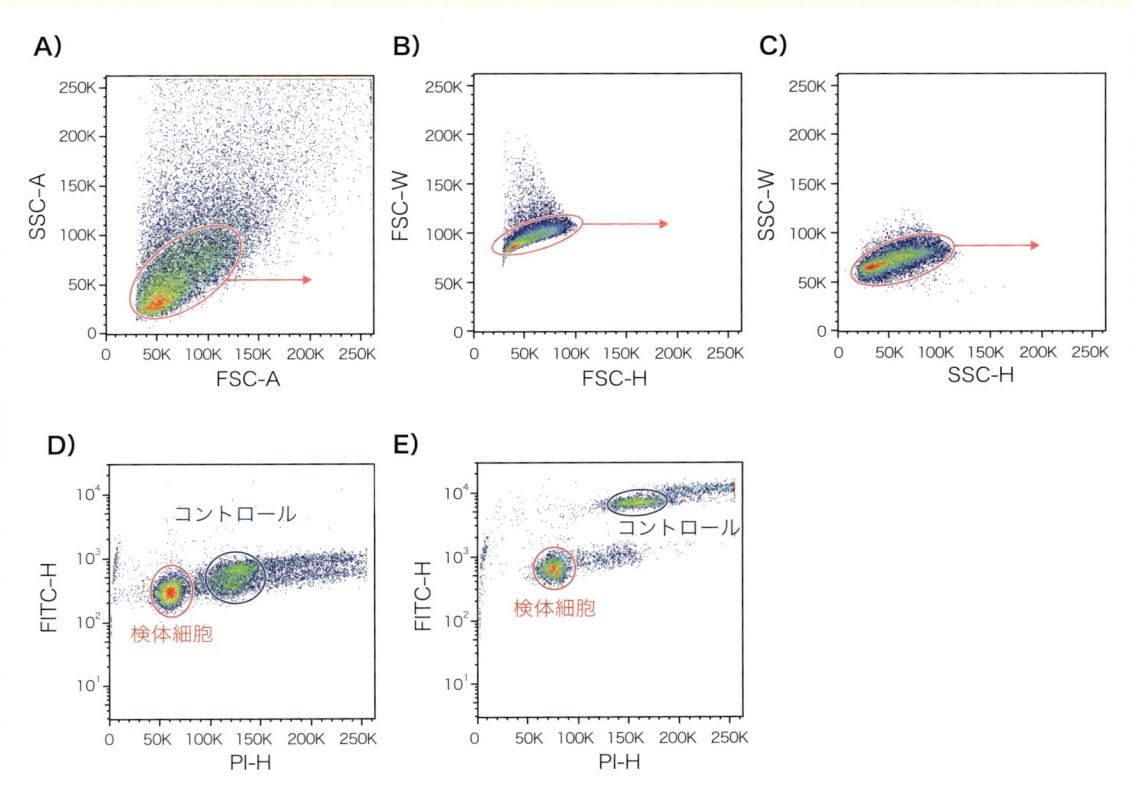

図3　Flow-FISH法におけるプロットの例

ヒト末梢血からクローニングしたモノクローナルなT細胞集団を前記プロトコールに従って染色・解析した．FlowJo上での展開例を示す．**A)** FSC-A/SSC-Aプロット．リンパ球を含む分画（FSC-A/SSC-Aがともに比較的小さな集団）にゲートをかける．**B)** FSC-H/FSC-Wプロット．細胞ダブレットを取り除くようにゲートをかける．**C)** SSC-H/SSC-Wプロット．細胞ダブレットを取り除くようにゲートをかける．**D)** テロメアPNAプローブを含まないハイブリダイゼーション液（チューブA）のPI-H/FITC-Hプロット．検体細胞を赤色で，コントロール細胞（1301細胞）を紺色でゲートしている．PIの蛍光強度において右に尾を引いているのは，G2期もしくはM期にある細胞である．**E)** テロメアPNAプローブを含むハイブリダイゼーション液（チューブC）のPI-H/FITC-Hプロット．検体細胞を赤色で，コントロール細胞（1301細胞）を紺色でゲートしている．PIの蛍光強度において右に尾を引いているのは，G2期もしくはM期にある細胞である

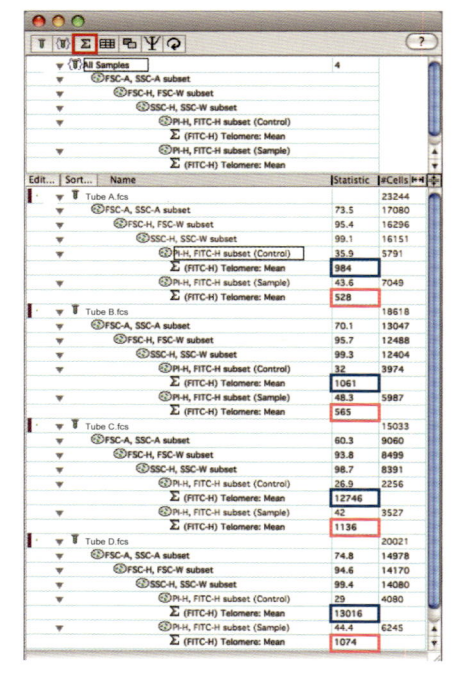

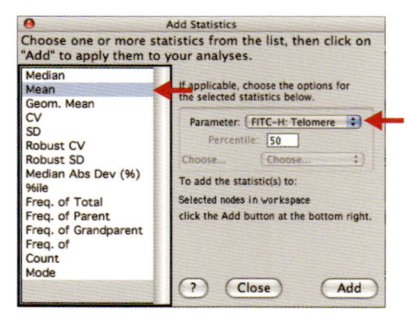

図4 FlowJoを用いた解析と比テロメア長の算出の例
FlowJo上でのプロットおよびゲートを設定した後，平均蛍光強度（MFI）およびそれらを用いての比テロメア長（RTL）を算出する．
A）FlowJoのワークスペース．検体細胞もしくはコントロール細胞の「PI-H/FITC-H subset」を選択した状態でワークスペース上部の統計コマンドボタン（Σ）を押すと，B）に示す統計処理の設定ウインドウが現れる．B）統計処理の設定ウインドウ．左側にある統計処理一覧から「平均（Mean）」を選択し，右側のプルダウンメニューから平均をとるパラメーター（ここではFITC-H）を選択する．Addボタンを押すと，A）の展開ツリー中の「PI-H/FITC-H subset」の直下にMFI値を示す枝が現れる．□：検体細胞（図3の赤色ゲート）から算出したMFI値．□：コントロール（図3の紺色ゲート）から算出したMFI値

実験例

　再生医療における画期的なツールとして大きな注目を集め，初期化のみならず分化誘導などの関連技術も大きな発展を遂げているiPS細胞であるが，われわれの最新の研究では，免疫細胞の一種であるT細胞を一度iPS細胞化することで若返らせて再生することに成功した．本研究のなかでは，「若返り」の指標の一種としてテロメア長を採用しており，Flow-FISH法によるテロメア長の定量解析を行っているので，1つの実験例として紹介する[4]．

　実験ではHIV-1感染症患者の末梢血T細胞（オリジナルT細胞）と，そのオリジナルT細胞を一度iPS細胞に初期化し再びT細胞へと分化させたもの（再分化誘導T細胞）のテロメア長を比較している．オリジナルT細胞は，患者体内における長期間のウイルスへの暴露により高度に疲弊・老化し，テロメア長も短くなっていると考えられていた．一方，再分化誘導T細胞では，最も若い細胞であるiPS細胞を経由している間にテロメアの伸長が起こり，T細胞分化の過程を経ている間に短くはなるものの，最終的に得られた再分化誘導T細胞におけるテロメア長はオリジナルT細胞のそれと比して長くなると考えられていた．Flow-FISH法を用いてそれらのテロメア長を比較したところ，再分化誘導T細胞の方が長いテロメアをもつことがわかり，iPS細胞化を介した若返りが実現されていた（図5）．

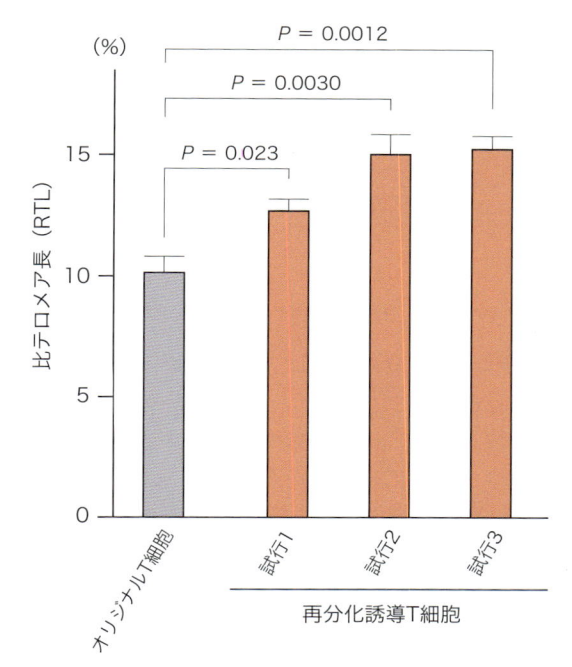

図5　Flow-FISHを用いた実験例
HIV感染症患者の末梢血からクローニングしたオリジナルT細胞と，一度iPS細胞を介して再びT細胞へと戻した再分化誘導T細胞におけるテロメア長を比較した結果，若返りが実現されていた（文献4より引用）

おわりに

　本稿および実験例にあげたわれわれの最新の研究を通して，T細胞を主とした血液細胞のFlow-FISH法によるテロメア長の定量解析を書いてきた．元来，単独の細胞で浮遊して存在する血球細胞とフローサイトメトリー解析との相性はかなりよいものがあるが，これは接着細胞をFlow-FISH法における検体細胞にすることが不可能ということとは同値ではない．接着細胞のテロメア長を解析するにあたっても，前方散乱光（FSC）および側方散乱光（SSC）〔もしくは後方散乱光（BSC）〕のパルス高と幅を指標にきちんとダブレットなどを取り除ければ，正確なPNAプローブの蛍光シグナルが得られる．

　また，本稿ではテロメア長のみに絞って書いたが，高い正確性と再現性をもちつつも，気軽に簡便な方法で解析が可能なFlow-FISH法であるため，今後ますますアプリケーションの幅を広げ，さまざまなFISH法の定量化を推進していくことであろう[5]．

◆ 文献
1) Harley, C. B. et al.：Nature, 345：458-460, 1990
2) Lansdorp, P. M. et al.：Hum. Mol. Genet., 5：685-691, 1996
3) Baerlocher, G. M. & Lansdorp, P. M.：Cytometry A, 55：1-6, 2003
4) Nishimura, T. et al.：Cell Stem Cell, 12：114-126, 2013
5) Wu, M. et al.：PLoS One, 8：e55044, 2013

実践編　アナリシス（個々の細胞の状態を調べる）

8 臨床への応用
患者の病態をリアルタイムで可視化する

渡辺恵理，佐藤奈津子，渡辺信和

実験の目的とポイント

フローサイトメトリー（FCM）技術の進歩により10カラー以上の解析が比較的容易にできるようになり，多くの医療機関から診断用のマルチカラー・パネルが提唱されている[1)2)]．パネルは臨床診断の標準化に役立つが，日常の診療で遭遇する病態の解析には既存のパネルだけでは対応できない．一方，FCMには，適切なマーカーを工夫することにより新たな解析法を容易につくり出せる自由度がある．FCMの病態解析への応用例として，ATL細胞の解析（A），SCIDに対する臍帯血移植後のキメリズム解析（B），テトラマーによるHLA不一致移植後のCMV特異的CTLの検出（C）の3つを紹介する．

A. FCMを利用したATL細胞の解析

成人T細胞白血病（adult T cell leukemia：ATL）は，わが国に100万人以上存在するHTLV-1キャリアから毎年1,000人が発症する難治性の悪性腫瘍である．腫瘍細胞であるATL細胞は形態学的に診断されるが，典型的なFlower cells（花びら細胞，核の切れ込みや文葉の著明なATL細胞）の形態を示すことは少なく，検査間で検査結果に差が出やすい．ATL細胞のFCM解析ではCD25の高発現やCD3のダウンレギュレーションが指摘されていたが，これらの染色性はときに微妙で，ATL細胞を明瞭に同定することはしばしば困難である．一方，ATLの治療では近年造血細胞移植や抗CCR4抗体療法が導入され，ATLの病態解析には制御性T細胞（Treg）やNK細胞に加え，CCR4発現の解析も要求されている．われわれはATL細胞でCD7が欠失し[3)]，TSLC-1が特異的に発現している[4)5)]ことに着目して，ATL細胞と治療に関連する免疫細胞を同時に測定する12カラー解析法を考案した．

準備

機器

☐ フローサイトメーター
BD FACSAria II（Blue/Red/Violet laser搭載，BD Biosciences社）を使用した．使用する各蛍光抗体の組み合わせは表を参照．

表 実験に使用する抗体の組み合わせ

レーザー	蛍光色素	Band Filter	Stain1	Stain2 (Isotype Ctrl)
Blue Laser (488 nm)	FITC/Carboxyfluorescein	525/50	CCR4	IgG2b
	PE	575/25	TSLC-1	TSLC-1
	PE-TR	610/20	CD16	CD16
	PE-Cy5	660/20	CD235a/PI	CD235a/PI
	PerCP-Cy5.5	710/50	CD45RA	CD45RA
	PE-Cy7	780/60	CD25	CD25
Red Laser (633 nm)	AlexaFluor647	670/30	CD127	CD127
	AlexaFluor700	730/45	CD56	CD56
	APC-Cy7	780/60	CD3	CD3
Violet Laser (405 nm)	V450	450/50	CD7	CD7
	V500	525/50	CD4	CD4
	BV605	660/20	CD14	CD14

☐ 冷却遠心器

検体と試薬

☐ 検体
　ヘパリン添加で採取した末梢血5 mLを使用した．

細胞調製用試薬

☐ 単核細胞分離用試薬
　リンホセパールⅠ（免疫生物研究所）．

☐ リン酸緩衝生理食塩水（PBS（−））（シグマ・アルドリッチ社）
　Ca^{2+}/Mg^{2+}を含まない．

☐ Staining medium（SM）
　2% fetal bovine serum添加PBS（−）．

蛍光標識抗体とストレプトアビジン

☐ Carboxyfluorescein標識抗CCR4抗体（Carboxyfluorescein-CCR4：205410，FAB1567F，R & D Systems社）

☐ 未標識TSLC-1（クローン名：3E1，CM004-3，医学生物学研究所）
　ビオチン標識が必要．

☐ PE-TR-CD16（クローン名：3G8，MHCD1617，サーモフィッシャーサイエンティフィック社）

☐ PE-Cy5-CD235a（クローン名：HIR2，306606，BioLegend社）

☐ PerCP-Cy5.5-CD45RA（クローン名：HI100，304122，BioLegend社）

☐ PE-Cy7-CD25（クローン名：M-A251，557741，BD Biosciences社）

- ☐ AlexaFluor 647-CD127（クローン名：A019D5，351318，BioLegend社）
- ☐ AlexaFluor 700-CD56（クローン名：B159，557919，BD Biosciences社）
- ☐ APC-Cy7-CD3（クローン名：SK7，344818，BioLegend社）
- ☐ V450-CD7（クローン名：M-T701，642916，BD Biosciences社）
- ☐ V500-CD4（クローン名：RPA-T4，560768，BD Biosciences社）
- ☐ Brilliant Violet 605-CD14（クローン名：M5E2，301833，BioLegend社）
- ☐ PE標識ストレプトアビジン（554061，BD Biosciences社）

死細胞染色用試薬

- ☐ Propidium iodide（PI，シグマ・アルドリッチ社）
  PBS（−）に溶解して，50 ng/mLの溶液を作製した（遮光して6〜8℃に保存）．

解析用ソフトウェア

FlowJo社のFlowJo（Mac用 Version 9.6.4）を使用した．

プロトコール

❶ 15 mLのチューブに4 mLのリンホセパールIを入れ，その上に室温（20〜25℃）のPBS（−）で2倍に希釈した末梢血を，両液が混ざらないように静かに重層する．700×gで22分間遠心し（室温），単核細胞を分離する（比重遠心法）．分離した単核細胞を冷PBS（−）で1回洗浄し，100 μLのSMに懸濁する

❷ 細胞数をカウントする[*1]

  [*1] 健常人の末梢血1 mLから得られる単核細胞は，約1×10^6個である．患者の場合は治療などの影響でさまざまである．1つの染色の組み合わせには，通常$5 \times 10^5 \sim 1 \times 10^6$個の単核細胞を用いる．

❸ 12種類の蛍光標識抗体を1本のFCM用チューブ（5 mL）に分注する[*2]．また，アイソタイプコントロール（この場合，抗CCR4抗体に対するネガティブ・コントロール）用のFCM用チューブを別に1本用意し，Carboxyfluorescein-CCR4のみFITC-IgG2b（クローン名：27-35，556577，BD Biosciences社）に置き換えた染色の組み合わせの抗体を分注する

  実験のポイント：PE-Cy5はマルチレーザー解析では蛍光補正が不可能なため通常使用できない．しかし，死細胞や赤血球をPE-Cy5陽性細胞として除く場合は使用できる．

  [*2] メーカー推奨の使用量が添付文書に記載されている場合でも，可能な限りタイトレーションを行い，至適使用量を求めた方がよい．

❹ 抗体を分注した2本のFCM用チューブに単核細胞浮遊液をそれぞれ添加し，4℃の暗所で20分間染色する

❺ 冷SMを5 mL加えて混和し，450×gで6分間遠心する（6℃）

❻ 上清をアスピレーターで取り除き，100 μLのSMに懸濁する

❼ PE標識ストレプトアビジン試薬を添加し，4℃の暗所で20分間染色する

❽ 冷SMを5 mL加えて混和し，450×gで6分間遠心する（6℃）

❾ 上清をアスピレーターで取り除き，0.3 mLの冷SMに懸濁し，ナイロンメッシュを通しながら新しいFCM用チューブへ移す

❿ FCM解析の直前に，単核細胞浮遊液にPI溶液（50 ng/mL）を1 μL加える

⓫ フローサイトメーターでサンプルを測定し，データを取り込む

実験例

臍帯血移植を受けたATL患者の末梢血単核細胞を，12カラーFCMで解析した結果を図1に示す．死細胞（PI$^+$）と赤血球（CD235a$^+$）を除いたリンパ球分画をCD3とCD4で展開し（C），ATL細胞を含むCD4$^+$細胞をまとめてゲーティングして，次の3通りの解析を行った．

① CD4$^+$細胞をTSLC-1とCD7で展開すると，ATL細胞（TSLC-1$^+$CD7$^-$）とそれ以外の正常なCD4$^+$T細胞を明瞭に判別できた（D）．ほとんどのATL細胞はTreg様のフェノタイプ（CD25$^+$CD127$^-$）を示し（I），CCR4を発現した（J）．また，正常なCD4$^+$T細胞におけるTregの頻度（K）や，TregにおけるCCR4の発現（L）が解析できた．さらに，Treg以外のCD4$^+$T細胞おいても，CCR4$^+$細胞（Th2を含む）が検出された（M）．

② CD4$^+$細胞をCCR4とCD45RAで展開すると，ナイーブCD4$^+$T細胞（CD45RA$^+$CCR4$^-$）と，CCR4$^+$細胞（ATL細胞，Treg，Th2を含む）が検出された（E）．

③ CD4$^+$細胞をCD25とCD127で展開し，Treg様のフェノタイプ（ATL細胞と正常なTregの合計）の頻度を解析した（F）．

また，CにおいてCD3$^-$細胞をゲーティングしてCD16とCD56で展開すると，NK細胞が検出できた（H）．

解析結果のまとめ

抗CCR4抗体はATL細胞表面のCCR4に結合した後，患者自身のNK細胞がADCC活性によりATL細胞を破壊することで効果を発揮する．したがって本抗体医薬は，ATL細胞と同様にCCR4を発現するTregやTh2細胞にも傷害を与え，造血細胞移植に併用すると急性GVHDが重傷化する危険性が指摘されている．また，NK細胞数が減少すると，抗CCR4抗体によるATL細胞への細胞傷害活性が発揮できない可能性もある．

今回の解析で，ATL細胞の頻度（D）は病勢や治療効果の判定に，ATL細胞におけるCCR4の発現レベル（J）は抗CCR4抗体療法の効果の予測に利用できる．また，一見高い頻度を示すTregフェノタイプ（F）のなかからATL細胞を除くことで（D），正常なTregの頻度（K）を知ることができる．さらに，ADCC活性を担うNK細胞の頻度（H）も知ることができる．本解析方法は，治療法の選択肢が増えたATLの診療に有用な情報を与えることが期待されている．

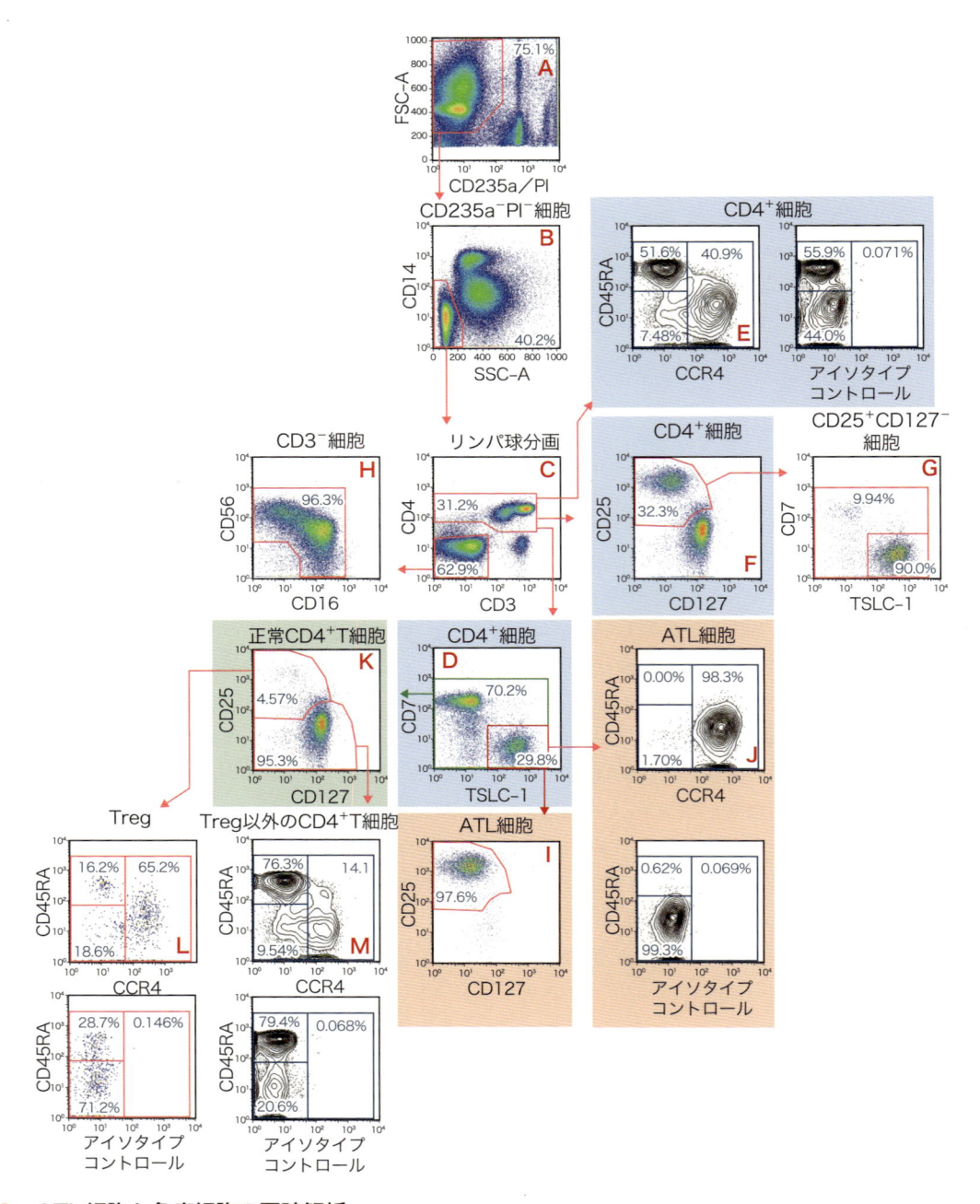

図1 ATL細胞と免疫細胞の同時解析

急性型ATL患者に対する臍帯血移植後21日目において，末梢血単核細胞を12カラーFCMで解析した．**A**で死細胞（PI$^+$）と赤血球（CD235a$^+$）を除き，**B**でリンパ球（CD14$^-$SSC^{low}）をゲーティングし，これをCD3とCD4で展開した（**C**）．ATL細胞を含むCD4$^+$細胞をまとめてゲーティングして，次の3通りの解析を行った．①CD4$^+$細胞をTSLC-1とCD7で展開し，ATL細胞（TSLC-1$^+$CD7$^-$）とそれ以外の正常なCD4$^+$T細胞を判別した（**D**）．ATL細胞について，Treg様のフェノタイプ（CD25$^+$CD127$^-$）（**I**），およびCCR4の発現（**J**）を解析した．正常なCD4$^+$T細胞について，Tregの頻度（**K**），TregにおけるCCR4の発現（**L**），およびTreg以外のCD4$^+$T細胞におけるCCR4の発現（**M**）を解析した．②CD4$^+$細胞をCCR4とCD45RAで展開し，CD45RA$^+$CCR4$^-$細胞とCCR4の発現（**E**）を解析した．③CD4$^+$細胞をCD25とCD127で展開し，Treg様のフェノタイプをもつ細胞（**F**）を解析した

B. SCIDに対する臍帯血移植後のキメリズム解析

重症複合免疫不全症（severe combined immunodeficiency：SCID）は，細胞性免疫と液性免疫の両者が欠如することで重篤な免疫不全状態を呈する先天性疾患である．根治治療として造血細胞移植が行われているが，レシピエントにT細胞が欠如するにもかかわらず，ドナー細胞の生着不全や拒絶が起こることが知られている．一般に，造血細胞移植後の早期や再発時には，ドナー由来細胞とレシピエント由来細胞が混在するキメリズム状態となる．したがって，キメリズムの解析は生着不全や再発の早期診断やメカニズムの解明に役立つ．しかしながら，FISH法やPCR法による現行の解析法では，キメリズムが検出されても細胞種までは直接知ることができない．もし，ドナー由来細胞とレシピエント由来細胞にそれぞれ特異的な表面マーカーが存在し，それらを蛍光標識抗体で染色してFCMで判別できれば，迅速，高感度かつ定量的なキメリズム解析が可能になる．マルチカラー解析でレシピエント由来細胞のフェノタイプを調べ，悪性腫瘍と疑われる場合はソーティングして検証することも可能である．そこでわれわれは，近年ヒト白血球抗原（human leukocyte antigen：HLA）不一致移植が増えていることに着目し，不一致HLAをアリル特異的抗HLA抗体で染め分けてフローサイトメーターで測定するHLA-Flow法を考案した[6]．

準備

次のもの以外は解析例Aを参照

蛍光標識抗体とストレプトアビジン

- ☐ FITC-HLA-B12（クローン名：H0066, FH0066, サーモフィッシャーサイエンティフィック社）
    ドナー特異的抗HLA抗体．
- ☐ PE-CD123（クローン名：6H6, 306006, BioLegend社）
- ☐ PE-TR-CD3（クローン名：S4.1, MHCD0317, サーモフィッシャーサイエンティフィック社）
- ☐ PE-Cy5-CD235a（クローン名：HIR2, 306606, BioLegend社）
- ☐ PerCP-Cy5.5-CD8（クローン名：RPA-T8, 301032, BioLegend社）
- ☐ Biotin-HLA-B13,15（クローン名：IH0129, BIH0129, サーモフィッシャーサイエンティフィック社）
    レシピエント特異的抗HLA抗体．
- ☐ APC-CD11c（クローン名：B-ly6, 559877, BD Biosciences社）
- ☐ AlexaFluor 700-CD56（クローン名：B159, 557919, BD Biosciences社）
- ☐ APC-Cy7-CD19（クローン名：HIB19, 302218, BioLegend社）
- ☐ Pacific Blue-CD4（クローン名：RPA-T4, 300521, BioLegend社）

☐ Pacific Orange-CD14（クローン名：TuK4，MHCD1430，サーモフィッシャーサイエンティフィック社）
☐ PE-Cy7標識ストレプトアビジン（557598，BD Biosciences社）

プロトコール

❶ 15 mLのチューブに4 mLのリンホセパールⅠを入れ，その上に室温（20～25℃）のPBS（−）で2倍に希釈した末梢血を，両液が混ざらないように静かに重層する．700×gで22分間遠心し（室温），単核細胞を分離する（比重遠心法）．分離した単核細胞を冷PBS（−）で1回洗浄し，100 μLのSMに懸濁する

❷ 細胞数をカウントする

❸ 12種類の蛍光標識抗体を1本のFCM用チューブ（5 mL）に分注する．また，アイソタイプコントロール用のFCM用チューブを別に1本用意し，Carboxyfluorescein-CCR4のみFITC-IgG2b（クローン名：27-35，556577，BD Biosciences社）に置き換えた染色の組合せの抗体を分注する

　　実験のポイント：ミスHLAに対する抗HLA抗体が複数存在する場合，IgG型を優先的に選択する（IgM型は染色性が不良のため）．

❹ 抗体を分注した2本のFACS用チューブに単核細胞浮遊液をそれぞれ添加し，4℃の暗所で20分間染色する

❺ 冷SMを5 mL加えて混和し，450×gで6分間遠心する（6℃）

❻ 上清をアスピレーターで取り除き，100 μLのSMに懸濁する

❼ PE/Cy7標識ストレプトアビジン試薬を添加し，4℃の暗所で20分間染色する

❽ 冷SMを5 mL加えて混和し，450×gで6分間遠心する（6℃）

❾ 上清をアスピレーターで取り除き，0.3 mLの冷SMに懸濁し，ナイロンメッシュを通しながら新しいFCM用チューブへ移す

❿ FCM解析の直前に，単核細胞浮遊液にPI溶液（50 ng/mL）を1 μL加える

⓫ フローサイトメーターでサンプルを測定し，データを取り込む

実践編　アナリシス　8

実験例

　　SCID（Artemis症候群，フェノタイプはT細胞⁻B細胞⁻NK細胞⁺）に対する臍帯血移植後のキメリズムを，HLA-Flow法により白血球のサブセットごとに測定した．SCID（レシピエント）のHLAクラスIはA11, A33, B13, B35，臍帯血（ドナー）のHLAクラスIはA11, A33, B12, B35であったため，ドナー特異的抗HLA-B12抗体とレシピエント特異的抗HLA-B13抗体を使ってキメリズムを解析した．その結果，もともとSCIDに存在しないT細胞（図2E, F）とB細胞（図2G）はすべてドナー由来細胞であったが，その他のサブセットで

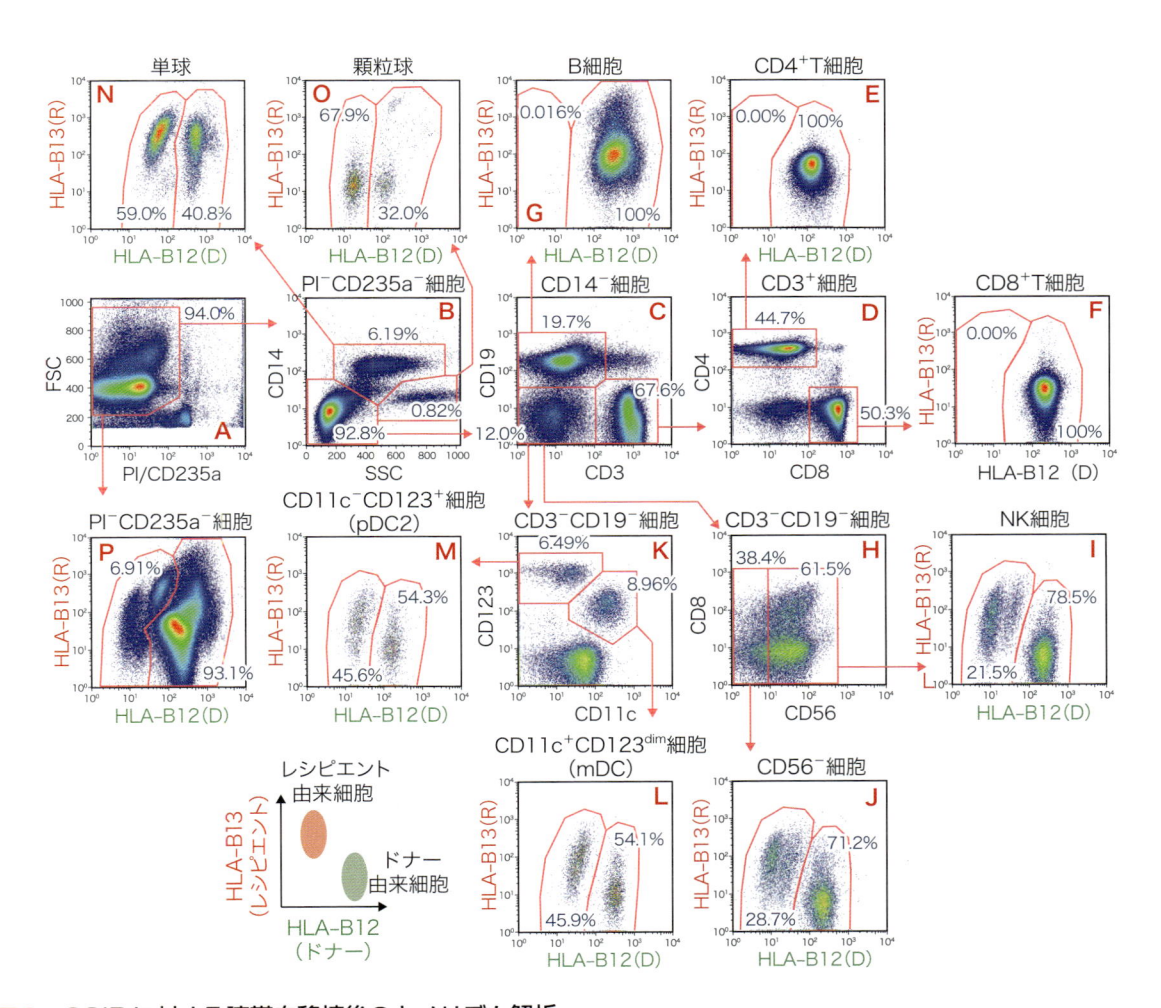

図2　SCIDに対する臍帯血移植後のキメリズム解析

Artemis症候群（SCIDの一型）の患者に対する臍帯血移植後356日目において，末梢血単核細胞を11カラーFCMで解析した．Lineageマーカーで白血球のサブセットを同定し（**B, C, D, H, K**），各サブセットごとにドナーに特異的なHLA-B12とレシピエントに特異的なHLA-B13で展開して，キメリズムを解析した（**I, J, L, M, N,** および**O**）．樹状細胞はCD3⁻CD19⁻分画をCD11cとCD123で展開し（**K**），CD11c⁺CD123^{dim}の骨髄系樹状細胞（myeloid dendritic cells：mDC）とCD11c⁻CD123⁺の形質細胞様樹状細胞（plasmacytoid dendritic cells：pDC）を同定し，それぞれキメリズムを解析した（それぞれ**L**と**M**）．

121

はさまざまな頻度のレシピエント由来細胞が検出され，スプリット・キメリズムを呈していた（図2）．

解析のまとめ

SCIDに対する造血細胞移植後，骨髄系細胞が長期にわたりレシピエント優位である場合，将来拒絶につながる可能性が報告されている[7]．T細胞が欠如するにもかかわらず拒絶が起こるメカニズムとして，移植前処置の軽減により骨髄の造血幹細胞ニッチがドナー由来の造血幹細胞に充分置き換わらないことや，レシピエントにT細胞が存在しないことの関与が考えられる．HLA-Flow法は少量の検体でサブセットごとのキメリズムを調べることができるため，SCIDに対する臍帯血移植後の特異なキメリズム病態について，詳細な解析が可能であった．

C. テトラマーによるHLA不一致移植後のCMV特異的CTLの検出

テトラマーは，主要組織適合性抗原複合体（major histocompatibility complex：MHC）クラスI分子にβ2ミクログロブリンと抗原ペプチドを結合させ，その複合体を4量体化したものである．テトラマーにより抗原特異的なT細胞受容体をもつ細胞集団，すなわち抗原特異的細胞傷害性T細胞（CTL）をFCM解析でビジュアライズすることが可能となった[8]．造血細胞移植後の患者では，潜伏感染していたサイトメガロウイルス（CMV）がしばしば再活性化し，抗原血症や感染症を引き起こす．移植後の末梢血におけるCMV特異的CTLの頻度をテトラマーで測定すると，その後のCMV感染症の発症リスクを予見することができる[9]．一方，近年HLA半合致移植や臍帯血移植が普及した結果，多くの移植がHLA不一致で行われているが，MHC拘束性の観点からHLAの不一致が移植後のウイルス特異的CTLの誘導に障害を与える可能性がある．ここでは臍帯血移植後のCMV特異的CTLの誘導を例にとり，テトラマー解析がこの問題への理解にも役立つことを紹介する．

準備

次のもの以外は解析例Aを参照

蛍光標識抗体とテトラマー

- ☐ FITC-CD8（クローン名：RPA-T8，555366，BD Biosciences社）
- ☐ PE標識HLA-A*02:01-CMV-pp65テトラマー（クローン名：495-503aa，TS-0010-1C，医学生物学研究所）
- ☐ PE標識HLA-A*24:02-CMV-pp65テトラマー（クローン名：341-349aa，TS-0020-1C，医学生物学研究所）
- ☐ APC-CD3（クローン名：SK7，555342，BD Biosciences社）

プロトコール

❶ 末梢血から単核細胞を分離し，冷PBS（−）で1回洗浄する．100 μLのSMに懸濁し，細胞数をカウントする

❷ 臍帯血（ドナー）のHLA-Aに対応するHLA-A*02:01テトラマー（A2テトラマー）とHLA-A*24:02テトラマー（A24テトラマー）を，それぞれ10 μLずつ2本のFCM用チューブに分注する

❸ 上記のチューブに単核細胞をそれぞれ1×10⁶個ずつ添加し，室温の暗所で20分間染色する
　　実験のポイント：細胞をテトラマーと抗CD8抗体で同時に染色すると，テトラマーで染まらない場合があり，注意が必要である．

❹ 冷SMを5 mL加えて混和し，450×gで6分間遠心する（6℃）

❺ 上清をアスピレーターで取り除き，100 μLのSMに懸濁する

❻ テトラマー以外の蛍光標識抗体を添加し，4℃の暗所で20分間染色する

❼ 冷SMを5 mL加えて混和し，450×gで6分間遠心する（6℃）

❽ 上清をアスピレーターで取り除き，0.3 mLの冷SMに懸濁し，ナイロンメッシュを通しながら新しいFACS用チューブへ移す

❾ FCM解析の直前に，単核細胞浮遊液にPI溶液を加える

❿ フローサイトメーターでサンプルを測定し，データを取り込む

実験例

　　急性骨髄性白血病の患者（HLA-A*24:02とA*33:01）に対する臍帯血（A*02:01とA*24:02）移植後，患者のCMV特異的CTLをドナーのHLA-Aに対応する2種類のテトラマー（A2テトラマーとA24テトラマー）で解析した（図3）．A〜Dでテトラマー陽性細胞を同定するためのゲーティングの方法を，E〜Lでテトラマー陽性細胞の経時的変化を示した．

　　移植後41日目においては，A24テトラマー陽性細胞のみが検出された（EとF）．A2テトラマー陽性細胞は移植後195日目（G）に初めて検出され，以後次第に増加した．一方，A24テトラマー陽性細胞は41日目以降次第に減少した．

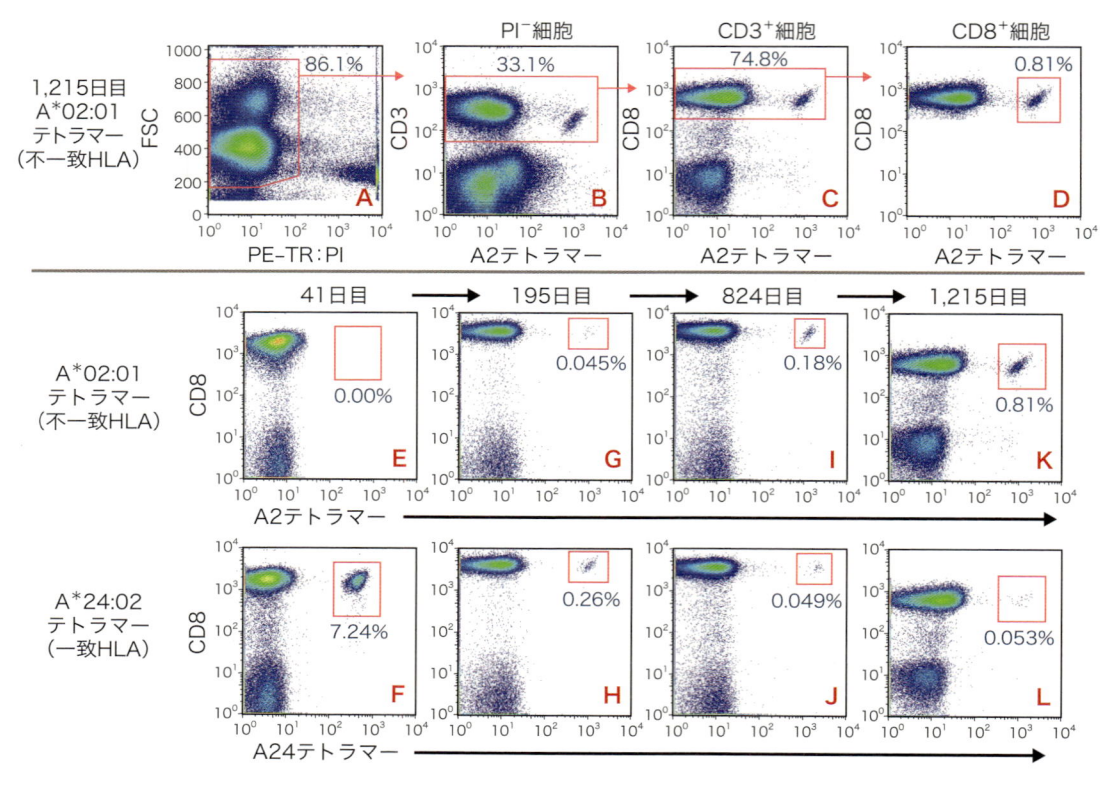

図3　テトラマーによる臍帯血移植後のCMV特異的CTLの解析

A〜Dではゲーティングの方法を示した．AでPI⁺の死細胞（PE-REの検出器で検出）を除き，BでPI⁻細胞のうちCD3⁺細胞にゲーティングした．このとき，CD3とテトラマーで展開することにより，CD3がダウンレギュレーションしたテトラマー陽性細胞をゲートアウトすることを防いだ．つぎに，CD3⁺細胞をCD8とテトラマーで展開し，CD8とテトラマーの両方で染まる集団を確認した（C）．最後に，CD8⁺T細胞中のテトラマー陽性細胞の頻度を求めた（D）．E〜Lに，A2テトラマー陽性細胞とA24テトラマー陽性細胞の経時的変化を示した．各テトラマー陽性細胞の頻度は，CD8⁺T細胞中の頻度である

おわりに

　通常，同じ抗原に対するHLA-A*02:01拘束性のウイルス特異的CTLの頻度は，A*24:02拘束性のそれより高いので，移植後41日目の解析結果は理解しにくい．しかしながら1978年，Zinkernagelらによるマウスの移植実験から，T細胞のMHC拘束性はそれが由来する骨髄幹前駆細胞のMHCにより先天的に決定されているのではなく，胸腺に発現するMHCによって後天的に決定されることが示された．移植後41日目にA24テトラマー陽性細胞が高頻度で検出された一方，A2テトラマー陽性細胞が検出されなかった背景には，HLA不一致移植におけるMHC拘束性の問題がある．

　臍帯血移植後，患者の組織に分布する樹状細胞（dendritic cells：DC）は，数週間かけてレシピエント由来からドナー由来へ置き換わる．一方，移植された臍帯血のナイーブT細胞は，ドナー胎児の胸腺上皮細胞により教育を受け，そのMHC（ここではA*02:01とA*24:02）に

拘束されている．したがって，移植後早期に臍帯血由来のナイーブCD8$^+$T細胞からCMV特異的CTLが誘導される場合，レシピエント由来のDC（A*24:02とA*33:01）が抗原提示をするので，一致していないMHC（A*02:01）に拘束されたCMV特異的CTLは誘導されない．移植後41日目にA2テトラマーで陽性細胞が検出されなかったのは，そのためと思われる．その後195日目になり，初めてA2テトラマーでも陽性細胞が検出された．このことは，その後A*02:01をもつドナー由来のDCがA*02:01に拘束されたCMV特異的CTLを誘導したことを示唆している．

　ところで，ドナー由来の造血幹細胞から分化したT前駆細胞がレシピエントの胸腺で教育され，ナイーブT細胞として末梢血に出現するのは，移植後6カ月以上経過してからである．これらのナイーブT細胞はレシピエントのMHC（A*24:02とA*33:01）に拘束されるので，そのころ組織に分布しているドナー由来のDC（A*02:01とA*24:02）からはA*02:01拘束性のメモリー細胞は誘導されない．したがって，A*02:01拘束性のメモリー細胞はドナーの造血幹細胞から補充されず，次第に老化する可能性がある．また，CMVが感染する肺や腸管の上皮細胞や血管内皮細胞にはHLA-A*02:01は発現しておらず，臍帯血由来のナイーブT細胞から誘導されたA*02:01拘束性のCMV特異的CTLは有効な感染防御には役立たないと考えられる．

　ドナーとレシピエントで一致したHLAでのみ有効なメモリーT細胞が誘導されることを考えると，移植におけるHLAの不一致がウイルス特異的感染免疫に影響を与える可能性がある．

謝辞
　ATL症例のフェノタイプ解析は，東京大学医科学研究所附属病院・血液腫瘍内科の内丸薫先生，小林誠一郎先生，佐世保市立総合病院・血液内科の森内幸美先生，九州がんセンター・血液内科の崔日承先生との共同研究で行いました．SCID症例のキメリズム解析は静岡県立こども病院・血液腫瘍科の阿部泰子先生，工藤寿子先生との共同研究で行いました．臍帯血移植症例のテトラマー解析は，東京大学医科学研究所附属病院・血液腫瘍内科の高橋聡先生との共同研究で行いました．ここに深く感謝いたします．

◆ 文献

1) van Dongen J. J. et al.：Leukemia, 26：1908-1975, 2012
2) van de Loosdrecht, A. A. et al.：Hematologica, 94：1124-1134, 2012
3) Kobayashi, S. et al.：PLoS One, 8：e53728, 2013
4) Nakahata, S. & Morishita, K.：J. Clin. Exp. Hematop., 52：17-22, 2012
5) Kobayashi, S. et al.：Cancer Sci., 106：598-603, 2015
6) Watanabe, N. et al.：Biol. Blood Marrow Transplant., 14：693-701, 2008
7) Fischer, A. et al.：Immunol. Rev., 203：98-109, 2005
8) Altman, J. D. et al.：Science, 274：94-96, 1996
9) Gratama, J. W. et al.：Blood, 116：1655-1662, 2010

実践編

9 ソーティング（目的の細胞を生きたまま分取する）

ソーターのセッティング①
ソニー株式会社（SH800S）

篠田昌孝

機器の特徴とポイント

　ソニーが新たに開発したセルソーターSH800Sは，自動セットアップ，小型化，低価格化を実現した次世代パーソナル・セルソーターである．従来のセルソーターは専任オペレーターによるフローセルノズルの交換，光軸調整，液滴形成，サイドストリーム調整，ディレイタイム調整が必要であったが，SH800Sではこれらの作業が自動化され，初めてセルソーターを利用する研究者でも，短時間でセルソーティングのセットアップ，作業が可能である．また，使い捨て可能なソーティングチップの採用により，ノズルが詰まった際の面倒なメンテナンスの手間がなくなり，さらにソニーがブルーレイディスクで培ったレーザー集積技術や小型機構設計技術を活かすことにより，従来品比較で約3分の1の大幅な小型化を達成した．次世代パーソナル・セルソーターSH800Sは，セルソーティングを行うすべてのユーザーのワークフローの大幅な効率化，低コスト化に貢献する．

■ はじめに：セルソーターSH800Sの特徴

1. ワークフローの大幅な効率化を実現する自動調整機能

　セルソーターSH800Sは，ソニー独自の自動調整技術"CoreFinder"により，従来機器では難しかったセルソーターの各調整作業を自動化した（図1）．

①ソーティングチップ自動ロード：チップ挿入口にソーティングチップを差し込むと，自動的に機器内部へ装填され，送液用コネクタが自動装着される（図2A）．

②光軸自動調整：ソーティングチップ内のマイクロ流路を通過する自動調整ビーズからの光信号を読みとり，前後左右方向の最適ポジションにソーティングチップがセットされる（図2B）．

③液滴自動形成とサイドストリーム自動調整：液滴画像をリアルタイム解析して，ソーティングに最適な液滴が自動的に形成される．また，ソーティングされた細胞がコレクションチューブの中心に入るように，サイドストリームの角度と位置が自動的に決定される．ソーティングごとにコレクションステージが最適な位置に自動設定される（図2C）．

④ディレイタイム自動決定：液滴画像をリアルタイム解析して，ソーティングに最適なディレイタイムが決定される（図2D）．

実践編　ソーティング　9

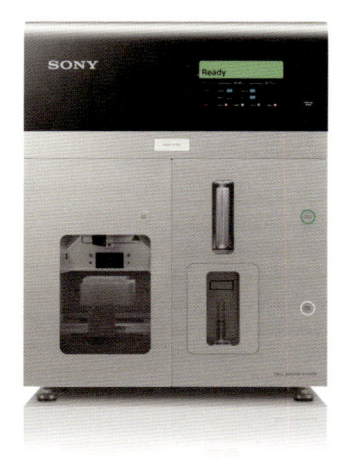

図1　ソニーの次世代パーソナル・セルソーター SH800S

A）ソーティングチップ自動ロード
チップ挿入
送液用コネクタ

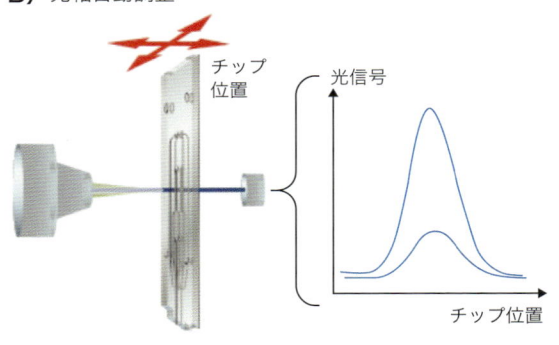

B）光軸自動調整
チップ位置
光信号
チップ位置

C）液滴自動形成とサイドストリーム自動調整
サイドストリーム角度調整
Yステージ調整

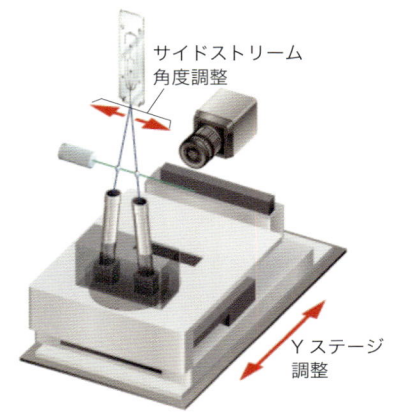

D）デイレイタイム自動決定

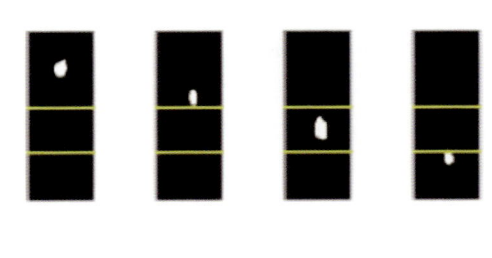

図2　セルソーター SH800S がもつ自動調整機能

127

2. 容易なメンテナンスを実現するソーティングチップ

ブルーレイディスクで培った超微細加工技術で作製したマイクロ流路を用いたプラスチック製ソーティングチップにより，日々の面倒なノズルのメンテナンスがチップを交換するだけで行えるので，非常に容易である．また，ソーティングチップのQRコード®[*1]を，コンピューターのカメラで認識させることにより，チップのノズルサイズや最適なソーティング情報がコンピューターに取り込まれ，最適なソーティング条件が自動設定される．チップのノズルサイズは，細胞の種類やソーティングのスピードにより70，100，130 μmから選択可能であり，簡単にチップを交換することで，ノズルサイズを変更することが可能である．新開発の70 μmソーティングチップは，標準100 μmソーティングチップと比べ高速ソーティングを実現する．130 μmソーティングチップでは，大きめの細胞をゆっくりとチューブ/ウェルへ落とすため，細胞へのダメージを軽減することができる．（図3）．

*1 「QRコード」は，株式会社デンソーウェーブの登録商標です．

- 厚さ1 mmの成形基板を精密に貼り合わせたチップ構造
- 精密な3次元層流を実現した流路構造
- 405〜640 nmのレーザー波長に対応した光学検出流路
- さまざまな大きさの細胞に対応できるオリフィス（流出口）（70 μm，100 μm，130 μm）

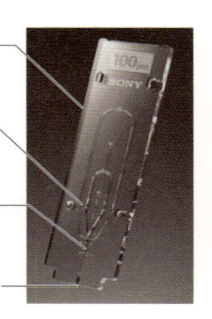

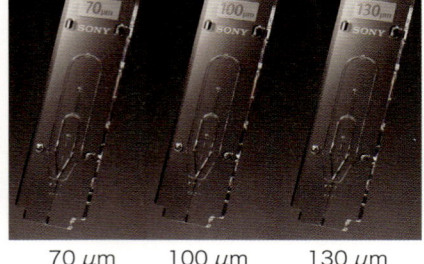

70 μm　　100 μm　　130 μm
ノズルサイズによる分類

図3　ソーティングチップの特徴と種類

3. 直観的な操作が可能なソフトウェア

SH800Sのソフトウェアは，自動調整やソーティング操作，取得したデータの解析などさまざまな機能を実現する，リボンインターフェイスを用いたソニーオリジナルのソフトウェアである（図4）．

Undo/Redo機能，コピー＆ペースト，ズーム，マルチタスク処理，拡大/縮小，回り込みの各機能を実装し，ライセンスフリーのオフラインSH800Sソフトウェアによりユーザー個人のPCで取得したデータを解析できる．さらに，FCS3.0または3.1でエクスポートすることにより，他のソフトウェアでも詳細解析することもできる．また，高速のソーティング中にも，バックグラウンドで，他の解析ソフトやオフィスソフトを扱えるなど操作は軽快である．

実践編　ソーティング

リボンインターフェイスによる
覚えやすいアイコン操作

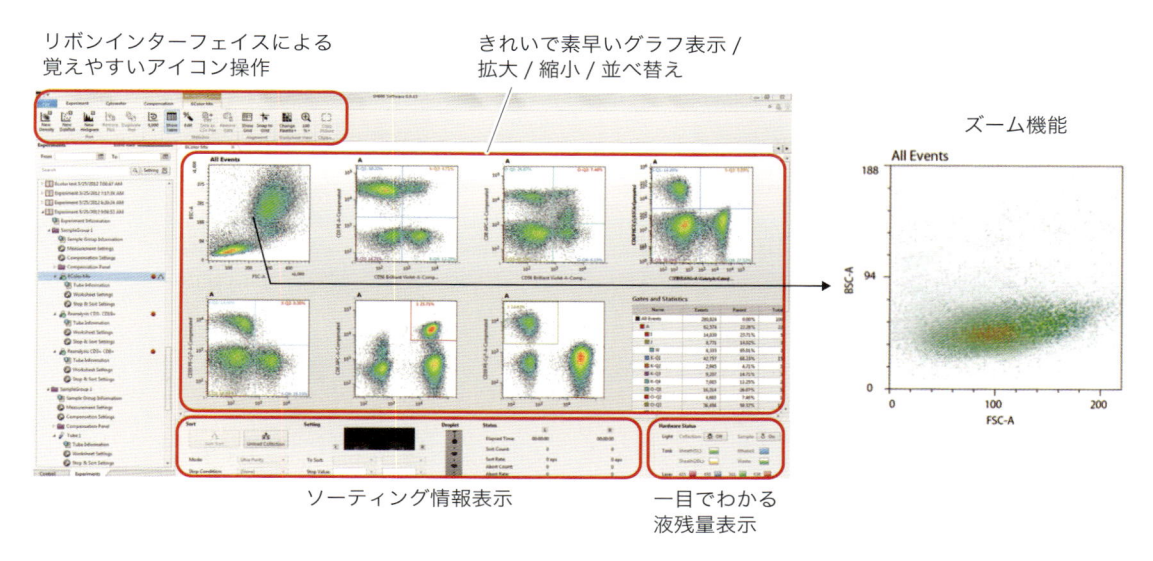

きれいで素早いグラフ表示 /
拡大 / 縮小 / 並べ替え

ズーム機能

ソーティング情報表示　一目でわかる液残量表示

図4　SH800Sのプロットデータ画面例

4. 高い拡張性でさまざまなアプリケーションに対応

　ソーティングチップを3種類のノズルサイズから選択できるうえ，ソーティング方式は標準の2方向に加え，96ウェルプレート，384ウェルプレートのシングルセルソーティングも可能とする．プレートソーティングでは，ゲーティングした細胞集団とウェルを紐付ける便利なインデックスソーティング機能を搭載している（図5）．コンタミネーションのリスクを防ぎ，よりクリーンな状態で行いたい実験では，ディスポタイプの電子線照射滅菌処理済み消耗品の使用が有効である（図6）．ソーティングチップ，PEEKサンプルラインの交換は，画面のウィザードを見ながら作業者が簡単に行うことができる．また，専用バイオセーフティキャビネットにSH800Sを設置すれば，作業者の安全性確保を図ることができる（図7）．このようにSH800Sはさまざまな目的，アプリケーションに対応可能な装置である．

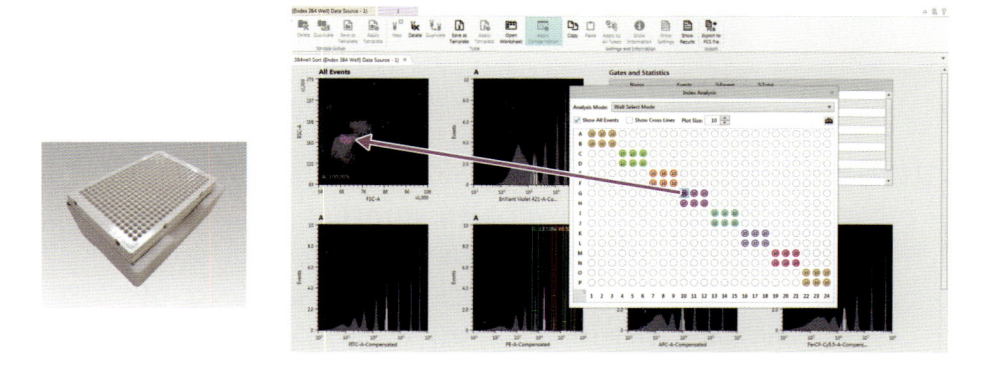

図5　384ウェルプレートのインデックスソーティング画面例

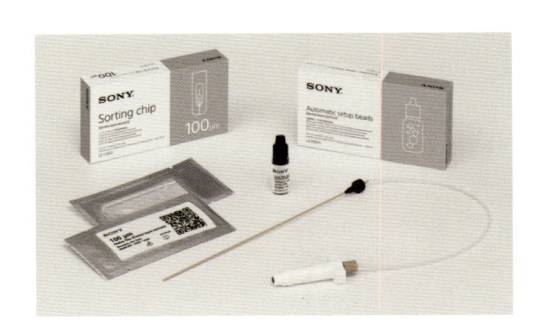

図6 電子線照射滅菌処理済み消耗品

図7 バイオセーフティキャビネット

準備

下記では，ヒト末梢血単核球（PBMCs）をCD3，CD4，CD25，CD127で染色し，そのリンパ球からCD3$^+$CD4$^+$のT細胞をゲートし，さらに，CD4$^+$T細胞の約5％を占めるTreg細胞（CD25$^+$CD127^{low}）をソーティングする例を説明する．

サンプルの準備

下記の試薬類と細胞を準備する．

- ☐ リン酸緩衝生理食塩水（PBS：14190-144，サーモフィッシャーサイエンティフィック社）
- ☐ ウシ胎仔血清（FBS：SH30071，サーモフィッシャーサイエンティフィック社）
- ☐ 3％添加PBS．
- ☐ ヒト末梢血単核球（PBMCs）[*1, 2]

> [*1] 細胞の温度に関して：細胞は，ソーティング時の凝集を避けるため，アイスボックスに入れるなどして，ソーティング直前まで，氷上で低温保持する．また，ソーティング後に回収された細胞が入ったチューブも，アイスボックスに入れるなどして，氷上で低温保持する．
>
> [*2] 細胞の大きさと濃度に関して：細胞は，ソーティング時のノズル内の詰まりを防止するため，100 μmチップの場合には，15～20 μm以下の大きさ，5×10^6個/mL程度に調整する．

フローサイトメトリー抗体試薬

- ☐ FITC-conjugated 抗human CD3抗体（2102030，ソニー株式会社）
- ☐ APC-conjugated 抗human CD4抗体（2187080，ソニー株式会社）
- ☐ PE/Cy7-conjugated 抗human CD25抗体（2113060，ソニー株式会社）
- ☐ PE-conjugated 抗human CD127抗体（2356520，ソニー株式会社）

プロトコール

1. サンプルの作製

シングルステイン・サンプルと，ネガティブ・サンプルの作製

❶ 3％FBS入りPBSに浮遊させたPBMCsを，ネガティブ・サンプル用，FITCシングルステイン・サンプル用，APCシングルステイン・サンプル用，PE/Cy7シングルステイン・サンプル用，PEシングルステイン・サンプル用に，それぞれ$1×10^6$個以上5 mLチューブに分注する

　　細胞の濃度は，$1×10^6$個/mLに調整する．

❷ 400×g，5分間，遠心分離を行う

❸ 50 μL程度残して上清を除去し，ネガティブ・サンプルを除く各シングルステイン・サンプルに抗体を添加する

❹ よく撹拌した後，遮光し，30～60分間，氷上で静置する

❺ 3％FBS入りPBSで2回洗浄する（400×g，5分）

❻ 1 mLのPBSに浮遊させ，40 μmのナイロンメッシュを通す

ソーティング・サンプルの作成

❶ 3％FBS入りのPBSに浮遊させたPBMCsを15 mLチューブに回収する
　　$1×10^7$個以上．

❷ 400×g，5分，遠心分離を行う

❸ 50 μL程度残して上清を除去し，各抗体を添加する

❹ よく撹拌した後，遮光し，30～60分間，氷上で静置する

❺ 3％FBS入りPBSで2回洗浄する（400×g，5分）

❻ $5×10^6$個/mLになるようPBSに浮遊させ，40 μmのナイロンメッシュを通す

2. 機器のセットアップ

❶ シース液，エタノール，脱イオン水を各タンク内に補充する

❷ SH800S本体，コンピューター，コンプレッサーの電源を入れる

❸ SH800Sのソフトウェアを立ち上げ，ユーザー名とパスワードを入力しログインする（図8A）

❹ ソーティングチップのQRコードをコンピューターのカメラに読み込ませ，ソーティングチップをチップ挿入口から挿入する（図8B～F）

A) SH800Sのログイン画面

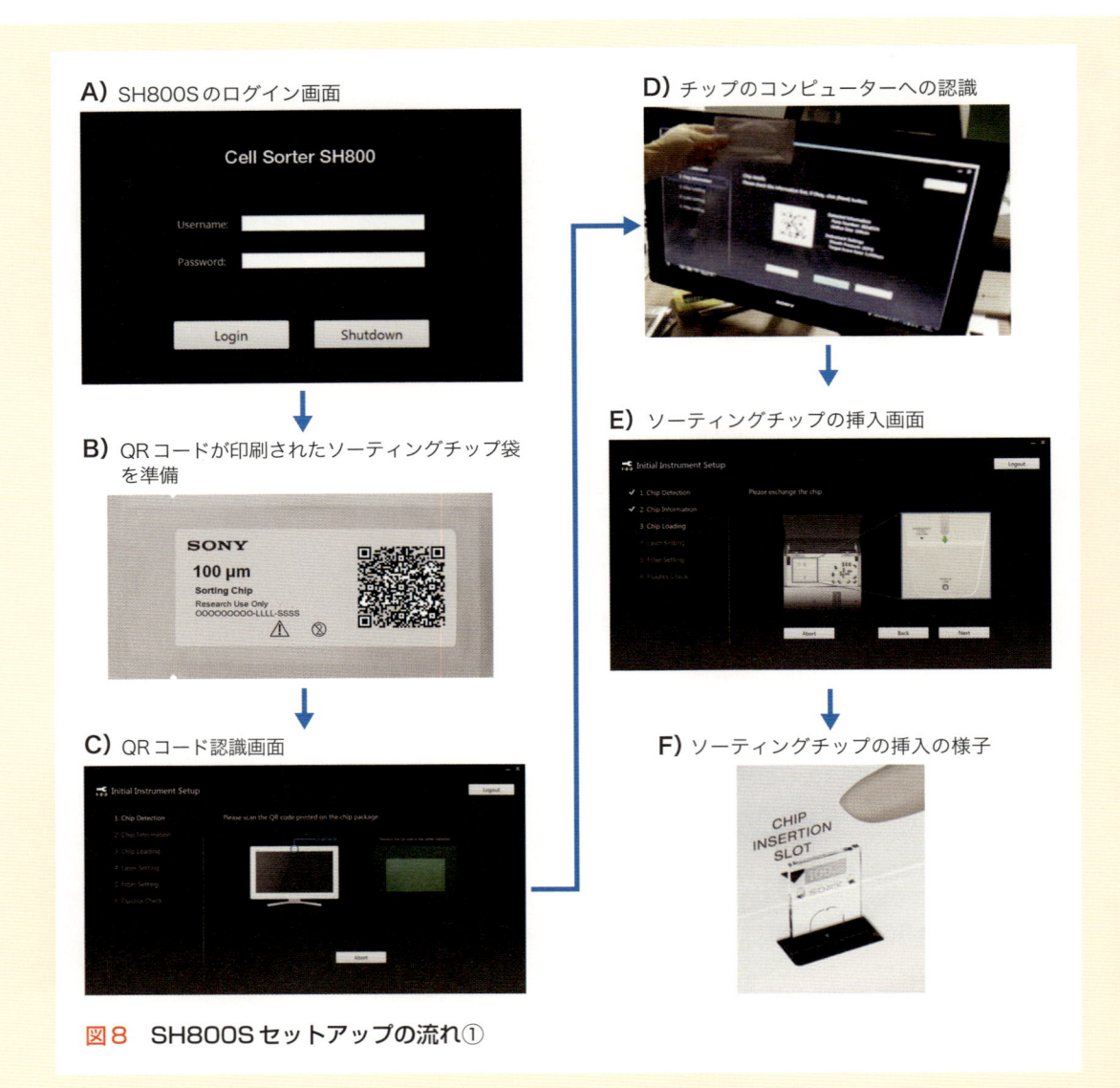

B) QRコードが印刷されたソーティングチップ袋を準備

C) QRコード認識画面

D) チップのコンピューターへの認識

E) ソーティングチップの挿入画面

F) ソーティングチップの挿入の様子

図8　SH800Sセットアップの流れ①

❺ 使用するレーザーをレーザー選択画面で選択し，使用する色素に対応する光学フィルタが装着されているか確認する（図9A，B）

自動調整

❶ 自動キャリブレーション画面に移行するので，5 mLチューブに自動調整ビーズを0.5～1 mL（10滴程度）入れ，チューブをサンプルローダーに置き，OKボタンをクリックする（図9C）

❷ ソーティングチップの光軸調整，液滴形成，サイドストリーム調整，ソートディレイ調整のすべてが自動で行われる（図9D）

A） 使用するレーザーの選択画面　　　D） 各種自動調整の進捗画面

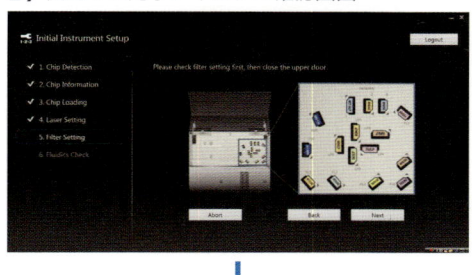

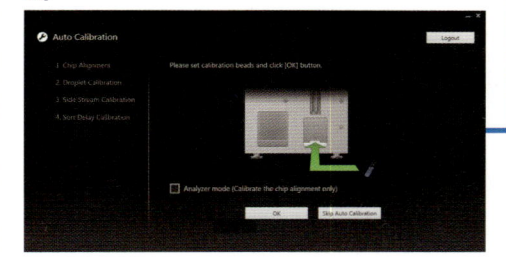

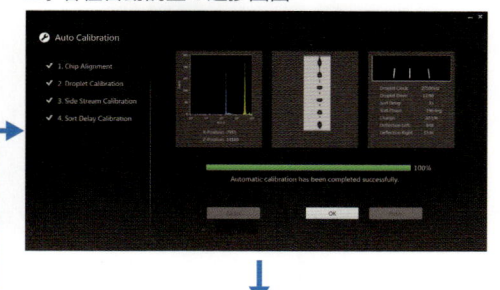

B） 使用する光学フィルタの確認画面　　E） Experiment作成画面

C）

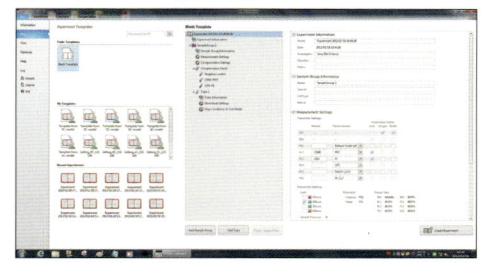

図9　SH800Sセットアップの流れ②

Experimentの作成

❶ 自動キャリブレーションが終了し，画面上のOKボタンを押すと，自動的にExperiment作成画面に移行する（図9E）

❷ 作業者，細胞タイプなどのExperiment Informationを入力する

❸ マーカー名を入力，蛍光色素を選択する

❹ 散乱光，蛍光のそれぞれに，Area，Height，Widthの信号種類を選定する

❺ 使用するレーザー波長を選択する

❻ 入力が終了したら，Create Experimentボタンをクリックし，測定画面に移行する[*3]

　*3　なお，これらの入力操作は，最初のサンプルの入力時に行い，2本目以降のサンプルは，Next Tubeボタンを押すだけで，自動的に設定される．

3. コンペセーション（蛍光補正）のセットアップ

❶ ウィザードを使って，コンペセーション調整を行う
　　ネガティブコントロールサンプル，ポジティブコントロールサンプルを用意する（図10A）．
　　↓
❷ Compensation タブをクリックし，左端にある，Compensation Wizard をクリックすると，Wizard が開始される
　　↓
❸ Wizard に従い，コンペセーション調整を行う

（ネガティブ・サンプルの調製）

❶ 蛍光染色されていないネガティブ・サンプルを用いて，ゲイン調整を行う（図10B）
　　↓
❷ ネガティブ・サンプルをサンプルローダーにセットし，ウィザードに従って操作する
　　↓
❸ 前方散乱光 FSC-A / 後方散乱光 BSC-A のゲイン調整を行い，目的の細胞集団にゲートをかける
　　↓
❹ 蛍光ゲインを調整し，ヒストグラムの分布上限が 10^3 になるよう調整し，ネガティブ・サンプルのデータ取得を行う
　　↓
❺ ウィザードの Next をクリックして，シングルステイン・サンプルのデータ取得に進む

（シングルステイン・サンプルの調製）

❶ 単一蛍光色素で染色されたシングルステイン・サンプルを用いてコンペセーションに必要なデータを取得する（図10C）
　　↓
❷ シングルステイン・サンプルをサンプルローダーにセットし，ウィザードに従って操作する
　　↓
❸ データを取得し終えたら，ヒストグラムの蛍光ポジティブのピークにゲートをかける
　　↓
❹ Next をクリックし，他の単一蛍光のシングルステイン・サンプルについても，ウィザードに従い，同様にデータを取得する

（コンペセーション調整の完了）

❶ コンペセーション調整を完了する（図10D）
　　↓
❷ ウィザードに従い，Calculate Matrix をクリックし，マトリクスの計算結果が表示されるので確認する
　　↓
❸ Finish をクリックしてコンペセーション調整を完了する

4. ソーティング

　　後述，リンパ球から $CD3^+$ & $CD4^+$ のT細胞をゲートし，さらに，$CD4^+$ T細胞の約3％を占める Treg 細胞（$CD25^+$ & $CD127^{low}$）をソーティングする例を説明する．

❶ サンプルの準備で説明したソーティング・サンプルを，サンプルローダーにセット[*4, 5]し，

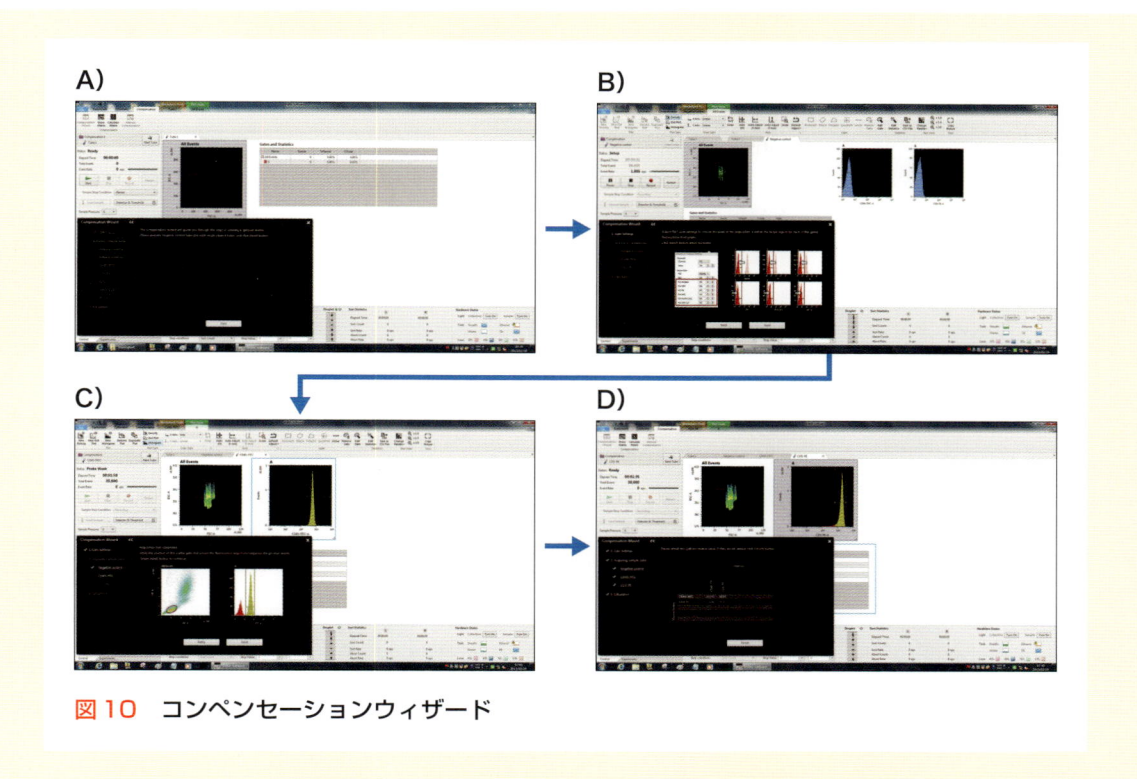

図10　コンペンセーションウィザード

スタートボタンをクリックする．

> *4　細胞の撹拌に関して：細胞は，ソーティング時の凝集を避けるため，また，ノズル内の詰まりを防止するため，チューブ底面に細胞が沈殿しないよう，事前によく撹拌する．
>
> *5　細胞の付着に関して：ソーティング後の流路内での付着やつまりを避けるため，接着系の細胞や大きめの細胞のソーティング後には，ブリーチ液での洗浄と蒸留水での洗浄を2〜3回くり返し実施する．

❷ PI/BSC-Aで展開し，生細胞をゲートで囲む（図11A）

❸ 生細胞をFSC-A/BSC-Aで展開し，リンパ球をゲートで囲む（図11B）

❹ リンパ球をFSC-A/FSC-Hで展開し，ダブレットを除いてシングレットにゲートをかける（図11C）

❺ シングレットをCD3-FITC/CD4-APCで展開し，CD3$^+$CD4$^+$のT細胞にゲートをかける（図11D）

❻ 次に，このT細胞をCD25/CD127で展開し，CD4$^+$T細胞の約3％を占めるCD127$^+$&CD25^{low}のTreg細胞にゲートをかける（図11E）

❼ バッファー（3％FBS入りPBS）を入れたチューブをコレクションホルダーにセットする

図11　Treg細胞のソーティング法

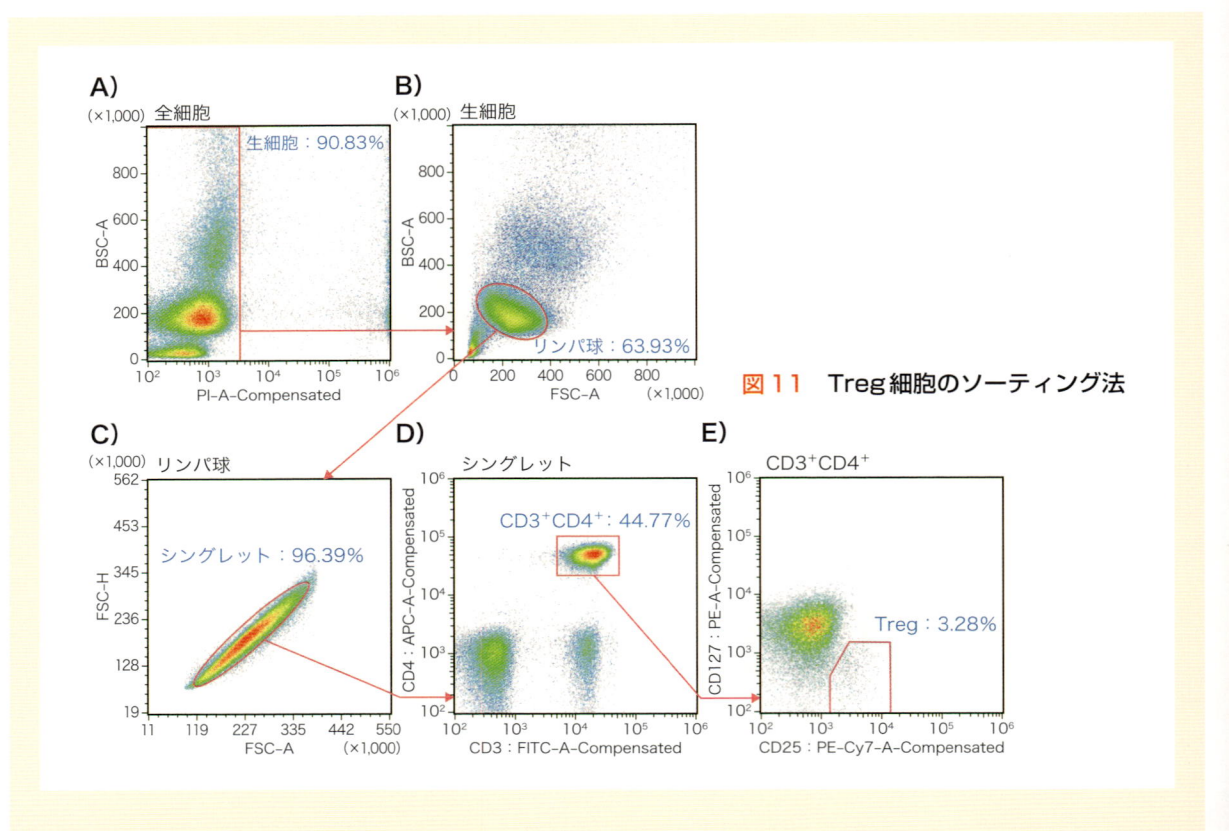

❽ 装置を一時停止状態にしてからコレクションドアを開け，コレクションホルダーをステージにセットする

❾ コレクションドアを閉め，ロードコレクションボタンをクリックする．コレクションホルダーがソーティング位置に移動する

❿ ソーティングゲートの選択タブからTregを選択する

⓫ ソーティングモードを選択する

⓬ 以上で，Treg細胞に対するゲーティングとソーティングの準備ができたので，次に，ソートスタートボタンをクリックするとソーティングが開始される．設定されたソートストップ条件に達するとソーティングが自動的に停止する*6, 7

*6　シャットダウン後のシース液の補充に関して：シース液に空泡が入ると，液滴が安定しないため，1日の使用の最後に，シースタンクにシース液を補充する．

*7　細胞回収用チューブとバッファの量に関して：細胞へのダメージを防ぎ，回収をよくするため，ソーティングされた細胞を回収するチューブには，5 mL，もしくは15 mLのチューブに，半分程度のバッファを入れてソーティングする．またソーティング後の細胞の入ったチューブは，遠心分離にて，ソーティングした細胞を沈殿させ，チューブの上層部分のバッファをとり除いて，細胞を回収する．

5. リアナリシス（ソーティングされた細胞の再解析）

❶ サンプルローダーにソーティングした細胞チューブをセットし，ソーティングされたものが，目的細胞かどうかを確認する

❷ リアナリシスの結果，CD3$^+$CD4$^+$のT細胞の純度が99.67％，CD25$^+$CD127^{low}のTreg細胞の純度が99.05％であることが確認できる（図12A，B）

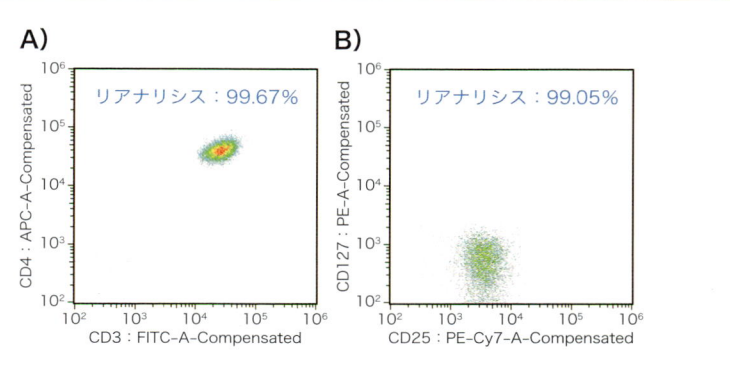

図12 ソーティング後のT細胞，Treg細胞のリアナリシス結果

おわりに

　従来のセルソーターは，専門のオペレーターによるフローセルノズルの交換，光軸調整，液滴形成，サイドストリーム調整，ディレイタイム調整などの複雑な調整が必要で，職人的な調整と時間のかかる作業が必要であった．ソニーのセルソーターSH800Sは，ブルーレイディスクの技術を利用することにより，自動セットアップ，小型化，低価格化を実現した次世代パーソナル・セルソーターである．測定例で述べたように，チップの挿入から，装置の自動調整，コンペンセーション調整，ソーティングの開始まで，30分程度でソーティングが可能である．ソフトウェアも，ソーティング初心者にもわかりやすいように，ウィザード形式で操作可能で，ソーティングやそのデータ解析も，直感的でわかりやすい操作が特徴である．SH800Sはさまざまなアプリケーションに対応するため，セルソーティングを行うユーザーのすそ野が広がり，今後のiPS細胞や幹細胞研究における研究・応用が飛躍的に進むと考えられる．

◆ 参考
- 『新版フローサイトメトリー自由自在』（中内啓光/監修），学研メディカル秀潤社，1999
- 『Practical Flow Cytometry』（Shapiro H. M/編），Wiley，1995

実践編　ソーティング（目的の細胞を生きたまま分取する）

10 ソーターのセッティング②
日本ベクトン・ディッキンソン株式会社 (BD FACSAria)

田中　聡，柴田倫宏，廣瀬弥保

機器の特徴とポイント

BD FACSAria™ シリーズは，2003年の発売以降，国内で数百台，世界では数千台が稼働しており，免疫，がん，再生から微生物に至るまでさまざまな研究分野において日々活用されている．BD FACSAria™ シリーズは，複雑なセルソーティング技術を初めて自動化しただけでなく，高感度マルチカラー解析機器としての性能も併せもつ．また，次世代フローセルや送液系の刷新など継続したシステムの改良により，BD FACSAria™ Ⅱ セルソーター，BD FACSAria™ Ⅲ，2013年にはバイオセーフティキャビネットとの一体化を可能としたFACSAria™ Fusion，そして2016年にはシリーズのノウハウをパーソナル・セルソーターとして進化させたBD FACSMelody™を発表した．本稿では，国内で最も多くの研究者に使用されているBD FACSAriaシリーズをもとに，セルソーターをよりよく活用するためのポイントを解説したい．

はじめに

　1973年のBD FACS（fluorescence-activated cell sorter）の発表以降，FACSの名称はフローサイトメーターの代名詞ともなっている．本稿のBD FACSAriaシリーズは，現在，国内外で最も普及しているセルソーターであり，毎年数多くの研究論文に活用されている．このBD FACSAriaシリーズが研究において支持される理由は，自動化技術の導入だけでなく，セルソーターとしての性能向上とその検出精度の高さにある．

　BD FACSAriaは，ノズル径に応じて70 μm，85 μm，100 μm，130 μm と4つのソーティングモードをもち，従来はその設定に経験を要した高速ソーティング技術をも自動化した．高速ソーティングとは，45～70 psiの高圧条件下において秒間数万個の液滴を形成することにより，細胞分取速度を向上させる技術である（70 μmと85 μmが相当）．よって，これまで一般的であった10～20 psiでのソーティング条件（100 μmと130 μmが相当）と比較して，細胞には物理的な負荷が伴う．BD FACSAriaの導入当初，高速ソーティングの負荷に関する経験値は充分ではなく，細胞の生存率低下が報告されることもあった．近年では，それぞれの研究対象において適切なソーティング条件が検証され，負荷に弱いとされる神経系の細胞においても，未処理細胞や磁気ソーティングと変わらない生存率や分化能を維持できることが報告されている[1]．

　また，BD FACSAriaは，光学系を固定化したことでマニュアル操作による光軸調整を不要と

し，再現性のあるデータ収得と検出精度の向上を達成した．光学検出部に固定されたフローセルは，屈折率を最適化した光学ゲルにより開口数1.2の対物レンズと一体化し，物理的な分解能と検出感度を従来機器の2倍以上とした．また，フローセルは水流へ直接レーザーを照射する方式と比較して不要な散乱ノイズもなく，微弱な散乱光や蛍光の差をソーティングへ正確に反映する．これら光学性能の向上は，解析機器とセルソーターにおける検出感度のギャップを解消し，細胞解析から細胞ソーティングへとシームレスな実験展開を可能とした．

BD FACSAriaの発表は2003年となるが，その技術革新は今日も継続されている．新設計のIntegratedノズルは，個別に取り付けが必要であったO-リングをノズルと一体化し，個人差のないノズル装着を可能とした．当初課題であったノズル自体の耐久性も改善し，同一ノズルを使用した実験が1年以上可能となっている．これによりノズルの個体差に依存した設定値の変動も解消され，液滴形成の再現性が向上した．また，新設計の次世代フローセルは細胞の流れを安定化し検出精度を向上させ，送液系の刷新は無菌性と装置の耐久性を改善した．研究ニー

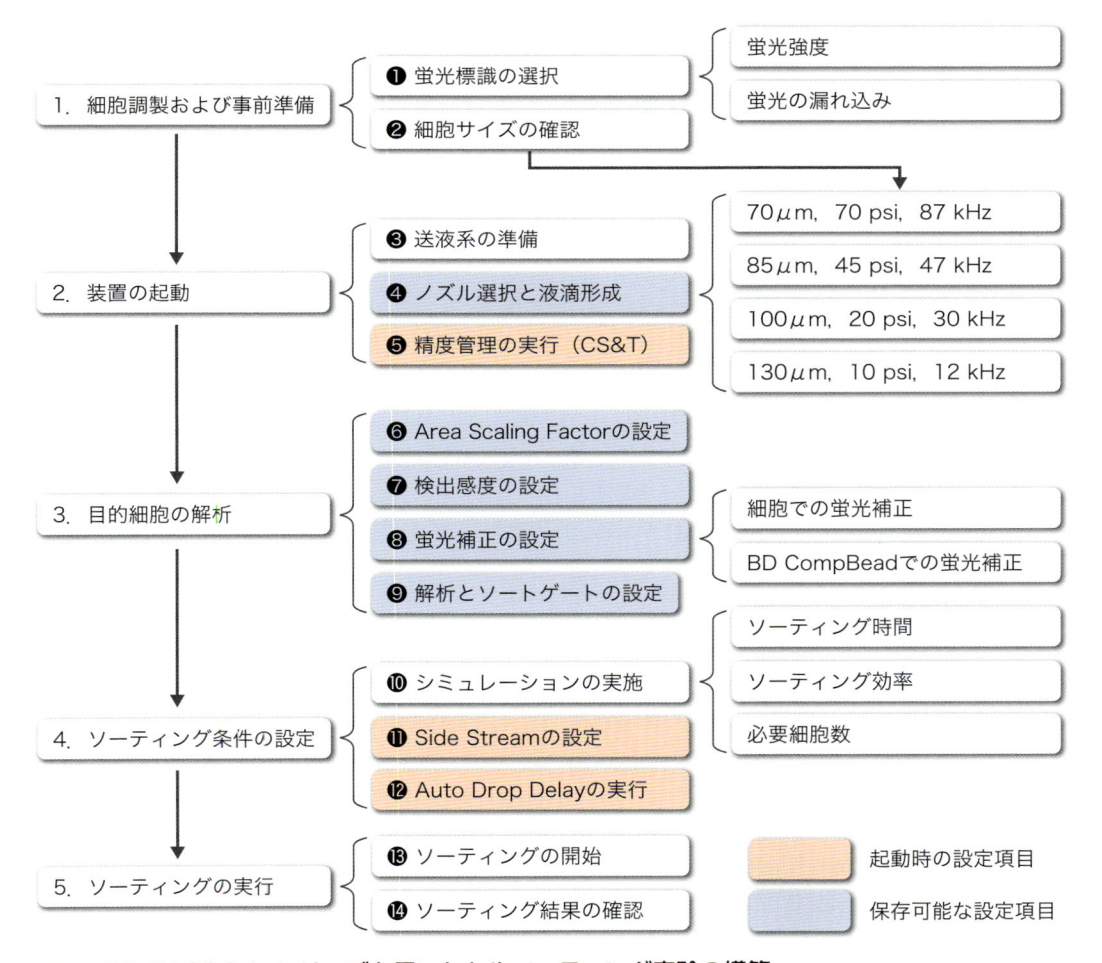

図1　BD FACSAriaシリーズを用いたセルソーティング実験の構築

精度管理（CS & T）やAuto Drop Delayは使用時に実行する．光学系が固定されたBD FACSAriaシリーズは，検出感度の変動がなく，解析機器と同様に設定した検出器電圧や蛍光補正値をよびだし，くり返し使用することが可能である

ズからは，幹細胞研究における Side Population や細胞周期の G0 期の解析に対して 355 nm および 375 nm レーザーが，PE 系蛍光色素や蛍光タンパク質の検出感度向上においては 561 nm，532 nm，445 nm レーザーの搭載が可能となった．BD FACSAria シリーズでは，これら新規技術の採用とともに，既存機器のアップグレードもサポートしている．

現在，セルソーティングの技術革新と対をなす新規蛍光色素の開発も進み，BD Horizon Brilliant™ Violet シリーズや Brilliant™ Ultra Violet シリーズなど，今後，その選択肢は 20 カラー以上に達する．本稿では，これら BD FACSAria の基本システムおよび新規技術の導入を踏まえ，図 1 に従い目的細胞を的確に分離するためのポイントを解説する．

準備

装置およびソフトウェア*1

- ☐ BD FACSAria シリーズ
  BD FACSAria，BD FACSAria II，BD FACSAria III，BD FACSAria Fusion および BD FACSAria Special Order System
- ☐ BD FACSDiva ソフトウェア
  BD FACSDiva Ver.5 – Ver.7（Windows XP），Ver.8（Windows 7）

*1 本稿は BD FACSAria III セルソーターおよび BD FACSDiva Ver.7 をもとに解説する．

標準粒子および蛍光補正コントロール粒子

- ☐ BD FACSDiva CS & T Research Beads（Diva Ver.6：641319，Diva Ver.7 以降：655050，BD 社）
- ☐ BD FACS Accudrop Beads（345249，BD 社）
- ☐ BD CompBead（抗 mouse Igκ 抗体：552843，抗 rat Igκ 抗体：552844，抗 rat/hamster Igκ 抗体：552845，BD 社）
- ☐ BD CompBead Plus（抗 mouse Igκ 抗体：560497，抗 rat Igκ 抗体：560499，BD 社）

細胞調製および染色試薬

- ☐ 蛍光標識抗体
  抗体量は事前にタイトレーションを行う．10^6 細胞/100 μL に対し，0.1～1 μg の抗体量より検討する．また，希少細胞の解析・ソーティングでは，染色抗体のカクテルを作製し約 9,700×g で 1 分間遠心し抗体・色素の凝集を除去する．
- ☐ Brilliant Stain Buffer（563794，BD 社）
  Brilliant Violet や Brilliant Ultra Violet 標識抗体を使用する際は，事前に 50 μL の Brilliant Stain Buffer を添加した後，細胞と標識抗体を添加する．これにより Brilliant Violet や Brilliant Ultra Violet の凝集が抑制される．
- ☐ BD Fc Block（mouse：553142，rat：550271 および human：564220，BD 社）
  抗体標識前に添加することで抗体の非特異反応を抑制する．
- ☐ BD Pharm Lyse lysing solution（10×）（555899，BD 社）
  溶血剤は用時調製し，つくり置きは溶血不全の原因となるため行わない．

- ☐ 7-AAD（559925，BD社），PI（556463，BD社），またはDAPI（100 ng/mL前後，シグマ・アルドリッチ社）
  　細胞膜非透過性であり，細胞膜に傷害を受け生存率の低下した細胞を染色する．
- ☐ DNase I（シグマ・アルドリッチ社）
  　細胞凝集は100 μg/mL DNase I，5 mM MgCl$_2$ PBSで15分程度処理する．必要に応じてソーティング時も25〜50 μg/mL DNase I を含む細胞懸濁液を用いる．
- ☐ ROCK Inhibitor, Y-27632 1.0mg（562822，BD社）
  　ES細胞・iPS細胞の単細胞分散処理および細胞懸濁液に添加することでアポトーシスを抑制し，ソーティングによる純化を可能とする[2]．
- ☐ Accutase Cell Detachment Solution 100mL（561527，BD社）
  　付着細胞の単細胞分散に用いる．トリプシンと比較して細胞への負荷が少ない．
- ☐ 細胞懸濁用PBS，HBSSまたはフェノールレッド不含培養液
  　細胞懸濁液には0.5〜2％の血清またはBSA（血清よりバックグラウンドが低い）を添加する．これらは0.2 μmフィルターにより濾過し，ノイズとなる粒子を除去する．また，25 mM HEPESの添加はpHの変化を抑え細胞への負荷を軽減する．
- ☐ BD FACSFlow シース溶液（342003，BD社）
  　シース液は滅菌PBS（−）の使用も可能である（自家調製する際は0.1〜0.2 μmフィルターにより濾過滅菌するとともにノイズとなる粒子を除去する）．
- ☐ Sample line filter（35 μm：643152または50 μm：643153，BD社）
- ☐ Falcon 5 mL ポリスチレンチューブ（352052，コーニング社）
- ☐ Falcon 35 μm ナイロンメッシュ付き5 mL ポリスチレンチューブ（352235，コーニング社）
- ☐ Falcon 50 mL チューブ用セルストレーナー（40 μm：352340，70 μm：352350，100 μm：352360，コーニング社）

プロトコール

以下に，BD FACSAria IIIをもとにソーティング実験のポイントを解説する．機器操作の詳細はBD FACSAria III Cell Sorter Training ManualおよびBD FACSAriaシリーズのマニュアルを基本とする．

1. 細胞調製および事前準備

❶ 蛍光標識の選択

適切な蛍光色素の選択による明瞭な解析パターンは，機器設定とともにソーティング実験の成功を左右する重要なポイントである．蛍光標識は図2Aのように多数存在するが，選択においては特に下記の2点を考慮する．

Ⅰ）発現量の低い抗原には，蛍光強度が高く分離のよい蛍光色素を割り当てる：蛍光強度の高い標識としてはPEやAPCが代表的である．BV421など新規蛍光色素であるBD Horizon Brilliant Violet シリーズは，PEやAPCと同等以上の蛍光強度をもつ．

Ⅱ）弱陽性やダブルポジティブ含む二次元展開は，蛍光補正が低い組み合わせを用いる：蛍光補正の高い色素間での二次元展開は，図2Bに示すように解像度低下の原因となる．

A)

励起光源	蛍光強度			
	Very bright	Bright	Moderate	Dim
Ultraviolet (355 nm)		BD Horizon BUV661 BD Horizon BUV737 BD Horizon BUV563	BD Horizon BUV395 BD Horizon BUV496	BD Horizon BUV805
Violet (405 nm)	BD Horizon BV421 BD Horizon BV650 BD Horizon BV711	BD Horizon BV480 BD Horizon BV786	BD Horizon BV510 BD Horizon BV605	BD Horizon V450 BD Horizon V500
Blue (488 nm)	BD Horizon BB515 BD Horizon PE-CF594 PE-Cy™5	PE PE-Cy™7	FITC Alexa Fluor® 488 PerCP-Cy™5.5	PerCP
Yellow Green (561 nm)	PE BD Horizon PE-CF594 PE-Cy5 PE-Cy7			
Red (640 nm)		APC Alexa Fluor® 647 BD Horizon APC-R700		Alexa Fluor® 700 APC-H7 APC-Cy7

B)

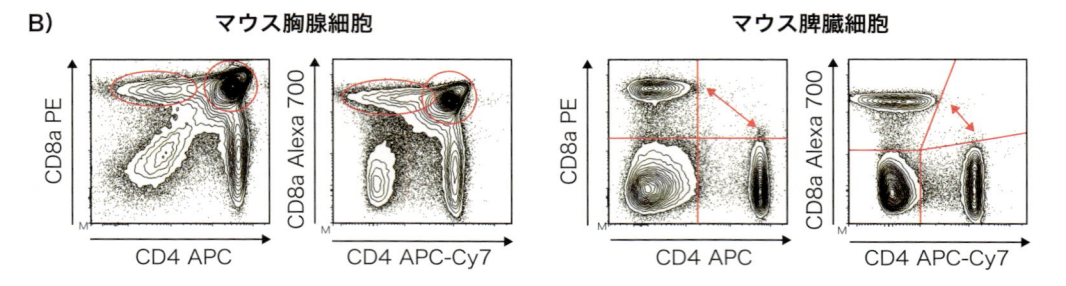

マウス胸腺細胞　　　　　　　　マウス脾臓細胞

図2　蛍光色素の選択および分離度の違い

A) にBD FACSAriaシリーズにおいて使用可能な励起光源と蛍光色素および蛍光強度を4段階で示す（レーザー出力や検出器構成に依存）．また，B) にマウス脾臓細胞と胸腺細胞のCD4とCD8での展開を示す．蛍光補正の高いCD4 APC-Cy7とCD8 Alexa Fluor700の組み合わせでは，胸腺のCD4$^-$CD8$^+$とCD4$^+$CD8$^+$との境界が得られない．脾臓におけるシングルポジティブ間の展開では分布が広がる場合も分離は可能である

例えば，Alexa Fluor 700とAPC-Cy7やPEとPE-CF594など蛍光補正が高い組み合わせは，集団がスプレッドし分離度が低下する．対照的にPE，APC，BV421の組み合わせは，蛍光補正が1％以下となり，かつ分離もよい．

❷ 細胞サイズの確認

細胞調製において，細胞数や生細胞率とともに細胞サイズを確認する．細胞の大きさとその状態は，ソーティングの条件選択において重要な情報である．

I）細胞の大きさの5倍以上のノズル径を選択する：リンパ球など10μm前後の細胞では85μmノズル，付着細胞や樹状細胞など20μm前後の細胞は100μmノズルより検討を開始する（図3）．予備実験で細胞への負荷を確認した後，必要に応じてノズル径・

142　新版　フローサイトメトリー　もっと幅広く使いこなせる！

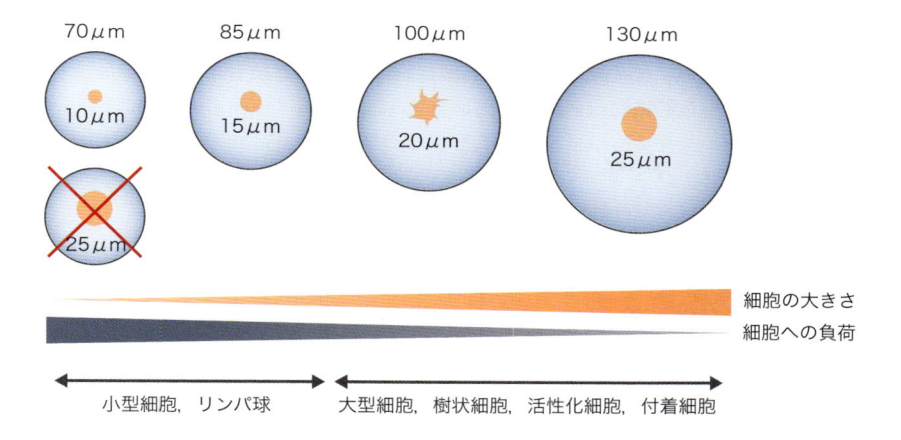

図3　細胞の大きさとノズルサイズ

細胞の大きさはノズル径の1/5以下が基本となる．一般に，末梢血中のリンパ球などは，高圧条件による影響が少ない．大型細胞の付着細胞や樹状細胞，また，活性化した細胞は圧力負荷の影響を受けやすい．細胞を包み込む液滴の大きさは，これらソーティングによる負荷を緩和するうえで最も重要となる

流速の変更を行う．
- Ⅱ）**細胞凝集はメッシュを使用し除去する**：測定サンプルは，35μm以下のメッシュを用いて測定前に細胞凝集を除去する．また，サンプルラインにはSample line filter（35μmまたは50μm）を装着し，ソーティング中の細胞凝集による詰まりを防ぐ．付着細胞や凍結細胞など凝集や粘性の高いサンプルの場合は，必要に応じてDNase処理を追加する．

2. 装置の起動

BD FACSAriaシリーズは，液滴形成や圧力を一定化するフィードバック機構を搭載しているが，調整可能な変動要因はあらかじめ取り除くことも重要となる．一般に温度や空調など実験室環境を一定に保つことは，液体を用いる分析機器の安定稼働に貢献する．

❸ 送液系の準備

FACSAria Ⅱ以降，送液系およびクリーニングプロトコールも改善され，通常使用においてはWeekly shutdownの実行により装置内の滅菌性が保たれる．Prepare for Aseptic Sortのメニューは，重度のコンタミネーションを改善する際に使用する．
- Ⅰ）**各溶液の補充**：シース液の補充時は気泡の発生を抑える．シース液中の気泡および粒子はフィルターによりトラップされるが，これら流入を最小限とすることは送液の安定において重要となる．また，シースタンクは清潔に保ち，フィルターなどの消耗品は定期的に交換する．
- Ⅱ）**ソートブロックのクリーニング**：起動時にソートブロック，ディフレクションプレートおよびチューブホルダーの接続部など，コンタミネーションの原因となる塩析や飛散している溶液のクリーニングを行う．

❹ ノズル選択と液滴形成
　Ⅰ）**ノズルを挿入し送液を開始する**：適切なノズルサイズを**1**-❷-Ⅰに応じて選択する．以降，Drop1など設定値の大部分は個々のノズルに依存することから，**一連の実験においては基本的に同一ノズルを用いる**（各設定情報はSort Reportに記載される）．複数のノズルチップをもつ場合は，取り違えのないようノズル上面に記載されたナンバーも記録しておく．
　Ⅱ）**液滴形成とDrop1を確認する**：O-リングとノズルが一体化したIntegratedノズルは装着における誤差がなく，日々の起動において液滴形状やDrop1の変動はほとんどない（Drop1は送液開始後，数分で安定）．これらが大きく異なる際は，流路の気泡や詰まり，および振動数など図4の各ノズルにおける基本設定値を確認する．設定値が変更されている場合は，機器管理者に確認したうえで基本設定に戻す．

❺ 精度管理の実行（CS & T）
　BD Cytometer Setup and Tracking（CS & T）により，Laser Delayの設定および検出感度の確認が行われる．CS & Tは，精度管理とともに機器ノイズとの分離を明確にする最適な検出器電圧，直線性のあるデータ検出範囲も提示する．精度管理におけるエラーメッセージの多くはフローセルの洗浄により解消される（BD FACSAria Ⅲ Cell Sorter Training Manual Section 5 メンテナンスとトラブルシューティングの4ページ参照）．

3. 目的細胞の解析

❻ **Area Scaling Factorの設定**
　FCS-A vs FSC-H，SSC-A vs SSC-Hおよび他のレーザー用にプロットを作成する．特にFSCとSSCのArea Scaling Factorの設定は，ソーティングゲート設定において細胞凝集を効率よく取り除くために重要となる．Area Scaling Factorも同一ノズルを用いる場合は毎回の設定は不要であり，その値は保存データを選択することでInspectorより確認できる．

❼ **検出感度の設定**
　Ⅰ）**検出器電圧を調整する**：新規作成されたExperimentには，CS & Tにより機器ノイズとの分離が明確となる検出器電圧が自動提示される．その設定値をもとに測定サンプルを用いて検出器電圧の微調整を行う．表示データがスケールオーバーする場合は，抗体濃度のタイトレーションを行い，蛍光シグナルを直線性のある範囲におさめる．
　Ⅱ）**Thresholdによりノイズをカットする**：Thresholdはノイズのカットに使用し，細胞集団にはかからないように設定する．Threshold以下はイベントとして認識されないため，ソーティングの判断にも反映されない．よって，**Threshold以下に細胞があると，それらはランダムにソーティングへ混入することとなる**．

❽ **蛍光補正の設定**
　蛍光色素は励起および蛍光スペクトルに幅をもち，一般に複数の検出器により検出される．よって，複数の蛍光標識を用いる場合は，組み合わせに応じた蛍光補正が必要となる．蛍光補正のしくみはオートもマニュアルも同様であり，陰性コントロールと陽性コントロールを用い，目的外の蛍光チャンネルで検出された値を陰性コントロールの値に合わせる．3カラーの蛍光補正は6通りであるが，5カラーは20通り，10カラーでは90通りとなり，経験によりマニュアル設定も可能ではあるが，マルチカラー解析ではオートコンペンセーションを使いこなすことも重要である．

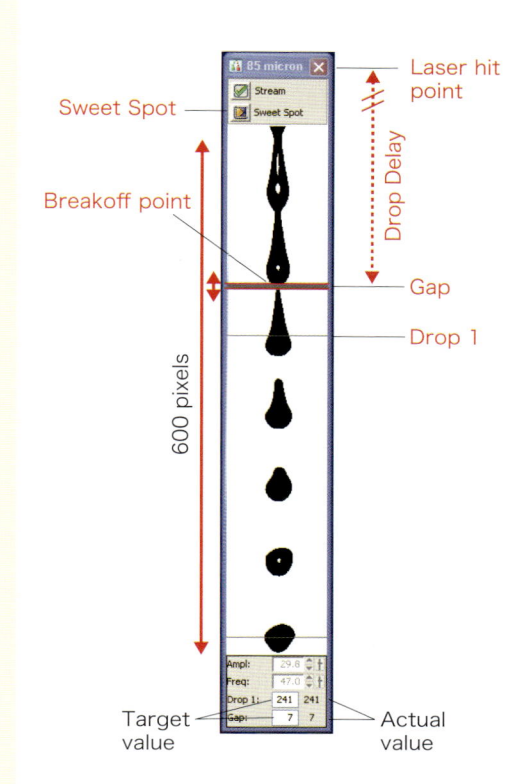

	BD FACSAria			
ノズルサイズ（μm）	70	85	100	130
Frequency（kHz）	87	47	30	12
Gap（pixel）	6	7	10	12
Sheath Pressure（psi）	70	45	20	10

Sweet Spot：液滴形成の画像解析により，Target valueを指標としてDrop1とGapの値を維持し安定したソーティングを可能とする

Laser hit point：細胞検知の基点となるレーザーの照射位置

Ampl（Amplitude，振幅値）：Sweet Spotは振幅値を調整することによりDrop1とGapを一定に保つ

Freq（Frequency，振動数）：液滴形成数を規定し，ノズル径とシース圧に応じて最適化されている

Drop1：液滴1滴目の中心値．ノズル個体に応じて100〜350に設定する．ソーティング中のDrop1の変化は±10まで許容される

Gap：Breakoff pointと液滴1滴目の間隔．Sweet SpotはTarget valueに対して±3以上の変化でソーティングを中断し，流路の詰まりなどフィードバックの範囲を超える際は送液を自動停止する

Breakoff point：水流が液滴に変わる位置．Drop1と同様に液滴への荷電のタイミングを決める重要なポイントとなる

Drop Delay：Laser hit pointで認識された細胞がBreakoff Pointへ到達するまでの時間となり，ソーティングにおける荷電のタイミングとなる

図4　液滴形成とノズルサイズ
ソーティング結果に直結する液滴形成は，これまで使用者による維持と調整を必要とした．BD FACSAriaは，Sweet Spotにより液滴形成の安定を自動制御し，ソーティングにおける時間的拘束を不要とした．上記，ソーティングにおける基本項目の理解は，その自動制御機構を有効活用するうえで重要なポイントとなる

　また，PE-Cy7やPerCP-Cy 5.5 などタンデム色素は，標識抗体ごとあるいはロットごとに蛍光補正値が異なることは知られているが，**PEやAPCのような蛍光タンパク質も，抗体販売メーカー間では原材料のロットにより蛍光補正値が異なる場合があるので注意する**．
I）**細胞を用いた蛍光補正**：マニュアル操作は状況に応じた調整を可能とするが，オートコンペンセーションの場合は，ソフトウェアに正しい値を読み取らせることがポイントとなる．注意点としては，デフォルトの設定にかかわらず，陽性細胞（P2ゲート）が100イベント以上となるようデータを収得・追加する．また，陽性細胞が少ない場合は，ドットプロットを作成し，ノイズや自家蛍光との切り分けを確認する（図5）．その他，陽性集団がブロードな場合は，P2マーカーを陽性集団の全体ではなく上半分に設定する．
II）**BD CompBeadを用いた蛍光補正**：蛍光補正用のビーズは2種類あり，BD CompBead

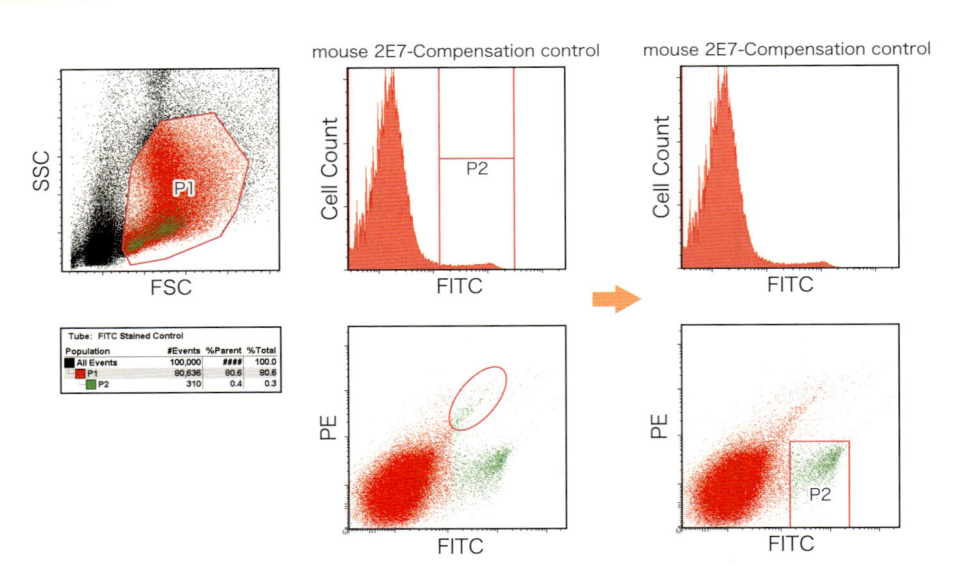

図5　蛍光補正ゲートの確認
Population Hierarchyおよびドットプロット（P1を表示）を作成し，ゲート内のイベント数とノイズとの切り分けを確認する（ドットプロットのY軸側は分離のよい任意の蛍光パラメーターを選択）．右のように対角線上に伸びたノイズの混入は蛍光補正値の計算ミスの要因となるため，ヒストグラム上のP2ゲートを消去し，ドットプロット上のノイズを分離できる領域で，P1下層にP2ゲートを作成する

はリンパ球などの細胞に，BD CompBead Plusは培養細胞，iPS細胞やES細胞など自家蛍光の高いサンプルに用いる．BD CompBeadは細胞のようにノイズの影響を受けず，陽性率の低いマーカーや複数のタンデム色素を使用する場合は特に有効となる．AmCyanやV500などは別途細胞での確認を要するが，大部分の蛍光標識をカバーすることが可能である．

❾ **解析とソートゲートの設定**

　明確な解析パターンは，ソーティング対象を決定するうえで重要である．プレゼンテーションや論文では，存在頻度を視覚的に読み取るうえで等高線表示やデンシティプロットを用いるが，ソーティングでは，目的細胞の位置が明確となるドットプロットが有効となる（図6）．

　また，蛍光プロットは基本的にBiexponential表示を用い，Biexponential Editorにて表示スケールを適切に設定する．Biexponential表示は，データの視覚的な判断を可能とし，解析だけでなくソーティングゲート設定においても重要である[3]．また，特にマルチカラー解析では，必ずしも陰性コントロールを基準とした4分画マーカーは適合しない場合がある．蛍光色素の特性を踏まえたゲーティング方法としては，Fluorescence Minus One（FMO）が提案されている[4]．FMOコントロールによる弱陽性集団の厳密なゲート設定は，シングルセルソートによる1細胞遺伝子発現解析などにも活用されている[5]．

　図7に，マウス骨髄細胞の4カラー解析例を示す．ソーティング対象となるc-Kit$^+$Sca-1$^+$Lineage$^-$の存在率は0.4％となった．1％以下の希少細胞のソーティングでは，必要に応じ

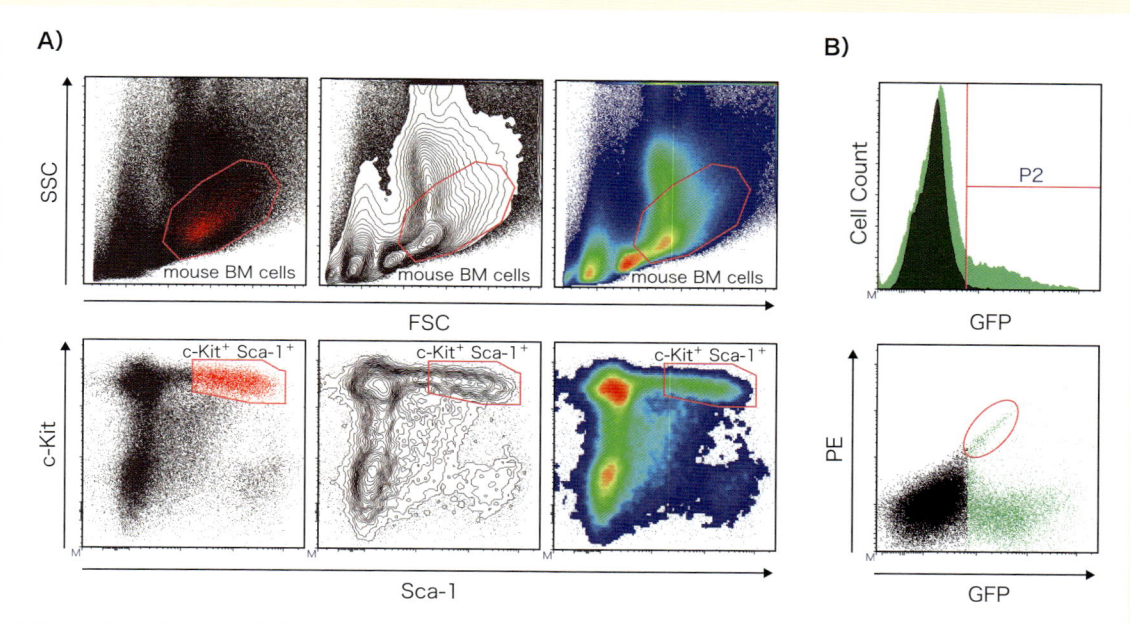

図6　データ解析像の比較

A) ドットプロットは，ソーティング対象を色分けにより明確化することで，適切なゲート設定を可能とする．**B)** また，一次元のヒストグラム表示は陽性領域に自家蛍光集団を含む場合があり，GFPなどシングルカラーのソーティングにおいても，対象をドットプロットにより二次元展開することが有効である

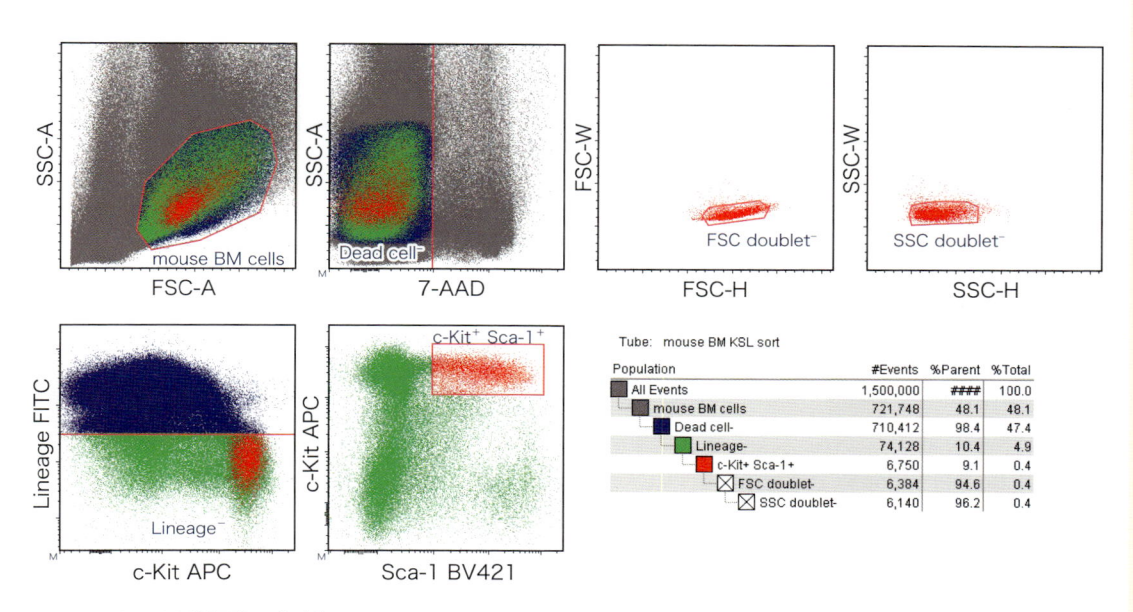

図7　マウス骨髄細胞の解析

Lineage（CD4，CD8a，CD45R/B220，CD11b/Mac-1，Gr-1，TER-119）FITC，c-Kit APC，Sca-1 BV421で展開．Dead cellを7-AADで除去し，FSCとSSCのHeightとWidthパラメーターでダブレットを除去．骨髄など大きさの異なる複数の細胞を含む場合，ダブレット除去ゲートは全体ではなくソーティング対象に近い階層で設定する

て磁気ソーティングなど事前濃縮も検討する．また，溶血不良の赤血球や細胞懸濁液中の粒子は，目的集団の存在率を大きく下げる要因となるので注意する．

4. ソーティング条件の設定

❿ シミュレーションの実施

図7の解析結果をもとに，シミュレーションによりソーティング効率，時間および必要細胞数を求める．図8に示すScrippsのウェブサイトを使用し，ノズルサイズに応じた振動数および秒間のイベント数を入力することで理論値の算出が可能である（http://facs.scripps.edu/recovery.html）．

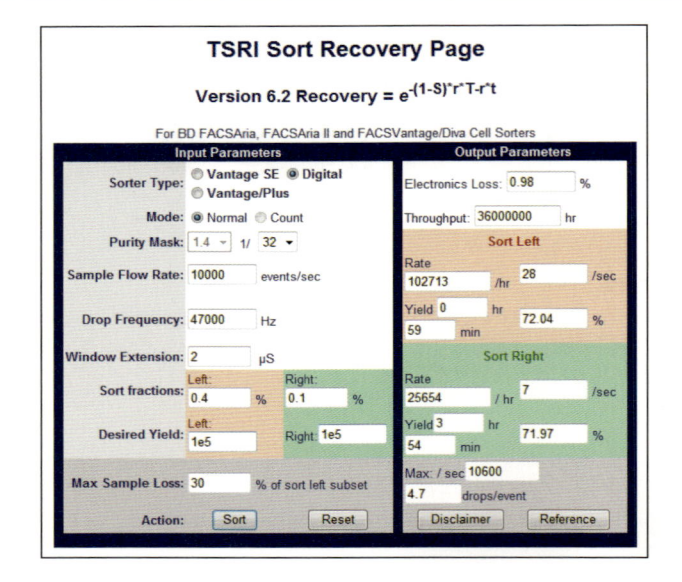

情報入力

Sorter Type：Digitalを選択
Mode：Normal
Purity Mask：32
Sample Flow Rate：秒間のイベント数
Drop Frequency：ノズルに応じた振動数
　70μm：87,000　85μm：47,000
　100μm：30,000　130μm：12,000
Window Extension：2または4
　70μm, 85μm, 100μm=2, 130μm=4
Sort Fractions：対象の存在比率（％）
Desired Yield：ソーティング細胞数
　→ **Sort**ボタンを押し結果表示

計算結果

Electronics Loss：信号処理の過程でイベントが重なるElectronic Abortの割合
Throughput：1時間あたりの処理細胞数
Rate：1時間または1秒あたりのソート細胞数
Yield：ソート細胞数に対する回収時間および入力条件下における計算上の回収率
Max Sample Lossには，ソーティングにおいて許容される細胞ロスの割合を入力することで，右側に設定条件下における最適なイベントレートが表示される

図8　ソーティングのシミュレーション

解析例より0.4％のターゲットを85μmノズル，47,000 Hz，流速10,000 events/secで10万個のソーティングする場合，ソート時間は59分，回収率は72％となる．70μmノズル，87,000 Hzでは，同様の収率70％を流速20,000 events/secまで維持し，ソーティング時間を31分と，半分ほどに短縮する．適切なソーティング条件は1－❷－Iの細胞への負荷を考慮し決定する

❶ Side Streamの設定

Ⅰ）**サイドストリームレーザーの確認**：テストソートによりサイドストリームを形成し，Accudropビーズ励起用レーザーの照射を確認する（特にセンターとレフトストリームの強度を均等にする）．確認後，Optical FilterをOnにし，センターおよびレフトストリームの値が0.0となり散乱ノイズが入らないことを確認する．

Ⅱ）**センターストリームの確認**：センターストリームが収束しない場合は，2nd Drop, 3rd Drop, 4th Dropを調整する．これらはノズル固体に依存し，同一ノズルおよび設定値に変更がなければ毎回の調整は不要である．複数の使用者が個別のノズルをもちいる場合は，各自で設定値を記録またはSort Reportを参照する．

❷ Auto Drop Delayの実行

Auto Drop Delayを実行し，液滴への荷電のタイミングを確認する．ソフトウェアは自動でDrop Delayの値をスキャンし，ソーティング効率が最大となる値を決定する．Integratedノズルでは，同一のノズルを使用し，Drop1など設定値に変更がない場合，実質的にDrop Delayの値も一定となる（**4**-❶-Ⅱ同様，必要に応じて記録する）．

5. ソーティングの実行

❸ ソーティングの開始

Ⅰ）**回収用チューブおよびサンプルのセット**：サイドストリームが回収用チューブの壁面に当たらないこと確認した後，半分程度の回収液を入れたチューブをセットする．ソーティング1滴当たりの液量は数nLとなり，10万個の回収には5 mLチューブ，100万個以上の回収には15 mLチューブを用いる．サンプル濃度はFlow rateが5以下となるよう$1×10^6$〜$2×10^7$細胞/mL程度に調製し，ソーティング開始前に細胞凝集がないことを確認する．

Ⅱ）**ソーティングを開始する：Sweet SpotがOnであることを確認し**，ソーティングを開始する．ソーティング中はサンプルチャンバーおよびチューブホルダーの冷却を行う（冷却オプションがない場合は約30分ごとに回収用チューブを交換する）．また，細胞の詰まりによりソーティングが停止した場合，クリーニング後の送液再開でDrop1が±10の範囲にあれば，そのままソーティングを続行することが可能である．液滴形状やDrop1，サンプル解析像に変化がある場合は，気泡や詰まりおよびノズル周辺の液漏れを再確認する．

❹ ソーティング結果の確認

ソーティングにより回収された細胞の一部を用いてソート結果の確認を行う．図7の解析結果より，マウス骨髄細胞中の0.4％の標的細胞を4段階の流速でソーティングした．各流速おいて99％以上の純度が維持され（図9A），生細胞率は97％以上であることが確認された（図9B）．また，実際のソーティング効率はシミュレーションの計算値とほぼ同様の値となった．

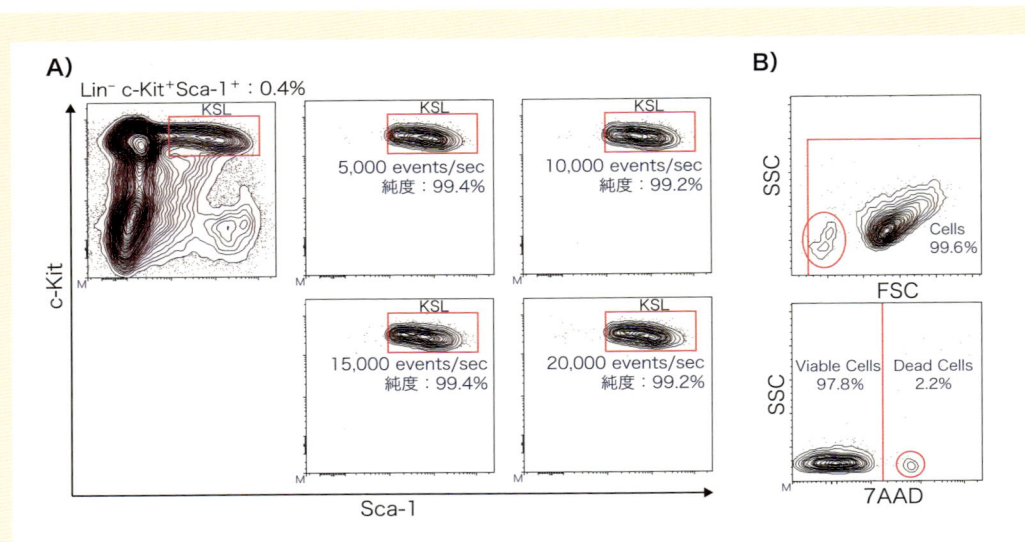

	BD FACSAria（85μm nozzle 47 kHz 45 psi）			
Event Rate（events/sec）	5,000	10,000	15,000	20,000
Sort Targets（%）	0.4	0.4	0.4	0.4
Efficiency（%）実測値	81.0	67.0	58.0	47.0
Efficiency（%）計算値	84.9	72.0	61.2	51.9
ソート細胞数	100,000	100,000	100,000	100,000
ソート時間（min）	99	59	46	41
必要細胞数	3.0×10^7	3.5×10^7	4.1×10^7	4.9×10^7

図9　ソーティング結果の確認
A) 各流速においてソーティング純度は99%以上に維持される（サンプル濃度 2×10^7 細胞/mL, 85μmノズル, 47 kHz, Flow Rate : 1.0～4.0）．この条件下では，細胞のロスを考慮すると 10,000 events/sec 前後が最も効率のよいソーティングと考えられる．**B)** 細胞の生存率は，FSCの低下または7AAD，PIやDAPIによる染色で確認する

おわりに

　1970年代，ベクトン・ディッキンソン（BD）はHerzenberg博士との試行錯誤によりBD FACSを発表した．以降，セルソーターは研究において必要不可欠な装置となり，その基礎を築いたHerzenberg博士には，細胞分別・分取装置の開発による生命科学への多大な貢献として2006年に京都賞が贈呈された．セルソーターは，2000年初頭まで光軸調整など知識と経験を必要とする装置であったが，本稿で解説したBD FACSAriaシリーズは，その革新的設計によりソーティング技術を一般化した．

　しかしながら，セルソーターはマイクロ秒単位で細胞の解析とソーティングを行う高精度な分析装置であるという点に変わりはなく，高度に自動化された装置においても，その基本原理

BD FACSAria Ⅲ 4 Laser：488 nm/561 nm/633 nm/405 nm
Mouse HSC analysis：CD34 Alexa 647, c-Kit BV605, Sca-1 PE-Cy7, CD150 PE, CD48 APC-Cy7, CD41 BV421, Lineage* FITC, 7-AAD

*CD4, CD8a, CD45R/B220, Mac-1, Gr-1, TER-119

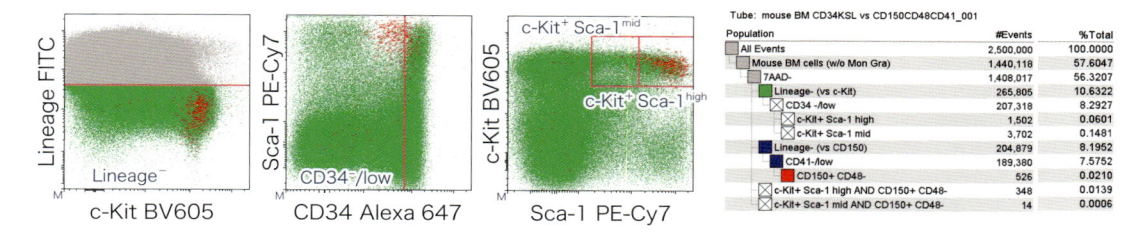

Tube: mouse BM CD34KSL vs CD150CD48CD41_001		
Population	#Events	%Total
All Events	2,500,000	100.0000
Mouse BM cells (w/o Mon Gra)	1,440,118	57.6047
7AAD-	1,408,017	56.3207
Lineage- (vs c-Kit)	265,805	10.6322
CD34 -/low	207,318	8.2927
c-Kit+ Sca-1 high	1,502	0.0601
c-Kit+ Sca-1 mid	3,702	0.1481
Lineage- (vs CD150)	204,879	8.1952
CD41-/low	189,380	7.5752
CD150+ CD48-	526	0.0210
c-Kit+ Sca-1 high AND CD150+ CD48-	348	0.0139
c-Kit+ Sca-1 mid AND CD150+ CD48-	14	0.0006

図10 マルチカラーソーティングへの応用
561 nm Yellow Greenレーザーの搭載によりPE系蛍光色素の分離は向上し，また，新規蛍光色素であるBD Horizon Brilliant Violetシリーズは，PE同等以上の蛍光強度をもつ．これら新しい解析技術とBD FACSAriaの高感度検出を組み合わせることで，ネガティブとポジティブの分離から，弱陽性から強陽性へと，より詳細な細胞分画の解析・ソーティングが可能となる．例ではCD150$^+$CD41$^{-/low}$CD48$^-$の分画（赤のドット）が，c-Kit^{high}Sca-1^{high}に収束していることが確認される

と各設定値，そしてデータの解像度を大きく向上させる蛍光色素の特性理解が成功の秘訣となる．また，分離の高い新規蛍光色素を活用したマルチカラー解析，およびシングルセルソートされたイベントをプロット上で特定するインデックスソートと遺伝子解析の組み合わせなど最新技術を取り入れていくことも，その性能を最大限活用するうえで重要になると考える（図10）．以上，本稿で解説したポイントが，BD FACSAriaを用いたセルソーティング実験構築の参考となることを期待したい．

◆ 文献
1) Pruszak, J. et al.：Stem Cells, 25：2257-2268, 2007
2) Emre, N. et al.：PLoS One, 5：e12148, 2010
3) Herzenberg, L. A. et al.：Nat. Immunol., 7：681-685, 2006
4) Perfetto, S. P. et al.：Nat. Rev. Immunol., 4：648-655, 2004
5) Wills, Q. F. et al.：Nat. Biotechnol., 31：748-752, 2013

◆ 参考
・The Scripps Research Institute（TSRI）：ソーティング効率のシミュレーション
　http://facs.scripps.edu/recovery.html

実践編　ソーティング（目的の細胞を生きたまま分取する）

11 ソーターのセッティング③
ベイバイオサイエンス株式会社（JSAN JR）

陶山隆史，坂本金也，鈴木健太，河合文隆

機器の特徴とポイント

当社が2011年に開発したJSAN JRは操作が簡単なこと，ユーザーにも各種調整が可能なこと，バイオセーフティーを強化していることを特徴としている．さらに2015年より新たに販売を開始した新型JSAN JRでは，光軸調整の自動化，4-wayソート，70/100 μmノズルを選択できるなどの機能追加に加え，大幅に改良されされた専用ソフト「Appsan2」を実装したことで，操作性が大きく向上している．本稿ではJSAN JRの操作，データ取得，およびソーティング操作のポイントについて紹介したい．

はじめに

　セルソーターは，1970年代はじめより米国を中心に開発されてきた装置である．1990年台初頭のセルソーターはJet-in-Air型で，装置全体がかなり大型であり，その取扱いにはレーザー光軸調整，ドロップなどのソートパラメータ調整に専門的な知識が必要であり，操作が複雑であった．2003年になり，Jet-in-Air型のソーターに対して，専任オペレータが不要で操作性がかなり向上したフローセル型のソーター（2機種）の販売が開始された．当社の国産ソーターJSANはこの分類のソーターとして世界で最初に開発され，販売を行ってきた[1]．2011年には従来の共同施設利用型のソーターではなく，ラボユースにターゲットを絞ったソーター（4機種）が上市されるに及んでいる．ラボユースのため，レーザー数やカラー数が限定されるが，Jet-in-Air型/チップ型/フローセル型の各種検出方式で独自の路線を走っている．当社も従来のJSANの特徴を生かした小型・低価格帯のパーソナル・セルソーターJSAN JRを2011年から販売した．このJSAN JRは操作が簡単なこと，ユーザーにも各種調整が可能なこと，バイオセーフティーを強化していることを特徴としている．

　さらに，2015年4月からは改良機の販売を開始している．この改良機は従来のソート条件設定の自動化[2]に加え，異軸方式のセルソーターとしては唯一の光軸自動調整機能を搭載し，これまで以上に簡便な操作でソーティングが実施可能となっている．さらに解析ソフトの機能が拡充されたことで，操作性が大きく向上している．まず，光軸調整自動化およびソート条件設定の自動化について紹介し，その後JSAN JRのバイオセーフティー対策について紹介する．

セルソーター JSAN JR の特徴

1. 光軸調整自動化

　　　　フローセルは脱着可能であり，高精度な位置決め装着が可能である．脱着可能なのでフローセルの超音波洗浄が可能となり，細胞の詰まり，シース液の乾燥による詰まり，セル内の汚れなどを除去可能である．また，フローセルは高精度に位置決めを再現でき，レーザーも検出用光ファイバーも焦点を合わせて光学ベンチに固定されているため，検出光軸の調整は通常の使用ではほぼ不要となる．ただ，微細な細胞流の変化が発生した場合でも精度を向上させるために，光軸の自動調整機能を搭載した．レーザーが集約する集光レンズにサーボ回路を組み込み，専用ビーズを使用することで最良のポイントに自動調整できるようになっている．

2. ソート条件設定の自動化

　　　　もう1つはソート条件設定の自動化にある．元来，ソート条件設定は，**A）ドロップ調整**，**B）サイドストリーム設定**，**C）Drop Delay 設定**で構成される．

　　　A）のドロップ調整に関しては，最適なPZT駆動周波数・位相・電圧調整をドロップ画像処理で自動的に行うので，オペレータは設定の必要がない（本法はOptiDropと称する．特許取得済）．

　　　B）に関してはオペレータの目視確認の方が確実性が増すため，あえて自動化を行っていない．サイズの大きな細胞をソーティングする際にやや角度を大きめに設定する工夫ができるなどの利点もある．

　　　C）のDrop Delay設定に関しては，画像処理などから独自のパラメータ計算することにより，Drop Delayのセットを1回のボタン操作で実現している（本法はOptiDelayと称して，特許取得済）．さらに，Drop Delayは常時計算しフィードバックしているため，温度によるシース液粘度やシース圧の変動などの影響によるソート精度の悪化を防止できる．

　　　これらの自動化は，ノズルを固定した単一のフローセルを使用していることで実現可能となっている．

3. バイオセーフティー対策の強化

　　　バイオセーフティー対策強化に関しては図1Aの①偏向板ユニットケース，②ソートルームで実現している．①によりフローセルノズルからアスピレータの間でのエアロゾル発生を閉じ込めている．それでも漏れることがある場合は，②のソートルームから吸気し，HEPAフィルタを介して排気するエアロゾルユニットのオプション装備が可能となっている．図1Aにはないが，①には脱着可能なドアが装備されている．②は本体のスライドドアで密閉する機構となっている．第2番目は図1Bに示すように，JSANシリーズが内部設置できる専用のクリーンベンチをオプションとして有していることである．ベンチ内のダウンフローで外部にエアーを出すことなく，一部HEPAフィルタで排気・循環しながらソートすることが可能である．図1B右はJSANを設置したところであるが，コンピューターとモニター以外はベンチの中に設置可能である．

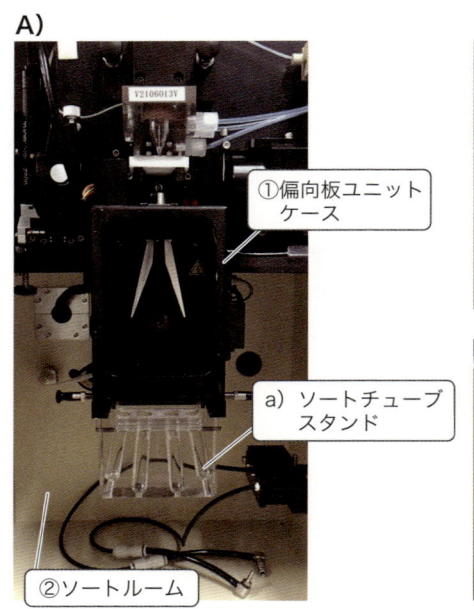

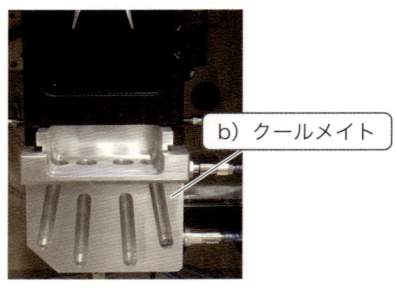

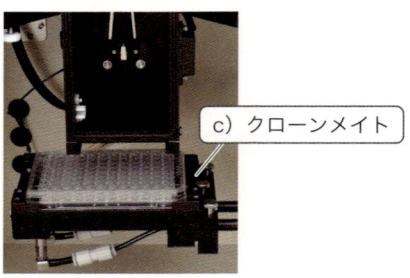

図1　JSAN JRのバイオセーフティー対策とオプション

A) JSAN JRのバイオセーフティー対策の1番目は①偏向板ユニットケースおよび②ソートルームより実現されている．a) のソートチューブスタンドはバルクソートする場合に使用され，偏向板ユニットケースの中でほぼ密閉状態になる．冷却が必要な場合は，b) のクールメイトが取り付けられる．プレートにソートする場合は，c) のクローンメイトが取付可能になっている．**B)** JSAN JRのバイオセーフティー対策の2番目は専用のクリーンベンチ内に設置することである．専用のため，コンピューターとモニター以外はこの中に配置できる．右図はJSANをベンチ内に実際に収容した写真である

準備

　JSAN JRの構成は図2に示すように，本体，タンクユニット，ポンプユニット，ワークステーション，モニターから構成されている．JSAN JR本体はJSAN本体の体積比79％の小型化を実現している．その他，準備するものを列挙する．

- ☐ 自動光軸調整用ビーズ
- ☐ サンプルチューブ
- ☐ ソートコレクションチューブ（ポリスチレンチューブ 12×75 mm，5 mL）

　推奨するサンプルチューブおよびソートコレクションチューブは販売元コーニング社のFALCONラウンドチューブである．

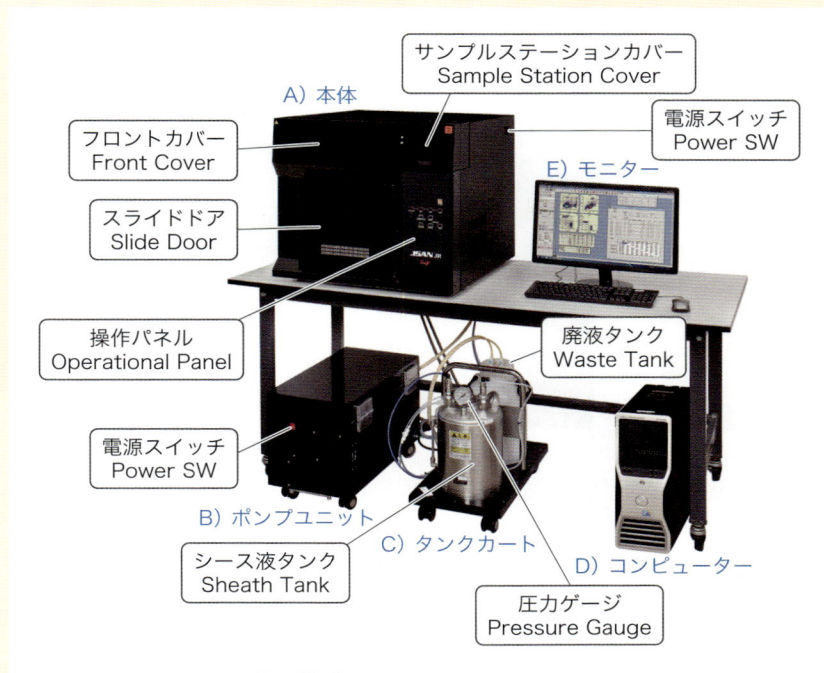

図2 JSAN JRの装置構成

JSAN JRの構成は，**A)** 本体，**B)** ポンプユニット，**C)** タンクカート，**D)** コンピューター，**E)** モニターから構成されている

- ☐ シース液
  推奨シース液はベックマン・コールター社製IsoFlowである．
- ☐ FACS RINSE

オプションとして
- ☐ クローンメイト（自動細胞捕集装置）
- ☐ クールメイト（サンプル冷却装置）
- ☐ クールメイト用恒温循環水槽

プロトコール

1. 装置のスタートアップ

❶ フローセルユニットを超音波洗浄し，エアーブローにより水分を除去する[*1]．本体のフロントカバーを開け，図3に示すようにフローセルユニットを装置に装着する

> *1 フローセルのジェットノズル部に細胞などのゴミが付着していることもあるので超音波洗浄は必ず実施するのがよい．

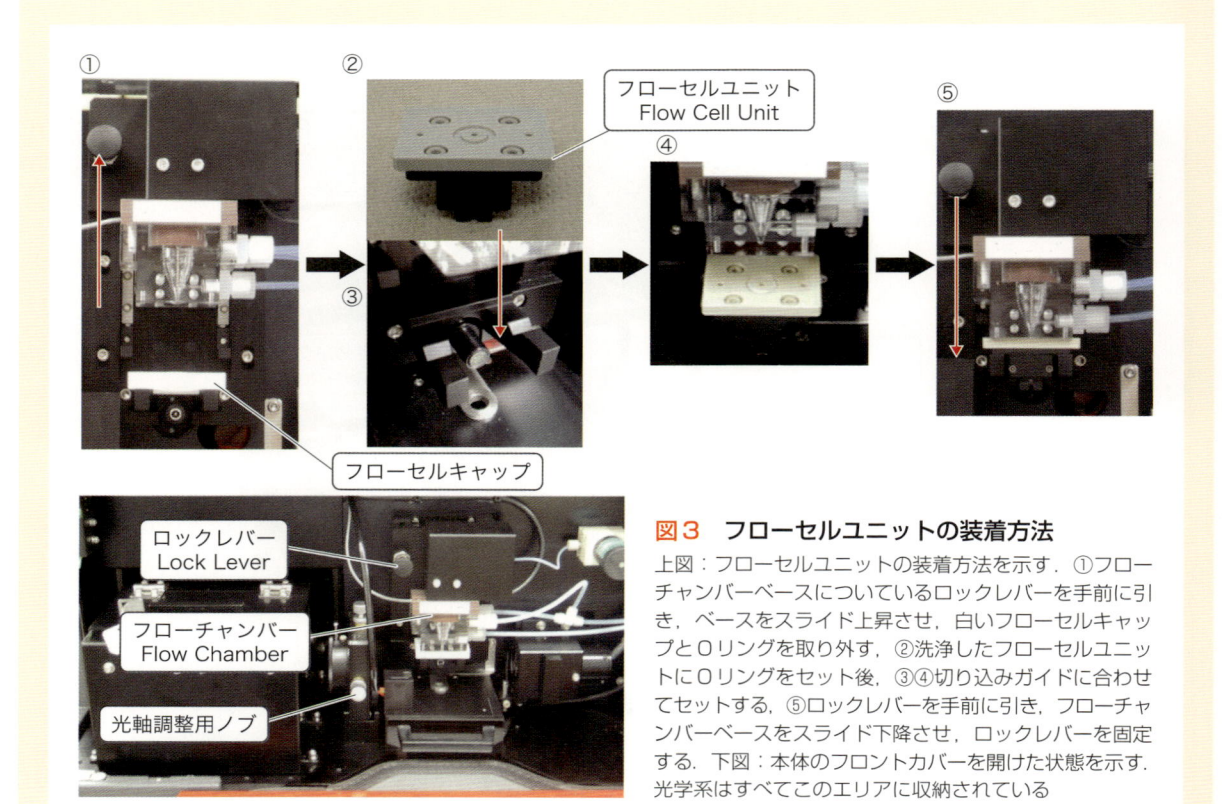

図3　フローセルユニットの装着方法

上図：フローセルユニットの装着方法を示す．①フローチャンバーベースについているロックレバーを手前に引き，ベースをスライド上昇させ，白いフローセルキャップとOリングを取り外す，②洗浄したフローセルユニットにOリングをセット後，③④切り込みガイドに合わせてセットする，⑤ロックレバーを手前に引き，フローチャンバーベースをスライド下降させ，ロックレバーを固定する．下図：本体のフロントカバーを開けた状態を示す．光学系はすべてこのエリアに収納されている

❷ ポンプユニット，装置本体の順番での電源を投入[*2]し，その後コンピューターの電源を投入する

*2　後述する装置リセットの動作があるので，コンピューターより先に本体の電源を投入するのがよい．

❸ シースタンクの空気圧ゲージが70 μmノズルの場合30 psi，100 μmノズルの場合15 psiに達したら[*3]，操作パネル（図2）の［FILL］ボタンを押し，送液を開始し［STANDBY］のランプが点灯するまで待つ[*4, 5]

*3　空気圧ゲージが各ノズルの設定値に到達しない場合は，シースタンクのゴムパッキンのセットミスによる空気漏れを確認する．

*4　フローセル部分からのシース液漏れがないか，ストリームが傾いていないかを確認する．ドロップ形成が通常と異なる場合は，まず，［NOZZLE FLUSH］ボタンを押してノズルを洗浄する．それでも，解消しない場合は，［FULL STOP］ボタンを押して停止しフローセルユニットを再洗浄後，再セットすることにより，通常復帰を確認する．

*5　ストリームが傾いていることが前述で解消されない場合は，ジェットノズルの詰まりが考えられ，専用のフローセル洗浄冶具で洗浄して，再セットを行う．

実践編　ソーティング **11**

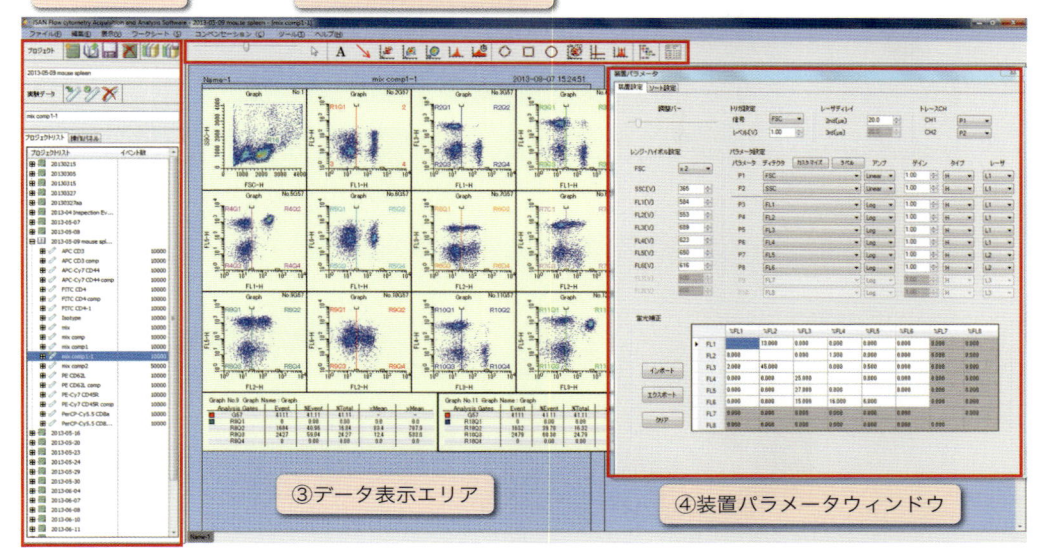

図4　JSAN JRの制御ソフトウェア「Appsan2」の画面

JSAN JRのソフトウェア「Appsan2」は主に①操作エリア，②解析ツールバーエリア，③データ表示エリア，④装置パラメータウィンドウで構成されている．日本語表示および英語表示が可能で，データ表示画面とすべての装置パラメータウィンドウが開く．装置パラメータウィンドウにはすべての装置制御（光学検出系／ソート系／クローンメイト系）が集約されており，設定のたびに別ウィンドウを探したり，開いたりする必要がないためわかりやすい

❹ コンピューターのホーム画面から，制御ソフトウェア「Appsan2」をダブルクリックして起動し，実験者名を入力あるいは選択してOKをクリックすると図4のような画面が表示される[*6〜8]

　　*6　実験者別にデータの管理が行える．
　　*7　この操作により，本体と装置がリセットされ，通信コントロールが可能な状態になる．リセットされる前の状態ではイベント表示が発生したりすることがあるが異常ではない．
　　*8　まれにフローセルユニットの装着の際にサンプル流軸がずれ，蛍光シグナルが低下することがあるため，自動光軸調整機能を追加した．自動光軸調整がNGになる場合はフローセルユニットを再脱着して再確認する．

❺ 「Appsan2」を起動すると，図5Aに示すように自動光軸調整を行うかどうかのメッセージが表示される[*9]．自動光軸調整を行う場合は，サンプルチューブに自動光軸調整用ビーズを5×10^6個/mL程度（ビーズ1滴にシース液1 mL）の濃度で用意し，［Yes］を押す．続いて表示されるウィンドウ（図5B）のとおりにサンプルチューブをセットして［NEXT］を押すと，自動で感度が最大になるよう光軸が調整される（図5C）

　　*9　自動光軸調整機構が搭載されているが，手動による光軸調整機構は別途装備されており，自動調整に不具合が発生しても貴重なサンプルが無駄なく測定／分取できるようになっている．

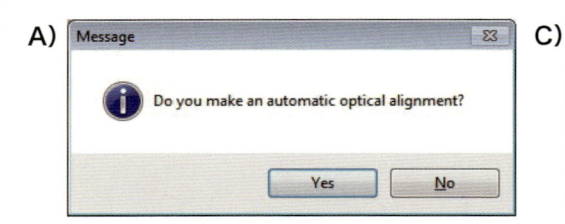

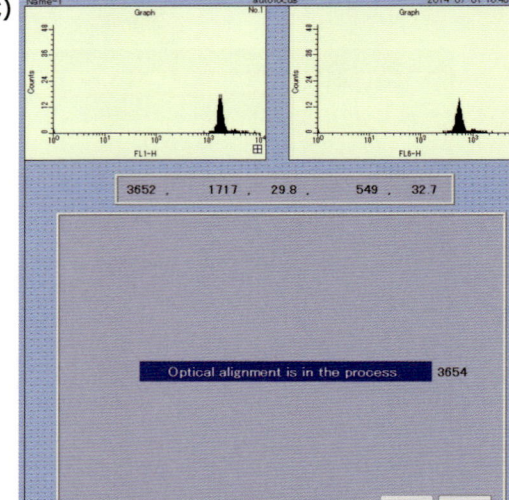

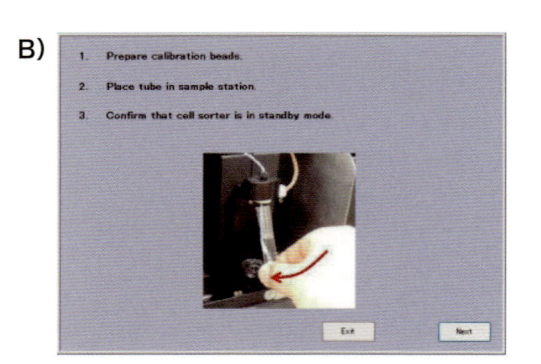

図5　Appsan2の自動光軸調整方法

JSAN JRのソフトウェア「Appsan2」での自動光軸調整画面である．Appsan2を起動すると表示される**A**のウィンドウで[YES]をクリックし，**B**のウィンドウの指示に従い調整用ビーズを入れたチューブをセットして[NEXT]をクリックすると，感度が最大となるよう光軸が自動で調整される（**C**）

2. 実験ファイルの新規作成 or よび出し

❶ 新規プロジェクトを作成する場合は，新規にプロジェクト名，実験名を入力し（図6），新規作成アイコンをクリックして，解析シート画面を表示する．次に，解析ツールバーにある各種グラフアイコンから実験内容にあわせグラフを作成する[10〜12]

　グラフの種類はドットプロット，デンシティドットプロット，等高線プロット，ヒストグラムより選択可能である（図6）．設定方法は，各アイコンからグラフをクリック選択し，グラフ表示エリアに始点をクリックし，次に終点をクリックする．横軸・縦軸のパラメータをクリックすることにより選択可能である．

> *10　一度に任意のグラフ数を自動に作成できるツールを使用することも可能である．
> *11　各グラフにゲート（多角形，四角形，円形，自動多角形，4分画，ヒストグラム）を実験目的に合わせて設定する．設定方法はグラフ設定と同様に解析ツールバーエリアにあるゲートアイコンをクリックし，始点と終点をクリック指定する．図7に示すように，「Appsan2」では4分画ゲートを自由に変形することが可能である．
> *12　解析表（各ゲート）を実験の目的にあわせ，設定する．設定方法は図6の解析ツールバーエリアにある解析アイコンを選択し，グラフ表示エリアにドラッグする．表示内容はドロップダウンリストから任意に設定可能である．

❷ 既存の実験ファイルを利用する場合は，ツリー表示のプロジェクトのなかから目的のプロジェクトを選択し，実験名をダブルクリックして解析シート画面を開く

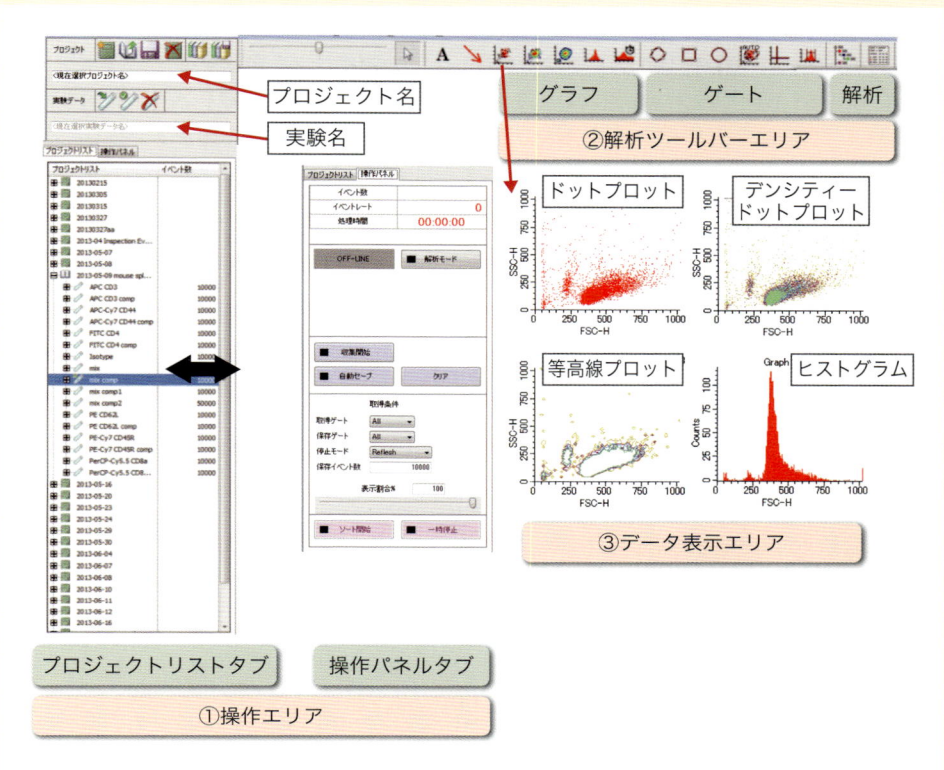

図6 JSAN JRの制御ソフトウェア「Appsan2」の構成

JSAN JRのソフトウェア「Appsan2」の①操作エリアでは，ファイルの管理およびデータの取り込み条件を設定できる．プロジェクトリストタブ（ファイル操作）と操作パネルタブ（データ取得条件）は切換え可能である．②の解析ツールバーエリアでは，グラフ，ゲート，解析の設定が可能である．③のデータ表示エリアには，図に示すような各種グラフと解析が表示可能である

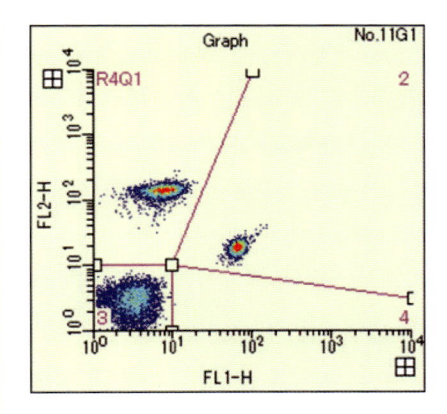

図7 新4分画ゲート
4分画は自由に形を変形させることができる

3. 蛍光補正

❶ アイソタイプ抗体染色をした細胞をチューブに入れ，サンプルステーションにセットし，JSAN本体の［RUN］ボタンを押し，サンプル流送を開始する[*13]．また，Appsan2の［START］ボタンを押して，コンピューターへのデータの取り込み・表示を開始する[*14]

解析グラフの表示条件設定は図6の操作エリアの操作パネルタブで行う．グラフに表示する表示数（保存イベント数），表示する割合％，表示モード（ストップ，リピート，リフレッシュ）の設定を行う．

> [*13] 図8で示した自動レートを操作して，フローレートが500〜1,000イベント／秒程度になるようにするのがよい
>
> [*14] データ表示が遅い場合は［BOOST］ボタンを押して，サンプルを早くアップテイクする．

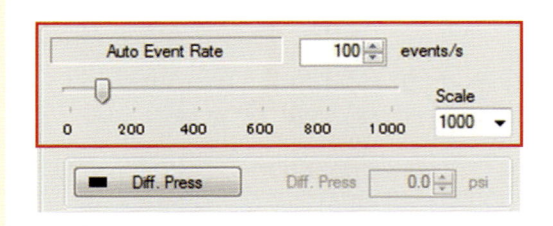

図8　JSAN Appsan2のフローレート設定
JSAN JRのソフトウェア「Appsan2」操作エリアの自動レート表示である．イベントレートの直接入力，スライドバーの操作，スケールの選択により目的のイベントレートを設定する．［Diff. Press］をクリックし，差圧で設定することもできる

❷ FSCとSSCの信号調整

FSC（前方散乱光）とSSC（側方散乱光）のグラフに目的の細胞集団が最適な位置に表示されるように，装置設定画面のFSCのレンジとSSCの電圧を調整する（図9Aエリア）．また，図9Bエリアにあるトリガー信号[*15]とそのレベル[*16]を設定する．

> [*15] トリガー信号は第1レーザーで検出される信号（FSC，SSC，FL1〜4）から選択可能である．
>
> [*16] トリガーレベルは前述で選択した信号のノイズをカットするように設定する．

❸ 蛍光検出PMTの信号調整

設定基準は4分画の交点を$10^1 \times 10^1$の位置[*17]に合わせ，ネガティブ細胞集団の位置を確認しながら，左下の分画内に入るように各蛍光チャネル（FL1〜8）の電圧を調整する[*18, 19]．

> [*17] 4分画の$10^1 \times 10^1$の設定は絶対ではなく，実験の目的やポジティブ，ネガティブの位置関係に応じて変更することも可能である．
>
> [*18] 各蛍光チャネル（P1〜10のパラメータ）は，Log/Linear，ゲイン，タイプ（A/W/H），対応レーザーが設定できる（図9Cエリア参照）．
>
> [*19] 同一実験を行う場合には，雛形ファイルとして保存しておくことができる．

❹ コンペンセーション調整

単染色のサンプルをセットし，［RUN］ボタンおよび［START］ボタンを押す．例えば，図10のように，FL1/2のドットプロットでFITC⁺細胞の位置を，シングルポジティブの分画内に入るように，蛍光補正（コンペンセーション）の数値をバーで調整する．この例ではFITCのFL1のプロットがFL2のポジティブ側に入り込んでいるので，FL2側を調整するために，Y軸側のバーを調整する[*20〜22]．

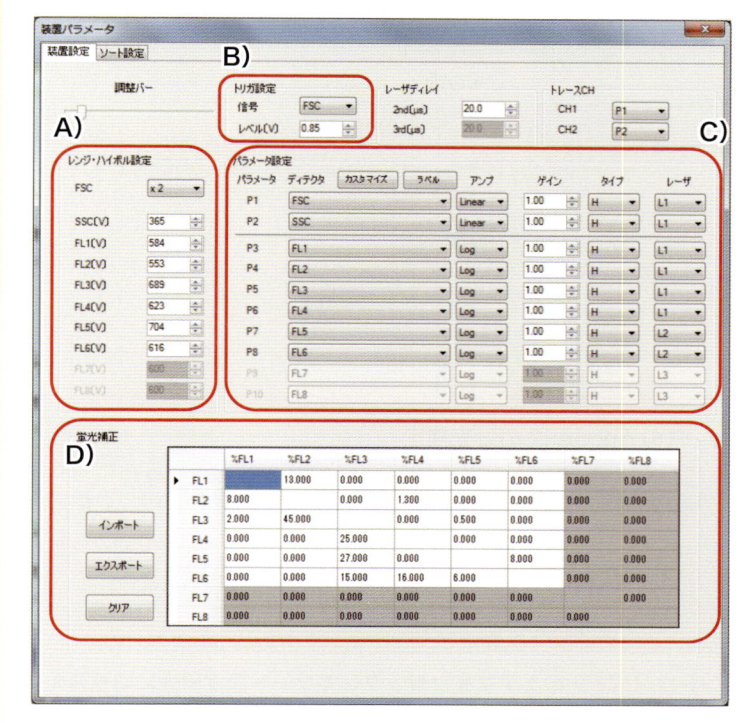

図9 JSAN JRのAppsan2の装置パラメータ設定画面

JSAN JRのソフトウェア「Appsan2」の装置パラメータの設定画面である．主に，**A)** 各光電変換素子の感度設定，**B)** トリガー信号の設定，**C)** 各パラメータの信号処理条件設定，**D)** 蛍光補正設定から構成されている

現在，AppSan2への自動蛍光補正機能を追加開発中である．

* 20　このとき，図9Dエリアの補正値は自動的にバーの設置位置に応じて自動的にセットされる．
* 21　図9Dエリアに示すように，コンペンセーション値はインポートおよびエクスポートの機能がある．エクスポートした値はFlowJoなどの解析ソフトに取り込むことも可能である．また，解析ソフトでオートコンペンセーションした値をインポートすることも可能である．
* 22　コンペンセーションは成書に詳しい記述があるので参照されたい[3)~6)]．

4. 目的サンプルのデータ取得

最後に目的の染色をしたサンプルをセットし，［RUN］ボタンおよび［START］ボタンを押して目的の数だけ，データを収集する．［START］ボタンをOFFにして，［保存］ボタンを押すとデータが保存される．

データ取得の条件設定は図6の操作エリアにある操作パネルタブで設定する．［取得ゲート］と［保存ゲート］をAll（全データ）および各ゲート（ゲート内のデータ）から選択して，データを保存できる．

また，停止モードをストップモードにして，［自動セーブ］ボタンをONにしておくと，設定したカウント数のデータを取り込んだ後に，自動的に保存確認画面に移行する．

図11に細胞表面抗原を用いたマルチカラー解析例を示す．

蛍光検出精度やソート精度を高めるためには，サンプル差圧を低くする必要があり，使用するサンプルによるが，$5 \times 10^6 \sim 1 \times 10^7$個/mLの濃度が最適である．

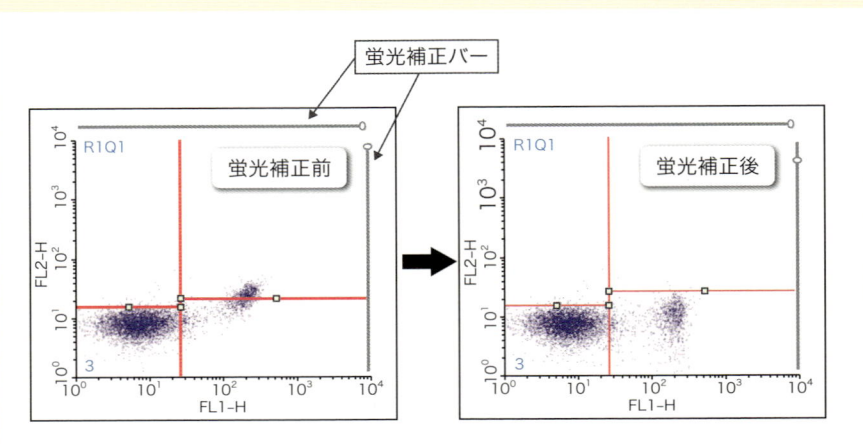

図10　JSAN JRのAppsan2の蛍光補正
JSAN JRのソフトウェア「Appsan2」での蛍光補正方法である．左が蛍光補正前で，右が補正後である．蛍光補正バーで蛍光補正調整が視覚的に可能で調整しやすくなっている

5. ソーティング設定

　　図12のソート設定画面に沿って，ソート設定とソーティングの方法を以下に示す．

❶ 装置パラメータウィンドウ（図9）の上タブをクリックしてソート設定画面に切り替える

❷ 図12Aのドロップ制御ツールバーエリアにある［カメラ］，［ドロップレット］ボタンをONにし，サイドストリームの映像を表示するとともにドロップ画像処理を開始する

❸ ［ドロップ固定］ボタンをセットする[23〜25]

> *23　ドロップ調整が自動的に行われる．
> *24　ドロップインジケータ機能があり，●の場合は安定したドロップの形成を示す．●の場合は設定値よりずれている場合を示し，何らかの異常を警告する．
> *25　インジケータが赤の場合は何らかの異常が考えられるため，シース液ラインの液漏れ，圧縮エアーラインの漏れ，シースフィルタの泡混入，シースタンクのエア漏れ，フローセルユニットの洗浄・再セット，最適設置環境温度をチェックする．

❹ サイドストリーム調整
　［テストソート］ボタンをONにして，中央の調整バーを動かし，センターアスピレーターの中央になるように調整する．調整バーを動かし，4方向のサイドストリームをコレクションチューブの位置にあわせる[26]．調整後，テストソートをOFFにする[27]．

> *26　コレクションチューブの最適位置はマークされ，映像だけで確認できる．
> *27　サイドストリームの開き角が大きい場合や小さい場合は，プレートHVの電圧を調整する．

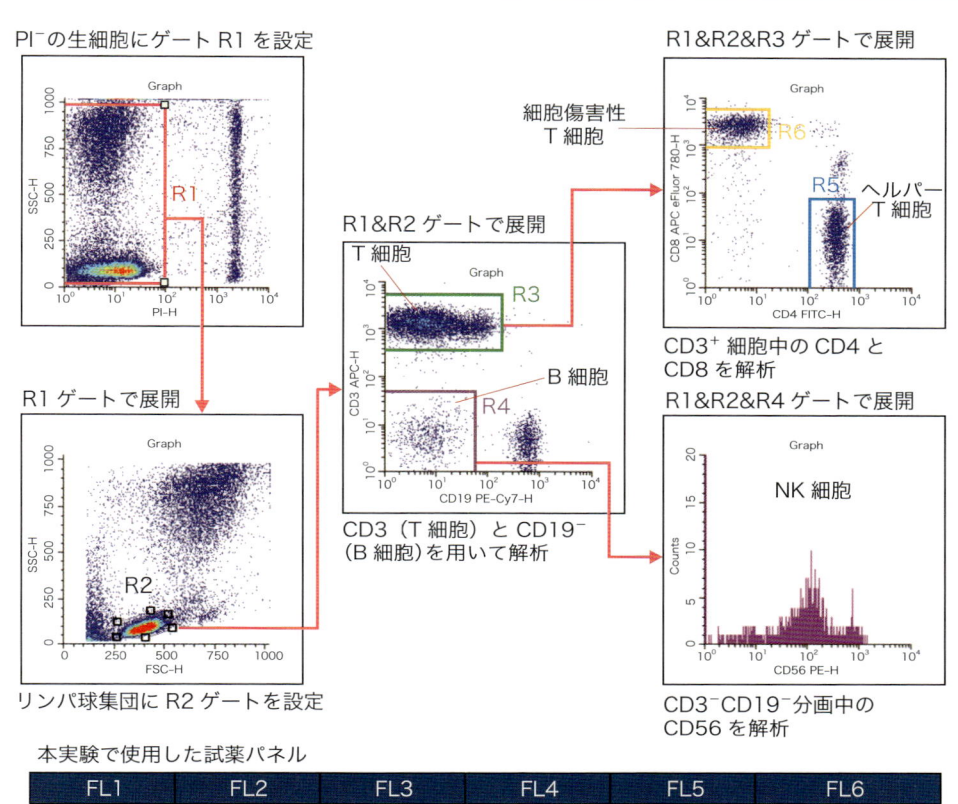

図11 JSAN JRの細胞表面抗原を用いたマルチカラー解析

本実験で使用した試薬パネル

	FL1	FL2	FL3	FL4	FL5	FL6
	FITC	PE	PI	PE-Cy7	APC	APC-eFluor780
	CD4	CD56	PI	CD19	CD3	CD3

JSAN JRを用いて解析したヒト末梢血細胞に対して5種の抗体とpropidium iodide（PI）を用いたマルチカラー解析の結果を示す．使用した試薬パネル（抗体と蛍光色素の組み合わせ）は表の通りであり，細胞傷害性T細胞，ヘルパーT細胞，NK細胞のポピュレーションが明瞭に解析できている．リンパ球集団：FSCとSSCがデブリ集団より上位にあり，顆粒球や単球集団より下位にある集団

❺ [Drop Delay自動計算] ボタンをセットする

　　Drop Delay設定が自動で開始される．Drop Delayは自動的に調整されるが，精度管理上の決められた周期，または光軸調整が必要であったり，ソート性能に異常が発見された際には，Drop Delay調整ビーズとスライドガラスを使用して回収率を確認し，調整・設定を行う[*28]．

　　＊28 装置の全自動化は便利ではあるが，異常が起こった際には，貴重なサンプルが無為に帰してしまうことがある．このため，マニュアルで調整・設定できる機能は必須と考えられ，これらの調整機能がついている．

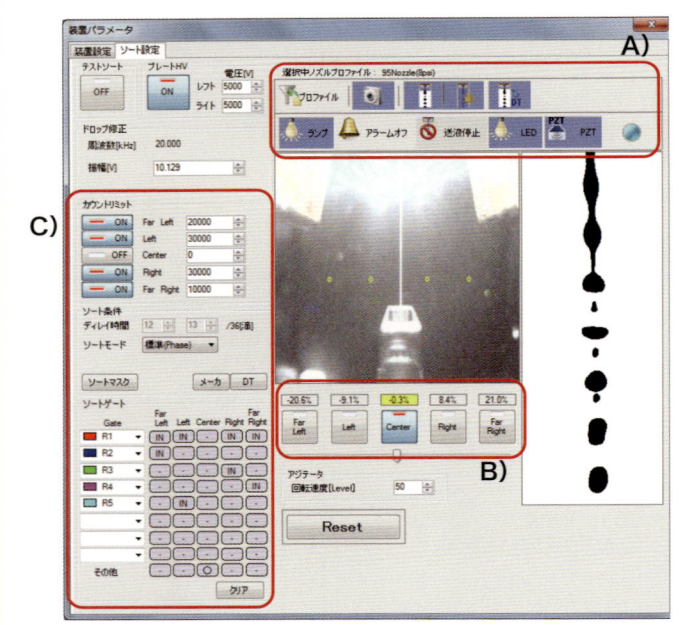

図12　JSAN JRのソート設定画面
JSAN JRのソフトウェア「Appsan2」のソート設定画面を示す．A)のエリアはドロップ制御ツールバーエリア，B)はストリーム調整バーエリア，C)はソート条件設定エリアである．A)のアイコンは上段左から順に，［カメラ］，［ドロップレット］，［ドロップ固定］，［Drop Delay自動計算］ボタンである．2つのカメラ画像のうち，左画像はセンターおよび左右のストリームの画像で，右はフローセルのジェットノズルで形成されたドロップレットの画像である．ゲート情報はグラフシートの作成中に自動的に本エリアに表示される．［IN］はリージョンの内部，［OUT］はリージョンの外部，［−］はゲート設定なしの意味である．ゲート論理は縦方向（ソート方向）にANDである．例えば，C)においてソート方向がFar Leftの場合にはR1&R2がソートされることになる．必要であれば，カウントリミット値を設定し，所望のカウント数でソーティングをストップする

6. ソーティング

❶ JSAN本体のスライドドア（図2）を開け，ソートコレクションチューブ[*29]をセットしたソートチューブスタンド（図1Aa）をセットする[*30, 31]

> [*29] ソートした細胞の生存率を高めるため，0.5～1 mLの培地をチューブに入れておくか，少量の培地でチューブの壁をコートしておく．
> [*30] 冷却を必要とする場合は図1Abのようにクールメイト用ソートチューブスタンドを使用する．
> [*31] プレートにソートする際にはクローンメイトを図1Acのようにセットする．

❷ ソートゲートの設定

左右のソートゲート設定は，グラフシートで作成したゲートに［IN］，［OUT］，［−］の設定を行う．図12Cのソート条件設定エリアのソートゲート部参照．

❸ ソート条件（ソートモード）を設定する

設定できるソートモードはA) Single Phase, B) Singe Recovery, C) High Recovery, D) High Purity, E) Large Cellの5種類であり，自動でソート滴数がセットされる．

　A) Single Phase：高純度でクローンメイトを用いてシングルセルソーティングを実施する際に使用するモード．目的細胞が1個のみ標的液滴に入り，かつ，その前後の液滴に細胞が存在しないときソートを行う．

　B) Singe Recovery：シングルセルソーティングを実施する際に使用するモード．標的液滴内に目的細胞のみが存在した場合にその標的液滴をソートする．

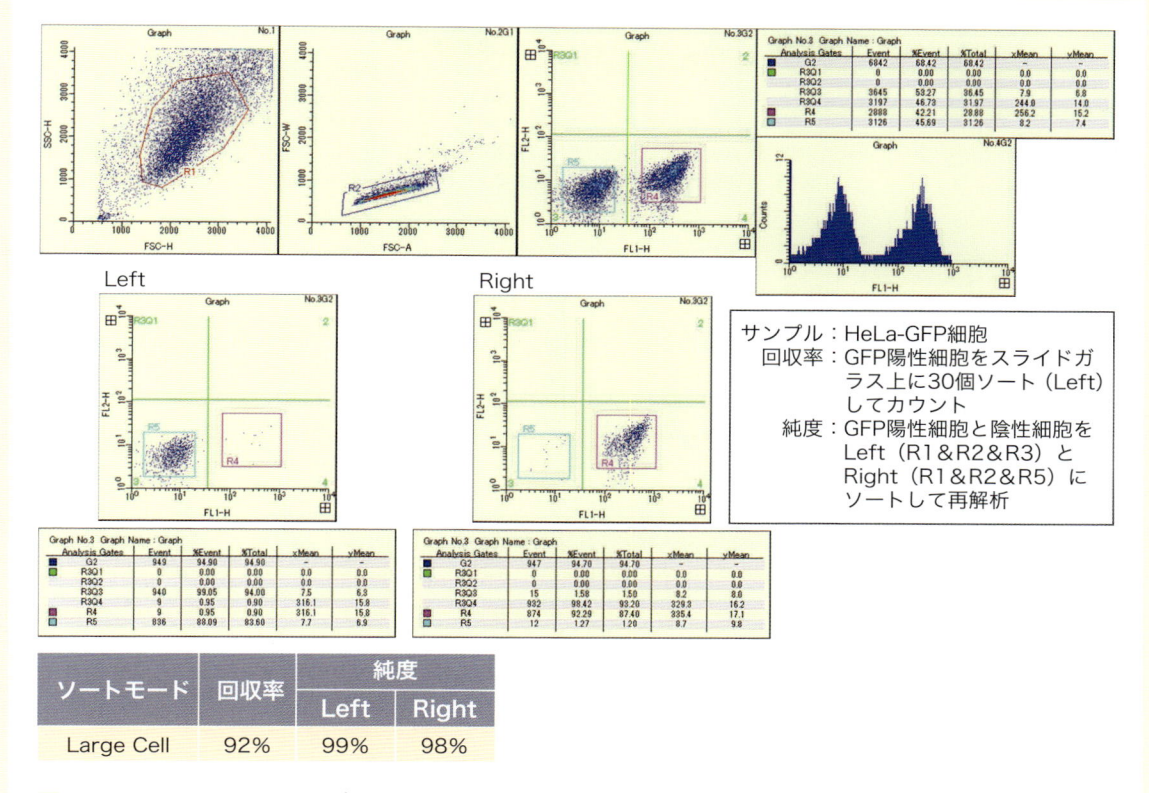

ソートモード	回収率	純度 Left	純度 Right
Large Cell	92%	99%	98%

図13　Large Cellモードデータ
約50％の細胞がGFP陽性であるHeLa-GFP細胞を用いてLarge Cellモードでソーティングした．細胞集団（R1），シングレット細胞集団（R2），GFP陽性細胞集団（R4），GFP陰性細胞集団（R5）を設定し，GFP陽性シングレット細胞（R1&R2&R4）をRightに，GFP陽性シングレット細胞（R1&R2&R5）をLeftにソーティングし，ソーティング後の細胞の純度，回収率を解析した．Large Cellモードを用いることで，培養細胞などの大きな細胞を高純度，高回収率でソートできる

C) High Recovery：高回収率でのソーティングを目的としたモード．標的液滴内に目的細胞のみが存在した場合にその標的液滴をソートする．High Purityに比べ純度は低下するが，収率は向上する．

D) High Purity

高純度でのソーティングを目的としたモード．目的細胞が標的液滴に入り，かつ，その前後の液滴に細胞が存在しないときソートを行う．High Recoveryに比べ収率は減少するが，純度は向上する．

E) Large Cell

培養細胞などの大きな細胞を効率よくソートするためのモード．目的の液滴の前後の液滴を最大4滴までソートする（図13）．

❹ 図7の操作パネルタブの［ソート開始］ボタンをONにしてソートを開始する

❺ ソート終了後はソートボタンをOFFにし，コレクションチューブを回収する[*32]

ビーズを用いて4-wayソートを行った結果を図14に示す．

> [*32] ソートスピード：図15に標準ビーズを用いて，ソートしたときの回収率，純度，アボート率の測定を行った結果を示す．回収率は横軸のスピードで標準ビーズを流送して，50個ソートしたときに回収された割合である．純度は2種のビーズ混合でソートし，純度を求めている．回収率・純度ともに90％以上を満たすソートスピードは20,000（イベント／秒）といえる．

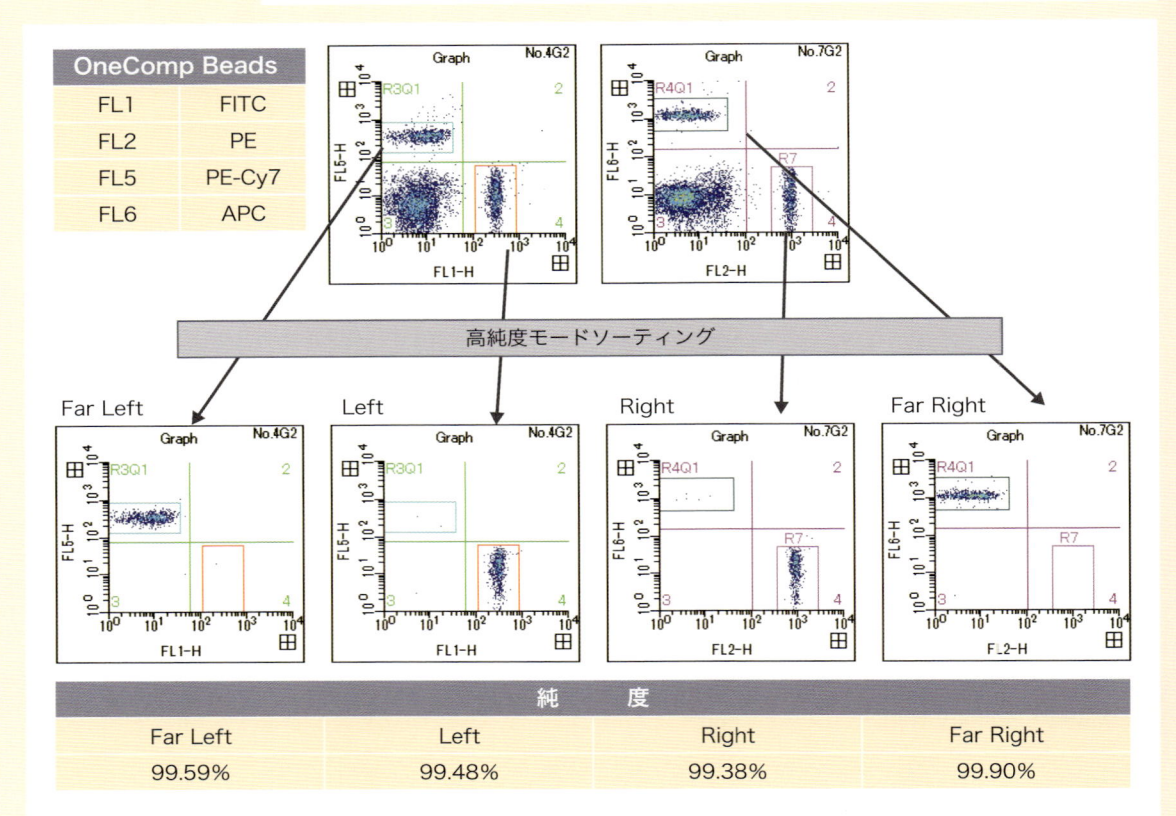

OneComp Beads

FL1	FITC
FL2	PE
FL5	PE-Cy7
FL6	APC

高純度モードソーティング

純　　度				
Far Left	Left	Right	Far Right
99.59%	99.48%	99.38%	99.90%

図14　JSAN JRを用いたソーティング結果
各蛍光色素染色したビーズを用いて，JSAN JRによる4-wayソートを行った．4方向すべてで99％以上の純度が得られている

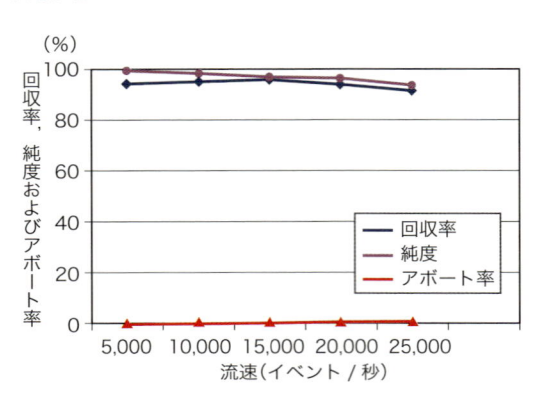

図15　JSAN JRのソート性能
JSAN JRで，標準ビーズを用いて，ソートしたときの回収率，純度，アボート率の測定を行った結果を示す．回収率・純度ともに90％以上を満たすソートスピードは最高20,000（イベント／秒）といえる

おわりに

　従来，セルソーターを使いこなすためには専任オペレータの常駐が必要なほど操作が複雑であり，ソーティングはとにかく難しいと考えられてきた．しかし，ソーターの操作・調整の自動化技術の進歩は年々向上しており，JSANはその一石として国家プロジェクトで開発された装置である．一方，ソートのニーズは分子生物学的および工学的な応用にも発展してきており，今後の細胞レベル医療，再生医工学研究の発展のためには必須の装置となってきている．この分野の研究にはソーティング後の細胞の生存率が高いことが必須であり，シース圧が低いJSAN JRはこの点で優位性をもっている．また，再生医療の臨床応用に必要とされる滅菌可能なセルソーターの開発の構想がある．日本で10年以上の製造・販売実績を有している当社の使命として，さらに操作性の高い次世代ソーターの完成，今までに検出できなかったレベルの検出感度の開発，および高速・高精度・長時間のソート技術の開発を実現する必要がある．

◆ 文献

1) Kanda, M. et al.：Proc. SPIE, 4260：155-165, 2001
2) 『新版フローサイトメトリー自由自在』（中内啓光／監修），pp80-89，学研メディカル秀潤社，1999
3) 『Practical Flow Cytometry』（Shapiro H. M./編），pp213-215, Wiley, 1995
4) 『フローサイトメトリーハンドブック』（天神美夫，他／編），pp145-147，サイエンスフォーラム，1984
5) Parks, D. R. et al.：Cytometry A, 69：541-551, 2006
6) Roederer, M.：Cytometry, 45：194-205, 2001

実践編 ソーティング（目的の細胞を生きたまま分取する）

12 ソーターのセッティング④
ベックマン・コールター株式会社
(MoFlo Astrios/AstriosEQ)

井野礼子，関口貴志，角　英樹

機器の特徴とポイント

MoFloシリーズは，細胞を高速でソーティングできるモジュールタイプのセルソーターとして開発された．安定した高速流体系と電気回路の開発による高速ソーティングの実現と同時に，ソーティング時の細胞へのストレスの低減によるソーティング後の細胞の生存率を向上したことから，幹細胞など希少細胞のソーティングから微生物のソーティングまで多くのアプリケーションで活用されている．

はじめに

MoFloシリーズは，マルチレーザー/マルチカラーの高速ソーティングを実現するフローサイトメーターとして開発された．紹介するMoFlo Astrios/AstriosEQ（図1）は，同時に最大7本のレーザーを固定異軸照射し，レーザーごとに最大7色までの散乱光・蛍光を検出することができる．さらに細胞へのダメージの少ない形状であるJet-in-Airタイプのノズルによる液滴荷電方式で，最大7万個/秒で6種類の細胞を同時にチューブにソーティングできるマルチレーザーの高速セルソーターである．MoFlo Astrios/AstriosEQは従来の異軸マルチレーザーのセルソーターに必要なレーザー間ディレイとソートディレイの2つのディレイ調整・設定を不要とした．レーザー間ディレイ調整は，レーザーのファイバーを1つにカップリングする固定異軸方式により，従来の異軸方式のマルチレーザーにあった煩雑なレーザー間ディレイの調整を不要とした．ソーティングのディレイタイム設定は，従来のビーズを流して決定しなければならない煩雑なソートディレイタイム設定も液滴の画像解析により不要とした．また，ノズルサイズやシース圧に対応して自動で最適な液滴形成を行う機能とソーティング中の液滴の安定化機能，ソーティング中に問題が起きた際のサンプル保護機能が標準装備され，より簡便に高速ソーティングができるようサポートされている．

固定異軸方式のマルチレーザー/マルチカラーは使用できる蛍光色素の幅を広げ，多重染色による階層ゲーティングで希少な細胞集団を特定することが容易にする．ノズルサイズは，最大200μmまで変更でき，大型の細胞をソーティングすることも可能となる．このノズルサイズのフレキシビリティにより，微生物から大型の細胞や粒子などのさまざまなソーティングに利用されている．特にソーティングが高速であり，かつソーティング後に細胞活性を失いにくいことから，ストレスに弱い幹細胞，樹状細胞，培養細胞，希少な細胞を短時間でソーティングする場合に利用されている[1〜7]．

近年ではバイオハザード対策のためのオプションとしてバイオセーフティーキャビネットが搭載でき，より安全に配慮した細胞のソーティングが可能になる．

実践編　ソーティング **12**

図1　MoFlo Astrios/MoFlo Astrios EQ（キャビネット付）

準備

機器
- ☐ MoFlo Astrios/Astrios EQ（ベックマン・コールター社）
- ☐ 冷却装置

付属ソフトウェア
- ☐ Summit ソフトウエア（データ取得/解析ソフトウエア）
- ☐ Kaluza ソフトウエア（データ解析ソフトウエア）

補正/調整用試薬
- ☐ アライメントQC用ビーズ（MoFlo Astrios用キャリブレーションビーズ）
- ☐ 感度設定・蛍光補正用サンプル[1,2]
  - ・ネガティブコントロールサンプル（アイソタイプコントロール）
  - ・各蛍光色素の単染色サンプル
    例：CD4-FITC，CD8-PE，CD3-APC それぞれで染色したサンプル各1本
  - ・カラー染色サンプル
    例：CD4-FITC，CD8-PE，CD3-APC すべてで染色したサンプル1本

[1] レーザーと蛍光色素の選択によっては蛍光補正が不要．
蛍光補正が不要な組み合わせ例：
- 励起光488 nm/蛍光色素FITC，励起光561 nm/蛍光色素PE，励起光640 nm/蛍光色素APC
- 励起光488 nm/蛍光色素FITC，励起光640 nm/蛍光色素APC，励起光405 nm/蛍光色素Pacific Blue

蛍光補正が必要な組み合わせ例：
- 励起光488 nm/蛍光色素FITC，励起光488 nm/蛍光色素PE，励起光488 nm/蛍光色素PE/Cy5.5
- 励起光488 nm/蛍光色素FITC，励起光488 nm/蛍光色素PE，励起光640 nm/蛍光色素APC

169

*2 サンプル調製における機器特有の推奨事項：
- サンプルは事前に凝集がないことを確認する．凝集がある場合は，40 μm 程度のメッシュで濾過する．
- サンプルは，PBS（−）に懸濁することを勧める．メディウムなどの Ca^{2+}，Mg^{2+} を含むバッファーに懸濁した細胞は，ソーティング中に凝集が起こりやすくなる場合がある．

プロトコール

❶ 本体，PC の電源を入れ，使用するレーザー光を ON にする*3
　培養細胞など細胞が大きい場合は，100 μm のノズルに変更する．

*3 オプションとして冷却装置が装備されている場合は，サンプル部とサンプル捕集部を冷却することを勧める．サンプルステージの温度は，タッチスクリーンで確認し 4℃ になるように冷却装置の温度を調整する．

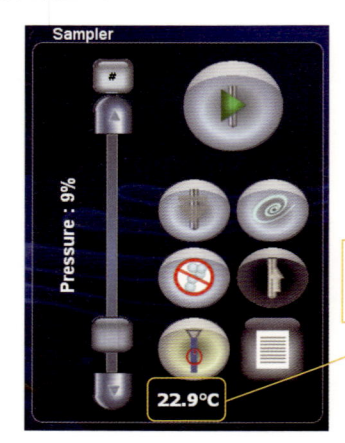

サンプルステージの温度が，4℃になるようにする

❷ シース液を流す．このとき，シース流路が蛍光検出器のピンホール位置の前に位置していることをカメラ画像で確認する（図2A）

❸ ボタンを押し，自動で液滴形成の最適化を行う
　デバブルおよびバックフラッシュを数回行い，液滴形成安定を確認する．デバブル，バックフラッシュで液滴の形成位置が元に戻らない場合は，流路内のエア混入やノズルの汚れが考えられる（図2B）．

❹ アライメント確認のプロトコールをロードしアライメント QC 用ビーズで自動 QC チェックと自動ディレイ設定を行う*4

*4 アライメント確認用ビーズのデータが取得できない場合，レーザーシャッターが開いているかどうか確認する．

❺ サイドストリームが各1本になるフェーズ範囲の中央値を設定

❻ ファインドディレイ（自動ディレイ設定）ボタンを押す

❼ メインテイン（自動液滴安定）ボタンを押すと自動で液滴形成状態をモニター，維持する

❽ すでに設定されているサンプルの測定条件（プロトコール）をロードし，サンプルを測定，ソートリージョンを設定する

　　プロトコールがない場合は，AからDの方法で作成する．
　A) ネガティブコントロールを測定し，SSC Height vs FSC Heightの感度を設定．このとき，Threshold値を適宜設定する（図3）[*5]．
　B) 蛍光検出器（FL）の感度を調整する．

*5　Threshold以下の細胞が存在した場合，Threshold以下の細胞が，コンタミネーションを起こす可能性があるので，すべての細胞集団がヒストグラム上に確認できるようにThresholdを設定する．

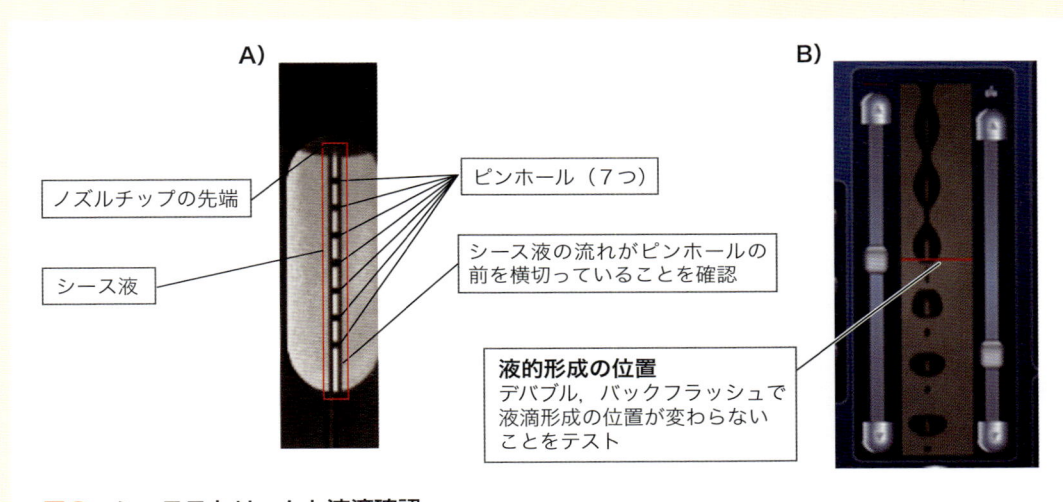

図2 シースストリームと液滴確認

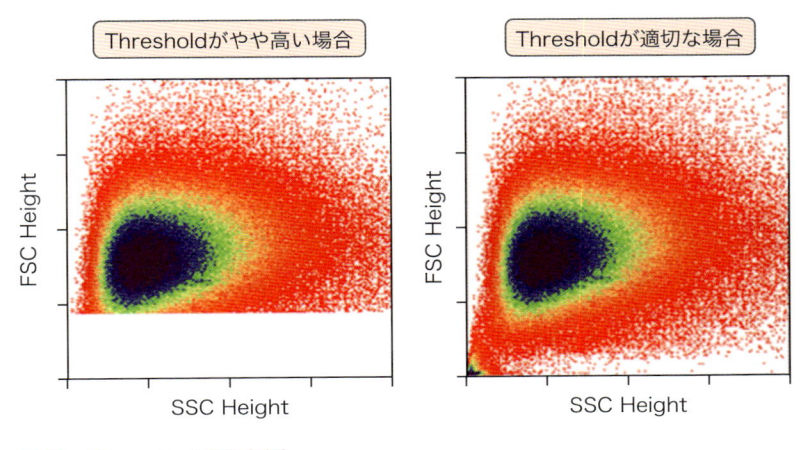

図3 Threshold設定例

C）各蛍光単染色を測定し，AutoCompで自動蛍光補正＊6を行う．

＊6　蛍光補正が必要のない励起光と蛍光の組み合わせの場合，この操作は不要．

D）3カラーで染色したサンプルを測定し，ソーティングを行うリージョンを設定する（図4）＊7，8．

＊7　FSC Height vs FSC Areaのヒストグラムでダブレットを除去する（図4A）．SSC Height vs FSC Heightのヒストグラムで不要な細胞集団をなるべく除去してゲート設定を行う（図4B）．このとき，カラーゲートにより，ソーティングされる細胞集団が正しく設定されているかどうか確認できる．

＊8　マルチカラー測定の場合，ソートロジックの設定によっては，複数のチューブへソーティングされる細胞が存在する場合がある．この場合，ソーティングされるチューブへの優先順位を設定することが可能（図4C）．

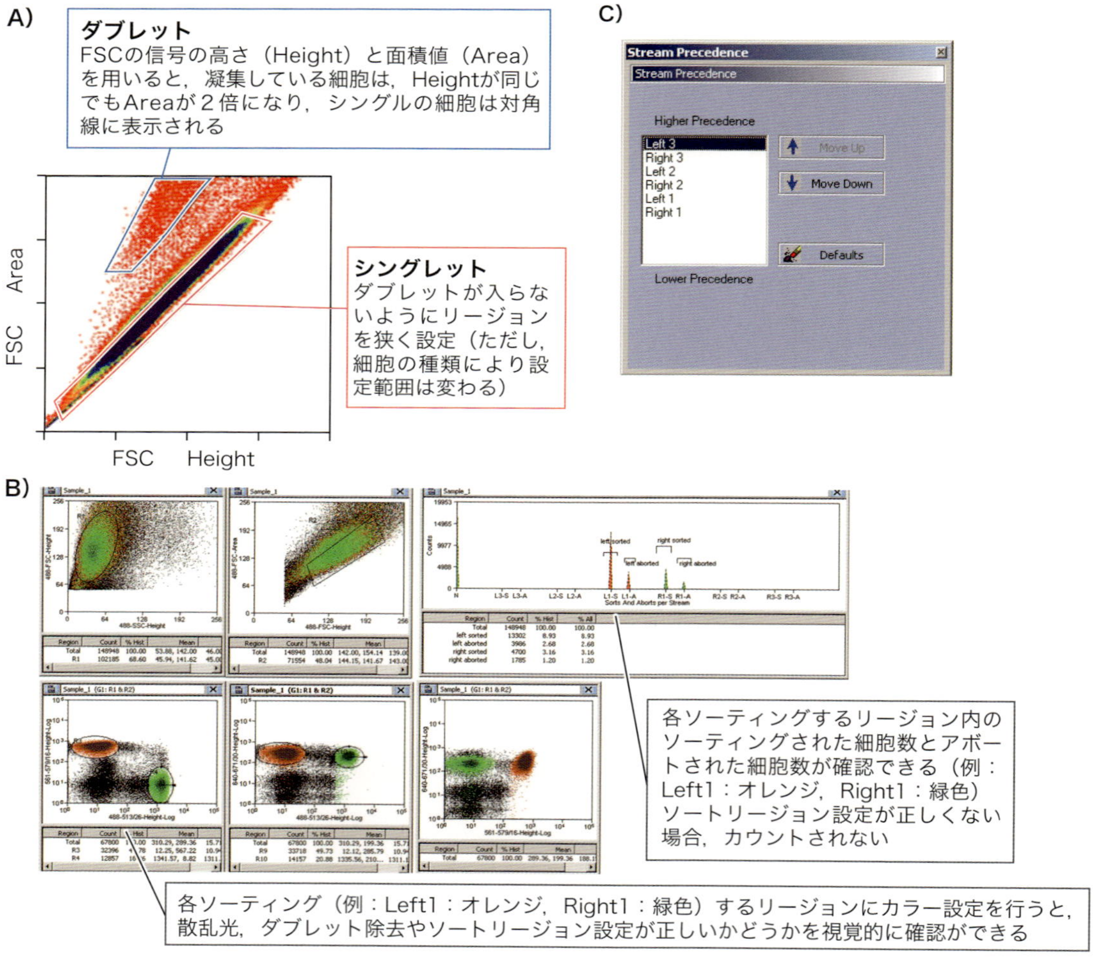
A)
ダブレット
FSCの信号の高さ（Height）と面積値（Area）を用いると，凝集している細胞は，Heightが同じでもAreaが2倍になり，シングルの細胞は対角線に表示される
シングレット
ダブレットが入らないようにリージョンを狭く設定（ただし，細胞の種類により設定範囲は変わる）
FSC Area
FSC Height
B)
各ソーティングするリージョン内のソーティングされた細胞数とアボートされた細胞数が確認できる（例：Left1：オレンジ，Right1：緑色）ソートリージョン設定が正しくない場合，カウントされない
各ソーティング（例：Left1：オレンジ，Right1：緑色）するリージョンにカラー設定を行うと，散乱光，ダブレット除去やソートリージョン設定が正しいかどうかを視覚的に確認ができる
C)
Stream Precedence
Higher Precedence
Left 3
Right 3
Left 2
Right 2
Left 1
Right 1
Move Up
Move Down
Defaults
Lower Precedence

図4　ソートリージョン設定

❾ テストパターンでサイドストリームがキャッチャーに入る位置の確認とフェーズの調整を行う

チューブの壁にサイドストリームが当たらず*9，チューブやプレートウェル内の中央に入るよう各ストリームへの荷電量を確認・微調整する（図5）．

*9 チューブの壁面にサイドストリームが当たると，細胞の生存率や回収率が悪くなる可能性が高くなる．

❿ キャッチャーに充分量のメディウムを入れ，捕集部にセットする（図6）*10〜13

キャッチャーのメディウムには，FBSを添加したものを勧める（通常より高めのFBS濃度にした方がよい場合もある）．

*10 ソーティングする細胞数に合わせてキャッチャーのサイズを変えると，ソーティング後に遠心回収する際に回収率が上がりやすくなる（図6A）．
（例：1×10^{5}個の細胞をソーティングする場合，500〜750 μL程度のFBSを添加したメディウムを入れたマイクロチューブを使用）

*11 サンプルやキャッチャーを冷却することで，細胞の生存率が高まる．

*12 キャッチャーにはポリプロピレン製チューブを用い，FBSメディウムでコーティングすると，チューブへの細胞付着が低減することがある（図6B）．
低吸着性のチューブや遠心時の細胞回収効率を上げる試薬などを併用すると細胞の回収率が向上する場合がある．

*13 ソーティング後にそのまま培養を行う場合は，ディッシュに直接ソーティングすることも可能（図6C）．

⓫ ソーティングを開始する

ソーティングの効率は，Efficiencyで確認できる．Efficiencyが低い（アボートされる細胞*14が多い）場合は，データレート（細胞を流す速度）を遅くすると改善する場合がある（図7）．

*14 アボートされる細胞を他のチューブへソーティングすると，すべての細胞をソーティングすることが可能である．アボートされた細胞を回収した後，再度，ソーティングし高純度にすることも可能．

アボートされる細胞を他のチューブにソーティングすることで，希少な細胞を無駄なくすべてソーティングすることができる

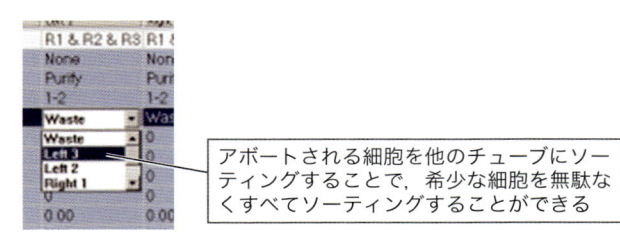

各チューブ位置へのソート条件設定

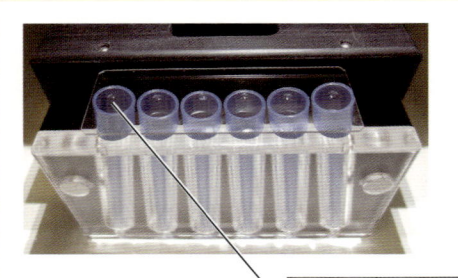

図5 サイドストリームの調整

チューブの上にスライドグラスなどを置き，サイドストリームがチューブの中央にくることを確認

A) メディウムは充分量入れる．70 μmノズルの場合，1×10⁶細胞をソーティングすると，約740 μL程度の液量となる

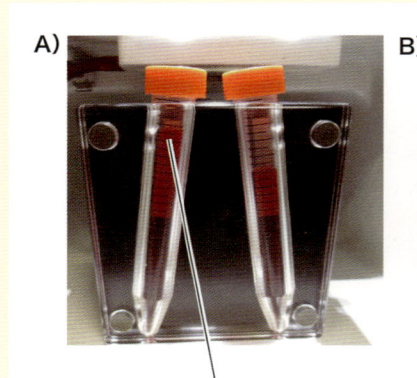

B) 補集部にチューブを置く前にFBSメディウムの入っているキャッチャーを上下逆さまにしてしばらく置きチューブ上部をメディウムでコーティングする

C) ディッシュやマイクロタイタープレートに細胞を直接ソーティングし，そのまま培養や実験に用いることができる

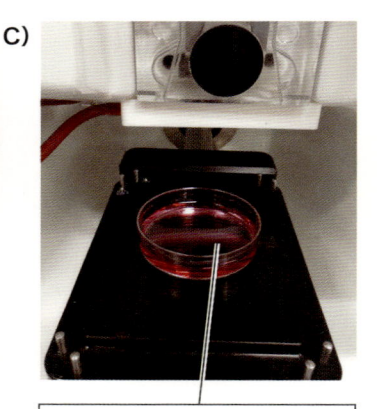

図6 キャッチャーの設置例

⓬ ソーティング結果の確認

ソーティングした細胞の純度は，ソーティング時のプロトコール（測定条件）でソーティングした細胞を再測定することで確認する（図7）[15〜17]．

*15 測定前にサンプルラインを次亜塩素酸と蒸留水で充分に洗浄し，サンプルを浮遊していたバッファーのみを測定し，サンプルラインの汚れなどのバックグラウンドを確認する．その後，ソーティングしたサンプルを測定して純度確認を行う．

*16 陽性細胞のソーティング後の結果は，蛍光強度が下がっていることがある．純度の確認は，ソートリージョン内の純度とともに，対象外の細胞がソーティングされていないかを確認する．

*17 回収率を求める場合はMoFlo Astriosのソフト上でソーティングを行った細胞数と，実際にソーティングした細胞数の比率から計算される．細胞のカウントには，FlowCountなどの内部標準ビーズを用いるとフローサイトメーターを用いて細胞数を計測できる．

⓭ 実験後の流路の洗浄

サンプルの流路は，次亜塩素酸と界面活性剤が含まれた洗浄剤で洗浄し，その後，蒸留水で洗浄する．流したサンプルによっては通常の洗浄に加え，洗浄剤での洗浄時間を長くするなどサンプルに対応した流路の洗浄を追加した方がよいことがある[*18]．

また，流路の洗浄とともに，消毒用エタノールや蒸留水でソートチャンバー内の清拭を行う．

[*18] サンプル流路の洗浄状態は，蒸留水のみを測定しバックグラウンドやノイズの有無で確認することもできる．

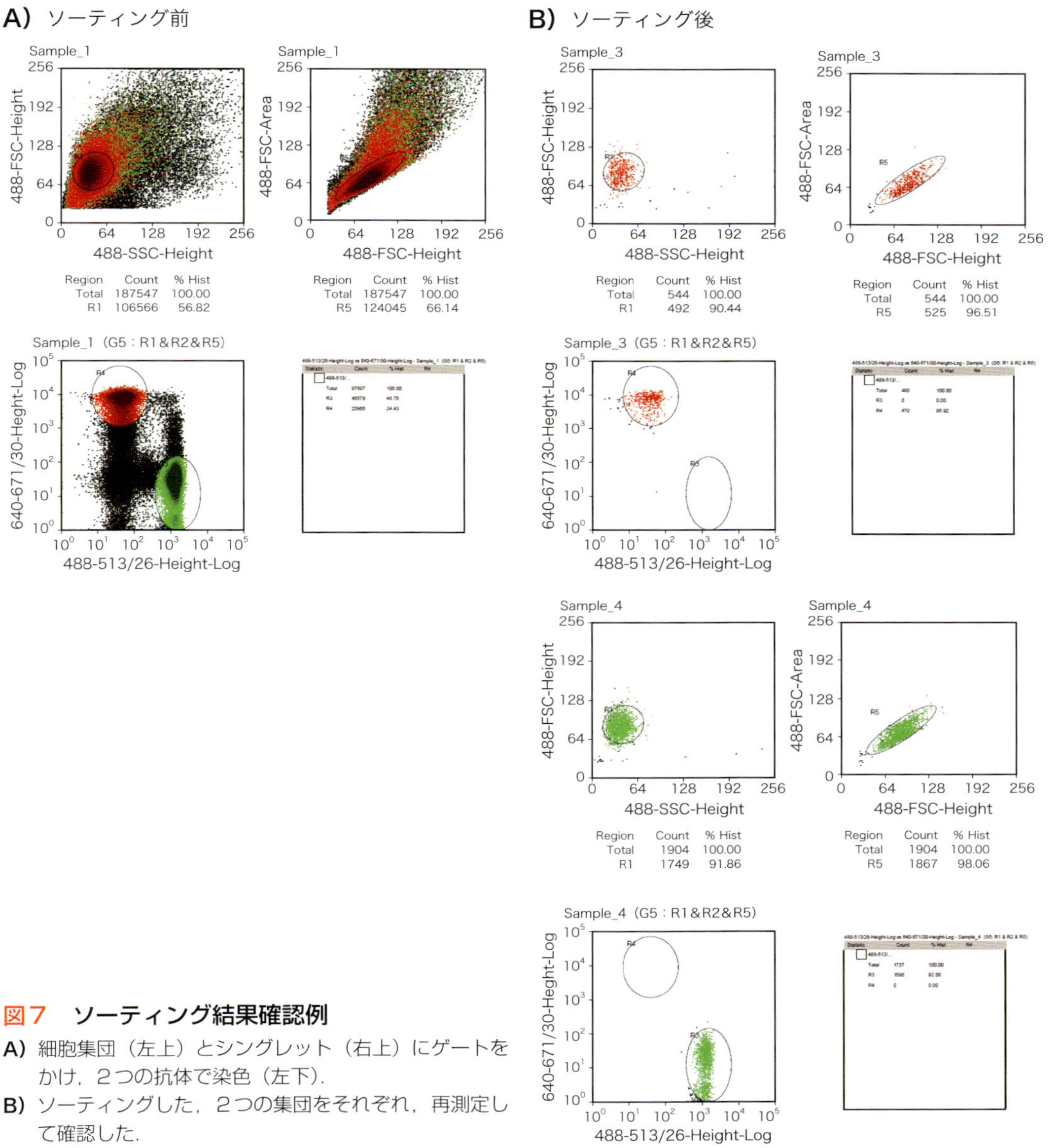

図7　ソーティング結果確認例
A) 細胞集団（左上）とシングレット（右上）にゲートをかけ，2つの抗体で染色（左下）．
B) ソーティングした，2つの集団をそれぞれ，再測定して確認した．

175

おわりに

　特定の細胞を生きたまま分離する技術には，比重を用いた比重遠心法，特定の細胞表面抗原を抗体でキャプチャーするパンニングや磁気ビーズ法，そしてレーザーで散乱光と蛍光を用いて流れのなかで分離するセルソーターなどがあるが，そのなかで同時に複数の細胞（集団）を細胞表面抗原だけではなく細胞内の蛍光や複数のパラメーターを用いて特定し分画することができるのはセルソーターのみである．近年では，蛍光色素と異軸マルチレーザー方式のセルソーターの開発が進み，複数の蛍光間の蛍光補正によるデータのアーティファクトが蛍光色素とレーザー光の選択で最小化することができるようになった．これらの技術により，セルソーターは，希少な細胞集団をマルチカラー化で正確に検出し，高純度・高速で複数の細胞集団を同時にソーティングすることができるようになった．セルソーターは細胞を集団としてソーティングするだけではなく，シングルセルとしてソーティングできるので，シングルセルレベルでの細胞解析（RNA解析や細胞培養）にも有用である．今日のセルソーターは，散乱光の分解能と感度を高め，細胞だけではなく，オルガネラや微生物の測定やソーティングができるようになってきた．またバイオハザード対策として，セルソーターにバイオセーフティーキャビネットを装備することができるようになり，よりセルソーターの活用範囲が広がることが期待される．

◆ 文献
1) Umemoto, T. et al.：Blood, 119：83-94, 2012
2) Schüller, S. S. et al.：J. Leukoc. Biol., 93：781-788, 2013
3) Gautier, J. J. et al.：J. Cell Sci., 124：3414-3427, 2011
4) Deirdre, K. et al.：Appl. Environ. Microbiol., 77：4657-4668, 2011
5) Tracy, S. I. et al.：J. Virol., 86：12330-12340, 2012
6) Angelini, D. F. et al.：Blood, 104：1801-1807, 2004
7) Beltrami, A. P. et al.：Blood, 110：3438-3446, 2007

◆ 参考
・Howard M. Shapiro：Practical Flow Cytometry, Willey, 2003
・サイトメトリードットコム／ベックマン・コールター
　http://www.bc-cytometry.com/index.html

実践編

ソーティング（目的の細胞を生きたまま分取する）

13 造血幹細胞のクローンソートおよび *in vivo* 機能解析

山本 玲

実験の目的とポイント

幹細胞は，非常にまれな細胞集団であり，その解析のためには，細胞を生きたまま，効率よく分取する必要がある．フローサイトメトリー（FCM）の技術進歩により，非常にまれな細胞の分取・解析が可能となった．さらに，その機能を正確に評価するためには，クローン解析が重要である．本稿では，非常に少数の造血幹細胞をFCMによりシングルセルを分取し，移植する方法について紹介する．

はじめに

マウス造血幹細胞は，骨髄有核細胞約25,000個中に1個（0.004％）存在すると考えられている．造血幹細胞の研究は，古くから骨髄移植によるマウス個体内での機能アッセイが確立され，さらにシングルセルレベルでの機能アッセイも一般的となってきている[1]．シングルセルレベルの解析は，ヘテロな集団の評価には非常に強力なツールとなり，これまで造血幹細胞画分の不均一性などが明らかとなっている[2)～4)]．

造血幹細胞研究において，いまだフローサイトメトリー（flow cytometry：FCM）を用いて完全に造血幹細胞だけを分取することはできていない．さらに造血幹細胞は，非常に頻度が少なく，効率的に分取するためには，前もって不要な細胞を可能な限り除去し，目的とする細胞の存在頻度を高くしておくこと（pre-enrichment）が必要である．われわれは，まず，骨髄細胞からc-Kit$^+$細胞を磁気細胞分離法を用いて濃縮（positive selection）し，CD150，CD34，Sca-1，lineageマーカーで染色を行い，FCMによりソーティングしている[*1]．

造血幹細胞の濃縮に用いられるマーカーとしては，c-Kit$^+$，Sca-1$^+$，lineageマーカー$^-$，Flk2/Flt3$^-$，Thy1.1^{low}，CD34$^{-/low}$，CD150$^+$，CD48$^-$，CD41$^-$などが報告されている．われわれは，CD150$^+$CD34$^-$KSLを長期骨髄再構築能を有した造血幹細胞の濃縮された画分として用いている．一方，汎用されているマーカーの組み合わせの1つであるCD150$^+$CD48$^-$KSL画分には，CD34$^+$細胞が40～60％含まれている．CD34$^+$KSL画分内には造血幹細胞は含まれないことが報告されており[1)4)]，造血幹細胞の濃縮にはCD34が有効であると考えられる．図1のようなゲートを使用すれば，CD150$^+$CD34$^-$KSL画分内にはCD48$^+$細胞は認められず，CD48の有用性はほとんどないと考えられる．

*1 当研究室では，以前は，Ficoll処理し，lineageマーカーを用いたnegative selectionを用いていた．しかし，本プロトコールで紹介するc-Kit$^+$細胞のpositive selectionの方が，細胞の喪失が少なく，収量が多いため，最近では，c-Kit$^+$細胞のpositive selectionを行っている．

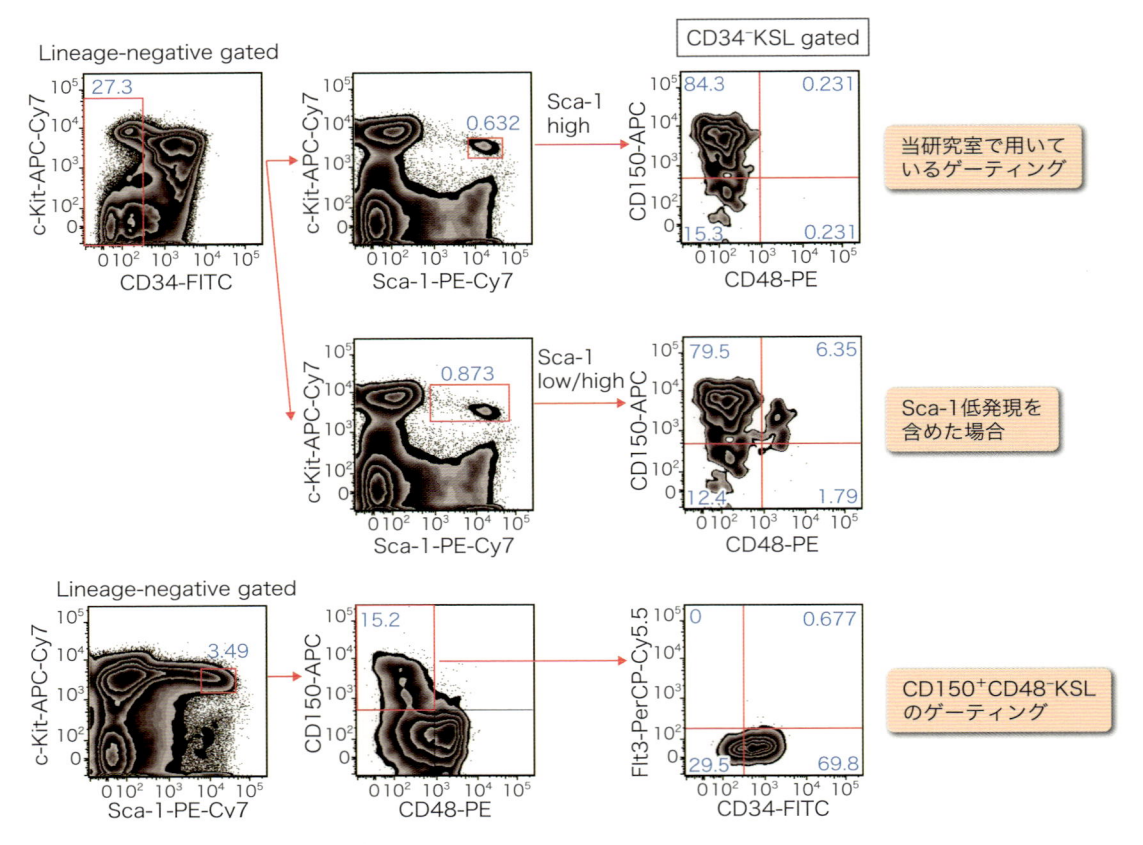

図1　造血幹細胞画分の染色比較

8週齢マウスの骨髄細胞を，CD150-APC，CD48-PE，CD34-FITC，c-Kit-APC-Cy7，Sca-1-PE-Cy7，lineage-biotin，Brilliant Violet 510ストレプトアビジンで染色した．われわれのゲート方法では，CD34⁻KSL細胞の99％以上は，CD48⁻となる（図上段）．Sca-1，c-Kit⁺画分を，Sca-1低発現部分も含めると，CD48⁺細胞が含まれ，CD48の有用性が出てくる（図中段）．また，汎用されているCD150⁺CD48⁻KSLであるが，その50〜70％がCD34陽性となる（図下段）．CD34⁺KSL細胞には，長期骨髄再構築能を有するものは含まれておらず，造血幹細胞の濃縮にはCD34染色が有用である．われわれのゲート方法では，CD48⁺細胞は含まれていないので，造血幹細胞の濃縮には，CD48は用いず，CD150⁺CD34⁻KSLを用いている

準備

器具
- 乳鉢・乳棒
- 25G注射針，2.5 mLシリンジ
- 45 μmナイロンメッシュ
- LSカラム（ミルテニーバイオテク社）
- MoFlo（ベックマン・コールター社）
  488 nm半導体レーザー，640 nm半導体レーザーを搭載，BD FACSAria II（403/488/561/639 nm半導体レーザーを搭載，BD Biosciences社）．

- ☐ 96穴丸底プレート
- ☐ マイジェクター（1 mL，テルモ社）

試薬

- ☐ PBS（−）
- ☐ Staining medium（SM）*1
    組成：PBS，3 % FCS．

> *1　SMを使用せず，全工程でPBSのみを用いても，特に生存率・回収率など明らかな差は認められない．血清による刺激などの可能性をできる限り排除したいときは，SMは用いていない．

- ☐ Anti-APC magnetic microbeads（ミルテニーバイオテク社）

抗体

- ☐ APC-conjugated anti-マウス c-Kit（CD117）抗体（クローン名：2B8，eBioscience社）
- ☐ PE-Cy7-conjugated anti-マウス Sca-1抗体（クローン名：D7，eBioscience社）
- ☐ FITC-conjugated anti-マウス CD34抗体（クローン名：RAM34，eBioscience社）
- ☐ PE-conjugated anti-マウス CD150抗体（クローン名：TC15-12F12.2，BioLegend社）
- ☐ APC-Cy7-conjugated ストレプトアビジン（BioLegend社）

抗マウス lineage マーカー抗体

- ☐ Biotin-conjugated anti-マウス Gr-1抗体（クローン名：RB6-8C5，eBioscience社）
- ☐ Biotin-conjugated anti-マウス B220（CD45RA）抗体（クローン名：RA3-6B2，eBioscience社）
- ☐ Biotin-conjugated anti-マウス CD4抗体（クローン名：RM4-5，eBioscience社）
- ☐ Biotin-conjugated anti-マウス CD8抗体（クローン名：53-6.7，eBioscience社）
- ☐ Biotin-conjugated anti-マウス TER-119抗体（クローン名：TER-119，eBioscience社）
- ☐ Biotin-conjugated anti-マウス IL-7Rα（CD127）抗体（クローン名：A7R34，eBioscience社）

マウス

- ☐ 8〜11週齢のC57/BL6雄マウス

プロトコール

1. 造血幹細胞の採取・純化

❶ マウスの大腿骨・脛骨・寛骨を採取し，4 mLのSMを入れた乳鉢と乳棒を用いて骨を砕く*2

> *2　強く砕きすぎると細胞の生存率が落ちる可能性がある．細胞塊ができるようであれば，適宜，各ステップにおいてメッシュを通す．

❷ 25G注射針・シリンジを用いてシングルセルにする．ナイロンメッシュに通し，細胞塊などを除去する*3．細胞が残らないように4 mLのSMを用いて，2回ほど洗浄回収する

*3　1匹あたり約 1〜1.5×10⁸ 個の骨髄有核細胞が得られる．上腕骨・椎骨まで採取すると 2〜2.5×10⁸ 個の骨髄有核細胞が得られる．

❸ SM 10 mL で洗浄，遠心（4℃，440×g，5分），上清を除去する

❹ 細胞ペレット（300 μL）に APC-c-Kit 抗体（0.2 μL/10⁷ 細胞）を加え，よく混和し，4℃冷蔵庫で 30 分間静置

❺ SM 10 mL で洗浄，遠心（4℃，440×g，5分），上清除去

❻ 細胞ペレット（300 μL）に anti-APC magnetic microbeads（0.2〜0.5 μL/10⁷ 細胞）を加え，よく混和し，4℃冷蔵庫で 15 分間静置*4

*4　非常に少ない細胞集団を扱うのでプロトコールの最適化を行う必要がある．特に，二次抗体の anti-APC magnetic microbeads の使用量に関しては，ロット間で差があることがしばしば見受けられるため，最適化が必要であると考えられる．

❼ SM 10 mL で洗浄，遠心（4℃，440×g，5分），上清除去

❽ 細胞を SM 5 mL に懸濁し，前もって SM 3 mL で洗浄した LS カラムに通す．4 mL 洗浄を 2 回繰り返す*5

*5　製造元プロトコールでは，細胞の懸濁は 500 μL となっているが，多くした方が，カラムに非特異的にトラップされる赤血球が少なくなる．また，カラムに流す直前にメッシュを通すと，詰まりにくくなる．いずれもプロトコールは若干改変してある．

❾ 最後に，磁石をはずし，4 mL の SM でカラムにトラップされた細胞を回収する*6

*6　この操作により総有核細胞数は，1/20〜1/50 になる．

❿ 遠心（4℃，440×g，5分），上清除去後，細胞ペレット（100 μL）に lineage カクテルミックス抗体（2.5 μL/10⁷ 細胞）を加え，よく混和し，4℃冷蔵庫，30 分間静置

＜Lineage カクテルミックス*7＞
Gr-1　　　10 μL
B220　　　 5 μL
CD4　　　2.5 μL
CD8　　　2.5 μL
TER-119　 10 μL
IL-7R　　　5 μL
SM　　　　30 μL
Total　　　65 μL

*7　lineage カクテルミックスは，つくり置きしている．

⓫ SM 10 mL で洗浄（4℃，440×g，5分），上清除去，細胞ペレット（50 μL）に 1×10⁷ 細胞あたり次の抗体を加え，4℃冷蔵庫，90 分間静置*8

FITC-CD34抗体	2.5 μL
PE-CD150抗体	0.5 μL
PE-Cy7-Sca-1抗体	0.5 μL
APC-c-Kit抗体	0.5 μL
APC-Cy7ストレプトアビジン	0.5 μL
Total	4.5 μL

*8 CD34抗体は染まりが弱いため，90分間の染色を行う．また，CD34抗体は低濃度では，染まりが悪くなることがある．CD34，CD150抗体はクローンが異なると暗くなるので，このプロトコールで紹介したクローンを使用するとよい．また，CD150染色を行わない場合は，Sca-1-PEを用いている．

⓬ SM 10 mLで洗浄，遠心（4℃，440×g，5分），上清除去，メッシュに通し，1 mL/10⁷細胞の割合で懸濁し，FCMで解析およびソーティングを行う

2. 造血幹細胞のシングルセルソーティング

❶ FSC/SSCで展開し，さらにPI陽性の死細胞，ダブレットを除去する

❷ c-Kit/lineageで展開し，lineage-negative集団をゲートG1で囲む

❸ CD34/c-Kitで展開し，CD34-negative/low集団をゲートG2で囲む*9

*9 CD34の閾値がわかりにくいが，fluorescence minus one（FMO）コントロール染色（CD34-FITCのみ含まない組み合わせの染色）を参考にするとよい．また，経験的に，CD34/Sca-1で展開してCD34⁺集団を除いたラインと同じであることがわかっている．FMOとは，実験で用いる染色抗体から1種類のみを除いたコントロール染色である．初めて染色する抗体の組み合わせの場合，ゲートの決定のためには，すべての組み合わせを準備することが望ましい．

❹ Sca-1/c-Kitで展開し，c-Kit⁺Sca-1⁺集団をゲートG3で囲む*10

*10 CD34⁻集団で見ると，c-Kit⁺Sca-1⁺集団（ゲートG3）が確認しやすい．

❺ CD34/CD150で展開し，CD150⁺画分（ゲートG4）のシングルセルソーティングを96穴丸底プレート（100〜200 μL）に行う（図2）

3. シングルセルソーティングの精度管理

1個の造血幹細胞を確実にプレート上にソーティングするためには，その精度管理を行うことが重要である．細かい設定方法に関しては，機種ごとに異なり，ソーティング設定の項に譲るが，評価項目としては主に，純度（purity），個数精度（accuracy），収率（yield），細胞ダメージ（viability）があり，各々が実験の目的に応じた最適な設定を行う必要がある．

最適な液滴形成を行うには，ノズル径・シース圧・振動数（frequency）・振幅幅（amplitude）の他に，さまざまな設定項目が存在する．ソーティングのアルゴリズムに関しては，Sort Mask*11の設定が必要であり，これらの組み合わせによってソーティング時の純度，個数精度，収率，細胞ダメージなどが決定される．

> *11 Yield Mask, Purity Mask, Phase Maskの3種類がありYield Maskは収率の設定, Purity Maskは純度の設定, Phase Maskは主に個数精度や細胞が大きくソーティング時のサイドストリームが安定しない場合に用いられる設定項目である. これらの設定は組み合わせて利用できるが, Yield MaskとPhase Maskは同時設定することはできない.

　個数精度を維持するためには, ソーティングの際, 細胞間距離が近づきすぎないようにすることや, 細胞に対して液滴体積が小さくなりすぎないようにすることが重要である. 細胞間距離に関しては, 極端に粘性がある細胞や, サイズが大きい細胞は通常よりも濃度を薄める必要があるが, 機器設定に対して最適なサンプル濃度であれば, 特殊な細胞でない限りは, 問題は起きない.

　液滴の体積が細胞に対して小さすぎる場合, 荷電させた液滴から両隣の液滴へ細胞が移ってしまう可能性が高くなる. これを防ぐため, Sort Maskの設定において液滴の中心部に細胞が存在するときのみ荷電をかけるという設定方法もあるが, 中心部から外れた位置に細胞がいた場合, 荷電をかけずにアボートされるため, 収率が極端に落ちてしまう欠点がある. 個数精度を優先するようなソートモードがデフォルトで登録されているが, そのまま利用すると収率は通常のソーティング時の50％以下になるため, 希少細胞のソーティング時には注意が必要である. 当研究室では設定を1から作成することで, これらの問題点を改善したものを利用してソー

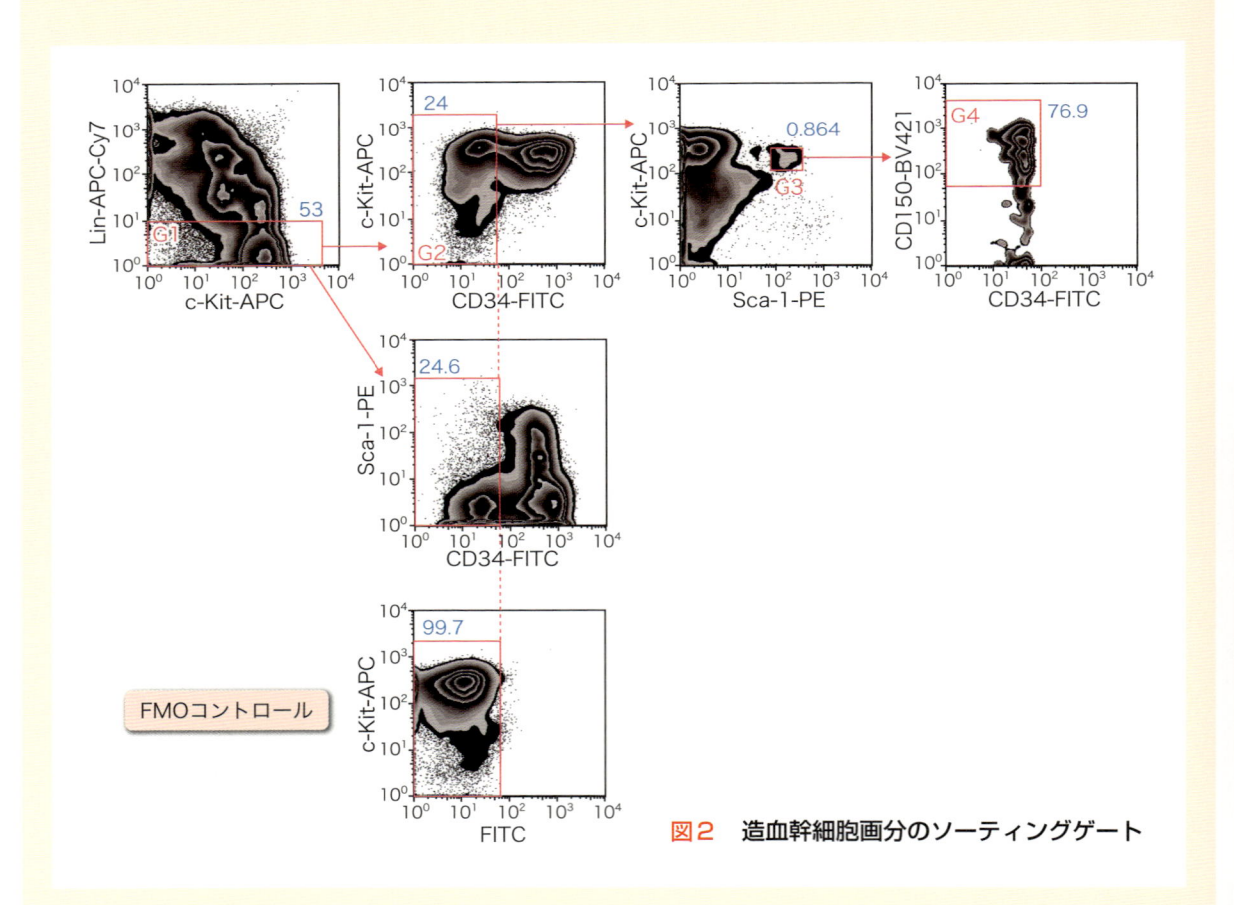

図2　造血幹細胞画分のソーティングゲート

ティングを行っている．

　また，Drop delay の設定は特に重要で，FCM の機種ごとに異なり，詳細に関しては，ソーターのセッティングの項に譲る．Drop delay などを設定し，96穴プレートの蓋やスライドグラスなどに1，5，10，20個ずつ各種異なるサイズ（2, 6, 12, 20 μm）のビーズをソートするように設定し，実際にソーティングを行う[*12]．蛍光顕微鏡下でビーズのサイズごとに実際にソートされたビーズをカウントする．当研究室では，テスト回数は安定性試験もかねて50～100テスト（設定，ビーズのサイズ毎）ほど行う．多少の時間変化や温度変化で精度が落ちるような設定では，実験で利用できないためしっかり確認を行う必要がある．これはセッティングを新しく作成した場合のテストであり，定期的なチェックであれば数回行えば充分である．

>　[*12]　ソーティングする数は数え間違えがないように20個までにしておく．

　例えば，当研究室では，シングルセルソーティングは，MoFlo や Aria を用いている．MoFlo の場合，1 mL/10^7 細胞の割合でサンプルを調製し，ノズル70 μm，30 psi，43 kHz の設定により，10,000個/秒の速度でサンプルが流れる．約1個/4～5滴の割合で細胞が含まれるようにしている．この設定により，96穴プレートにシングルセルソーティングを行うと，12時間後顕微鏡で観察すると95/96穴において，シングルセルを確認できる．また2週間後のコロニーアッセイにおけるコロニー形成率は，90～92/96穴程度となっている．

実験例

　当研究室では，白血球だけでなく赤血球・血小板も蛍光タンパク質でマークされた Kusabira-Orange トランスジェニックマウス（KuO マウス）を作製した[5]．このマウスの骨髄細胞を用いることにより，顆粒球・B リンパ球・T リンパ球・血小板・赤血球への分化能力を評価することができる．

　この KuO マウス（Ly5.1）を用い，前述のプロトコールにより，SM 100 μL の96穴丸底プレートにシングルセルソーティング後，2～3時間，氷上に静置する．その後，顕微鏡で観察し，1細胞しかソーティングされていないことを確認，そのウェルをシングルセル移植に用いる[*13]．Ly5.1/Ly5.2 の F1 マウスより骨髄細胞を採取し，競合細胞として 2×10^5 個の骨髄有核細胞とともに，9.8 Gy（4.9 Gy×2回）致死量放射線を照射したマウスに移植する．この際，シングルセルを確認したウェルに100 μL に懸濁した競合細胞を加え，マイジェクターで慎重に液を吸引し，Ly5.2 マウスの尾静脈より注入する．その後，定期的に末梢血のキメリズムを観察し，移植した細胞が成熟血球を産生しているか確認する．40～80％のマウスにおいて，移植した細胞が認められる（図3）．

>　[*13]　250×g，10分の遠心をしてもいいが，細胞がウェルの中心に落ちにくい傾向がある．

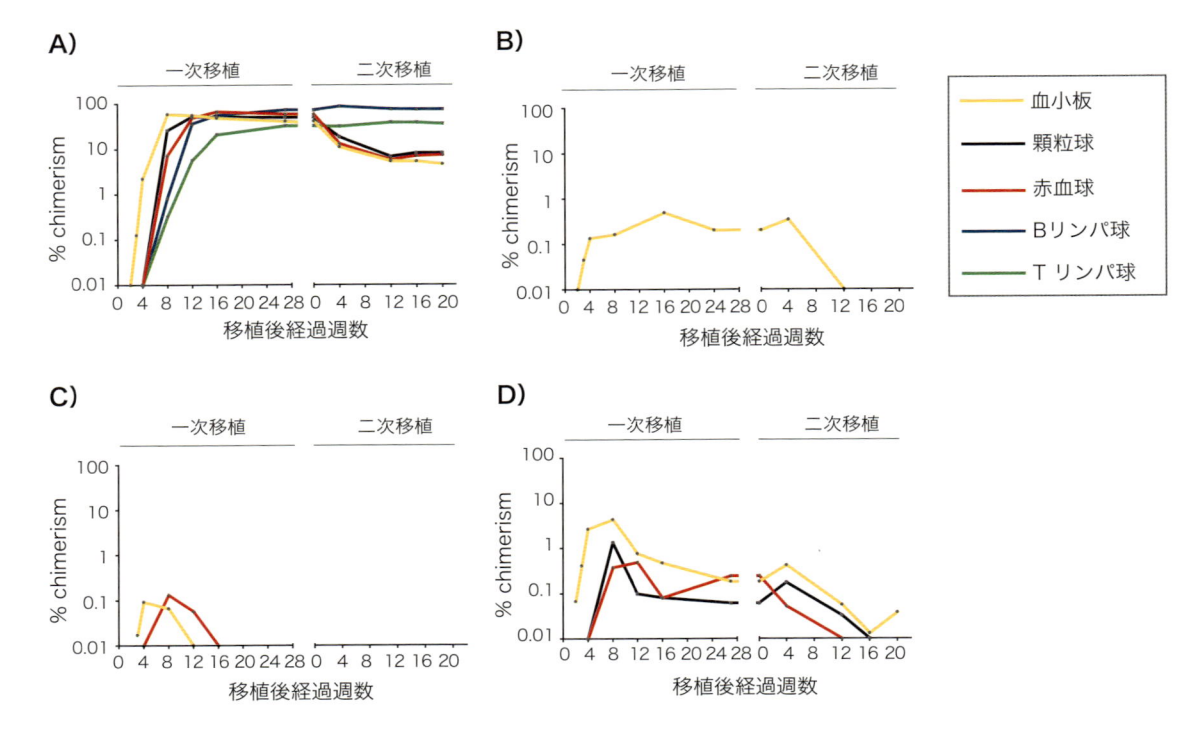

図3　CD150⁺CD34⁻KSL細胞のシングルセル移植
クローン解析を行うことにより，移植した各々の細胞の生体内での分化能を評価することができる．末梢血（顆粒球・Bリンパ球・Tリンパ球・赤血球・血小板）中におけるKuO陽性率（キメリズム）を移植後2，3，4，8，12，16，20，24週において測定し，そのキメリズムを折れ線グラフで表示する．二次移植は，移植したテスト細胞の自己複製能の指標として二次移植が有用であり，一次移植後24週以降に一次移植マウスより骨髄細胞を採取し，1×10⁷個の骨髄有核細胞を移植し，移植後20週までキメリズムを解析した．その結果，シングルセルレベルで，**A)** 5系統（顆粒球・Bリンパ球・Tリンパ球・赤血球・血小板）を長期（一次・二次移植マウス）に再構築するクローン，**B)** 血小板のみを産生するクローン，**C)** 血小板・赤血球のみを産生するクローン，**D)** 血小板・赤血球・顆粒球のみを産生するクローンを認めた（文献4を元に作成）

おわりに

造血幹細胞のシングルセルレベルの解析で初めてわかってきたことも多い．近年，組織幹細胞の研究は，小腸などにおいても盛んになされてきているが，シングルセルレベルの評価系はまだ確立されておらず，このようなシングルセル解析の発展が望まれる．

◆ 文献
1) Osawa, M. et al.：Science, 273：242-245, 1996
2) Morita, Y. et al.：J. Exp. Med., 207：1173-1182, 2010
3) Dykstra, B. et al.：Cell Stem Cell, 1：218-229, 2007
4) Yamamoto, R. et al.：Cell, 154：1112-1126, 2013
5) Hamanaka, S. et al.：Biochem. Biophys. Res. Commun., 435：586-591, 2013

◆ 参考
・Herzenberg, L. A. et al.：Nat. Immunol., 7：681-685, 2006

実践編

ソーティング（目的の細胞を生きたまま分取する）

14 がん幹細胞のソーティング

保仙直毅，下野洋平

実験の目的とポイント

多様な細胞からなるがん組織中に存在するがん幹細胞をソーティングし，その生物学的特性を解析することが本稿で紹介するプロトコールの目的である．血液腫瘍の場合，ソーティングは容易であるが，固形腫瘍の場合，細胞浮遊液をつくる過程で目的とする細胞を失わないことが重要である．また，腫瘍の多くは強い自家蛍光を発することにも特に注意が必要である．

はじめに：がん幹細胞総論

　がん幹細胞は正常の幹細胞と同様に自己複製能と(多)分化能を併せもつがん細胞であり，がんを構成するすべての細胞の源になっている．多段階発がんの過程を経て，がんが発生する過程を考えた場合，"最初の一粒"となるがんの源として，がん幹細胞が存在することは間違いない．一方，すでに臨床的に目に見えるようになったがんを構成する細胞のなかで，どれががん幹細胞であるかを同定することはいまだにきわめて難しい．

　がん幹細胞という概念は古くから存在していたが，1990年代中頃以降，免疫不全マウスを用いた異種移植実験系の進歩に伴い，そのプロスペクティブな同定が行えるようになり，研究対象として非常に重要なものとなってきた．Dickらはヒトの急性骨髄性白血病において，免疫不全マウスに生着し白血病を再構築しうる白血病幹細胞が正常造血幹細胞と同じ$CD34^+CD38^-$分画に存在することを報告した[1]．つまり，$CD34^+CD38^-$白血病幹細胞こそが，急性骨髄性白血病の源であり，それを排除できないかぎり，白血病は治癒しないと考えられるようになった．以後，免疫不全マウスへの異種移植実験はがん幹細胞同定のための基本的手法（gold standard）となり，さまざまながんにおいて同様の方法で細胞表面抗原に対するモノクローナル抗体を用いた"がん幹細胞集団"の同定が行われた（図1）．

　もう1つ，がん幹細胞をソート（単離）するための方法として広く用いられているものに"SP（side population）解析"がある．SP解析では，Hoechstの排出能に富んだ細胞集団（＝SP細胞）を単離・同定する．筆者自身はほとんどこの方法を用いないため，詳細な解説は困難であるが，実際，われわれが行った多発性骨髄腫の細胞株を用いた検討でも，確かにHoechstの排出能に富んだSP細胞集団が存在し，それらは高い増殖能を有した．また，グリオーマ細胞株[2]や種々の消化器がん細胞株[3]においては，ごく少数のSP細胞を用いて*in vivo*異種移植モデルでの腫瘍再構築能が示されており，それらは確かにがん幹細胞様の細胞として，特殊な特性を

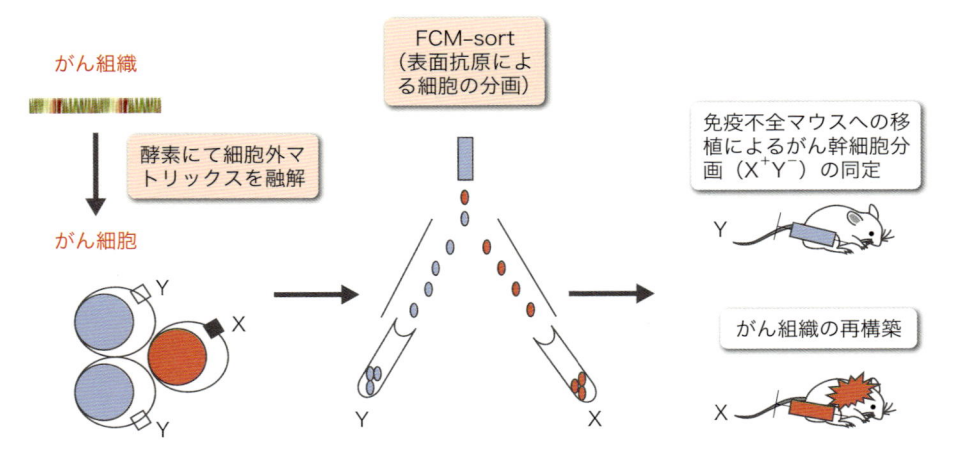

図1 がん幹細胞集団同定のストラテジー
がん組織から,単細胞浮遊液を作製し,細胞表面抗原の発現（例：XやY）により分画されたがん細胞亜集団をFCMにより単離し,免疫不全マウスに移植する.ヒトのがんを再構築する能力をもったがん細胞集団をがん幹細胞集団とよぶことができる.X.Y：がん細胞の細胞表面抗原

もっていると考えられる.ただし,SP細胞というのはHoechstの排出能の高い細胞を見ているのであって,当然のことながら,がんのSP細胞＝がん幹細胞ではない.上述の論文のように詳細な機能解析が行われて初めてSP細胞の意義が明らかになるのである.

　治療標的として,がん幹細胞集団が重要なことは疑うべくもなく,セルソーターにより分離されるがん幹細胞集団は,その生物学的特性を解析するために非常に有用なツールである.一方,以下のような問題点も常に頭に入れておく必要がある.まず,第一に細胞集団としてではなく,単クローンレベルで組織の再構築を行う能力をもつ細胞,言いかえればsingle cellで腫瘍を再構築しうるようながん幹細胞の存在が示されている論文はきわめて稀であり,ほとんどのケースで非常にたくさんの"がん幹細胞"を移植しなければがんは再構築されない.つまり,"がん幹細胞集団"として単離される細胞におけるがん幹細胞の頻度はきわめて低いうえ,さまざまな前駆細胞の集合体である可能性が否定できない.また,がん幹細胞の維持および増殖には,適切なニッチ細胞との相互作用が重要であり,現行のアッセイではそのような相互作用が再現されていない可能性もある.これらの問題点を考慮に入れたうえで研究を進め,がん幹細胞という非常に重要な概念を,実際のがん治療へとつなげていく必要がある.

　いずれにせよ,すでに同定されている"がん幹細胞集団"を同定,分離同定できないことには話が始まらないのであって,本稿ではその基本的方法を概説する.血液悪性腫瘍幹細胞（A）,脳腫瘍幹細胞（B）,乳がん幹細胞（C）,SP細胞（D）などについて解説するが,すべてに共通して大切なことは,受け取った貴重な検体を極力早く（白血病幹細胞以外では,原則として凍結は困難と考えた方がよい）処理することである.

A. 血液悪性腫瘍幹細胞（急性骨髄性白血病幹細胞）

以下に白血病患者骨髄検体からの白血病幹細胞分画のソーティングについてのプロトコールを示す．白血病では細胞表面マーカーの非典型的な発現がみられるため，多くの論文ではLineageマーカーは染めておらず，その方が一般的かもしれない．また，われわれは多発性骨髄腫患者の骨髄もよく解析に用いているが，用いる抗体が異なるのみで方法は全く同じである．

準備

- ☐ RPMI 1640メディウム
- ☐ Ficoll-Paque（細胞分離試薬：17-1440-02，GEヘルスケア社）
- ☐ PBS（−）
- ☐ Mouse IgG（ブロッキング試薬，1 mg/mL in PBS，最終濃度20 μg/mL：15831，シグマ・アルドリッチ社）
    - あるいはヒトAB型血清．
- ☐ CD34-APC（343608，BioLegend社）/CD38-FITC（11-0389-42，eBioscience社）/CD90-PE（12-0909-71，eBioscience社）
- ☐ CD2-ビオチン/CD3-ビオチン/CD4-ビオチン/CD8-ビオチン/CD10-ビオチン/CD11b-ビオチン/CD14-ビオチン/CD19-ビオチン/CD20-ビオチン/CD56-ビオチン/CD235-ビオチン（555338など，BD Biosciences社）
- ☐ ストレプトアビジン-PerCP-Cy5.5（405214，BioLegend社）
- ☐ Propidium iodide（PI：P4170，シグマ・アルドリッチ社）
- ☐ セルストレーナー
- ☐ ヘパリン
- ☐ FBS

プロトコール

1. 細胞調製および染色

❶ ヘパリン添加約骨髄液をRPMIで2倍に希釈する

❷ Ficoll-Paqueを用いて分離した単核球層を15 mLチューブに移す

❸ PBSで15 mLチューブをfill upして，遠心洗浄する（4℃，270×g，5分）

❹ 細胞をPBS＋2％FBSに浮遊させる（細胞濃度：〜2×10^{7}個/mL）

❺ 無染色用，各抗体およびPIの単染色用および，CD38$^-$コントロール用のサンプルを分けて

おく（単染色や CD38⁻コントロールサンプルも以下の染色の順序は同じ）

❻ ブロッキング試薬を加える
　われわれは，1 mg/mL mouse IgG を×50希釈，もしくはヒト AB 型血清を×10希釈で加えている．市販のブロッキング用の試薬を用いてもよい．

❼ 氷上で5〜10分静置する

❽ そのまま，各チューブに以下に示す抗体を加える[*1]
　もちろん，各抗体に用いる蛍光色素は別のものであっても全く問題ない．Lineage マーカーを染めない場合，ステップ⓫〜⓬は不要．
- CD34-APC/CD38-FITC/CD90-PE
- Lineage（CD2，CD3，CD4，CD8，CD10，CD11b，CD14，CD19，CD20，CD56，and CD235- ビオチン
　ただし，CD38⁻サンプルは CD38のみなし．

> ＊1　事前に予備実験を行って各抗体の希釈倍率を決めておく．

❾ 暗所で4℃，30分静置する

❿ PBS＋2％FBS で fill up し，細胞を2回遠心洗浄する（4℃，270×g，5分間）

⓫ ストレプトアビジン-PerCP-Cy5.5[*2]を加えた PBS＋2％FBS に細胞を浮遊させる
　もちろん他の蛍光でも構わない．

> ＊2　事前に予備実験を行って抗体の希釈倍率を決めておく．

⓬ 暗所で4℃，30分静置する

⓭ PBS＋2％FBS で fill up し，細胞を遠心洗浄する（4℃，270×g，5分間）

⓮ PI を1μg/mL の濃度で加えた PBS＋2％FBS を，染色に用いたのと等量（200μL 以下の場合は200μL）加えて，セルストレーナーを通して解析へ．無染色および各抗体の単染色には PI を入れない

2. 解析およびソーティング

❶ 蛍光補正（compensation）は原則として無染色および単染色の細胞を用いて作製する
　しかしながら実際には得られる骨髄液の量が少ないことが多く，できるだけ多くの細胞を回収したいため，（市販の）蛍光補正ビーズ（compensation beads）を用いた蛍光補正を行っていることが多い．

❷ CD38⁻コントロールサンプルを読み込んで，CD34⁺CD38⁻ゲートを設定する

実践編 ソーティング 14

❸ 次に，サンプルを流して，CD34⁺CD38⁻細胞を同定する[*3]

*3 正常造血幹細胞がCD34⁺CD38⁻CD90⁺であるのと異なり，白血病幹細胞は多くの場合CD90⁻である．

実験例～血液悪性腫瘍幹細胞のソーティング

図2に急性骨髄性白血病のFCM解析の例を正常造血幹細胞とともに示す．多発性骨髄腫検体を用いたFCM解析の例も図3に示す．

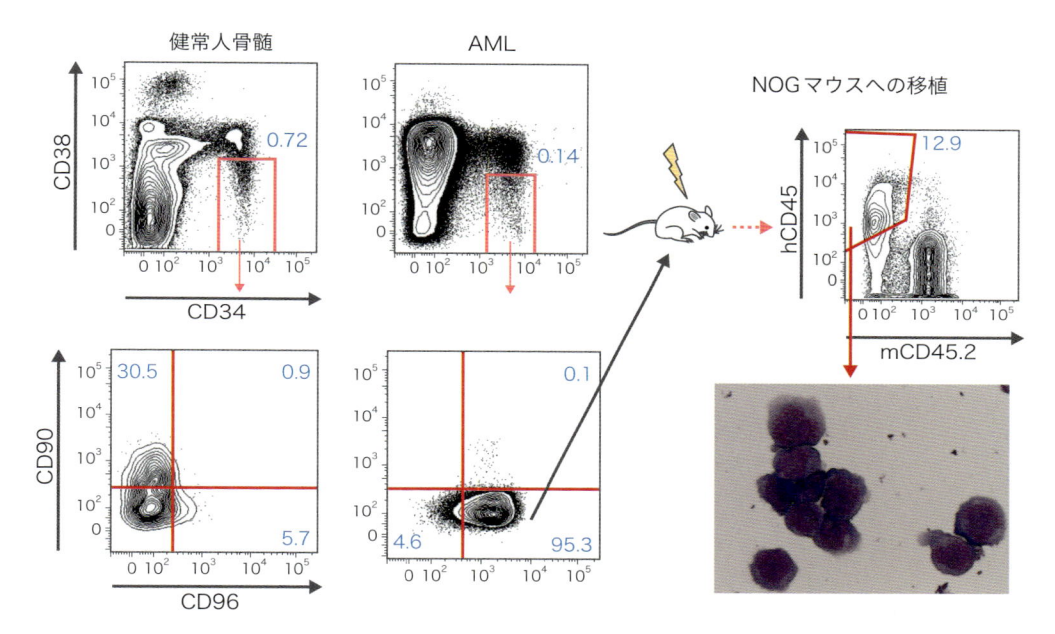

図2 急性骨髄性白血病幹細胞

急性骨髄性白血病（AML）患者および健常人骨髄検体のFCM解析の例を示す．いずれもLineageマーカー陰性にゲーティングして展開した結果を示している．CD34⁺CD38⁻白血病細胞のほとんどはCD96を発現しており，免疫不全マウス（NOGマウス）に移植するとヒト白血病を再構築する白血病幹細胞を含んでいる．マウス骨髄の解析においては，移植を受けていないマウスを同時に解析し，ドットのでない領域にhCD45⁺ゲートを設定する（右下写真は文献4より転載）

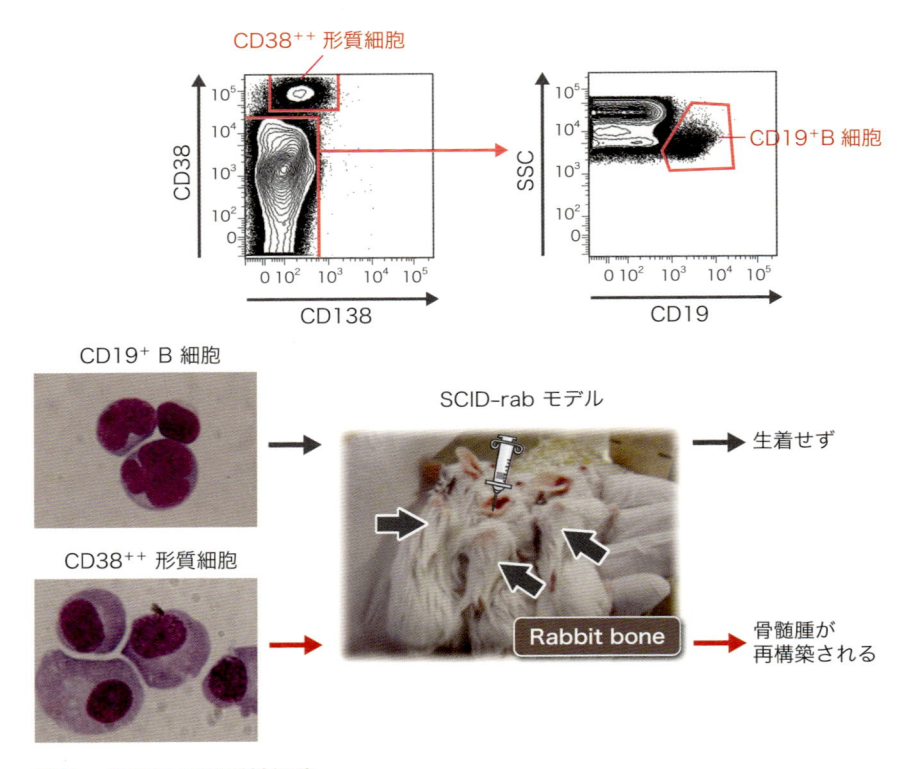

図3 多発性骨髄腫幹細胞
多発性骨髄腫患者検体のFCM解析の例を上段に示す．FCM-sortされたCD19⁺B細胞およびCD38⁺⁺形質細胞をSCID-rabモデル（ウサギ骨を皮下に移植されたSCIDマウス）に移植するとCD38⁺⁺形質細胞だけが骨髄腫を再構築する

B. 脳腫瘍（膠芽腫）幹細胞

現在ではミルテニーバイオテク社よりBrain Tumor Dissociation Kitsというキットが販売されており，それをプロトコル通りに用いて，細胞浮遊液を調製するのがよいと思われるが，ここではわれわれが，そのようなキットが販売される以前から，用いているプロトコルを紹介する．

準備

- メス
- Neurobasal-A メディウム（21103-049，サーモフィッシャーサイエンティフィック社）
- ペニシリン/ストレプトマイシン
- PBS（－）

- ☐ FBS
- ☐ ACK 溶液
- ☐ DNase I（4716728，ロシュ・ダイアグノスティックス社）
    ストック溶液 10 mg/mL（×50），最終濃度 200 μg/mL.
- ☐ コラゲナーゼⅣ（CLS-4，Worthington Biochemical 社）
    ストック溶液 100 mg/mL（×50），最終濃度 500 μg/mL.
- ☐ CD133（AC133）-PE（130-098-820，ミルテニーバイオテク社）
- ☐ CD45-FITC
- ☐ CD31-APC
- ☐ Propidium iodide（PI）
- ☐ セルストレーナー

1. 細胞調製および染色

❶ 摘出検体は Neurobasal-A メディウム＋ペニシリン（50 units/mL）/ストレプトマイシン（50 μg/mL）につけておく

❷ 脳腫瘍組織を 2 mL の Neurobasal-A メディウムが入った 35 mm ディッシュに入れる

❸ メスを 2 本用いて，可能な限り腫瘍を細かく刻む

❹ 細かく刻んだ腫瘍を培養液ごと 50 mL のコニカルチューブに移す（5 mL 以上ある場合は複数のチューブに分けて入れる）

❺ Neurobasal-A メディウムを加え，全体を 5〜10 mL にする

❻ DNase I（×50 希釈），コラゲナーゼⅣ（×50 希釈）を加える

❼ 37℃で 1 時間インキュベート

❽ ピペットで吸い上げて，それを再び吐き出す操作を 5 回以上繰り返す

❾ ペレットが沈むまで静置

❿ 上清（細胞を含む）を別のチューブへ移す

⓫ 残ったペレットに 5 mL の Neurobasal-A メディウムを加え，❼〜❾のステップを繰り返す

⓬ それでも残ったペレットに 1 mL の Neurobasal-A メディウムを加え，❼〜❾のステップを繰り返す

⓭ それでもペレットが残るようであれば，200 μL の Neurobasal-A メディウムを加え，❼〜❾のステップを繰り返す

⓮ 回収したすべての細胞浮遊液を，70 μm のセルストレーナーに通し，ついで 40 μm のセルストレーナーに通す

⓯ 4℃，270 × g で 5 分間遠心し，細胞を沈める*4

> *4 赤血球成分があまりにも多い場合，ACK 液などを用いて赤血球を溶解する場合もあるが極力避ける．

⓰ トリパンブルーを用いて細胞数を数え，〜1 × 10⁷ 個/mL の細胞濃度にして PBS＋2% FBS に浮遊させ，氷上に置く

⓱ 無染色用，各抗体および PI の単染色用および，CD133⁻コントロール用のサンプルを分けておく（単染色や CD133⁻コントロールサンプルも以下の染色の順序は同じ）

⓲ 各チューブに下記の抗体を加える（各抗体に用いる蛍光色素は別のものであっても全く問題ない）
　　CD133-PE，CD45-FITC，CD31-APC（CD133⁻コントロールには CD133 は入れない）

⓳ PBS＋2% FBS で fill up し，細胞を遠心洗浄する（4℃，270 × g，5 分）

⓴ PI を 1 μg/mL の濃度で加えた PBS＋2% FBS を，染色に用いたのと等量（200 μL 以下の場合は 200 μL）加えて，セルストレーナーを通して解析へ
　　無染色および各抗体の単染色には PI を入れない．

2. 解析およびソーティング

❶ 蛍光補正は原則として無染色および単染色の細胞を用いて作製する
　　がん細胞は自家蛍光が強いため，蛍光補正ビーズを用いた蛍光補正作製は勧められない．

❷ CD133⁻コントロールを読み込んで，CD45⁻CD31⁻CD133⁺のゲートを設定する

❸ 次に，サンプルを流して，CD133⁺細胞を同定する*5
　　ただし，結構な頻度で CD133⁺細胞を有さない腫瘍が存在する．

> *5 われわれは 100 μm のノズルを用いている．凝集したり，粘性をもったりしやすいサンプルなので，必ず，ソーティング直前にセルストレーナーを通す

❹ ソーティングした細胞を受けるチューブには Neurobasal-A メディウムを入れておく

❺ 回路に細胞あるいは析出物が沈着しやすいため，ソーティングが終了したら，すぐに必ず，10 分以上蒸留水を最高速度で流す*6

> *6 ときには FACS clean を流すが，次亜塩素酸の残留を防ぐため，その後に蒸留水を充分な時間流すことに留意する必要がある．

実験例〜脳腫瘍幹細胞のソーティング

患者由来膠芽腫のFCM解析を図4に示す．このように，非常にきれいにCD133⁺細胞分画を同定できることは，そう多くない．一方，このような症例においてCD133⁺細胞がtumor sphere-initiating cell（EGF，FGFなどを添加した無血清培地中で分裂を繰り返し，腫瘍細胞塊を形成する細胞．脳腫瘍前駆細胞と考えられる）を濃縮していることは確かである．

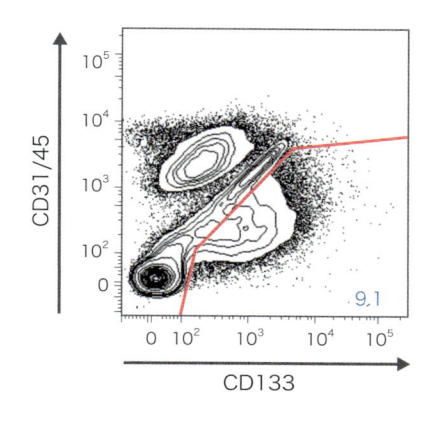

図4　脳腫瘍幹細胞
患者由来脳腫瘍（膠芽腫）のFCM解析の一例．本解析ではCD31，CD45を同じ蛍光で染色している

C. 乳がん幹細胞

準備

- □ RPMI（あるいはDMEM）メディウム
- □ FBS
- □ ペニシリン/ストレプトマイシン
- □ HBSS（−）
- □ メディウム199
- □ 1 M HEPES
- □ PBS
- □ コラゲナーゼⅢ（CLS-3，Worthington Biochemical社ストック溶液2,000 U/mL（×10），最終濃度200 U/mL）
- □ DNase I（ストック溶液10 mg/mL（×50），最終濃度200 μg/mL）
- □ ACK溶液
- □ CD44-APC/CD24-PE（559942/555428，いずれもBD Biosciences社）
- □ CD3-PE-Cy5（555334，BD Biosciences社）/CD16-PE-Cy5（555408，BD Biosciences社）/CD20-PE-Cy5（555624，BD Biosciences社）/CD45-PE-Cy5（557075，BD Biosciences社）/CD31-ビオチン（13-0319-80，eBioscience社）/CD64-ビオチン（555526，BD Biosciences社）

- □ ストレプトアビジン–PE–Cy5（554062，BD Biosciences社）
- □ DAPIストック溶液（D3571，サーモフィッシャーサイエンティフィック社）
    5 mg/mL（×1,000～10,000）．
- □ 片刃カミソリまたはメス

1．細胞調製および染色

❶ 摘出検体はRPMI（あるいはDMEM）＋2％FBS＋ペニシリン（50 units/mL）/ストレプトマイシン（50 μg/mL）につけておく

⬇

❷ HBSS（−）で検体を洗浄する

⬇

❸ 検体を10cmペトリディッシュの上に置く

⬇

❹ メディウム199＋20 mM HEPES＋ペニシリン/ストレプトマイシンを2～3 mL加える

⬇

❺ 片刃カミソリまたはメスを用いて可能なかぎり腫瘍を細かく刻む．
　ただし，組織を強く抑えすぎてつぶさないようにする

⬇

❻ 細かく刻んだ腫瘍を培養液ごと50 mLのコニカルチューブに移す．メディウム199＋20 mM HEPES＋ペニシリン/ストレプトマイシンを加え，全体を10～20 mLにする

⬇

❼ DNase I（×50希釈），コラゲナーゼⅢ（×10希釈）を加える

⬇

❽ 37℃で30分インキュベート

⬇

❾ 25 mLピペットでピペッティングを繰り返す

⬇

❿ さらに37℃で15分インキュベート

⬇

⓫ 10 mLピペットでピペッティングを繰り返す

⬇

⓬ 充分に組織がほぐれて単細胞になるまで，❿～⓫を繰り返す

⬇

⓭ DMEM＋20％FBS＋ペニシリン/ストレプトマイシンを加えてチューブをfill upする

⬇

⓮ 回収したすべての細胞浮遊液を，70 μmのセルストレーナーに通し，ついで40 μmのセルストレーナーに通す

⬇

⓯ 4℃，270×gで5分間遠心し，細胞を沈める

⬇

⓰ 上清を吸引し，細胞をペレットにする

⬇

⓱ ACK溶液5 mLに細胞を浮遊させる

⬇

⓲ 氷上で5分間インキュベートし，赤血球を溶解する

⬇

⑲ 45 mL の PBS を加えて ACK 溶液を希釈する

⑳ 4℃, 270 × g で 5 分間遠心し, 細胞を沈める

㉑ HBSS ＋ 2％FBS 1〜2 mL に細胞を浮遊させる

㉒ トリパンブルーで細胞数を数える

㉓ HBSS ＋ 2％FBS で, 〜1 × 10^7 個/mL に細胞濃度を合わせる

㉔ 無染色用, および各抗体および DAPI 単染色用のサンプルを分けておく
単染色や CD44$^-$CD24$^-$コントロールサンプルも以下の染色の順序は同じ.

㉕ ブロッキング試薬*6 を加え, 氷上で 20 分静置

*6 A 同様, 1 mg/mL mouse IgG を×50 希釈で加える. もしくはヒト AB 型血清を×10 希釈で加える. 市販のブロッキング用の試薬を用いてもよい.

㉖ HBSS ＋ 2％FBS を加え遠心洗浄する（4℃, 270 × g, 5 分間）

㉗ 以下に示す染色用の抗体を加えた HBSS ＋ 2％FBS に細胞を浮遊させる
事前に抗体力価測定を行って各抗体の希釈倍率を決めておく. もちろん, 各抗体に用いる蛍光色素は別のものであっても全く問題ない.

- CD44-APC, CD24-PE
  CD44$^-$CD24$^-$コントロールには CD44 と CD24 は入れない.
- Lineage：CD3-PE-Cy5/CD16-PE-Cy5/CD20-PE-Cy5/CD31-PE-Cy5/CD45-PE-Cy5, CD31-ビオチン, CD64-ビオチン

㉘ 氷上で 20 分静置

㉙ HBSS ＋ 2％FBS を加え遠心洗浄する（4℃, 270 × g, 5 分間）

㉚ ストレプトアビジン-PE-Cy5*7 を加えた PBS ＋ 2％FBS に細胞を浮遊させる
もちろん他の蛍光でも構わない.

*7 事前に予備実験を行って抗体の希釈倍率を決めておく.

㉛ 暗所で 4℃, 20 分静置する

㉜ PBS ＋ 2％FBS で fill up し, 細胞を 2 回遠心洗浄（4℃, 270 × g, 5 分間）する

㉝ DAPI を 0.5〜5 μg/mL の濃度で加えた HBSS ＋ 2％FBS に細胞を浮遊させ解析へ
または 7-AAD を×20 希釈して加えた HBSS ＋ 2％FBS に細胞を浮遊させ, 10 分間氷上でインキュベートしたのち解析へ.

2. 解析およびソーティング

❶ 解析には100μm以上のノズルを用いる

❷ 凝集したり，粘性をもったりしやすいサンプルなので，必ず，ソーティング直前にセルストレーナーを通す

❸ 蛍光補正は原則として無染色および単染色の細胞を用いて作成する[*8]

> [*8] がん細胞は自家蛍光が強いため，蛍光補正ビーズを用いた蛍光補正作成は勧められない．

❹ CD44⁻CD24⁻コントロールを読み込んで，CD44⁺CD24⁻/low lineage⁻ のゲートを設定する

❺ 次に，サンプルを流して，CD44⁺CD24⁻/low細胞を同定する[*9]

> [*9] 基本的にすべてのヒト乳がん組織でCD44⁺CD24⁻/low細胞は存在する．

❻ ソーティングした細胞を受けるチューブにはHBSS＋2％FBSを入れておく

❼ 回路に細胞あるいは析出物が沈着しやすいため，ソーティングが終了したら，すぐに必ず10分以上蒸留水を最高速度で流す[*10]

> [*10] ときにはFACS cleanを流すが，次亜塩素酸の残留を防ぐため，その後に蒸留水を充分な時間流すことに留意する必要がある．

実験例〜乳がん幹細胞のソーティング

患者由来乳がん細胞のFCM解析を図5に示す．

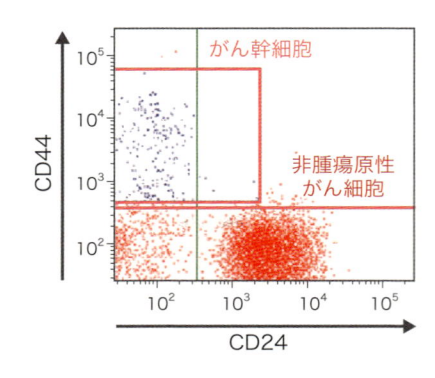

図5 乳がん幹細胞
患者由来乳がん組織のFCM解析の一例．非常に明確な細胞集団としてCD44⁺CD24⁻/low細胞が認識可能である．本解析ではCD31，CD45をはじめとしたlineage陽性細胞を除去している

D. SP細胞（side population 細胞）

以下は血液腫瘍におけるプロトコールであり，各種がん細胞の場合はHoechstやベラパミル塩酸塩の濃度などいくつかの予備的検討が必要と思われる．

準備

試薬
- ☐ D-PBS（−）
- ☐ Hoechst 33342（サーモフィッシャーサイエンティフィック社）
- ☐ ベラパミル塩酸塩（シグマ・アルドリッチ社）
- ☐ DMEM
- ☐ FBS
- ☐ Propidium iodide（PI）

プロトコール

1. 染色

❶ 各種のがんに適した方法で単細胞浮遊液（single cell suspension）を作製する

❷ 細胞をDMEM＋5％FBSに1×10^6個/mLの濃度で浮遊させる．コントロール用と合わせ2本のチューブを用意する

❸ 37℃で10分間加温

❹ Hoechst 33342を5μg/mLの濃度になるように加える

❺ コントロールのチューブにベラパミル塩酸塩（30μg/mL）を加える

❻ 遮光し，37℃で60分インキュベート．20分に一度細胞を撹拌

❼ 細胞を遠心（250×g，3分）し，上清を除去

❽ PBS＋2％FBS（氷冷）で細胞を二回遠心洗浄する（4℃，270×g，5分）

❾ 1 mg/mL PIを加えたPBS＋2％FBSに細胞を浮遊させ（〜1×10^7個/mL），セルストレーナーを通して，解析へ

2. 解析およびソーティング

❶ PI染色による死細胞の除去は必須である．通常の解析と同じようにPI⁻の分画にゲートを設定し展開する

⬇

❷ PI⁻細胞について，縦軸にHoechst Blue，横軸にHoechst Redシグナルをプロットする．両シグナルともリニアスケールで表示する

⬇

❸ Main population（最も高頻度に存在する細胞集団）が画面の中央にくるようにPMT電圧を調整する

⬇

❹ Main populationから画面左下に伸びるわずかな細胞がSP細胞である

ベラパミル塩酸塩添加コントロールではHoechstの排出が行えないためSP細胞は消失する．

実験例〜SP細胞のソーティング

図6にわれわれが行った3種類の骨髄腫細胞株を用いたSP細胞の同定例を示す．

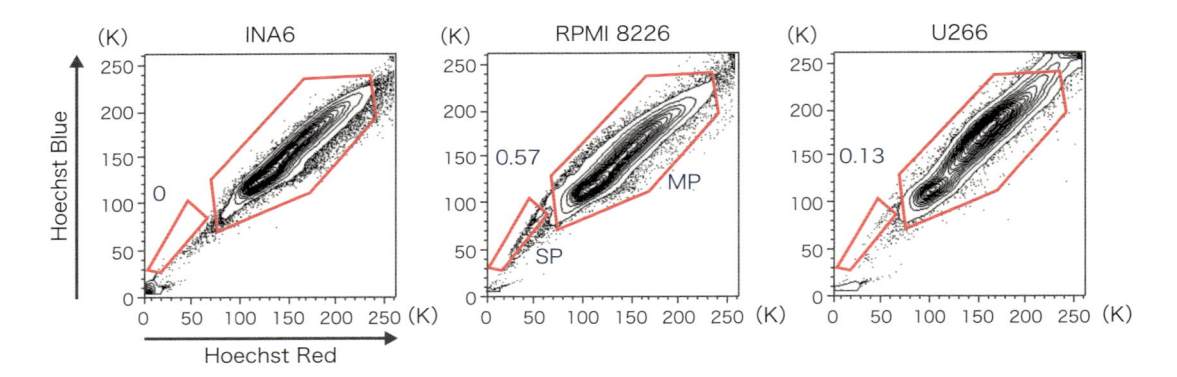

図6　多発性骨髄腫細胞株におけるSP細胞分画の同定
RPMI 8226細胞とU266細胞では確かにSP細胞とよぶべき細胞集団が存在する．一方，INA6細胞のようにSP分画が存在しない細胞もあった

おわりに

　本稿に記した方法により，"がん幹細胞集団"のソーティングを行うことは，さほど難しいことではないので，特に臨床系の研究者には是非とも試みていただきたいと思う．一方で，マウスなどを用いた基礎的実験から得られる"がん幹細胞"の生物学的特性を理解することも当然重要である．それを充分に理解しながら，ヒトのがん由来の"がん幹細胞集団"を相手に格闘するような研究から，真にがんの根治に役立つ成果が生まれてくるものと信じている．

◆ 文献

1) Bonnet, D. & Dick, J. E. : Nat. Med., 3 : 730-737, 1997
2) Kondo, T. et al. : Proc. Natl. Acad. Sci. USA, 101 : 781-786, 2004
3) Haraguchi, N. et al. : Hum. cell, 19 : 24-29, 2006
4) Hosen, N. et al. : Proc. Natl. Acad. Sci. USA, 104 : 11008-11013, 2007

実践編

ソーティング（目的の細胞を生きたまま分取する）

15 間葉系幹細胞のソーティング

森川　暁，松崎有未

実験の目的とポイント

間葉系幹細胞（mesenchymal stem cells：MSCs）ほど生物学的本態に対する情報や理解が不充分なまま，臨床応用研究が先行している分野は他にない．従来の接着培養では"間葉系幹細胞の本質"を解析することは困難である．本実験の目的は特異的細胞表面抗原を利用した，これまで不可能であった"Real Mesenchymal Stem Cells"の効率的な分離である．今後，MSCsが本来もつ生理的な機能が明らかになっていくことが期待される．

■ はじめに

　間葉系幹細胞（mesenchymal stem cells：MSCs）は自己複製能と多分化能を有し，骨格系組織の恒常性維持や組織修復に寄与する幹細胞集団として定義された．マウス間葉系幹細胞は生体組織内に存在する割合がきわめて少ないことから，これまでその特異的細胞表面抗原は同定されていなかった．そのため従来から行われているMSCs分離方法は，プラスチック培養ディッシュ上に骨髄細胞を付着・増殖させた後，骨・軟骨・脂肪に分化することによって行われてきた．間葉系幹細胞はその多分化能から，間葉組織の損傷に対する修復や再生療法の細胞供給源として期待され，さらに近年ではMSCsは免疫抑制作用を有することが報告されており，移植片対宿主病（GVHD）などの免疫疾患に対する治療法への応用が考えられている．

　しかしながら，これまでの"プラスチックへの付着"を利用したマウスMSCsの分離方法には以下に示すようにいくつかの欠点が存在する．①従来法で分離してきたMSCsと定義される細胞集団は血液細胞が混在する雑多な細胞集団であり，この混在する血液細胞を除去するために，頻回の培地交換と数継代の培養操作が必要である．②その結果少なくとも数週間の培養期間を要することになり，細胞老化や分化能，遊走能の喪失などMSCs自体の性質変化を引き起こしていた．③またこれらMSCsの生物学的変化は，生体内に存在していたときの特徴や生理学的性質を失うことを意味し，MSCs本来の性質を in vitro で反映できないという問題点があった．

　これまで挙げたような欠点を克服するために，われわれは生体組織から直接マウスMSCsを分離できるよう，特異的細胞表面抗原の同定を試みた．その結果，PDGFR α と Sca-1 がマウスMSCsの特異的細胞表面マーカーであることをつきとめた．このMSCs特異的細胞表面抗原を指標としたフローサイトメトリーによるMSCs分離プロトコールは，これまでの"プラスチック培養ディッシュ法"で抱えていた問題点を克服し，非常に頻度が低いMSCsを効率よく"ニッチ"から分離することを可能とする．

準備

実験動物
- [ ] マウス
  C57BL/6，DBA-1，FVB/N，ICR，BALB/c（いずれの系統でも解析・ソーティング可能）．

試薬
本プロトコールにおける必要な抗体を表1に示す．
- [ ] Phosphate-buffered saline（PBS）
- [ ] 10×D-PBS（－）（048-29805，和光純薬工業社）
- [ ] DMEM（11960085，サーモフィッシャーサイエンティフィック社）
- [ ] α-Modified Eagle medium（α-MEM with GlutaMs：32561029，サーモフィッシャーサイエンティフィック社）
- [ ] コラゲナーゼ（034-10533，和光純薬工業社）
- [ ] Hank's balanced salt solution（HBSS）（14170112，サーモフィッシャーサイエンティフィック社）
- [ ] ペニシリン/ストレプトマイシン（26253-84など，ナカライテスク社）
- [ ] Fetal bovine serum（FBS）（10500064，サーモフィッシャーサイエンティフィック社）
- [ ] 滅菌水（W3500，シグマ・アルドリッチ社）
- [ ] PI（P4170，シグマ・アルドリッチ社）
- [ ] HEPES（17557-94など，ナカライテスク社）
- [ ] 70％エタノール

表1　本プロトコールで使用する抗体

タンパク質と蛍光物質	eBioscience社, cat. no.	濃度	クローン	アイソタイプ
CD45-PE	12-0451	0.2 mg/mL	30-F11	Rat IgG2b κ
Ter-119-PE	12-5921	0.2 mg/mL	Ter-119	Rat IgG2b κ
Sca-1-FITC	11-5981	0.5 mg/mL	D-7	Rat IgG2a κ
PDGFR-α-APC	17-1401	0.2 mg/mL	APA5	Rat IgG2a κ
Control-FITC	11-4321	0.5 mg/mL	－	Rat IgG2a κ
Control-FITC	11-4301	0.5 mg/mL	－	Rat IgG2b κ
Control-PE	12-4321	0.2 mg/mL	－	Rat IgG2a κ
Control-PE	12-4031	0.2 mg/mL	－	Rat IgG2b κ
Control-PE	12-4888	0.2 mg/mL	－	Amerikan Hamster IgG
Control-APC	17-4321	0.2 mg/mL	－	Rat IgG2a κ

器具

- ☐ 外科用ピンセット
- ☐ 外科用ハサミ
- ☐ 乳鉢および乳棒
- ☐ セルストレーナー，70 μm（352350，BD Biosciences社）
- ☐ 滅菌済みフィルター，30 μm（130-041-407，ミルテニーバイオテク社）
- ☐ コニカルチューブ，1.5 mL（エッペンドルフチューブなど）
- ☐ コニカルチューブ，15 mL（352196など，BD Biosciences社）
- ☐ コニカルチューブ，50 mL（352070など，BD Biosciences社）
- ☐ 丸底チューブ，5 mL（353058，BD Biosciences社）
- ☐ 細胞培養用クリーンベンチ
- ☐ 恒温水槽
- ☐ 遠心分離機
- ☐ シェーカー（温度調節可）
- ☐ MoFlo XDP or similar high-speed cell sorter
- ☐ 紙ウエス（キムワイプなど）
- ☐ マイクロチューブ
- ☐ スライドガラスおよびカバーガラス

試薬調製

＜HBSS⁺（4℃保存，3カ月）＞　　　　　　　　　　　　　　　　　　（最終濃度）

HBSS	500 mL	
FBS	10 mL	（2％）
HEPES	5 mL	（10 mM）
ペニシリン/ストレプトマイシン	5 mL	（1％）
Total	560 mL	

＜PBS，2×（with 4％ FBS）（4℃保存，3カ月）＞　　　　　　　（最終濃度）

10× D-PBS（−）	2 mL	（2×）
FBS	400 mL	（4％）
滅菌水	7.6 mL	
Total	409.6 mL	

＜ヨウ化プロピジウム溶液（PI染色溶液）（遮光・4℃保存，2年）＞　（最終濃度）

HBSS⁺	10 mL	
ヨウ化プロピジウム	20 mL	（2 μg/mL）
Total	30 mL	

プロトコール

1. マウス大腿骨・脛骨採取

❶ 10週齢C57BL/6マウスを頸椎脱臼にて安楽死させる

❷ 各マウスに充分に70％エタノールスプレーを吹きつけ，ハサミおよびピンセットにて大腿骨・脛骨を採取する．この時，通常のflush法のように骨端で切らずに，骨頭を含めて丸ごと採取すること．

　採取する骨を損傷しないように，付着している皮膚や筋肉は慎重に剥離する．

❸ キムワイプなどで大腿骨・脛骨に細かく付着する組織をきれいに拭い取り，約30 mLの1×PBS（4℃，氷上）を入れた50 mLのコニカルチューブに保存しておく

2. 骨髄組織からの細胞分離

❶ 新鮮な1×PBSによる転倒混和にて，採取した骨を数回洗浄する

❷ 滅菌されている乳鉢と乳棒を用いて，やさしく骨を粉砕する

　力が入りすぎると細胞がダメージを受け，必要量の細胞が採取できないので注意する．

❸ 滅菌されたハサミを用いて，大まかに粉砕された骨片をさらに細かい小骨片するためにカットする．5分以上かけてやさしく，丁寧に行う

　このステップによって骨片は最終的にペースト状になり，コラゲナーゼ溶液による処理効果（ニッチからのMSCs分離）を高める，❺参照．

❹ 処理した骨片をHBSS⁺にてやさしく2〜3回洗浄する

　得られた細胞懸濁液には非常にわずかなMSCsしか含まれていないため，洗浄液を破棄することで大幅な実験時間の短縮につながる．

❺ あらかじめ37℃で温めていたDMEM＋0.2％コラゲナーゼ溶液20 mLを入れた50 mLのコニカルチューブに，調製したペースト状の少骨片を収集する．予熱したシェーカーにて37℃，110/minの条件で1時間処理する

❻ コラゲナーゼの活性を停止させるため，氷上の50 mLコニカルチューブの上に設置した70 μmのセルストレーナーを介して細胞懸濁液を濾過させる

❼ 乳鉢にコラゲナーゼ処理された骨片を移し，2.5 mLのHBSS⁺を加え，乳棒でやさしく数回タップする*1．その後5 mLのHBSS⁺を加えて，ピペッティングすることで骨髄組織から遊離した細胞を洗いだし❻の細胞懸濁液に加えて，氷上で保存しておく

　このステップを細胞懸濁液の総容量が50 mLになるまで繰り返す．

*1　強すぎるタップは細胞ダメージと回収量の低下につながるため，ここでもやさしく処理することが必須である．

❽ 4℃，280×g，10分の条件で遠心分離処理を行う

❾ 上清を吸引し，ペレットがほぐれるまでタップする

❿ 細胞懸濁液中の赤血球を溶解させるため，4℃の滅菌水を1 mL加える（6秒間のみ）．6秒経過後すぐに，滅菌水による反応を停止させるために，4％FBSを含む2×PBSを1 mL加える．その後HBSS⁺を加えて，15 mLの細胞懸濁液に調製する

> 細胞にダメージを与えないように，6秒以上滅菌水に浸された状態にしないことが重要である．このステップが難しい場合，赤血球溶解液を用いた比重遠心分離法も可能であるが，回収されるMSCs量は減少する．

⓫ 15mLチューブに設置した70 μmの無菌フィルターを通して細胞を回収し，4℃，280 g，10分の条件で遠心分離処理を行う．

⓬ 細胞上清液を破棄し，1mLのHBSS⁺で再懸濁する

> これで抗体染色前の細胞調製（メインサンプル）が終了となる．

3．細胞染色

❶ フローサイトメトリーの蛍光補正サンプルとして，1.5 mLチューブを4本[*2]用意する．これらのチューブに100 μLのHBSS⁺を入れ，調製した細胞懸濁液を3〜5 μL加える．メインサンプルは15 mLチューブに入れ，氷上で染色操作を行う

> [*2]　1つはネガティブコントロール，残り3つはPE，FITC，APCの各単一染色とする．

❷ 各々1.5 mLの単一染色コントロールチューブに1 μL（1：100希釈）のCD45-PE，Sca-1-FITC，PDGFRα-APC抗体を加え，氷上，遮光，30分の条件で染色する

> 本プロトコールではHBSS⁺（細胞調製懸濁液）100 μL中に約10万〜50万個の細胞が含まれている．

❸ メインサンプルにはマウス1匹あたり，❷に記載した全ての抗体とTer-119-PE抗体をそれぞれ10〜20 μL加える[*3]

> 平均してマウス1匹あたり，1,000万〜3,000万の細胞が得られ，メインサンプルの染色は1 mLの細胞懸濁液で行う．ボルテックスをかけた後に，単一染色コントロール同様，氷上，遮光，30分の条件で染色する．

> [*3]　例えば，実験に3匹のマウスを使用したとすると，メインサンプルに加える抗体量は各々6 μLになる．

❹ それぞれの蛍光補正サンプル（ネガティブコントロール，PE/FITC/APCの各ポジティブコントロール）にHBSS⁺を1 mL入れて，反応しなかった抗体を洗浄する．一方，メインサンプルには10 mLのHBSS⁺を加えて同様に洗浄する

❺ 4℃，280 g，5分の条件で各蛍光補正チューブおよびメインサンプルチューブの遠心分離処理を行い，細胞ペレットを形成する

> 単一染色チューブは蛍光補正に用いるだけなので，高速遠心処理することも可能である．

❻ 2 μg/mLに調製したPI染色溶液にて細胞ペレットを再懸濁し，滅菌した5 mL丸底チューブに30 μmの滅菌フィルターを通して遮光・氷上で保存する

　細胞調製後すぐにセルソートの操作に移行することがMSCsの回収率向上を考慮すると望ましいが，遮光・氷上の条件下では2〜4時間の保存が可能である．

4. セルソーティング

❶ 本プロトコールで使用した抗体を検出するために，488 nmと647 nm波長のレーザーが搭載されたセルソーターを設定する

❷ 各取扱説明書の記述に従い，各蛍光補正用チューブを用いてPE/FITC/APCの蛍光補正を行う

❸ 生細胞ゲート（PI⁻）を設定し，生細胞ゲート内で，非血球細胞集団（PE⁻）におけるPDGFR-αとSca-1の発現を解析する

　PDGFR αとSca-1の両方が高発現している細胞集団（PαS）にゲートをかけ，10％FBSが添加されたα-MEMにソートする．細胞培養時のコンタミネーションを防止するために，ソート前に70％エタノールによる前処理を行ったほうがよい．

❹ ペニシリン・ストレプトマイシンと10％FBSが添加されたα-MEMを加えた細胞培養プレート上でソーティングしたPαS（MSC）を培養する（37℃，5％CO_2条件下）

　最小細胞濃度として5,000個/cm^2が適当である．

　トラブルシューティング例を表2に示す．

表2　トラブルシューティング

実験手順番号	問題点	考えられる理由	解決方法
2-❷	低い細胞収率	MSCsへのダメージが大きい	過度の力を（乳棒に）加えない
2-❸	低い細胞収率	コラゲナーゼ溶液が反応しやすいような少骨片になっていない	充分に時間をかけて（10分間まで時間を延長して）カットする
2-❼	低い細胞収率	過度なクラッシュによる細胞ダメージ	やさしいタッピングが必要
2-❿	細胞が増殖しない	長時間滅菌水と反応することによる細胞ダメージ	効率のよい赤血球除去法であるが，6〜10秒後すぐに中和させる
3-❻，4-❸	細胞のコンタミネーション	セルソーティングの経験不足	経験が充分にあるFCSオペレーターによるセルソートが理想
4-❸	低い細胞収率	ソートチューブ内への死細胞やデブリスの混入	PIのような生細胞と死細胞を分けるマーカーを使用する

実験例

プロトコール **1.〜4.** の手順で実験を行っていき，フローサイトメトリーで解析したのが上段3つの解析図（図A）である．PI+ は死細胞を表すので，最初の段階でPI−＝生細胞（67.1％）にゲートをあわせる．実験に慣れてくると，生細胞の割合が80％以上も可能である．白血球マーカーであるCD45, 赤血球・赤芽球マーカーであるTer-119を発現している血球系細胞を取り除くために，CD45−/Ter119− の細胞集団（2.14％）にゲートをあわせる．最後にMSCマーカーであるPDGFRαとSca-1の両方が高発現しているPαS細胞集団（7.37％）にゲートをかけ，ソーティングする．

MSCsは計算上1/22個の割合（ヒトでは1/6）で単一細胞からコロニーを形成し（CFU-Fs：colony forming unit of fibroblast），脂肪細胞・軟骨細胞・骨細胞に分化する（図B）[1〜4]．

A) フローサイトメトリー解析・ソーティング

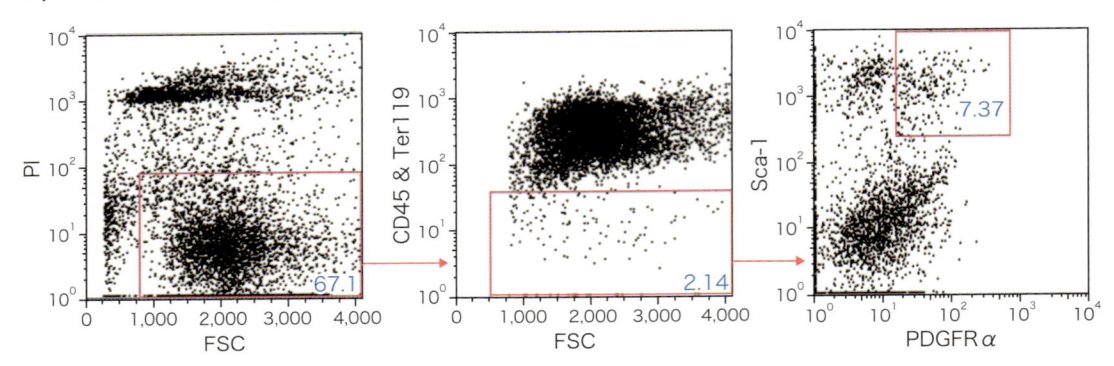

B) CFU-Fs と脂肪・軟骨・骨への分化能

CFU-Fs　　脂肪　　軟骨　　骨

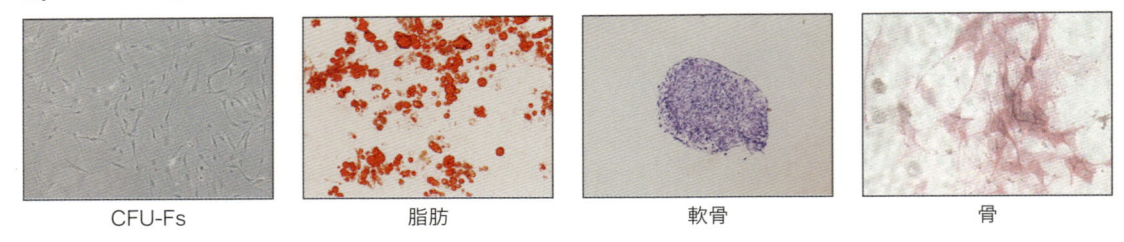

図　マウス骨髄単核細胞のPDGFRαのSca-1共陽性分画ゲーティングとソーティング後の細胞アッセイ

おわりに

これまでの培養分離法ではいまだ多くの不明な点が存在するMSCsであるが，本プロトコールはMSCsの生物学的本態に関する知見，あるいはMSCの本質を解明するのに非常に強力なツールになると考えている．

◆ 文献

1) Morikawa, S. et al.：J. Exp. Med., 206：2483-2496, 2009
2) Morikawa, S. et al.：Biochem. Biophys. Res. Commun., 379：1114-1119, 2009
3) Houlihan, D. D. et al.：Nat. Protoc., 7：2103-2111, 2012
4) Mabuchi, Y. et al.：Stem Cell Reports, 1：152-165, 2013

実践編

ソーティング（目的の細胞を生きたまま分取する）

16 iPS細胞からの血球分化誘導とソーティング

西村聡修

実験の目的とポイント

iPS細胞が，欲しいと思う細胞や臓器に素早くダイレクトに変化する…というのはいまだ夢物語に過ぎず，実際にiPS細胞から分化誘導を行う際には，時間軸に沿って分化段階の変化を解析し，必要な細胞を分取することが必要となる．フローサイトメーターは分化段階の解析と同時に細胞を分取可能な有用なツールであるが，分化に伴い表現型を変化させる細胞の解析にはどうしても多くの抗体による染色が必要となり，必要十分な抗体のセットを準備することが肝要となる．本稿では血球細胞分化を例にとり，広範囲の分化段階に対応可能な多重染色解析とソーティングの方法について概説する．

■ はじめに

　iPS細胞から多種多様な細胞や臓器を作製し，物理的に失ってしまったり機能不全に陥ったりした体の一部を機能的に補完する再生医療の実現に対する期待は，近年急激に高まってきている．ひとえにiPS細胞からある種の細胞や臓器を作製するといっても，受精卵に相当する最も若い段階から，終末分化もしくはそれに近い段階までの長い発生段階を模倣する，あるいは完全に模倣できないにしてもそれに近い分化段階を踏襲しなければならない．この単純ではない行程を踏破するためには，分化誘導開始から時間を追いながら分化途中の細胞の分化段階をつぶさに観察・解析・分取することが肝要となるが，すべての細胞が揃って同じ分化段階を踏むことはないといっても過言ではないため，1回の解析において解析できる分化段階の幅を可能な限り広く取ることが望まれる．フローサイトメーターと多種の細胞表面抗原マーカーを解析可能な抗体のセットをきちんと選択することで，分化の度合いを正確に解析できることに加え，目的とする分化段階の細胞およびその周辺を正確に分取することが可能となる．

　iPS細胞からは，理論上すべての種類の体細胞が誘導可能ではあるが，分化誘導法は目的とする細胞の種類によって大きく異なる．本稿ではヒト血液細胞，そのなかでも特にT細胞を例として，時系列と分化段階に応じた多色解析およびソーティングのポイントを概説する．

　ヒトiPS細胞からのT細胞分化誘導は，大まかに3つの段階に分けられる．第1段階はC3H10T1/2細胞との共培養により造血幹・前駆細胞を誘導する段階，第2段階はOP9-DL1細胞との共培養によりCD4$^+$CD8$^+$である未熟T細胞を誘導する段階，第3段階はヒト末梢血単核球（peripheral blood mononuclear cells：PBMCs）との共培養とTCR刺激によりCD4$^-$

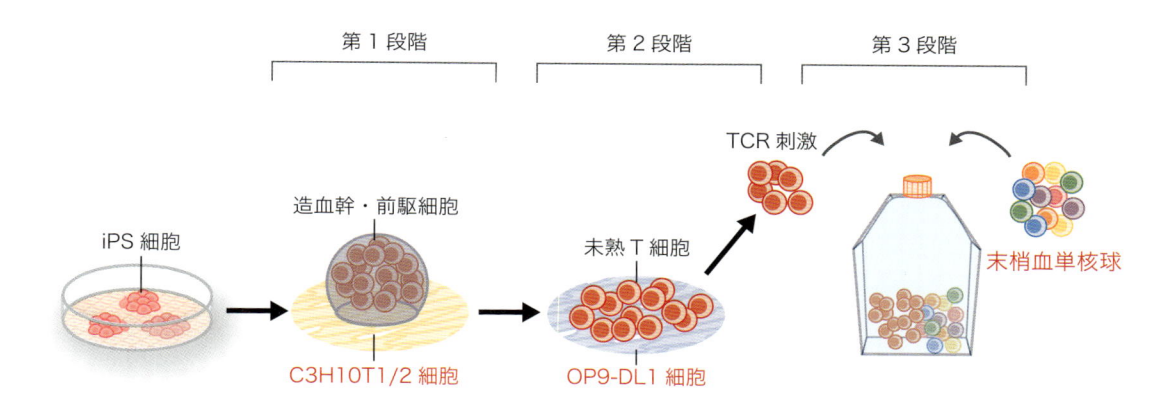

図1 iPS細胞からT細胞を誘導する方法の概略
文献1を元に作成

CD8$^+$である成熟T細胞を得る段階である（図1）．各段階には1つの抗体セットが用意されており，各段階内における細胞の成熟度合いをすべからくカバーできるようになっている．

準備

細胞

- ☐ C3H10T1/2細胞
- ☐ OP9-DL1細胞
- ☐ ヒト末梢血単核球（PMBCs）
- ☐ T-iPS細胞
  ヒトT細胞を初期化することにより作製したヒトiPS細胞（図2A）．ゲノムDNA中にすでに機能的な形に再構成されたTCR遺伝子を有するため，分化途中での遺伝子再構成が不必要であり，効率的に成熟T細胞を得ることができる*1．

  *1 T-iPS細胞ではなく一般的なiPS細胞からも同じプロトコールでT細胞の誘導は可能であるが，CD4$^+$CD8$^+$T細胞段階でのTCRの発現率が低く，最終的に得られる成熟T細胞の数も少なくなる．

試薬類

- ☐ Phosphate-buffered saline（PBS）
  Ca^{2+}およびMg^{2+}を含まないもの．

- ☐ 10T1/2培地
  組成：BME（サーモフィッシャーサイエンティフィック社），10％FBS（C3H10T1/2細胞維持用*2），2 mM L-グルタミン（サーモフィッシャーサイエンティフィック社）．

  *2 造血支持能を維持可能なロットを選別する．

- [ ] OP9培地
    α-MEM（サーモフィッシャーサイエンティフィック社[*3]），20％FBS（OP9-DL1細胞維持/T細胞分化用[*4]），2 mM L-グルタミン（サーモフィッシャーサイエンティフィック社）．

    > [*3] 理由はわからないが，サーモフィッシャーサイエンティフィック社などの粉末を水に溶解し作製したものでないと筆者の環境をはじめとした多くの場合ではうまくいかない．
    >
    > [*4] 各種血球細胞分化にはそれぞれに適したFBSを選択することが非常に重要である．ここではOP9の血球支持能を維持可能，かつT細胞分化を支持するロットを選択する．

- [ ] EB培地
    組成：IMDM（Iscove's Modified Dulbecco's Medium；シグマ・アルドリッチ社），15％FBS〔胚葉体（EB）形成用[*5]〕，2 mM L-グルタミン（サーモフィッシャーサイエンティフィック社），50 μg/mL アスコルビン酸（シグマ・アルドリッチ社），1×ITS（insulin-transferrin-selenium：シグマ・アルドリッチ社），0.45 mM α-monothioglycerol（MTG：シグマ・アルドリッチ社）．

    > [*5] 造血幹・前駆細胞を効率よく産生可能なロットを選別する．

- [ ] R10培地
    組成：RPMI-1640（シグマ・アルドリッチ社），10％FBS（T細胞培養用），2 mM L-グルタミン（サーモフィッシャーサイエンティフィック社）．
- [ ] ヒトリコンビナントVEGF（R&Dシステムズ社）
- [ ] ヒトリコンビナントFLT-3L（ペプロテック社）
- [ ] ヒトリコンビナントIL-7（ペプロテック社）
- [ ] ヒトリコンビナントIL-15（ペプロテック社）
- [ ] 40 μm セルストレーナー（BD Biosciences社）
- [ ] ヒトiPS細胞剥離液
    PBS，20％KSR（サーモフィッシャーサイエンティフィック社），0.05％トリプシン（サーモフィッシャーサイエンティフィック社），1 mM CaCl$_2$（和光純薬工業社）．
- [ ] 50 U/mL コラゲナーゼIV溶液（サーモフィッシャーサイエンティフィック社）
- [ ] 0.05％トリプシン-EDTA溶液（シグマ・アルドリッチ社）
- [ ] 5 mg/mL PHA-L（TCR刺激剤）（シグマ・アルドリッチ社）
    1,000×ストック溶液．

抗体類

- [ ] 抗体セット1
    - FITC標識ヒトCD31抗体（BD Biosciences社）
    - PE標識ヒトCD43抗体（eBioscience社）
    - PE/Cy7標識ヒトCD38抗体（BioLegend社）
    - APC標識ヒトCD34抗体（BioLegend社）
    - Pacific Blue標識ヒトCD235ab抗体（BioLegend社）
    - V500標識ヒトCD45抗体（BD Biosciences社）
- [ ] 抗体セット2
    - FITC標識ヒトTCRαβ抗体（eBioscience社）

- ・PE 標識ヒト CD1a 抗体（BioLegend 社）
- ・PerCP/Cy5.5 標識ヒト CD8 抗体（BioLegend 社）
- ・PE/Cy7 標識ヒト CD38 抗体（BioLegend 社）
- ・APC 標識ヒト CD7 抗体（BioLegend 社）
- ・Alexa Fluor 700 標識ヒト CD3 抗体（eBioscience 社）
- ・APC/H7 標識ヒト CD4 抗体（BD Biosciences 社）
- ・Pacific Blue 標識ヒト CD5 抗体（BioLegend 社）
- ・V500 標識ヒト CD45 抗体（BD Biosciences 社）
- ・ビオチン標識ヒト CD34 抗体（BD Biosciences 社）
- ・Brilliant Violet 605 標識ストレプトアビジン（BioLegend 社）

☐ 抗体セット3
- ・FITC 標識ヒト TCRab 抗体（eBioscience 社）
- ・PE 標識マルチマーもしくは PE 標識ネガティブマルチマー（医薬生物学研究所）
- ・APC 標識ヒト CD8 抗体（BioLegend 社）
- ・APC/H7 標識ヒト CD4 抗体（BD Biosciences 社）
- ・eFluor450 標識ヒト CD3 抗体（eBioscience 社）
- ・V500 標識ヒト CD45 抗体（BD Biosciences 社）

☐ 1 mg/mL Propidium iodide（PI）
　1,000×ストック溶液．

機器類

☐ フローサイトメーター（BD FACSAria II, BD Biosciences 社）
☐ ゼラチンコートディッシュ（10 cm）
☐ T25 フラスコ
☐ FACS 用のサンプルチューブ

プロトコール

1. 造血幹・前駆細胞のソーティング

1）分化誘導

❶ T-iPS 細胞との共培養開始前日に，50 Gy の放射線を照射した C3H10T1/2 細胞を 10 cm ディッシュ（ゼラチンコート）あたり 1.0×10⁶ 個の密度で播種する[*6]

> *6　細胞の培養はすべて 37℃，5% CO_2 条件下で行う．

❷ ヒト iPS 細胞剥離液を用いて 50 細胞ほどの細胞塊状に砕いた iPS 細胞を[*7]，10 cm ディッシュ（C3H10T1/2 細胞）あたり 100 細胞塊（約 5,000 細胞）程度を播種する（図2 A）[*8]

> *7　ヒト iPS 細胞を極端に小さな細胞塊まで砕くと，生存率および血球細胞への分化効率が著しく下がるため，砕きすぎないようにする．
>
> *8　10 cm ディッシュあたり 100 個程度の iPS 細胞塊に留めないと，分化効率を悪くする原因となる．

❸ 20 ng/mL VEGFを含むEB培地（10 cmディッシュ1枚あたり10 mL）で12日間培養する（図2B〜F）
　　3日ごとに培地を全量交換する

❹ 50 U/mL コラゲナーゼIV溶液で45分間処理したのち，0.05％ トリプシン–EDTA溶液で15分間処理する

❺ シングルセルまで乖離した細胞を40 μmセルストレーナーに通し，300×gで10分間遠心する

❻ ペレットをEB培地に懸濁し，ゼラチンコートディッシュ上で2時間程度かけて接着性細胞を吸着させる

❼ 軽いピペッティングにより浮遊細胞を回収する

2）抗体染色とソーティング

❶ $2.0×10^5$個（0.2テスト*9）の浮遊細胞を100 μLのPBSに懸濁し，FACS用のサンプルチューブに分取する

> *9　ヒトの場合，$1.0×10^6$細胞を1テストと定義されている．各抗体のラベルには1テストあたりに添加する容量が記載されているため，それらに従い加える抗体の容量を算出する．

❷ 抗体セット1の抗体（0.2テスト分）を加え，遮光状態で氷上にて30分間反応させる

❸ 3 mLのPBSを加え，300×gで10分間遠心する

❹ ペレットを200 μLのPI/PBS（0.5 μg/mL）に懸濁する

❺ BD FACSAria IIで解析する
　　ゲートをかけるストラテジーは，①CD235ab⁻画分，②CD43/CD34展開のCD43⁺CD34⁺画分，③CD38/CD45展開のCD45⁺かつCD38$^{-/low}$画分の順であり，これにより造血幹・前駆細胞に相当する細胞を確認する（図2G）．

❻ 造血幹・前駆細胞，およびそれらの前段階の細胞を含む画分（CD34⁺，CD43⁺，CD235ab⁻）をソーティングする

2. 未熟T細胞のソーティング

1）分化誘導

❶ 造血幹・前駆細胞との共培養開始の前日に，50 Gyの放射線を照射したOP9–DL1細胞を10 cmディッシュ（ゼラチンコート）あたり$1.0×10^6$細胞の密度で播種する

❷ ソーティングした浮遊細胞を，10 cmディッシュ（OP9–DL1細胞）あたり$1.0×10^6$個を上限に播種する

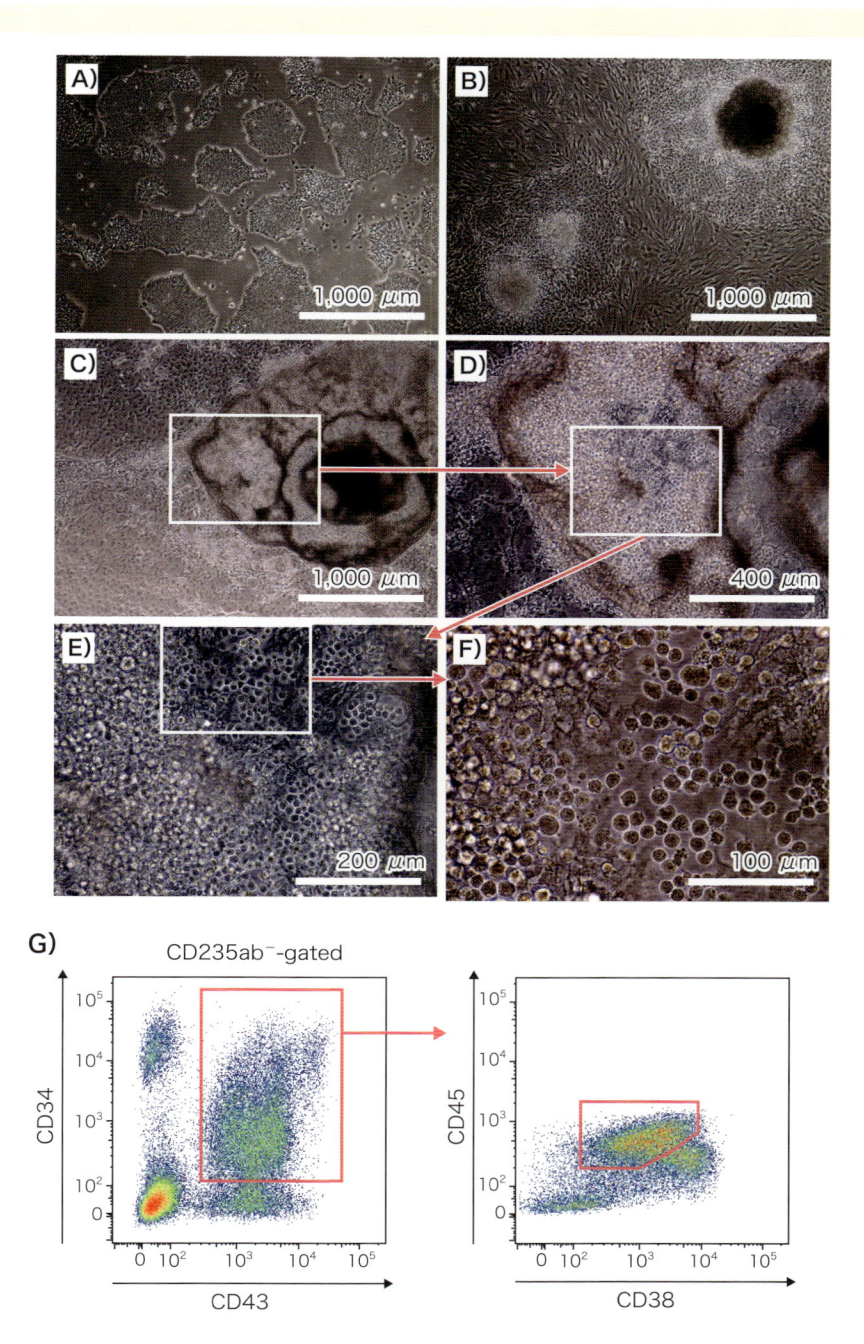

図2 C3H10T1/2細胞との共培養による造血幹・前駆細胞の誘導

A) 未分化な状態のiPS細胞．**B)** 分化誘導開始から6日後の細胞の様子．線維状のC3H10T1/2細胞の上で，iPS細胞由来の袋状の構造体が形成されている．**C～F)** 分化誘導開始から12日後の細胞の様子．袋状の構造体中に非接着性で丸みを帯びた細胞が多数現れる．C，D，E中の白四角枠部分をそれぞれ拡大したものがD，E，Fである．**G)** C～Fで示した袋状構造体中の浮遊細胞を回収し，フローサイトメーターによる解析を行ったところ，造血幹・前駆細胞の表現型（CD235ab$^-$，CD34$^+$，CD43$^+$，CD45$^+$，CD38$^{low/-}$）を示す細胞が観測された

❸ FLT-3L（5 ng/mL），IL-7（1 ng/mL）を含むOP9培地（10 cmディッシュ1枚あたり10 mL）で6日間培養する．3日目に半量の培地を交換する*10

> *10 細胞がディッシュの底面付近にいる状態で，培地の上面から静かに5 mLの培地を吸う．

↓

❹ 軽いピペッティングにより浮遊細胞を回収し，300×gで10分間遠心する

↓

❺ ペレットを10 mLのOP9培地（FLT-3L（5 ng/mL），IL-7（1 ng/mL）を含む）に懸濁し，一部を表現型の解析に用い（図3 A），残りは新しいOP9-DL1細胞上に播種する

↓

❻ ステップ❸〜❺を3回繰り返し，24日目にすべての浮遊細胞を回収する（図3 B）

2）抗体染色とソーティング

ここではPIを含めた11色解析を紹介するが，蛍光漏れ込み補正の難解さをはじめとして非常に，困難を伴う．フローサイトメーターの操作に慣れないうちは使用する色を減らして，確実な解析を行うことが肝要である（重要なマーカーの順番としてはCD4$^+$CD8$^+$，CD1a，CD5，CD7，CD3/TCR$\alpha\beta$，CD38，CD45，CD34の順である）．

❶ 1.0×10^5個（0.1テスト）の浮遊細胞を100 μLのPBSに懸濁し，FACS用のサンプルチューブに分取する*11

> *11 CD4$^+$CD8$^+$T細胞をソーティングしてもよいが，浮遊細胞全体の数は少ないので，少量をフローサイトメトリーに，残りの細胞全部を次のステップに使用した方が分化誘導の失敗は少ない．

↓

❷ 抗体セット2の抗体（0.1テスト分）を加え，遮光状態で氷上にて30分間反応させる

↓

❸ 3 mLのPBSを加え，300×gで10分間遠心する

↓

❹ ペレットを200 μLのPI/PBS 0.5 μg/mLに懸濁する

↓

❺ BD FACSAria IIで解析する

分化誘導途中の解析では，時間経過に伴うCD34の発現の低下，およびCD38，CD7，CD5，CD1aの発現の上昇を確認する．24日目の解析では，①CD45$^+$の血球画分，②CD3/TCR$\alpha\beta$展開の画分，③CD1a/CD5展開のCD1a$^+$CD5$^+$画分の順番でゲートをかけ，④CD8/CD4展開の画分，すなわちCD4$^+$CD8$^+$T細胞を確認する（図3 C）．

↓

❻ 必要であれば，CD4$^+$CD8$^+$T細胞画分（CD34$^-$，CD38$^+$，CD45$^+$，CD7$^+$，CD5$^+$，CD1a$^+$，CD3$^+$，TCR$\alpha\beta^+$，CD8$^+$，CD4$^+$）をソーティングする

3．成熟T細胞のソーティング

1）分化誘導

❶ 40 Gyの放射線を照射したPBMCs（1.0×10^7個）を準備し，全量の未熟T細胞と混合し，15 mLのR10培地に懸濁したのち，T25フラスコに入れる

↓

実践編 ソーティング 16

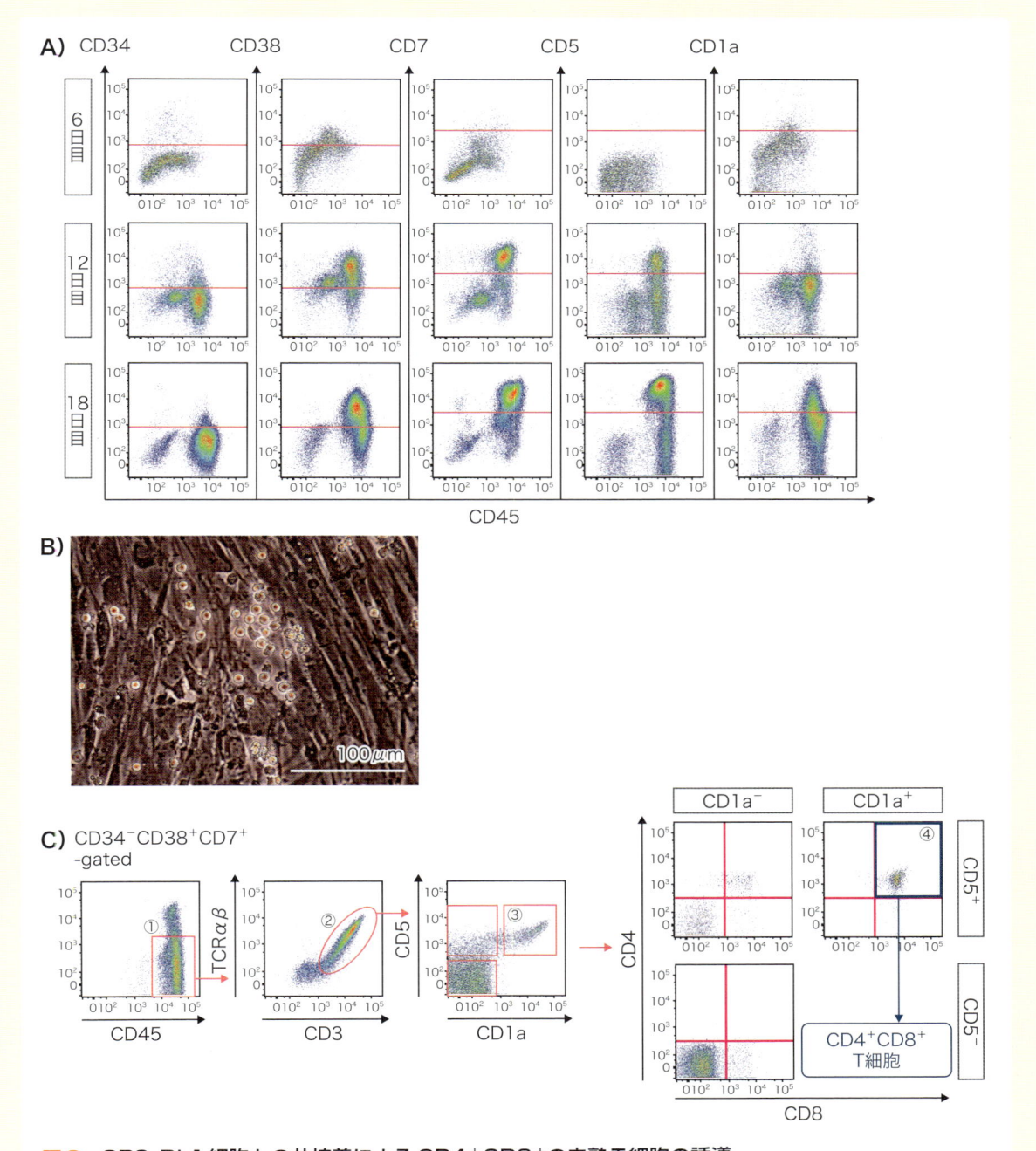

図3 OP9-DL1細胞との共培養によるCD4⁺CD8⁺の未熟T細胞の誘導

iPS細胞から誘導した造血幹・前駆細胞をOP9-DL1細胞上に播種し，共培養を開始した．**A)** OP9-DL1細胞との共培養開始から6日目，12日目，18日目の細胞の表現型の解析．幹細胞マーカーであるCD34の発現が下がるのに比例して，分化マーカーであるCD38の発現が上昇する．また，T細胞系譜への分化の示標であるCD7，CD5，CD1aの発現がこの順で上昇しているのが見てとれる．**B)** OP9-DL1細胞との共培養開始から4週間後の細胞の様子．**C)** OP9-DL1細胞との共培養開始から4週間後の細胞の表現型の解析．血球細胞マーカー（CD45），各種T細胞マーカー（CD7，CD5，CD1a，CD3，TCRαβ）を発現し，OP9-DL1細胞との共培養による分化誘導の限界であるCD4⁺CD8⁺T細胞が観測された（A，Cは文献1より転載）

❷ 終濃度がともに10 ng/mLとなるようにIL-7とIL-15を加え，続けて終濃度5 μg/mLとなるようにPHA-Lを加える

❸ 細胞の増殖度合いにあわせて適宜培養スケールを調整しながら14日間培養する*12
　　培養開始から5日目，8日目，11日目に適量の培地を交換する．5日目以降はPHA-Lを入れる必要はない．

> *12 細胞密度が1.5×10^6細胞/mLを超えないように，培地の量，およびT25フラスコの数を調整する．あまりにも増殖が早い場合は，T75フラスコを用いた培養系にスケールアップしてもよい．

❹ 軽いピペッティングにより浮遊細胞を回収する（図4A）

2）抗体染色とソーティング

PE標識マルチマーを用いた染色では，PEのバックグラウンドが高くなりがちであるため，確実にマルチマー+の細胞をソーティングするためのライン引きのためには，ネガティブマルチマーを用いて染色した細胞を準備する必要がある．

❶ 1.0×10^6細胞（1テスト）の浮遊細胞を100 μLのPBSに懸濁したものを2つ準備し，2つのFACS用のサンプルチューブに分取する

❷ 片方の細胞懸濁液にはマルチマー（1テスト分）を，もう片方の細胞懸濁液にはネガティブマルチマー（1テスト分）を加え，遮光状態で氷上にて30分間反応させる*13
　　以降2サンプルとも同じ操作

> *13 他の抗体をマルチマーより先に，もしくは同時に染色すると，マルチマーの染まりが悪くなる場合があるため，必ず最初にマルチマー単独で染色する．

❸ 3 mLのPBSを加え，$300 \times g$で10分間遠心する

❹ ペレットを100 μLのPBSに懸濁し，抗体セット3のマルチマー（もしくはネガティブマルチマー）以外の抗体（0.2テスト分）を加え，遮光状態で氷上にて30分間反応させる

❺ 3 mLのPBSを加え，$300 \times g$で10分間遠心する

❻ BD FACSAria IIで解析する
　　ゲートをかけるストラテジーは，①CD45+画分，②CD3/TCRαβ展開のCD3+TCRαβ+画分，③CD8/CD4展開のCD4-画分，④CD8/マルチマー展開のCD8+かつマルチマー+画分の順であり，これによりマルチマーに反応しCD8+である成熟T細胞を確認する（図4B）．

❼ マルチマー特異的成熟T細胞（CD45+CD3+TCRαβ+CD4-CD8+マルチマー+）をソーティングする

実践編 ソーティング 16

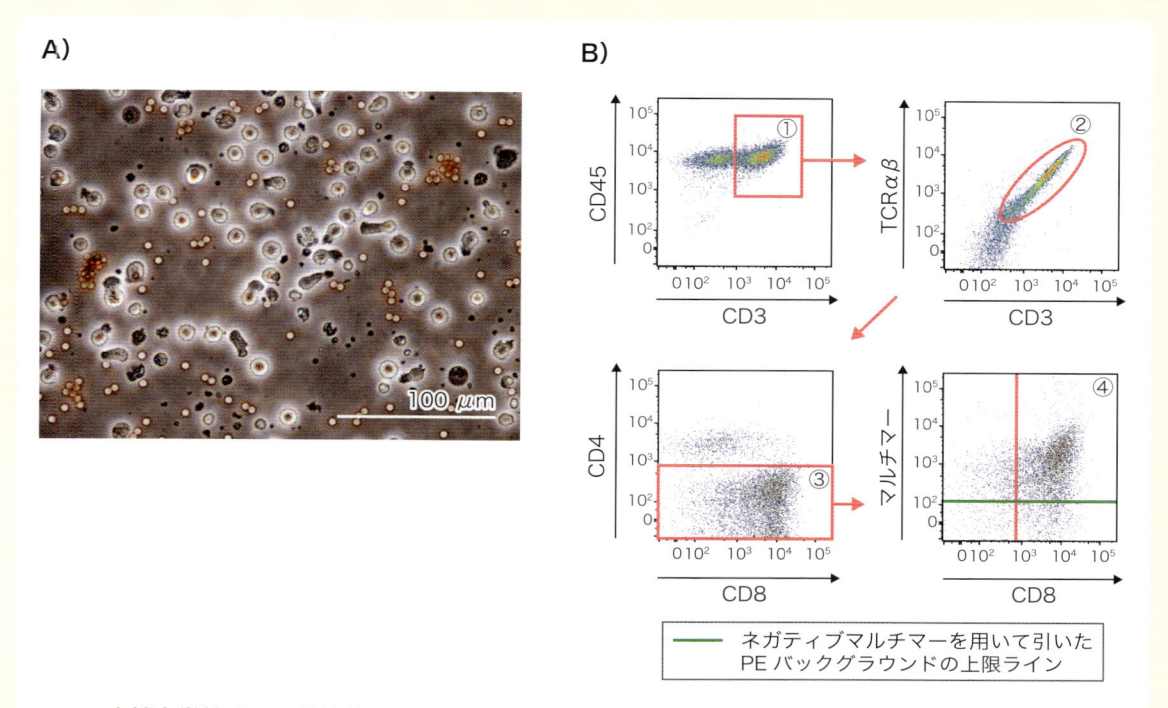

図4 末梢血単核球との共培養によるCD4⁻CD8⁺の成熟T細胞の誘導
CD4⁺CD8⁺の未熟T細胞にTCRからの刺激を与えつつ，PBMCsとともに2週間共培養した．**A)** PBMCsとの共培養開始から2週間後の細胞の様子．**B)** PBMCsとの共培養開始から2週間後の細胞の表現型の解析．T細胞の表現型（CD45⁺，CD3⁺，TCRαβ⁺）に加え，CD4⁻CD8⁺となった細胞が見うけられる．また，CD4⁻CD8⁺T細胞のほとんどがマルチマーを認識可能であることから，マルチマー特異的（抗原特異的）なT細胞であることも示された

実験例

　本稿では，T-iPS細胞からT細胞を分化誘導する場合を例にとり，分化誘導の際のフローサイトメーターによる解析とソーティングに関して述べてきた．T細胞が試験管内（in vitro）で作製可能となると，その手法の応用の幅は発生学や免疫学などの基礎生物学的な側面のみならず，再生医療やT細胞免疫療法などの臨床医学的な側面までと，幅広いものとなる．本プロトコールが実際に用いられた例としては，ヒト免疫不全ウイルス（HIV）感染者やバーキットリンパ腫患者体内において疲弊・機能不全状態に陥ってしまったT細胞を一度iPS細胞化し，そこから再び抗原特異的T細胞を再生することで，HIV感染やバーキットリンパ腫に対する高い治療効果を確認した研究がある（図5）[1)5)]．

　本稿の造血幹・前駆細胞の分化誘導法と同じ手法を用いて造血幹・前駆細胞を誘導し，それらを巨核球誘導および血小板産生へ導いた研究もある[2)〜4)]．以上より，造血幹・前駆細胞の誘導以降であれば，各血球系譜への分化誘導プロトコールと組み合わせることにより目的とする血球細胞へと分化誘導することは比較的容易いものとなっている．その際の解析，および解析に用いる細胞表面抗原マーカー等は各血球系譜に特化したものとなるが，それらをきちんと

217

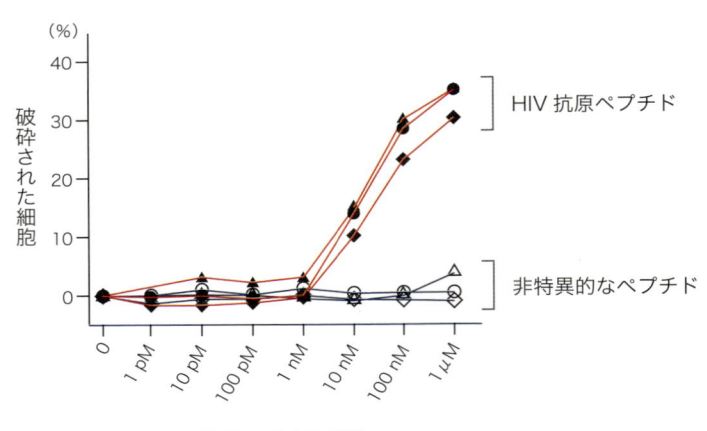

図5 HIV特異的な成熟T細胞の誘導
慢性HIV感染症患者の末梢血T細胞から樹立したT-iPS細胞から，CD8$^+$のT細胞を再び分化誘導した．それらのT細胞としての機能を検討したところ，HIV抗原に特異的に細胞傷害能を発揮することが示された（文献1を参考に作成）

選択し，適切な条件下で解析・ソーティングできれば，各種血球系譜への分化誘導を高いクオリティーの下に実現可能である．

おわりに

iPS細胞から目的とする細胞を分化誘導する際には，分化誘導系の精微化とともに，確実に目的とする細胞系譜へと分化しているかの確認作業が必須となる．現在までに，血球細胞以外では，神経細胞，間葉系幹細胞，筋肉細胞など，非常に多種多様な細胞への分化誘導系が存在する．繰り返しになるが，いずれの場合においても適切な抗体のセットを選び，時間経過に伴う分化段階およびその周辺を幅広くカバーできる解析を行いながら，適宜目的とする細胞およびそれに近い細胞をソーティングすることが分化誘導実験を成功させるにあたり重要なポイントとなってくる．本稿に記したプロトコールを一例として参照しながら，エッセンスとなる点を抽出し，個々人が目的とする細胞への分化誘導系の確立・改良に活かしてもらえれば幸いである．

◆ 文献
1) Nishimura, T. et al. : Cell Stem Cell, 12 : 114-126, 2013
2) Takayama, N. & Eto, K. : Methods Mol. Biol., 788 : 205-217, 2012
3) Takayama, N et al. : Blood, 111 : 5298-5306, 2008.
4) Takayama, N. et al. : J. Exp. Med., 207 : 2817-2830, 2010
5) Ando, M et al. : Stem Cell Reports, 5 : 597-608, 2015

実践編 ソーティング（目的の細胞を生きたまま分取する）

17 T細胞のソーティング

増田喬子, 河本 宏

実験の目的とポイント

T細胞が成熟するまでの過程，もしくは末梢におけるさまざまな分画の細胞をFCMを用いてソーティングすることを目的とする．マウスについては，分化過程にあるT細胞として胸腺細胞の各分化段階の分画法を，末梢のT細胞として脾臓のT細胞の分画法を示す．ヒトについては，血液中のT細胞の分画法について紹介する．

はじめに

血液細胞はすべて胎仔では肝臓，成体では骨髄で分化するが，T細胞だけは胸腺で分化する．元になるT前駆細胞は肝臓もしくは骨髄から胸腺へ移住する．胸腺内では，まず旺盛に増殖してから**T細胞レセプター**（T cell receptor：TCR）遺伝子の再構成が起こり，多様なTCRを発現するT細胞がつくられる．そのなかで自己抗原に強く反応する細胞は**負の選択**により除去され，自己抗原と適度な反応性をもつ細胞は**正の選択**により選ばれて成熟し，末梢組織へと出ていく．成熟したT細胞は大きく**キラーT細胞**と**ヘルパーT細胞**の2種類に分類することができる．キラーT細胞は感染細胞を殺傷し，ヘルパーT細胞はB細胞やマクロファージなどを活性化する．末梢において抗原に出会う前の細胞を**ナイーブT**細胞とよぶ．抗原と出会ったT細胞は**エフェクターT細胞**として働き，一部は**メモリーT細胞**として生き残る．

T細胞の各分化段階や活性化状態は，表面抗原の発現パターンの変化に基づいてFCM解析により分画することができる．近年では，FCMの進歩により一度に解析することができるパラメーター数が増えたことや，蛍光強度の強い蛍光色素が開発されたことにより，詳細な分画，さらにそれらの分取が容易になった．本稿では，マウス胸腺内におけるT細胞分化段階に対応する分画と，マウス脾臓またはヒト末梢血におけるT細胞分画について紹介する．

準備

器具
- プラスチックディッシュ（直径60 mm）
- セルストレーナー（孔径40μm：352340，BD Biosciences社）

- ☐ エッペンチューブ
- ☐ パスツールピペット
- ☐ 15 mL コニカルチューブ
- ☐ 50 mL コニカルチューブ
- ☐ フロスト部がついたスライドガラス（組織破砕用）
- ☐ ステンレスメッシュ（組織破砕用，日本メッシュ工業社：メッシュ60，線径0.14 mm）
- ☐ FCMチューブ（352008，BD Biosciences社）
- ☐ 孔径42 μmナイロンメッシュ（N-NO.330T，NBCメッシュテック社）
  染色した細胞をFCMチューブに移すときに通すメッシュであるが，メッシュ付きキャップがついたFCMチューブ（352235，BD Biosciences社）を用いてもよい．

試薬
- ☐ Ficoll（17-5442，GE ヘルスケア社）
  ヒト末梢血からの単核球単離用．
- ☐ PBS（−）
- ☐ 各種蛍光標識抗体（BD Biosciences社，BioLegend社，eBioscience社など）
- ☐ FCM用バッファー（1% FCS/PBS）
- ☐ PI（propidium iodide：P4170，シグマ・アルドリッチ社）
  ストック溶液濃度：1 μg/mLとなるようにPBSで溶解．死細胞除去に使用．1,000倍希釈で使用する．他の死細胞除去用試薬（7-AADなど）で代用可．

プロトコール

1. マウスリンパ組織からの細胞調製・染色

❶ マウスから胸腺もしくは脾臓を6 cmディッシュに採取する

❷ 6 cmディッシュ内にセルストレーナーを入れ，中に組織を入れる．上から2.5 mL注射筒ピストンのゴム部分を押しつけることで組織をつぶす（図1A）
　もしくはスライドガラスのフロスト部分に組織を置き，もう1枚のスライドガラスのフロスト部分で挟み込んでつぶし，ディッシュ内のFCM用バッファーにひたして細胞を遊離させる（図1B）．ステンレスメッシュを二つ折りにし，間に入れた組織をピンセットでこすることでも破砕できる（図1C）．FCM用バッファーに1分間静置して大きな破砕片が沈んだ後，上清にあたるFCM用バッファーをセルストレーナーに通して50 mLコニカルチューブに回収し，これを単一細胞遊離液とする（図1D）．1匹あたり，胸腺からは1×10^8細胞，脾臓からは3×10^7細胞程度が回収できる．

❸ 4℃，190×g，5分間の遠心後，2×10^7個/mLとなるようにFCM用バッファーに懸濁する

❹ エッペンチューブに細胞を50 μL（1×10^6個）ずつとりわけ，蛍光抗体を添加する
　抗体は100〜200倍希釈で使用できることが多い．初めて購入した際に×50，×100，×200，×400のように濃度をふってテストしておく．

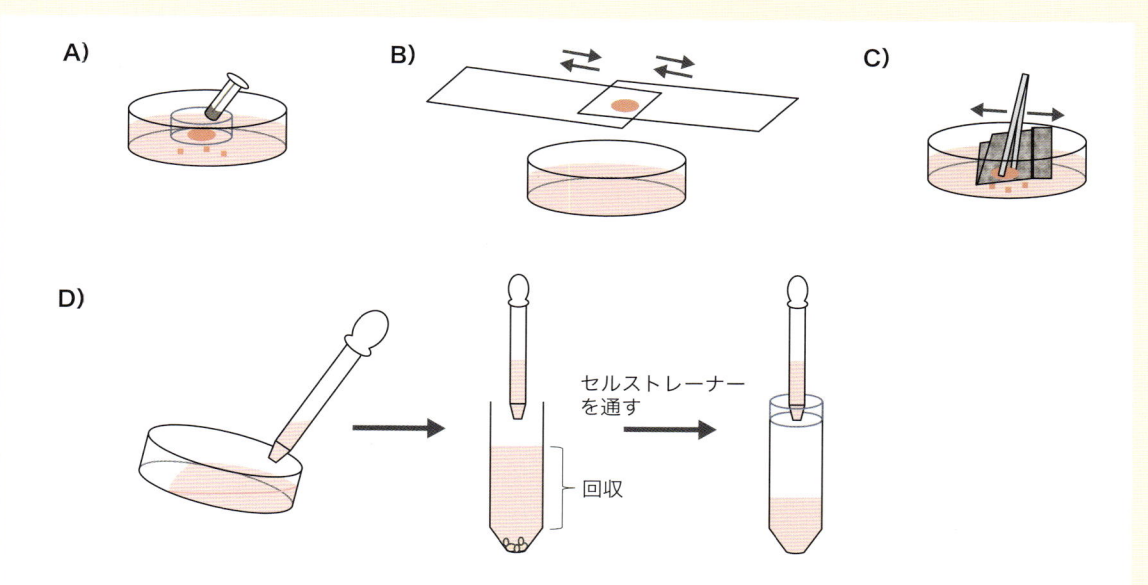

図1 マウス組織からの細胞懸濁液調製

A) マウス組織をディッシュ内に置いたセルストレーナーに入れ，注射筒ピストンのゴム部分で押さえつけるようにして破砕する．B) 組織を2枚のスライドガラスのフロスト部分で挟み込み，擦り合わせることで組織をつぶす．60 mmディッシュに用意したFCM用バッファーにフロスト部分をひたし，細胞懸濁液を得る．C) 組織を二つ折りにしたステンレスメッシュの間に置き，ピンセットを用いて組織をステンレスメッシュにこすりつけることでつぶし，細胞懸濁液を得る．D) A，B，Cのいずれかの工程の後，60 mmディッシュ内に遊離させた細胞を，一度コニカルチューブに回収し，大きな破砕片を沈めた後，上清部分を回収しセルストレーナーを通して50 mLコニカルチューブに得る

❺ 氷上で20分間静置する

❻ FCM用バッファーを1 mL添加し，4℃，800×g，5分間遠心後，上清を除去する
　　一次抗体と二次抗体を用いて染色する場合は，❹〜❻の染色・洗浄過程を2回行う．

❼ 細胞を300 µLのFCM用バッファーに懸濁し，ナイロンメッシュを通してFCMチューブに移す

❽ 直前に死細胞除去のためにPI（最終濃度1 ng/mL）を加え，FCMで解析する

2. ヒト末梢血からの単核球単離・染色

❶ ヘパリンを塗布したシリンジで採血したヒト末梢血と等量のPBS（室温）を50 mLチューブ内で混合する

❷ 別の50 mLチューブに，末梢血/PBS混合液と等量のFicoll（室温）をとる．Ficollの上に末梢血/PBSをゆっくりと重層する

❸ Ficoll と末梢血/PBS 混合液が混ざらないように注意しながら遠心機にセットする．遠心機のアクセルとブレーキを OFF に設定し，室温，440×g で 30 分間遠心する

❹ 単核球は血漿と Ficoll の間に現れる白濁した薄い層の中に存在する．単核球層をパスツールピペットを用いて 50 mL チューブに回収する（図2）

❺ 細胞を洗浄する
　40 mL PBS を加え，4℃，860×g で 10 分間遠心し，上清を除去する．末梢血 10 mL から単核球が 10^7 細胞程度回収できる．

❻ さらに 40 mL の PBS を加えて懸濁し，4℃，440×g，5 分間遠心し，上清を除去する

❼ 細胞を $2×10^6〜2×10^7$ 個/mL の濃度になるように FCM 用バッファーに懸濁し，50 μL ずつエッペンチューブに分注する
　（$1×10^5〜10^6$ 個/チューブとなる）

❽ 蛍光標識した抗体を添加する

❾ 氷上で 20 分間静置する

❿ 10 mL の PBS を加えて懸濁し，4℃，440×g，5 分間遠心し，上清を除去する
　一次抗体と二次抗体を用いて染色する場合は，❽〜❿の染色・洗浄過程をもう一度行う．

⓫ 細胞を 300 μL の FACS バッファーに懸濁し，ナイロンメッシュを通して FCM チューブに移す

⓬ 直前に PI を最終濃度が 1 ng/mL になるように加え，FCM で解析する

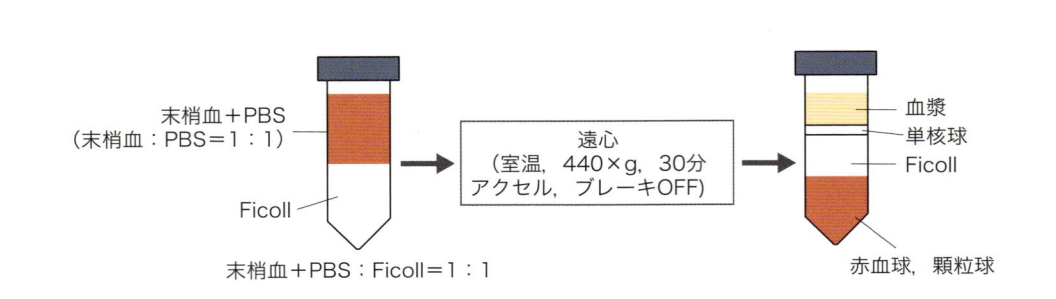

図2　ヒト末梢血からの Ficoll を用いた単核球単離
ヒト末梢血を PBS で 2 倍に希釈し，等量の Ficoll 上にゆっくりと重層する．アクセルとブレーキを OFF にした状態で遠心すると，血漿層と Ficoll 層の間に白濁した単核球層が得られる

実験例

1. マウスT細胞分画の解析・ソーティング

抗CD4，抗CD8抗体で染色して展開すると，4分画が観察される（図3A左）．分化経路としては，CD4⁻CD8⁻（double negative：**DN**）細胞分画からCD4⁺CD8⁺（double positive：**DP**）細胞へと分化した後，CD4⁺CD8⁻（CD4 single positive：**CD4SP**）もしくはCD4⁻CD8⁺（CD8 single positive：**CD8SP**）細胞へと分化する．CD4SP分画にはヘルパーT細胞と制御性T細胞が含まれ，CD8SP分画にはキラーT細胞が含まれる．

DN分画は，CD25とCD117（c-Kit）で展開することでさらに4つの分化段階に分画できる（図3A右）．なおここで示すDN分画は実際にはCD3⁻CD4⁻CD8⁻かつB220（CD45R：B細胞マーカー）陰性，TER119（赤血球マーカー）陰性，CD11b（Mac-1：ミエロイド細胞マーカー）陰性分画を示している．CD117⁺CD25⁻，CD117⁺CD25⁺，CD117⁻CD25⁺，CD117⁻CD25⁻という4段階を経て分化し，これらは**DN1**，**DN2**，**DN3**，**DN4**段階とよばれる．最も未熟なT前駆細胞はDN1分画に存在する．DN2段階の途中でT細胞以外への分化能を失い，完全なT細胞系列決定が起こる[1)2)]．さらに旺盛に増殖しながらDN3段階へと分化し，この段階で一度増殖を停止して**TCRβ鎖**が再構成される．TCRβ鎖の再構成に成功した細胞はDN4段階へと進み再び旺盛に増殖し，DP細胞へと分化していく．

DP段階に入る直前に**TCRα鎖**の再構成が起こり，TCRを表面に発現するようになる．したがって，DP分画にゲートしてTCR複合体の1因子であるCD3の発現をみると陰性〜弱陽性である（図3B）．胸腺内のほとんどの細胞は**αβT細胞**へ向けて分化していくが，ごく少数（1%以下）の**γδT細胞**が含まれる（図3C）．

DP段階では正の選択が起こるが，正の選択を受けた細胞はCD5，CD69を発現し，TCRの発現も上昇する（図3D）．**制御性T細胞**はCD25をも発現していることで区別することができる．細胞を固定し核内に存在するFoxP3を染色すると，より正確に制御性T細胞を特定できる（図3E）（細胞内染色については実践編−6を参照のこと）．

ナチュラルキラーT（natural killer T：NKT）細胞のTCRは多様性を示さず，ごく限定された反応性のTCRを発現する．MHCとペプチドの複合体を認識するのではなく，CD1dと糖脂質で形成される複合体を認識する．単一のTCRであるため認識できる糖脂質抗原も限られている．抗原の1つであるα-ガラクトシルセラミド（α-galactosylceramide：α-GalCer）とCD1dの2量体（ダイマー：dimer）を用い，抗TCRβ抗体と組み合わせて染色・展開すると，TCRβ⁺ダイマー⁺分画にNKT細胞を特定することができる（図3F）[3)]．脾臓細胞中には，CD4⁺T細胞，CD8⁺T細胞を観察することができる（図4A）．**ナイーブヘルパーT細胞**は活性化されるといくつかのサブセットにわかれる．**Th1細胞，Th2細胞，Th17細胞，濾胞性ヘルパーT（Tfh）細胞**などが知られている．Th1，Th2，Th17はTCR刺激とサイトカインの組み合わせで活性化した後，細胞内サイトカインを染色することで分画することができるが，定常状態では通常はほとんどみられない．Tfh細胞は抗PD1，抗CXCR5抗体で染色後展開すると，PD1⁺CXCR5⁺細胞として特定できる（図4B）．

マウスにおいて，**メモリー細胞**分画と**ナイーブ細胞**分画は抗CD44，抗CD62L抗体を用いて

223

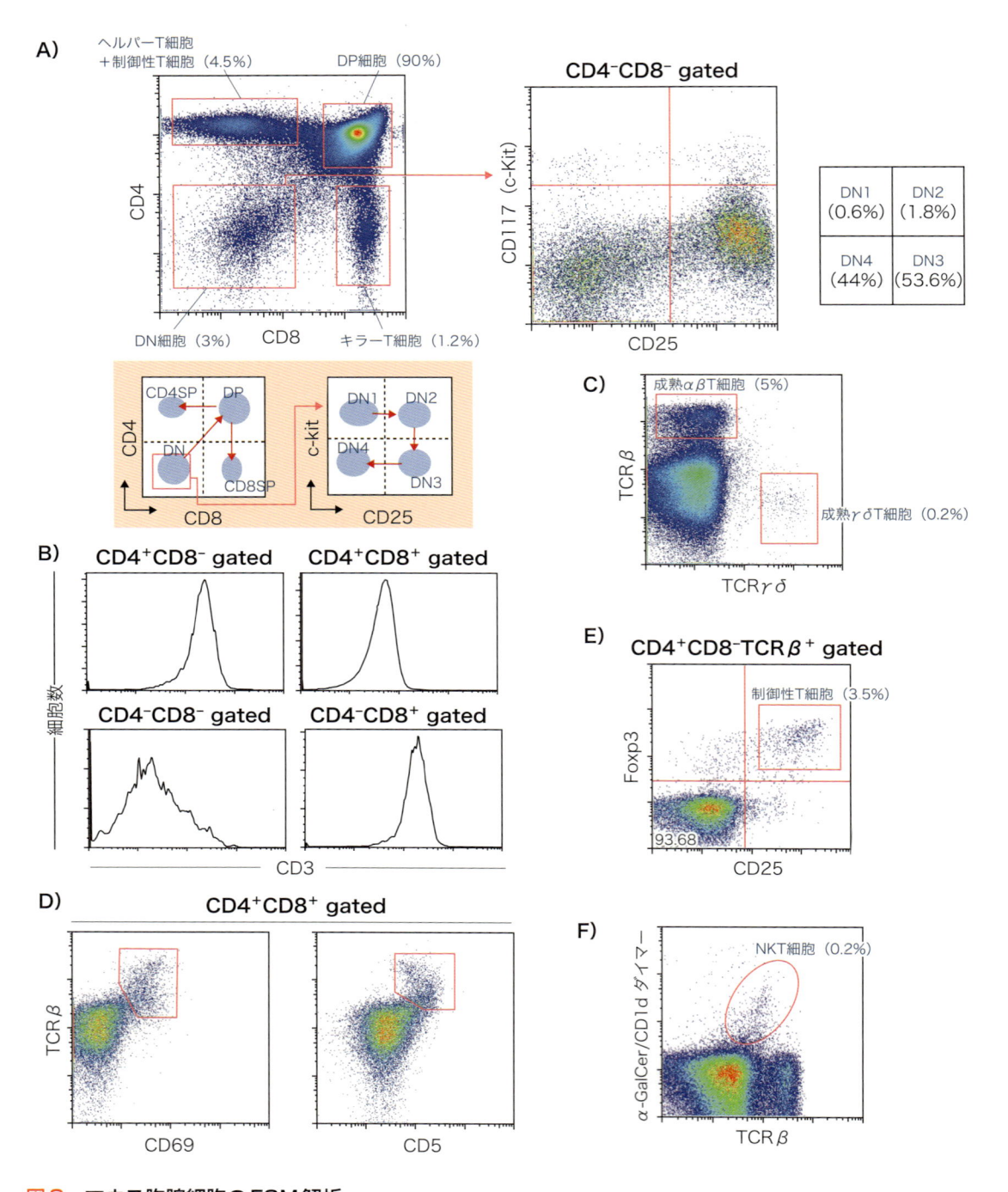

図3 マウス胸腺細胞のFCM解析

A) 8週齢マウスの胸腺細胞を抗CD4, 抗CD8, 抗CD25, 抗CD117抗体で染色し, CD4とCD8で展開した（左）. CD4とCD8がともに陰性かつCD3⁻B220⁻TER119⁻CD11b⁻分画にゲートを設定し, CD25とCD117で展開した. 下の模式図は分化の順序を示している. **B)** 胸腺細胞をCD3, CD4, CD8で染色し, DN, DP, CD4SP, CD8SP分画でのCD3の発現を示す. **C)** 胸腺細胞中のαβT細胞とγδT細胞を示す. **D)** DP分画中において, TCRβとCD69, あるいはCD5で展開した. **E)** CD4 SP分画をCD25とFoxp3で展開することで制御性T細胞を観察することができる. **F)** 抗TCRβ抗体とα-GalCer/CD1dダイマーで染色して展開すると, NKT細胞を特定することができる

224　新版　フローサイトメトリー　もっと幅広く使いこなせる！

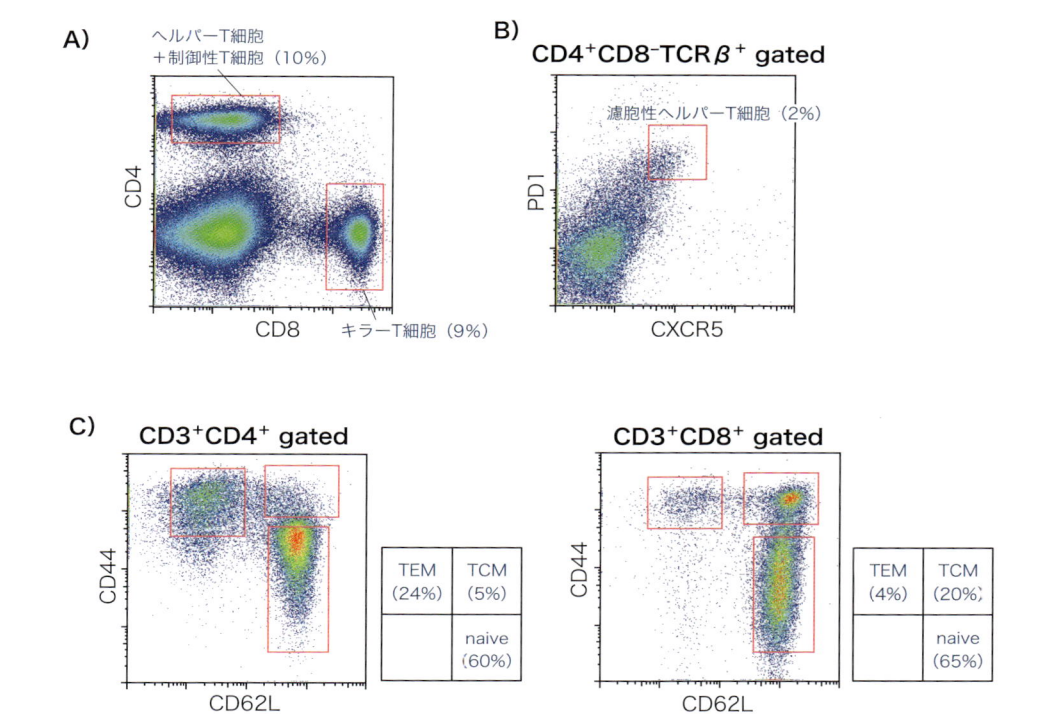

図4　マウス脾臓におけるT細胞分画

A) 8週齢マウスの脾臓細胞を抗CD4，抗CD8抗体で染色し，CD4とCD8で展開した．**B)** CD4⁺CD8⁻TCRβ⁺分画をCXCR5とPD1で展開することで濾胞性ヘルパーT細胞を示している．**C)** 抗CD44，抗CD62L抗体を用いることで，ヘルパーT細胞およびキラーT細胞中のメモリー細胞分画とナイーブ細胞分画を観察することができる．TEM：effector memory T cells（エフェクターメモリーT細胞），TCM：central memory T cells（セントラルメモリーT細胞）を示す

分画することができる．CD44⁻CD62L⁺分画にはナイーブ細胞が含まれ，CD44⁺CD62L⁺分画とCD44⁺CD62L⁻分画はそれぞれ**セントラルメモリー細胞**と**エフェクターメモリー細胞**が含まれる（図4C）．エフェクターメモリー細胞は末梢組織へ移行する一方，セントラルメモリー細胞は主にリンパ器官に留まる．また，長期間の免疫記憶を司るのはセントラルメモリー細胞である．

2. ヒト末梢血中T細胞分画の解析・ソーティング

ヒト末梢血中に存在するT細胞はすべてTCRを発現するのでCD3も必ず発現している．抗CD3，抗CD4，抗CD8抗体で染色後，CD3⁺分画をゲートして展開すると，CD4⁺CD8⁻細胞とCD4⁻CD8⁺細胞がみられる．CD4⁺CD8⁻細胞分画をさらに抗CD127（IL-7R），抗CD25抗体を用いて展開すると，CD127⁻CD25⁺細胞として制御性T細胞を特定できる（図5A）．

ヒト末梢T細胞は抗CD45RO，抗CD45RA抗体により，メモリーT細胞とナイーブ細胞をそれぞれCD45RO⁺CD45RA⁻，CD45RO⁻CD45RA⁺分画に特定できる．CD3⁺CD4⁺CD8⁻分

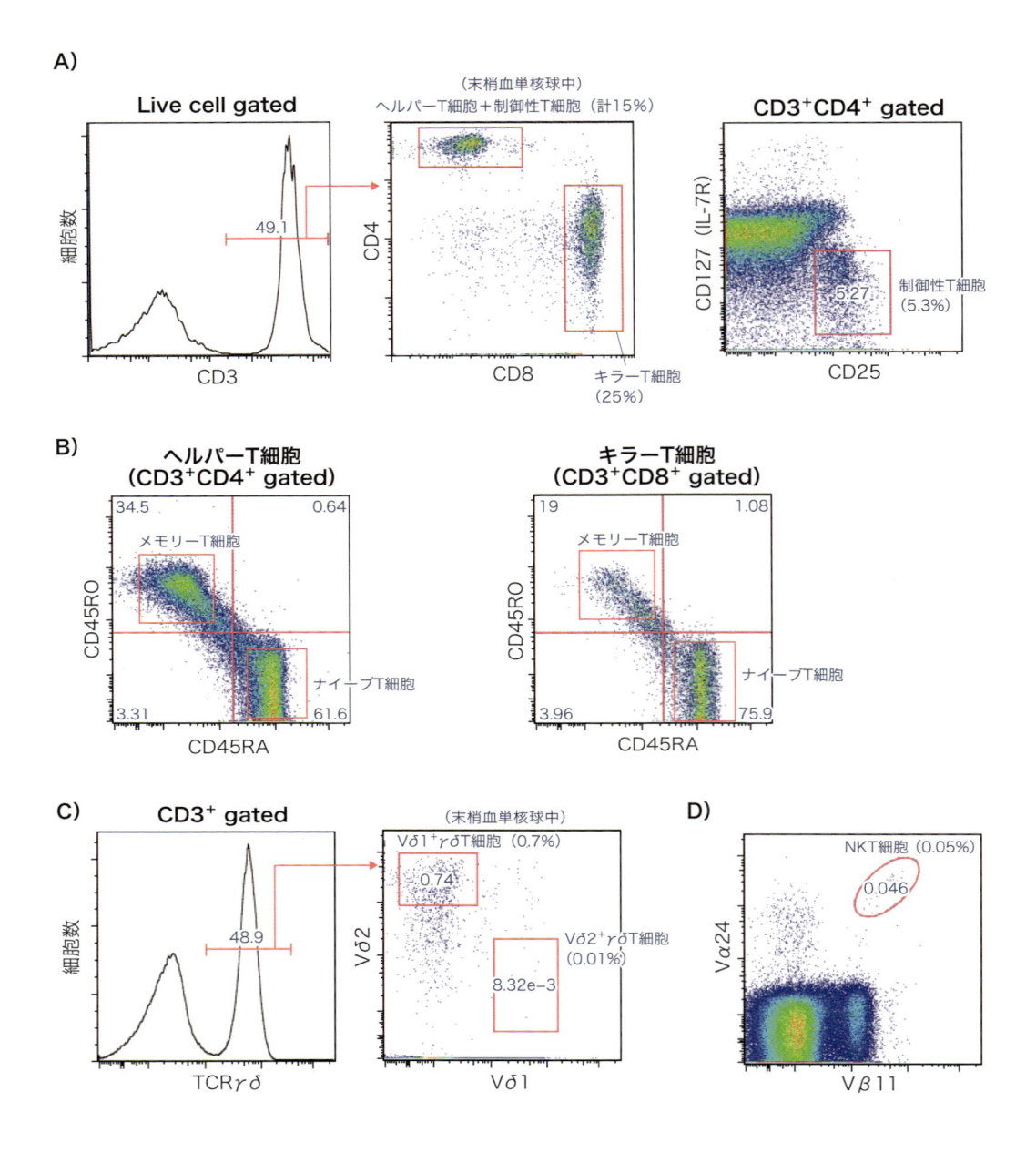

図5　ヒト末梢血中のT細胞分画

A) 健常成人末梢血から分離した単核球を抗CD3，抗CD4，抗CD8抗体で染色し，CD3$^+$分画をゲートし，CD4とCD8で展開した（中央）．さらにCD3$^+$CD4$^+$分画をCD25，CD127で展開すると，CD127$^-$CD25$^+$分画に制御性T細胞を観察することができる（右）．B) 抗CD45RO，抗CD45RA抗体を用いることで，ヘルパーT細胞およびキラーT細胞中のメモリー細胞分画とナイーブ細胞分画を観察することができる．C) CD3$^+$TCRγδ$^+$分画をゲートし，Vδ1，Vδ2で展開するとγδT細胞をさらに分画することができる．D) 末梢単核球をVα24，Vβ11で展開すると，Vα24$^+$Vβ11$^+$分画にNKT細胞を検出できる

画もしくはCD3$^+$CD4$^-$CD8$^+$分画をゲートしてCD45ROもしくはCD45RAで展開することにより，ヘルパー細胞およびキラー細胞中のメモリー細胞とナイーブ細胞を検出することができる（図5B）．なお，CD45RO$^+$CD45RA$^-$分画に存在するメモリー細胞は，CCR7の発現の有無によって，さらにセントラルメモリーT細胞（CCR7$^+$）およびエフェクターメモリーT細胞（CCR7$^-$）に分画できる[4]．

ヒト末梢血中ではγδT細胞は通常はT細胞中の数％程度のマイナー分画であるが，ときにT細胞中の10～20％を占めることもある．抗TCRγδ，抗Vδ1，抗Vδ2抗体で染色したあと，CD3$^+$TCRγδ$^+$分画をゲートし，Vδ1とVδ2で展開することにより，抑制性細胞であるといわれているVδ1$^+$γδT細胞集団と抗腫瘍作用をもつとされるVδ2$^+$γδT細胞集団に分画することができる（図5C）[5]．

ヒトのNKT細胞はVα24抗体とVβ11抗体で染色することによりVα24$^+$Vβ11$^+$細胞として特定できるが，末梢血中では通常はごくわずか（0.05％程度あるいはそれ以下）である（図5D）[5]．

3. 抗原特異的T細胞の検出

特定の特異性をもつTCRを発現するT細胞をFCM解析で検出することが可能である．TCRはMHC-ペプチド複合体と結合するので，蛍光標識したMHC-ペプチド複合体を用いることで特定のペプチドに反応するT細胞を検出できる．NKT細胞についてα-GalCer-CD1dダイマー染色で示した（図3F参照）のと同じ原理であるが，MHC-ペプチド複合体の場合は通常は4量体（**テトラマー**：tetramer）が用いられる．

ヒト末梢血に含まれるT細胞をMACSによって濃縮し，EVウイルス抗原の一種であるLMP2ペプチドおよび抗原提示細胞とともにT細胞と共培養した．4週間後に得られた細胞を抗CD8抗体とLMP2-テトラマーで染色することにより，CD8$^+$細胞のなかに増幅したLMP2特異的キラーT細胞を検出できる（図6）．

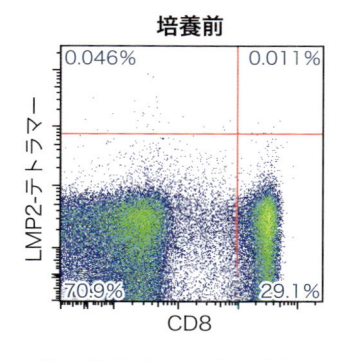

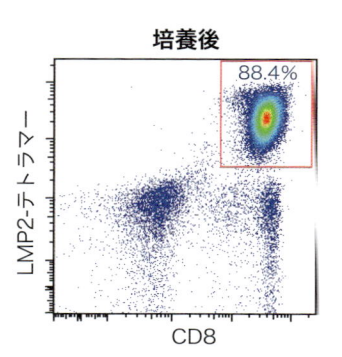

図6　抗原特異的T細胞の検出
ヒト末梢T細胞をEVウイルス抗原LMP2ペプチド（HLA-A24）および抗原提示細胞とともに4週間培養後，LMP2-テトラマーと抗CD8抗体を用いて染色した．LMP2抗原特異的キラーT細胞がCD8$^+$テトラマー$^+$分画に認められる

おわりに

　T細胞研究は，FCM技術によって細胞集団を分画・分取し，各細胞集団に属する細胞の機能や分化能を解析することで大きく発展してきた．蓄積されてきた情報量は膨大であり，1つの項目のなかでは到底書ききれるものではなく，本稿では基本となる部分だけを記した．その他の事項についてはそれぞれ右の引用文献を参照されたい．

事項	参考文献
胎生期の胸腺移行前のT前駆細胞	文献6
DN3a/b	文献7
胸腺内NKT細胞分化	文献3
ヘルパーT細胞サブセット（マウス/ヒト）	文献8 / 文献9
ヒト胸腺細胞	文献10

◆ 文献

1) Masuda, K. et al.：J. Immunol., 179：3699-3706, 2007
2) Ikawa, T. et al.：Science, 329：93-96, 2010
3) Watarai, H. et al.：PLoS Biol., 10：e1001255, 2012
4) Sallusto, F. et al.：Nature, 401：708-712, 1999
5) Li, Y. et al.：Am. J. Transplant, 4：2118-2125, 2004
6) Masuda, K. et al.：EMBO J., 24：4052-4060, 2005
7) Taghon, T. et al.：Immunity, 24：53-64, 2006
8) Do, J. S. et al.：Immunol. Cell Biol., 90：396-403, 2012
9) Trifari, S. et al.：Nat. Immunol., 10：864-871, 2009
10) Weerkamp, F. et al.：Blood, 107：3131-3137, 2006

実践編

18 樹状細胞前駆細胞および樹状細胞サブセットのソーティング

ソーティング（目的の細胞を生きたまま分取する）

小内伸幸，樗木俊聡

実験の目的とポイント

　樹状細胞（DC）は骨髄の造血幹細胞に由来する免疫担当細胞である．DCは全身に分布し，各組織には細胞表面抗原，機能，分布の異なるさまざまなDCサブセットが存在する．DCは末梢組織において病原性微生物あるいはアポトーシスを起こした自己細胞由来の抗原を取り込み，所属リンパ節に遊走し，獲得免疫を始動させ，免疫寛容を制御している．しかし，DCは各組織において稀な細胞群である．そこで，本稿ではわれわれが同定したDCサブセットのみへと分化する共通DC前駆細胞（CDP）と各組織からのDCサブセットの細胞の調製，ソーティングとその実験例について紹介する．特にわれわれは，大腿骨，頸骨および背骨をすりつぶす方法によって，回収できる骨髄細胞の増加，さらにサンプル調製時間の短縮化に成功している．これらについても紹介する．

はじめに

　樹状細胞（dendritic cell：DC）は，1973年のR. W. SteinmanとZ. Cohnによってマウス脾臓から発見され，その形態学的な特徴（樹状突起をもつ点）からこの名前がつけられた．DCは全身に分布し，各組織にはさまざまなサブセットが存在する．これらDCサブセットに病原体微生物由来の分子パターンを認識するパターン認識受容体を発現し，病原体の進入を察知して自然免疫を活性化する．さらに，末梢組織において病原体由来の抗原を捕捉し，所属リンパ節に移動して，T細胞へ抗原を提示し，獲得免疫を誘導する[1]．マウス二次リンパ組織では核酸成分を認識し強力なI型インターフェロン産生能を有する形質細胞様DC（plasmacytoid DC：pDC）と従来型DC（conventional DC：cDC）に大別される．cDCはさらにCD8α^+ cDC，CD4$^-$CD8α^- cDC，およびCD4$^+$ cDCに分類される．このようにDCは免疫システムにおいて非常に重要な役割を担っているが，その数は非常に少なく，各組織からDCサブセットを調製する際にコラゲナーゼ処理を行わないと収量が1/3以下になってしまう．

　そこで本稿では，われわれが発見した骨髄からのDCサブセットのみに分化する共通DC前駆細胞（common DC progenitor：CDP）の純化方法（**A**）[2,3]，各リンパ組織あるいは非リンパ組織からのDCサブセットの調製方法（**B**，**C**）を紹介する．

A. マウス骨髄からのDC前駆細胞のソーティング

ここではマウスの大腿骨，頸骨および背骨からの骨髄細胞の調製方法とDC前駆細胞のソーティングまでのサンプル調製方法を紹介する．

準備

- [ ] はさみ
- [ ] ピンセット
- [ ] ディッシュ
- [ ] 乳鉢
- [ ] 乳棒
- [ ] 18G，19G注射針
- [ ] 10 mL注射筒
- [ ] ナイロンメッシュ（150 μm）
- [ ] 15 mL，50 mLの遠心管

試薬

- [ ] PBS（－）
- [ ] リンパ球分離溶液（20828-15，ナカライテスク社）
- [ ] MACSバッファー
    組成：1% FCS/PBS/2 mM EDTA
- [ ] PE-Cy5標識抗体カクテル（BioLegend社）
    ・抗CD3ε抗体（クローン名：145-2C11，100309）
    ・抗CD4抗体（クローン名：GK1.5，100409）
    ・抗CD8α抗体（クローン名：53-6.7，100709）
    ・抗B220抗体（クローン名：RA3-6B2，103209）
    ・抗CD19抗体（クローン名：MB19-1，115509）
    ・抗CD11c抗体（クローン名：N418，117316）
    ・抗MHC class II抗体（クローン名：M-15/114.15.2，107611）
    ・抗CD11b（クローン名：M1/70，101209）
    ・抗Gr-1抗体（クローン名：RB6-8C5，108409）
    ・抗TER119抗体（クローン名：TER119，116209）
    ・抗NK1.1抗体（クローン名：PK136，108715）
- [ ] FITC標識抗CD34抗体（クローン名：HM34，13-0341-81，eBioscience社）
- [ ] PE標識抗Flt3抗体（クローン名：A2F10.1，135305，BioLegend社）
- [ ] PE-Cy7標識抗Sca-1抗体（クローン名：D7，108113，BioLegend社）
- [ ] APC標識抗c-Kit抗体（クローン名：ACK2，135107，BioLegend社）
- [ ] Brilliant Violet 421標識抗IL-7Rα抗体（クローン名：A7R34，135023，BioLegend社）
- [ ] ビオチン標識抗M-CSFR抗体（クローン名：AFS-98，135507，BioLegend社）

- □ 抗Cy5/抗Alexa Fluor 647マイクロビーズ（135-091-395，ミルテニーバイオテク社）
- □ 二次抗体（ストレプトアビジン-APC-eFluor780：43-4317-82，eBioscience社）
- □ Propidium iodide（PI，10 μg/mL：P4864，シグマ・アルドリッチ社）
- □ ヒトFlt3リガンド（20 ng/mL：300-19，ペプロテック社）

実験機器

- □ autoMACS Pro Separator（130-092-545，ミルテニーバイオテク社）

プロトコール

通常，骨髄細胞を調製する際にはマウスの大腿骨と脛骨が用いられるが，われわれは背骨も使用する．これによって約2倍の骨髄細胞が得られる．さらに従来は筋肉を剥離した大腿骨や脛骨に注射針を刺し込んでフラッシングすることで骨髄細胞を骨から押し出していたが，われわれは乳鉢と乳棒を用いて骨ごとすりつぶして骨髄細胞を調製する方法を紹介する．この方法によって大幅にサンプル調製時間を短縮できる．

骨髄細胞の調製

❶ マウスから大腿骨，脛骨および背骨を摘出し，10 mLのPBS（−）の入ったディッシュに移す（図1A）*1

> *1　細胞を温めてしまうと細胞表面上のM-CSFRの発現が低下する．このため，細胞調製，抗体染色中は細胞を冷やして実験を行う．

❷ ディッシュ内でピンセットとはさみを使用して骨から筋肉を剥離する（図1B）

❸ 筋肉を剥離した大腿骨と脛骨を乳鉢に移し，15 mLのPSB（−）を加え，乳棒によってすりつぶす（図1C）

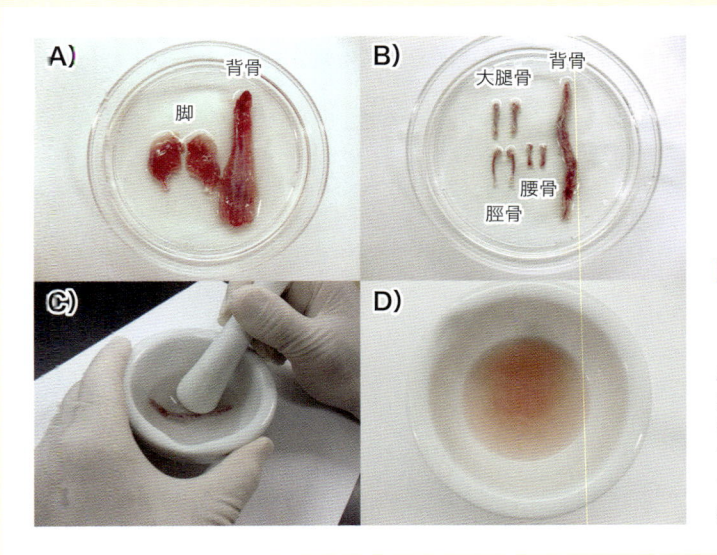

図1　マウス大腿骨，脛骨，および背骨からの骨髄細胞懸濁液の調製方法

A) マウスから摘出した両脚と背骨．B) 筋肉，脂肪を剥離した後の大腿骨，脛骨，腰骨，背骨．C) 背骨をPBSを加えた乳鉢内で乳棒にてすりつぶす．D) 大腿骨，脛骨をすりつぶした後，19Gの針にてよく混ぜた後の細胞懸濁液

❹ すりつぶした細胞懸濁液を19Gの注射針を付けた注射筒でよく混ぜ，均一にし，50 mLの遠心管に移す

❺ 同様に背骨を乳鉢に移し，15 mLのPSB（－）を加え，乳棒によってすりつぶし，細胞懸濁液を18Gの注射針を付けた注射筒でシアリングし（図1D），150 μmナイロンメッシュを通して50 mLの遠心管に移す

❻ 遠心する（440×g，4℃，5分）

❼ 上清を除き，細胞を室温に戻しておいた5 mL PBS（－）に再懸濁する．5 mLの室温に戻しておいたリンパ球分離溶液に静かに重層する

　このときのPBS（－）とリンパ球分離溶液は室温に戻して使用する．冷えた溶液を用いるときれいな層に分かれない．

❽ 遠心機のaccelとdecelをオフにして，遠心する（780×g，18℃，20分）

❾ 遠心後，上層，中間層，下層と三層に分かれる．単核球が含まれる中間層を集め，PBS（－）にて一度洗浄，遠心する（440×g，4℃，5分）

❿ セルペレットにPE-Cy5標識された各系列細胞に対する抗体カクテル（「準備」参照）を加え混ぜる．4℃，30分間反応させる

⓫ PBS（－）を5 mL加え遠心する（440×g，4℃，5分）

⓬ セルペレットをMACSバッファーに再懸濁し，抗Cy5/抗Alexa Fluor 647マイクロビーズを加え，4℃，15分間反応させる

⓭ PBS（－）を5 mL加え遠心する（440×g，4℃，5分）

⓮ セルペレットをMACSバッファーに再懸濁し，autoMACS Pro SeparatorにてDepleteプログラムを実行し，negative fractionの細胞を以降の実験に使用する

⓯ Negative fractionの細胞を遠心する（440×g，4℃，5分）

⓰ セルペレットにFITC標識 抗CD34抗体（最終濃度4 μg/mL），PE標識抗Flt3抗体（最終濃度4 μg/mL），PE-Cy7標識抗Sca-1抗体（最終濃度1 μg/mL），APC標識抗c-Kit抗体（最終濃度2 μg/mL），Brilliant Violet 421標識抗IL-7Rα抗体（最終濃度2 μg/mL）とビオチン標識抗M-CSFR抗体（最終濃度2 μg/mL）を加え，4℃，30分間反応させる

⓱ PBS（－）を5 mL加え遠心する（440×g，4℃，5分）

⓲ セルペレットに二次抗体ストレプトアビジン-APC-eFluor780（最終濃度1 μg/mL）を加え，4℃，30分間反応させる

実践編 ソーティング 18

⑲ PBS（−）を5 mL加え遠心する（440×g, 4℃, 5分）．上清を除く

⑳ セルペレットをMACSバッファーに再懸濁し，PI（10 μg/mL）を加える

㉑ 488 nm，633 nm，violetレーザーを搭載し，4wayソートが可能なセルソーターを用いて，マクロファージ/DC前駆細胞（macrophage and DC progenitor：MDP），2つのDC前駆細胞（M-CSFR$^+$ CDPとM-CSFR$^-$ CDP）をソートする（図2A）

実験例

純化したM-CSFR$^+$ CDPとM-CSFR$^-$ CDPを10％FCS-IMDM中でDCサブセットを分化誘導できるサイトカイン，ヒトFlt3リガンド（20 ng/mL，ペプロテック社）を加えて8日間培養し（3日ごとにヒトFlt3リガンドを最終濃度20 ng/mLになるように追加する），分化した細胞を回収し，FITC標識抗CD24抗体（最終濃度1 μg/mL，クローン名：M1/69），APC標識抗CD11c抗体（最終濃度1 μg/mL），PE-Cy7標識抗CD11b抗体（最終濃度1 μg/mL）（以上はすべてBioLegend社），PE標識抗CD45RA抗体（最終濃度2 μg/mL，クローン名：14.8，日本ベクトン・ディッキンソン社）で染色し，解析するとpDC（CD11c^{int} CD45RA$^+$），2つのcDCサブセット（CD11c$^+$CD45RA$^-$CD24$^+$CD11b^{int}とCD11c$^+$CD45RA$^-$CD24^{int}CD11b$^+$）に分化する（図2B）．

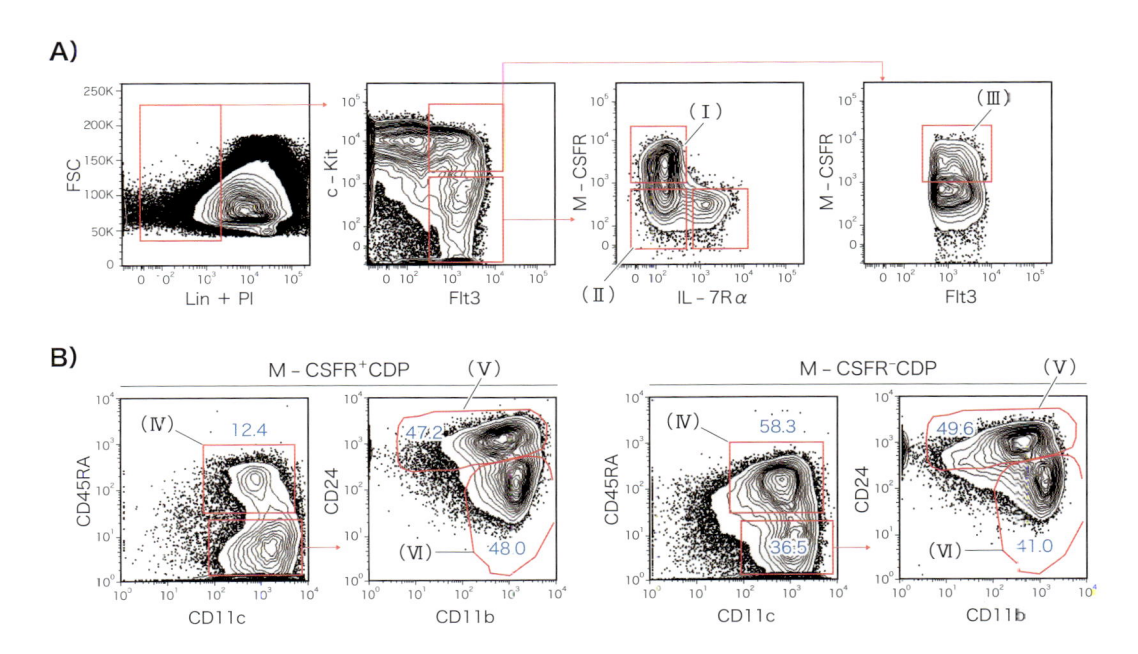

図2 マウス骨髄におけるDC前駆細胞

A）マウス骨髄におけるDC前駆細胞．Lin$^-$c-Kit^{int}Flt3$^+$M-CSFR$^+$のM-CSFR$^+$ CDP（Ⅰ）と，Lin$^-$c-kit^{int}Flt3$^+$M-CSFR$^-$のM-CSFR$^-$ CDP（Ⅱ），Lin$^-$c-Kit$^+$Flt3$^+$M-CSFR$^+$のM-CSFR$^-$のMDP（Ⅲ）が存在する．B）M-CSFR$^+$ CDPとM-CSFR$^-$ CDPにFlt3リガンド（20 ng/mL）を加えて8日間培養した結果．pDC（CD11c^{int}CD45RA$^+$：Ⅳ），2つのcDCサブセット（CD11c$^+$CD45RA$^-$CD24$^+$CD11b^{int}：ⅤとCD11c$^+$CD45RA$^-$CD24^{int}CD11b$^+$：Ⅵ）に分化する

B. リンパ組織からのDCサブセットのソーティング

ここでは，マウスリンパ組織として，脾臓，リンパ節からのDCサブセットソーティングまでのサンプル調製方法を紹介する．

準備

- □ はさみ
- □ ピンセット
- □ ディッシュ
- □ ナイロンメッシュ（70 μm）

試薬

- □ 10％FCS-IMDM（16529，シグマ・アルドリッチ社）
- □ コラゲナーゼIV（1 mg/mL：C51378，シグマ・アルドリッチ社）
- □ DNase I（10 μg/mL：1284932，ロシュ・ダイアグノスティックス社）
- □ ACKバッファー
  組成：150 mM NH_4Cl，10 mM $KHCO_3$，1 mM EDTA
- □ PBS（－）
- □ FITC標識抗Siglec-H抗体（クローン名：551，129603，BioLegend社）
- □ PE標識抗PDCA-1抗体（クローン名：927，127007，BioLegend社）
- □ PE-Cy7標識抗CD4抗体（クローン名：GK1.5，100421，BioLegend社）
- □ APC標識抗CD11c抗体（クローン名：N418，117309，BioLegend社）
- □ APC-Cy7標識抗CD8α抗体（クローン名：53-6.7，100713，BioLegend社）

オプション試薬

- □ PE-Cy5標識
  抗CD3ε抗体，抗CD19抗体，抗NK1.1抗体，抗TER119抗体（以上はすべてBioLegend社）
- □ 抗Cy5/Anti-Alexa Fluor 647マイクロビーズ（ミルテニーバイオテク社）

実験機器

- □ autoMACS pro Separator（ミルテニーバイオテク社）

プロトコール

❶ マウスから，脾臓，皮下リンパ節，腸間膜リンパ節を摘出する．この際，脂肪はできる限り取り除く*2

> *2　リンパ節を摘出する際には，丁寧に脂肪を取り除く．脂肪がリンパ組織に残っていると細胞の回収量が低下する．

実践編　ソーティング　18

❷ 摘出したリンパ組織を10%FCS-IMDMを加えたディッシュに入れる．ナイロンメッシュ（70μm）を入れ，注射筒の柄の部分を用いてナイロンメッシュ上でリンパ組織すりつぶす

❸ 2 mLのコラゲナーゼⅣ（1 mg/mL），DNase I（10μg/mL）溶液を加えて，21Gの注射針を付けた5 mLを用いシアリングする．その後，CO_2インキュベーター内で，37℃，40分間反応させる

❹ 細胞懸濁液をナイロンメッシュに通して大きな組織の塊を除きながら遠心管に回収する

❺ 遠心する（440×g，4℃，5分）

❻ 5 mLのPBS（−）を加え洗浄，遠心する（440×g，4℃，5分）

❼ 脾臓細胞のセルペレットを5 mL ACKバッファーに再懸濁し，室温5分，放置*3

*3　リンパ節はこのステップの必要はない．

❽ 遠心する（440×g，4℃，5分）

❾ PBS（−）を5 mL加え遠心する（440×g，4℃，5分）．上清を除く

❿ セルペレットにFITC標識抗Siglec-H抗体，PE標識抗PDCA-1抗体，PE-Cy7標識抗CD4抗体，APC標識抗CD11c抗体，APC-Cy7標識抗CD8α抗体を加えて染色する．4℃，30分間反応させる

⓫ 遠心する（440×g，4℃，5分）

⓬ セルペレットをMACSバッファーに再懸濁し，PI（10μg/mL）を加える

⓭ pDC，CD4⁻CD8α⁺cDC，CD4⁻CD8α⁻cDC，およびCD4⁺CD8α⁻cDCをソーティング（図3A）

（オプション）

複数のマウスからリンパ組織を摘出し，多くの細胞を用いる場合には❼〜❾の代わりにマイクロビーズを用いた粗精製を行い，T細胞，B細胞，NK細胞，赤芽球を除き，ソーティングにかかる時間を短縮する．

❶ 前述の❶〜❻の方法で調製したセルペレットにPE-Cy5標識された抗CD3ε抗体，抗CD19抗体，抗NK1.1抗体，抗TER119抗体（BioLegend社）を加え，4℃，30分間反応させる

❷ MACSバッファーを5 mL加え遠心する（440×g，4℃，5分）．上清を除く

❸ セルペレットをMACSバッファーに再懸濁し，抗Cy5/抗Alexa Fluor 647マイクロビー

235

ズを加え，4℃，15分間反応させる

❹ MACSバッファーを5 mL加え遠心する（440×g, 4℃, 5分）．上清を除く

❺ autoMACS Pro SeparatorにてDepleteプログラムを実行し，negative fractionの細胞を以降の実験に使用する

❻ Negative fractionの細胞を遠心する（440×g, 4℃, 5分）（引き続き前述のプロトコール❿に進む）

実験例

　純化したpDC（2×10^4個）を10 % FCS-IMDMに懸濁し，完全ホスホロチオエート修飾主鎖を有するCpG-1668（TLR9のリガンド：配列5′-TCCATGACGTTCCTGATGCT-3′）で24時間刺激し，培養上清中のインターフェロン–αの量をELISAにて測定した結果（図3B）．pDCは強力なインターフェロン–α産生能力をもっていることが確認された．

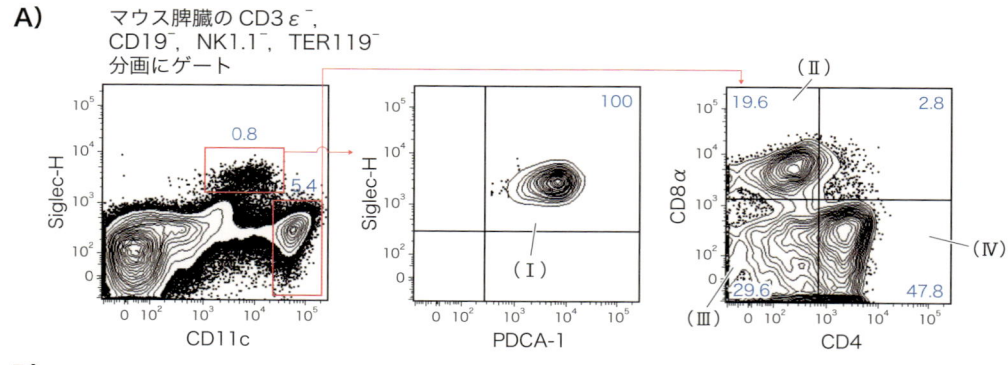

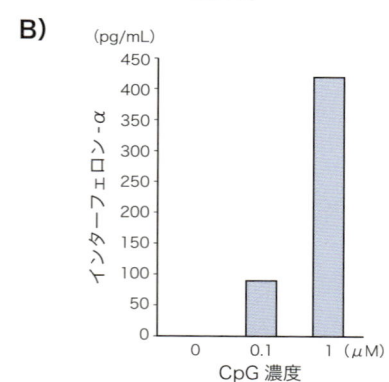

図3　マウス脾臓のDCサブセット
A) マウス脾臓のCD3ε⁻CD19⁻NK1.1⁻TER119⁻分画にゲートをかけ，DCマーカーであるCD11c, pDCの典型的なマーカーSiglec-HとPDCA-1, cDCサブセットマーカーCD4, CD8αに対する抗体によって染色．マウス脾臓にはCD11c^{int}Siglec-H⁺PDCA-1⁺のpDC（Ⅰ）と3つのcDCサブセット（CD11c⁺CD8α⁺CD4⁻：Ⅱ，αCD11c⁺CD8α⁻CD4⁻：Ⅲ，CD11c⁺CD8α⁻CD4⁺：Ⅳ）が存在した．B) ソーティングによって純化したpDC（2×10^4個）を in vitro においてCpG-1668で刺激し，24時間後の培養上清中のインターフェロン–αを測定した

C. 小腸粘膜固有層からのDCサブセットのソーティング

ここでは，マウス非リンパ組織として，小腸粘膜固有層からのDCサブセットソーティングのサンプル調製方法を紹介する．

準備

- ☐ はさみ
- ☐ ピンセット
- ☐ キムタオル
- ☐ ディッシュ
- ☐ ナイロンメッシュ
- ☐ セルストレーナー（100μm）（352360，コーニング社）

試薬
- ☐ 10％FCS/IMDM（I6529，シグマ・アルドリッチ社）
- ☐ コラゲナーゼIV（1 mg/mL：C51378，シグマ・アルドリッチ社）
- ☐ ACKバッファー
- ☐ PBS（－）
- ☐ PBS/4 mM EDTA
- ☐ 40％/70％パーコール（17-0891-01，GEヘルスケア社）
- ☐ FITC標識抗Siglec-H抗体（クローン名：551，129603）
- ☐ PE標識抗PDCA-1抗体（クローン名：927，127009）
- ☐ PE-Cy7標識抗CD11b抗体（クローン名：M1/70，102015）
- ☐ APC標識抗CD11c抗体（クローン名：N418，117039）
- ☐ Brilliant Violet 421標識抗CD103抗体（クローン名：2E7）

実験機器
- ☐ 振盪器

プロトコール

❶ マウスから小腸を摘出する．摘出した小腸のキムタオルの上に置き，パイエル板，腸間膜，腸間膜リンパ節，脂肪を丁寧に取り除く

❷ PBS（－）が入ったディッシュに移し，よく洗浄する．その後，長軸方向に小腸を切開する．さらに，小腸を短軸方向に5 cm程度の長さに切り，内容物をよく取り除く．PBS（－）が入ったディッシュ内で3回洗浄する

❸ 小腸を30 mLのPBS/4 mM EDTAが入った50 mLの遠心管に移し，振盪器内37℃，240/分，30分間振盪する

❹ 小腸を30 mLのPBS/4 mM EDTAとともに10 mLディッシュに移し，剥がれてきた上皮細胞，筋層を取り除く

❺ 小腸を30 mLのPBS/4 mM EDTAが入った50 mLの遠心管に移し，振盪器内37℃，240/分，10分間振盪する

❻ 10 mLディッシュに移し，剥がれてきた上皮細胞，筋層を取り除く．その後，小腸をPBS(−)で3回洗浄する

❼ 小腸を60 cmディッシュに移し（マウス1匹の小腸あたり2枚用意する），ディッシュの片側に集め，はさみを用いて細かく切る

❽ 5 mLのコラゲナーゼⅣ（1 mg/mL）を加えて，CO_2インキュベーター内で30分間，反応させる

❾ このディッシュに，セルストレーナー（100 μm）を入れ，注射筒の柄の部分を用いてナイロンメッシュ上で小腸をすりつぶす

❿ 150 μmナイロンメッシュに通して，組織の塊を除き，15 mLの遠心管に細胞を回収する

⓫ 遠心する（440×g，4℃，5分）

⓬ 上清を除き，5 mLのPBSを加えて洗浄する．遠心する（440×g，4℃，5分）

⓭ 上清を除き，4 mLの40％パーコール溶液に再懸濁する

⓮ パスツールピペットに2 mLの70％パーコール溶液を取る．40％パーコール細胞懸濁液の入った15 mLの遠心管の底にパスツールピペットを入れ，静かに70％パーコールを出す．2層のパーコール溶液が形成される

⓯ 遠心機のaccelとdecelをオフにして，遠心する（780×g，室温，20分）

⓰ 中間層に白い細胞液の層が形成されるので，上層を除き，中間層を回収する

⓱ PBSを加え，よく混ぜる．その後，遠心する（440×g，4℃，5分）

⓲ セルペレットにFITC標識抗Siglec-H抗体（最終濃度2 μg/mL），PE標識抗PDCA-1抗体（最終濃度2 μg/mL），PE-Cy7標識抗CD11b抗体（最終濃度1 μg/mL），APC標識抗CD11c抗体（最終濃度1 μg/mL），Brilliant Violet 421標識抗CD103抗体（最終濃度2.5 μg/mL）を加えて，4℃，30分間，反応させる

⓳ MACSバッファーを加えて，遠心する（440×g，4℃，5分）

❷⓿ MACSバッファーに再懸濁し，PI（10 μg/mL）を加える

❷❶ 488 nm，633 nm，Violetレーザーを搭載するセルソーターを用いて，解析する

マウス小腸粘膜固有層にはCD11c^{int}Siglec-H$^+$PDCA-1$^+$のpDCと3つのcDCサブセット（CD11c$^+$CD103$^+$CD11b$^-$，CD11c$^+$CD103$^+$CD11b$^+$，CD11c$^+$CD103$^-$CD11b$^+$）が存在する（図4）[4]．セルソーターを用いて，目的のDCサブセットをソートする．一方で，大腸粘膜固有層には小腸と同様の3つのcDCサブセットが存在するが，pDCはほとんど認められない．

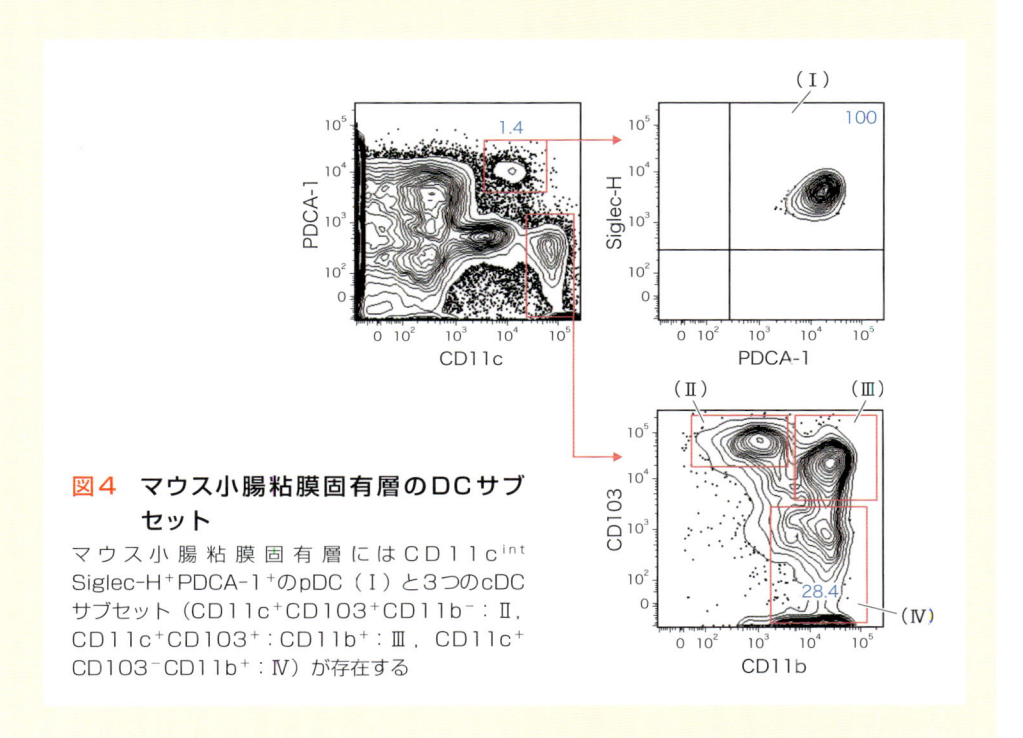

図4 マウス小腸粘膜固有層のDCサブセット

マウス小腸粘膜固有層にはCD11c^{int}Siglec-H$^+$PDCA-1$^+$のpDC（Ⅰ）と3つのcDCサブセット（CD11c$^+$CD103$^+$CD11b$^-$：Ⅱ，CD11c$^+$CD103$^+$：CD11b$^+$：Ⅲ，CD11c$^+$CD103$^-$CD11b$^+$：Ⅳ）が存在する

おわりに

本稿では，定常状態における骨髄からのDC前駆細胞，リンパ組織，非リンパ組織からのDCサブセットのソーティング用のサンプル調製方法を紹介した．各抗体の蛍光色素の組合わせはアナライザーやセルソーターに搭載されているレーザーに合わせて最適な組合わせを選んでいただきたい．さらに今回示した染色パターンのデータは定常状態組織のデータである．炎症や病態モデルの組織では当然染色パターンが変動するので注意していただきたい．また，今回紹介した各組織からのサンプル調製方法はDCばかりでなく他の免疫担当細胞の解析およびソーティングの際にも適応できる方法である．

◆ 文献
1) Banchereau, J. & Steinman, R. M.：Nature, 392：245-252, 1998
2) Onai, N. et al.：Nat. Immunol., 8：1207-1216, 2007
3) Onai, N. et al.：Immunity, 38：943-957, 2013
4) Bogunovic, M. et al.：Immunity, 31：513-525, 2009

◆ 参考
・実験医学増刊『樹状細胞による免疫制御と臨床応用』（稲葉カヨ/編），羊土社，2008
・『Dendritic Cell Protocols Third Edition』（Elodie Segura and Nobuyuki Onai/編），Human Press, 2016

実践編 ソーティング（目的の細胞を生きたまま分取する）

19 プライマリマスト細胞の単離と解析

永井 恵, 渋谷 彰

実験の目的とポイント

マスト細胞は，血液中に存在せず，臓器にのみ存在する希少な細胞であるために，機能的な解析が困難とされてきた．われわれは，単離培養を要さず，採取直後に機能解析が可能なヒトの気管支肺胞洗浄液および鼻腔擦過細胞に着目した．マルチカラーフローサイトメトリーによる単離法および機能解析法はヒトマスト細胞の研究に有用なツールである．

はじめに

　マスト細胞（あるいは，肥満細胞）は，感染症，アレルギーおよび自己免疫疾患にかかわる重要な細胞である．しかしながら，マスト細胞が末梢血中には存在せず，臓器中の血管周囲や粘膜にごく少数しか存在しないことが，マスト細胞研究における障壁となってきた．ヒトマスト細胞は，手術検体などの固形臓器を採取し，磁気細胞分離法での単離，および培養を経ることで純度を高めて機能解析が行われてきた[1,2]．しかしながら，単離過程に行われる酵素処理やマスト細胞の生存に必要なサイトカインを添加した培養が，プライマリマスト細胞の機能に及ぼす影響を完全に否定することは難しい．一方，採取した材料を低純度でそのまま解析する方法としてフローサイトメトリーが適しており，われわれは，気管支肺胞洗浄液および鼻腔擦過細胞に着目して，単離法および機能解析法を確立した．機能解析には，マスト細胞がIgE刺激時の脱顆粒反応を起こす際に，リソソーム膜関連分子であるLAMP-1（CD107a）が細胞表面上に出現する現象を利用している[1,3,4]．また，通常，マスト細胞はフローサイトメトリーにおいてCD45$^+$c-Kit$^+$IgE$^+$細胞として解析されるが[5,6]，気管支肺胞洗浄液中マスト細胞に他の細胞群が混入するために，それらを除外するためのLineage gating（分化細胞の発現する代表的な表面マーカーによるゲーティング）がより正確な機能解析に有効である．

　本稿では，マルチカラーフローサイトメトリーによる，ヒトプライマリマスト細胞の単離法，およびIgEおよび抗原を用いた脱顆粒反応の機能解析法について解説する．

準備

機器
- ☐ BD FACSAria（2レーザー，334078）
- ☐ BD LSRFortessa（3レーザー，11カラータイプ，649225B4）

器具
- ☐ 50 mLチューブ
- ☐ 70μmセルストレーナー（352350，BD Biosciences社）[*1]
- ☐ サイトスピン用サンプルチャンバーおよびサイトクリップ（サーモフィッシャーサイエンティフィック社など）
- ☐ キャップ付きポリスチレン1 mL遠心チューブ（04-978-145，サーモフィッシャーサイエンティフィック社など）
- ☐ ドライバス
- ☐ 磁気分離カラムとマグネット（ミルテニーバイオテク社）

*1 滅菌したナイロンメッシュでも代用が可能である．

試薬
- ☐ 細胞洗浄液
  2％ウシ胎仔血清を加えたPBS[*2]．
- ☐ 蛍光およびビオチン標識抗体（BD Biosciences社）[*3]
  Horizon-V450標識抗ヒトLineage（CD3，CD19，CD56，CD11b，CD11c）抗体カクテル，ビオチン標識抗ヒトLineage抗体カクテル，Horizon-V500標識またはAPC標識抗ヒトCD45，FITC標識抗ヒトFcεRIα抗体，PE-Cy7標識またはPE標識抗ヒトc-Kit抗体（以上をマスト細胞染色抗体とする），APC標識抗CD107a抗体およびAPC標識抗アイソタイプ抗体．
- ☐ HEPES-Tyrode's バッファー
  $NaCl_2$：130 mM，KCl：5 mM，$CaCl_2$：1.4 mM，$MgCl_2$：1 mM，(D-)Glucose：5.6 mM，0.1％ BSA，HEPES：10 mM．
- ☐ 脱顆粒反応に用いる抗体[*4]
  抗TNPマウスIgE抗体（557079，BD Biosciences社），任意のトリニトロフェノール（TNP）化タンパク質（抗体あるいは卵白アルブミンなど），ヒトFcブロッキング試薬（ミルテニーバイオテク社）．
- ☐ 抗ビオチン磁気ビーズ（ミルテニーバイオテク社）
- ☐ Propidium iodide（PI）

*2 アジ化ナトリウム（アザイド）を含む細胞洗浄液が汎用されるが，マスト細胞の脱顆粒能に影響を与えるため，アザイドフリーの液を用いる．

*3 当研究室では，3つのレーザーを搭載したBD LSRFortessaを用い，最大7つの検出器で解析を行った．発現解析を行う場合，目的となる分子に対する入手可能な抗体の標識蛍光にもよるが，蛍光強度（ネガティブとポジティブの分離）のよさから，PEおよびAPCを用いることが望ましい．

*4 含有するアザイドを除去するためPBSで透析しておく．

プロトコール

1. ヒトサンプルの調製

気管支肺胞洗浄液のサンプルの調製

❶ 気管支肺胞洗浄検査では通常，150 mL の生理食塩水に採取された細胞が懸濁される．サンプルを 70 μm セルストレーナーに通して遠心し，上清を破棄した後，細胞洗浄液 25 mL に懸濁する

❷ サイトスピン用サンプルチャンバー，スライドガラスを重ね，サイトクリップで挟み，サイトスピン用遠心機にセットする．細胞懸濁液 200 μL（サンプルの 1/125）をサンプルチャンバーに入れ，遠心*5 した後，スライドガラスを取り出して風乾すると，細胞スメアができる

> *5 プライマリマスト細胞は衝撃に弱く，過剰な速度で遠心は慎むべきである．当研究室では 25×g，6 分の条件で行う．

❸ 細胞スメアに，トルイジンブルー染色*6 を行い，検鏡にてマスト細胞数をカウントする（図1）

> *6 好塩基性顆粒を染色する方法であるが，気管支肺胞洗浄液細胞において，マスト細胞・好塩基球のみが染色されるため，カウントに適している．

❹ 各チューブに 100～1,000 個のマスト細胞が含まれるように*7 1 mL 遠心チューブに分注および遠心してペレットにする

> *7 例えば，全視野に 40 個のマスト細胞が確認された場合，500 μL の懸濁液を 1 サンプルとすることができる．しかしながら，誤差が生じるため，可能な限り多くの細胞懸濁液量を 1 サンプルとすることが望ましい．

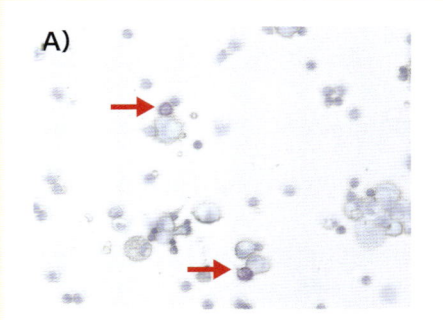

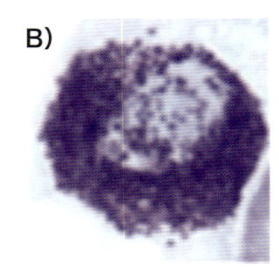

図1 気管支肺胞洗浄液中のマスト細胞

A) トルイジンブルー染色を行い，濃染される肥満細胞数をカウントした（×20）．
B) マスト細胞を抗 Lineage 磁気ビーズでネガティブソーティングした後に，PI⁻CD45⁺c-Kit⁺FcεRIα⁺ 細胞を BD FACSAria で単離し，トルイジンブルー染色を行った（×100）

鼻腔擦過細胞のサンプルの調製

❶ ヒト鼻腔擦過細胞は，ブラシを用いて片側の鼻腔より採取される．ブラシを，細胞洗浄液を入れたプラスチックシャーレに直接擦り付けた後，ピペッティングにより入念にブラシに付着した細胞を回収する．サンプルを 70 μm セルストレーナーに通して遠心し，上清を破棄した後，細胞洗浄液 5 mL に懸濁する

❷ 200 μL（サンプルの1/25）を，サイトスピン法で細胞スメアを作成し，トルイジンブルー染色を行い，検鏡にてマスト細胞数をカウントする

❸ 各チューブに100〜1,000個のマスト細胞が含まれるように1 mL遠心チューブに分注および遠心してペレットにする

2. プライマリマスト細胞の検出法と分子発現の解析法

❶ 1.で調製した細胞を，細胞洗浄液にて洗浄後，Fcブロッキング試薬を加える

❷ マスト細胞染色抗体（Horizon-V450標識抗ヒトLineage（CD3，CD19，CD56，CD11b，CD11c）抗体カクテル，Horizon-V500標識抗ヒトCD45，FITC標識抗ヒトFcεRIα抗体，PE-Cy7標識抗ヒトc-Kit抗体）に加え，発現解析の目的分子に対するPE標識抗体，APC標識抗体を30分4℃で反応させる．同様に，マスト細胞染色抗体に加え，アイソタイプPE標識抗体，APC標識抗体を染色するサンプルも用意する

❸ 細胞洗浄液で2回洗浄した後，0.1％PIを含む細胞洗浄液400 μLに懸濁する

❹ ヒトプライマリマスト細胞はPI$^-$CD45$^+$Lineage（Lin）$^-$c-Kit$^+$FcεRIα$^+$細胞として解析する（図2A：気管支肺胞洗浄細胞，図2B：鼻腔擦過細胞）．PEおよびAPCの検出器で，目的分子の発現を解析する．ただし，鼻炎症状がない健常コントロールの場合，鼻腔擦過細胞に含まれる検出可能なマスト細胞数がきわめて少ないため，分子発現の評価が困難な場合がある（図2C）

3. マスト細胞の単離法

❶ 1.で調製した細胞を，細胞洗浄液にて洗浄後，100 μg/mLのFcブロッキング試薬を加える

❷ ビオチン標識抗Lineage（CD3，CD19，CD56，CD11b，CD11c）抗体に30分4℃で反応させる

❸ 細胞洗浄後，抗ビオチン磁気ビーズを15分4℃で反応させる

❹ 磁気カラムでネガティブソートを行う

❺ APC標識抗CD45抗体，PE標識抗CD117（c-Kit）抗体，FITC標識FcεRIα抗体を加え氷上で60分反応させる．その後，0.1％PIを含む細胞洗浄液に懸濁する

❻ BD FACSAriaでPI$^-$CD45$^+$c-Kit$^+$FcεRIα$^+$ソーティングする

❼ サイトスピンおよびトルイジンブルー染色を行い，細胞の純度を確認する

4. 抗体を用いたプライマリマスト細胞の脱顆粒機能の解析法

❶ 1.で調製した細胞を，細胞洗浄液にて洗浄後，Fcブロッキング試薬を加える

実践編 ソーティング **19**

A) 気管支肺胞洗浄細胞

B) 鼻腔擦過細胞

C)

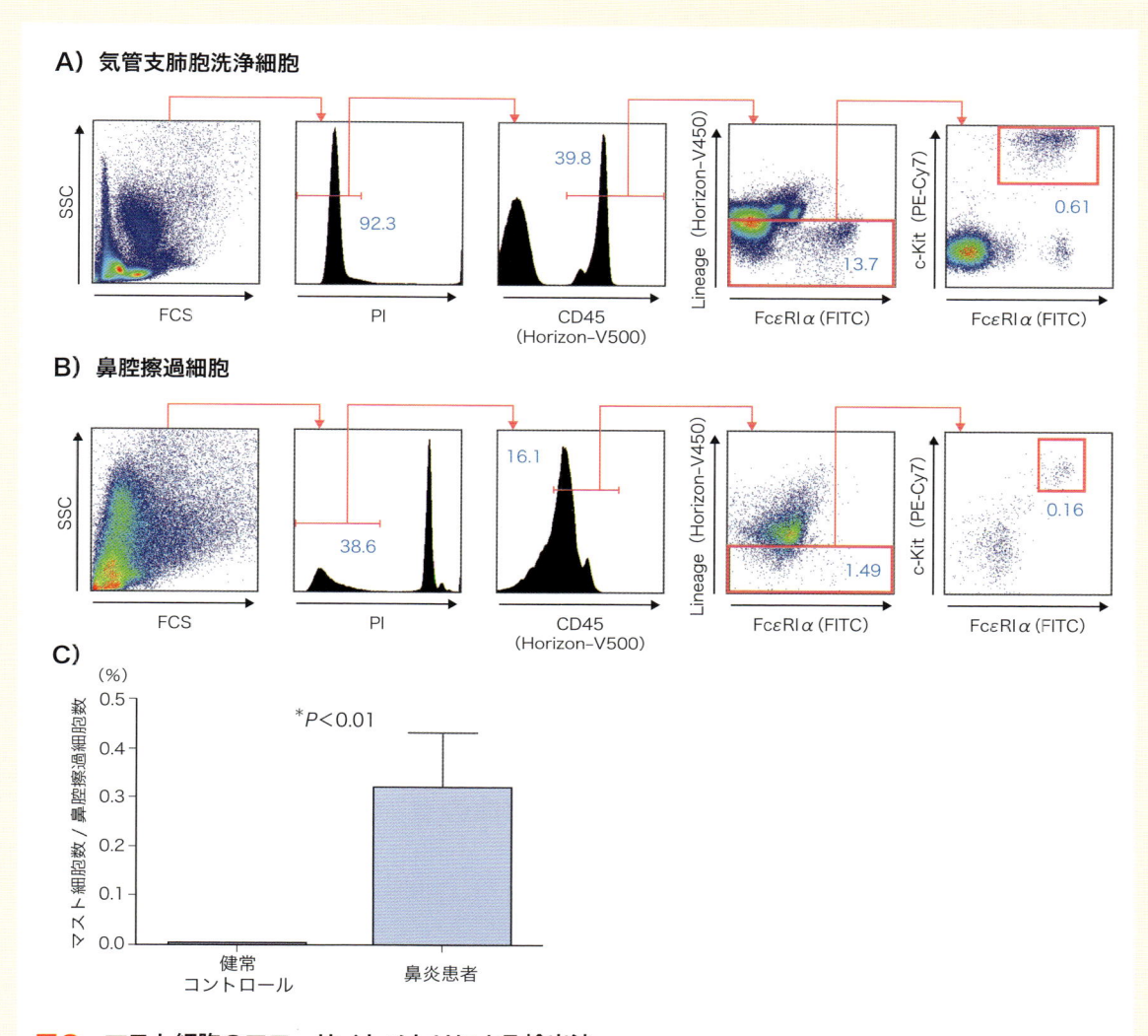

図2　マスト細胞のフローサイトメトリによる検出法

A) マスト細胞を，PI⁻CD45⁺Lin⁻c-Kit⁺FcεRIα⁺として解析した．マスト細胞は，気管支肺胞洗浄検査の適応となるびまん性肺疾患患者の気管支肺胞洗浄細胞のうち，0.153 ± 0.041％ (mean ± S.D., n = 28) 含まれていた．**B) C)** マスト細胞は鼻腔擦過細胞のうち，健常ボランティアでは，0.002％以下 (mean, n = 5) に対して，アレルギー性鼻炎患者0.318 ± 0.115％ (mean ± S.D., n = 7) の割合で検出された (A～Cは文献10より転載)

❷ 細胞をHEPES-Tyrode'sバッファーで洗浄した後，TNP特異的IgE抗体を加え*8，2時間，37℃のドライバスでインキュベートしマスト細胞を感作させる

*8　均一に抗体が加わるように，2μg/mLとなるよう，抗体をHEPES-Tyrode'sバッファーで希釈したものを，100μLずつ加え，フタをしてボルテックスする．

❸ HEPES-Tyrode'sバッファーで2回洗浄する

245

❹ 任意の濃度*9のTNP化卵白アルブミン，あるいはTNP化抗体を含む200 μLのHEPES-Tyrode'sバッファーで，30分，37℃でインキュベートした後，10分氷上におく

> *9 高濃度の抗原は脱顆粒反応を減弱させうるので，1〜1,000 ng/mLで条件検討する．われわれの経験では，TNPの価数にもよるが，1 ng/mLが良好な脱顆粒反応を誘導できる．

⬇

❺ 細胞洗浄液で2回洗浄する

⬇

❻ マスト細胞染色抗体とAPC標識抗CD107a抗体もしくはAPC標識抗アイソタイプ抗体を同時にサンプルに加え*10，氷上で30分培養する

> *10 このとき，他に関心のある分子に対するPE標識モノクローナル抗体も同時に染色し発現解析を行うこともある．

⬇

❼ 細胞洗浄液で2回洗浄した後，0.1％PIを含む細胞洗浄液400 μLに懸濁する

⬇

❽ ヒトプライマリマスト細胞をPI⁻CD45⁺Lin⁻c-Kit⁺FcεRIα⁺細胞とし，BD LSR Fortessaで解析する．そのうちアイソタイプ抗体陽性率が1％未満のCD107a⁺のマスト細胞を脱顆粒した細胞とする（図5参照）

実験例

1．マスト細胞における抑制性免疫受容体のタンパク質および遺伝子発現解析

マスト細胞の活性化を制御する機構として，いくつかの抑制性免疫受容体が知られているが[7)〜9)]，ヒトの気管支肺胞洗浄細胞中のプライマリマスト細胞における発現は明らかではない．まず，マスト細胞に特徴的な分子であるトリプターゼ，キマーゼ，c-KitおよびFcεRIαの発現に関して，*in vitro*でサイトカインを添加して誘導したヒト臍帯血前駆細胞由来の培養マスト細胞（cord blood derived mast cells：CB-MC），またはヒト末梢血前駆細胞由来の培養マスト細胞（peripheral blood derived mast cells：PB-MC）と，プライマリ細胞である気管支肺胞洗浄液に含まれるマスト細胞（bronchalveolar lavage mast cells：BAL-MC）を比較した．いずれの分子も，ヒト肥満細胞の研究で汎用されている培養したCB-MCおよびPB-MCと比べ，プライマリマスト細胞であるBAL-MCでより強く発現していた（図3A）．すなわち，*in vitro*で誘導および培養したマスト細胞は，プライマリマスト細胞の特徴を完全には反映しないと考えられる．続いて，抑制性受容体である，CD300A（MAIR-I），CD305（LAIR-1），CD172a（SIRP-α），CD33（Siglec-3），Allergin-1に対するモノクローナル抗体を用いて，発現を確認した．これらの分子においても，CB-MCまたはPB-MCに対して，BAL-MCにおいてきわめて強い発現を認めた（図3B）．抑制性受容体以外の免疫受容体（Toll様受容体，サイトカイン受容体，免疫グロブリンFc受容体など）は，BAL-MCにおける発現は乏しく，CB-MCまたはPB-MCと同様の強さであった．このことは，抑制性分子が，ヒトプライマリマ

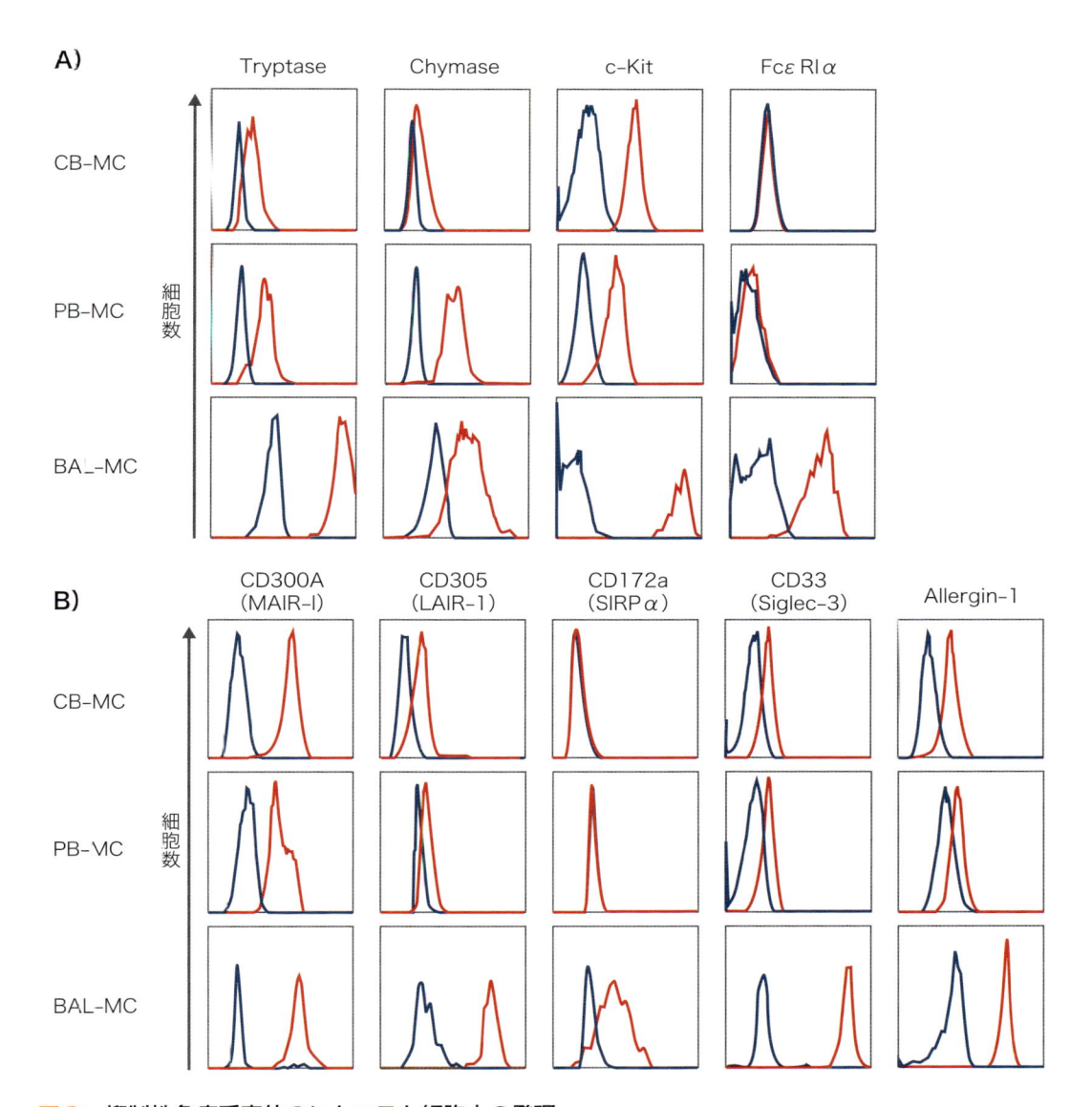

図3 抑制性免疫受容体のヒトマスト細胞上の発現

マスト細胞の特徴的な分子の発現をフローサイトメトリーで解析した．**A)** ヒト臍帯血前駆細胞由来の誘導マスト細胞（CB-MC），またはヒト末梢血前駆細胞由来の誘導マスト細胞（PB-MC）と，PI−CD45＋Lin−c-Kit＋FcεRIα＋でゲーティングした気管支肺胞洗浄液中のヒトプライマリマスト細胞（BAL-MC）とを比較したところ，いずれの分子もBAL-MCでより強い発現を認めた．**B)** 抑制性免疫受容体の発現についても同様に解析を行うと，CB-MCまたはPB-MCと比較して，BAL-MCでより強い発現を認めた．蛍光標識アイソタイプ抗体は青線，目的とする分子に対する蛍光標識モノクローナル抗体は赤線で示す

スト細胞における活性化制御にかかわり，アレルギーなどの疾患に対する分子標的となりうることを示唆している．また，BD FACSAriaで単離したマスト細胞に対して定量的PCR法を用いて，われわれの同定した新規抑制性受容体Allergin-1[9]の遺伝子が発現することも確認した

2. マスト細胞の検出と脱顆粒反応の観察

マスト細胞の脱顆粒反応の測定には，刺激したマスト細胞の上清に含まれる脱顆粒物質であるβ-hexosaminidaseやヒスタミンと，基質とを酵素反応させ，吸光度変化から算出する方法が従来行われてきた．しかし，気管支肺胞洗浄液中のマスト細胞などのきわめて少数のマスト細胞の脱顆粒反応を測定するには，少なくとも数個の細胞レベルの反応を検出する感度が要求されるが，従来法では困難な場合が多い．一方，フローサイトメトリー法では，1細胞レベルの変化を検出することが可能である．

まず，従来法で脱顆粒反応が検出可能な細胞数を確保できる，マウス骨髄由来の培養マスト細胞で条件を検討した．TNP特異的なIgEを感作させた培養マスト細胞に，TNP化卵白アルブミン（TNP-ovalbumin：TNP-OVA）で刺激し，FcεRIを架橋した後に，抗CD107a抗体で細胞表面を染色し，フローサイトメトリーで解析した（図4 A, B）．また，同じサンプル刺激後の培養上清を回収し，β-hexosaminidaseと基質の酵素反応による吸光度変化を測定した（図4 C）．いずれの方法においても，FcεRIを架橋した場合には，架橋のない場合に比較してマスト細胞のうちCD107a$^+$の確率，または酵素反応の強さがともに上昇した（図4 B, C）．すな

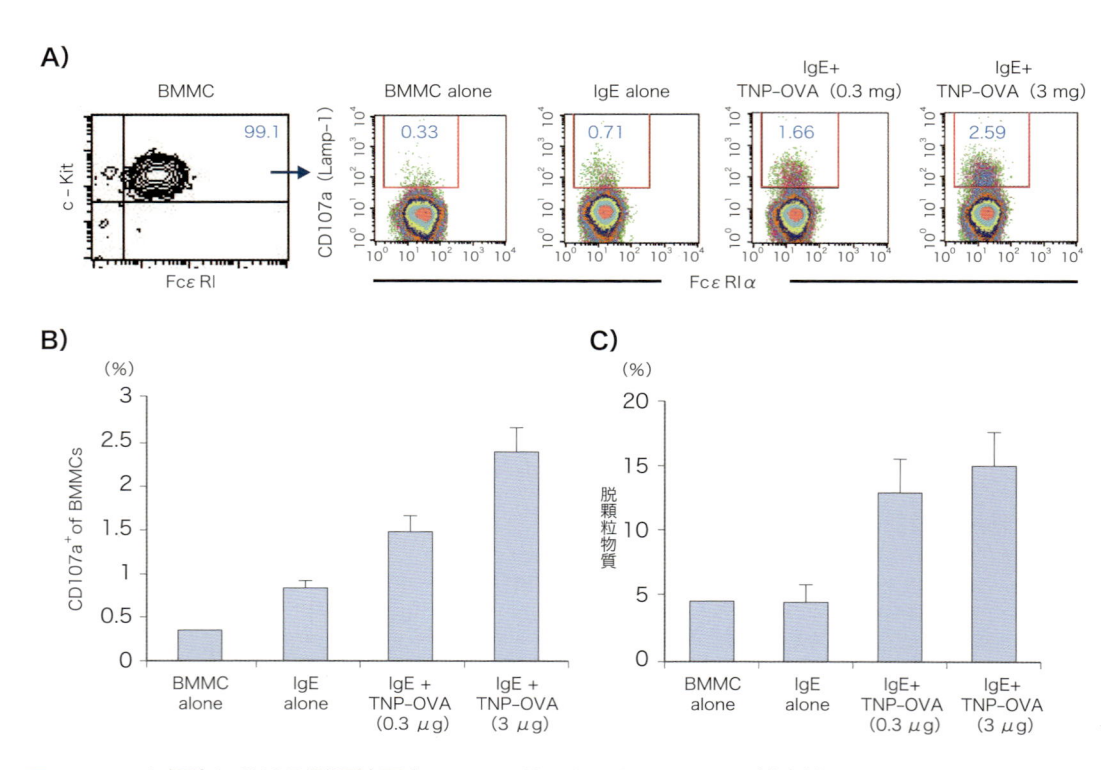

図4　マスト細胞における脱顆粒反応のフローサイトメトリーによる検出法
TNP特異的なIgEを感作させたマウス骨髄由来の誘導マスト細胞（BMMC）に，TNP化IgE抗体を感作させたもの（IgE alone），感作後にTNP抗原を結合させた卵白アルブミン（TNP-OVA）で刺激を加えたもの（IgE＋TNP-OVA）に対し，**A) B)** フローサイトメトリーおよび**C)** β-hexosaminidaseの放出率を酵素反応を用いた吸光度測定で評価した．IgEおよび抗原により刺激を受けたマスト細胞では，脱顆粒物質の放出とともに，CD107aが細胞表面に検出される

わち，フローサイトメトリーを用いて，リソソーム膜上に存在するCD107a（LAMP-1）が細胞表面に出現するマスト細胞の確率を解析することで，酵素反応同様に，マスト細胞の脱顆粒反応を評価できることが示された．

続いて，TNP特異的なIgEを感作させた気管支肺胞洗浄細胞に，TNP化抗体で刺激し，FcεRIを架橋したところ，CD107aが細胞表面に検出された（図5A）．また，Lineageマーカーによるゲーティングを行った場合，行わない場合に比較して，マスト細胞におけるCD107a$^+$の確率が上昇した（図5B）．以上から，フローサイトメトリーを用いることで，気管支肺胞洗

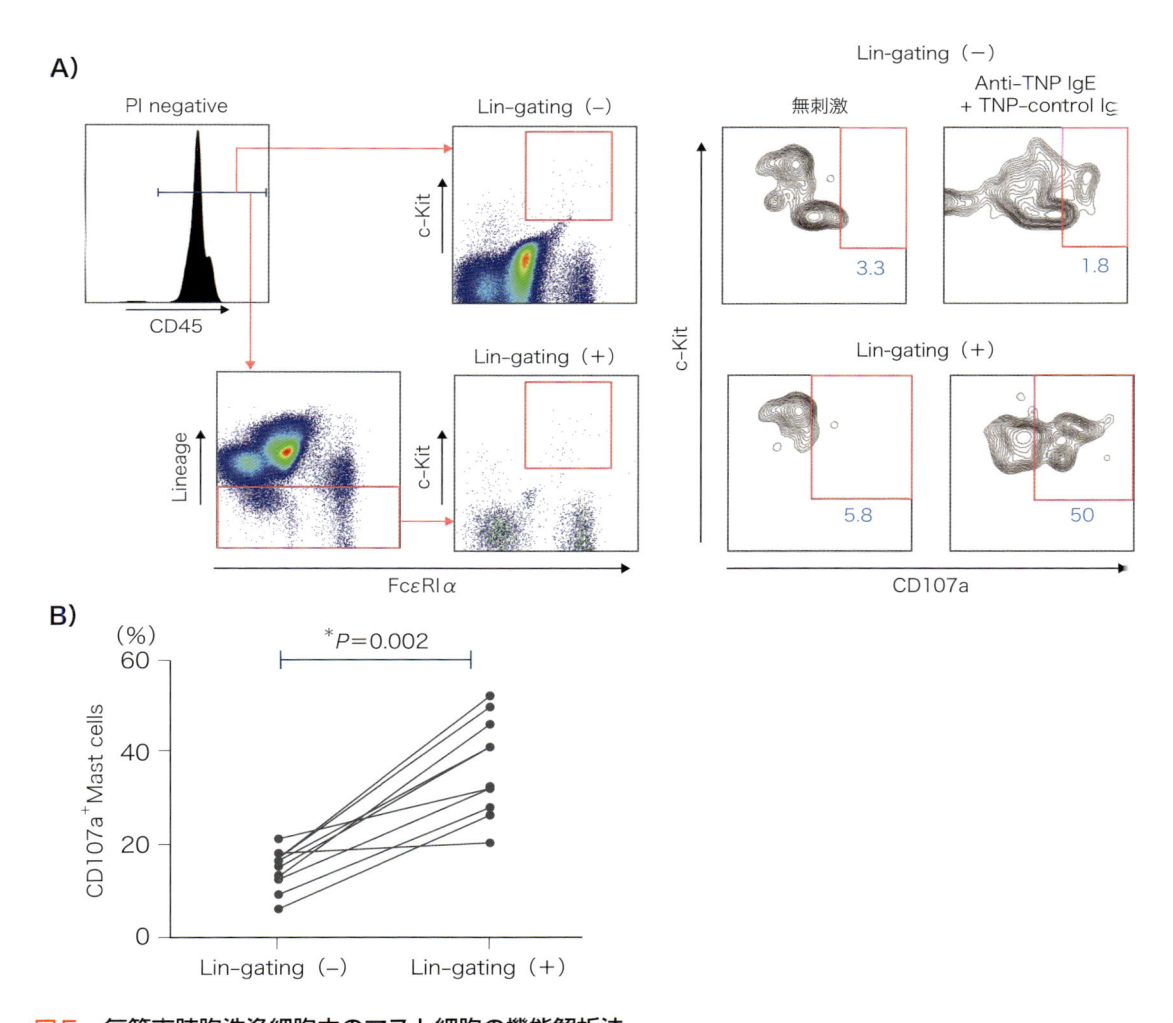

図5　気管支肺胞洗浄細胞中のマスト細胞の機能解析法

TNP特異的なIgEを感作させた気管支肺胞洗浄細胞に，TNP化抗体で刺激し，IgE受容体を架橋した．**A)** 上段：Lineageマーカーによるゲーティング（Lin-gating）を行わない場合，下段：Lineageマーカーによるゲーティングを行う場合に，マスト細胞の検出法を分けて，CD107a$^+$細胞割合で脱顆粒能を評価した．CD107aの陽性分画をアイソタイプ抗体の陽性率1％以下の領域で定義した（図中では略）．**B)** Lineageゲーティングでマスト細胞以外の細胞群を除去することにより，脱顆粒したマスト細胞をより良い感度で検出することができる

浄細胞にごく少数含まれるPI$^-$CD45$^+$Lin$^-$c-Kit$^+$FcεRIα$^+$のマスト細胞の脱顆粒機能を評価することが可能となる．

おわりに

　フローサイトメトリーを用いた単離法および機能解析法により，希少なヒトのマスト細胞を研究することができる．気管支肺胞洗浄細胞および鼻腔擦過細胞におけるマスト細胞は，それぞれ，0.153 ± 0.041 %（mean ± S. D., n = 28），0.318 ± 0.115 %（mean ± S. D., n = 7）ときわめて低い割合でしか存在しない．しかしながら，われわれの行ったPI$^-$CD45$^+$Lin$^-$c-Kit$^+$FcεRIα$^+$によるゲーティングによる解析法では，マスト細胞以外の細胞の混入を除外することができ，また，マスト細胞表面のCD107aの検出系では，脱顆粒反応を評価することができる．さらに，抑制性分子の発現が培養マスト細胞に比較して，気管支肺胞洗浄液中のプライマリマスト細胞では，きわめて高いという事実を見出した．本稿では，ヒトのサンプルを用いた実験例を示したが，マウスなどの動物でも同様の解析が可能である．マウスでは，それぞれの臓器から細胞をトリプシンやコラゲナーゼなどの酵素処理をし，分離した後でも，フローサイトメトリーを用いた解析が可能である．今後，フローサイトメトリーを用いた，プライマリマスト細胞における分子機能に焦点を当てた研究が，アレルギー，呼吸器疾患などの病態の解明や治療応用へのアプローチの1つとなると考える．

◆ 文献

1) Grützkau, A. et al.：Cytometry. A, 61：62-68, 2004
2) Oskeritzian, C. A. et al.：J. Exp. Med., 207：465-474, 2010
3) Gekara, N. O. & Weiss, S.：Cell. Microbiol., 10：225-236, 2008
4) Cheng, L. E. et al.：Immunity, 38：166-175, 2013
5) Hauswirth, A. W. et al.：Methods Mol. Biol., 315：77-90, 2006
6) Valent, P. et al.：Immunol. Rev., 179：74-81, 2001
7) Kraft, S. & Kinet, J. P.：Nat. Rev. Immunol., 7：365-378, 2007
8) Li, L. & Yao, Z.：Cell. Mol. Immunol., 1：408-415, 2004
9) Hitomi, K. et al.：Nat. Immunol., 11：601-607, 2010
10) Nagai, K. et al.：Plos One., 7：e76160, 2013

実践編 エマージング・テクノロジー（最先端の技術を知る）

20 マスサイトメトリーの原理と解析の流れ

日下部 学, Xuehai Wang, Andrew P. Weng

> マスサイトメトリーとは，フローサイトメトリーで用いる蛍光標識抗体の代わりに，金属同位体により標識された抗体を用いて細胞内外のタンパク質抗原を検出する技術である．40以上のパラメーターの同時解析が可能となり，これまで検出が困難であった細胞集団の同定や生命現象を捉えるための新規解析プラットフォームである．フローサイトメトリーと類似する点が多いものの，いくつかの特徴的な試薬，データの前処理が必要である．またいくつかの高次元データの解析手法をうまく活用することで検体に含まれる情報を最大限に引き出すことが可能となる．

はじめに

マスサイトメトリー（cytometry by time-of-flight mass spectrometry：以下CyTOF）は，フローサイトメトリーで用いる蛍光標識抗体の代わりに，金属同位体（metal isotope）[※1]により標識されたモノクローナル抗体を用いて細胞内外のタンパク質抗原を検出する技術である．金属同位体により標識された抗体を用いることにより40以上のパラメーターの同時解析ができるようになり，従来の技術では検出が困難だった細胞集団の同定や生命現象を捉えることを可能とする新規解析プラットフォームである[1]．本稿ではCyTOFの原理について概説し，実際の抗体や試薬の使用方法，実験手順について述べる．また，CyTOFからのfcsデータ取得後の解析の流れと，現在までに開発されたいくつかの高次元解析の手法についてもあわせて紹介したい．

[※1] **同位体（isotope）**
同一原子番号をもつものの中性子数（質量－原子番号）が異なる核種の関係をいう．同位体は放射能をもつ放射性同位体とそうではない安定同位体の二種類に分類される．マスサイトメトリーでは安定同位体が抗体の標識に用いられる．

装置の原理・特徴

CyTOFは従来のフローサイトメトリーとマススペクトロメトリー（質量分析法）の1つであるアルゴンガスプラズマを生成するICP-MS（inductively coupled plasma-mass spectrometry）の原理とを組合わせたものである．フローサイトメトリーはその特性上，検出する蛍光色素が増えるとそれだけ色素同士のクロストークが増えることになり，パネルのデザイン，蛍光補正は一般的に難しくなる．この欠点を克服し検出可能なパラメーターを増やす目的でDr. Scott Tannerらの研究グループによりCyTOFは開発された[2]．CyTOFは蛍光色素ではなく金属同位体で標識した抗体を用い抗原を検出するためそのクロストークは非常に少ない（図1）．現在，フリューダイム社より発売されているCyTOF装置であるCyTOF2，Heliosでは40以上のパラメーターを1細胞レベルで検出することが可能である．

金属同位体標識抗体が結合した細胞の懸濁液はネブライザとよばれる液滴をつくる装置内でまずエアロゾル化された後6,000～10,000℃のプラズマ内で瞬時に分解され，測定対象となる元素はイオン化される．質

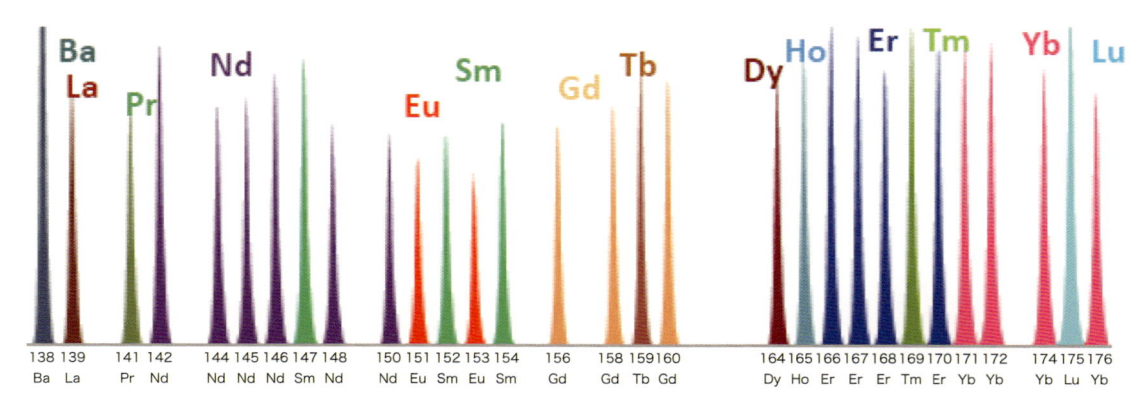

図1　金属同位体チャネルごとの飛行時間（time-of-flight）マススペクトル
CyTOFではチャネル間のクロストークは低いため，フローサイトメトリーと比較しより多くのパラメーターを測定可能である（基礎編2　図1を参照）．また，CyTOFに用いられる金属同位体は希土類元素（rare-earth elements）であり，自然の細胞には含まれないためバックグラウンドシグナルが非常に低い（図はフリューダイム社のご厚意による）

量分析部により各同位体の信号が検出され，その信号強度はサンプル内の当該同位体の濃度に相関することから1細胞からなる液滴内に存在する金属同位体を定量化することが可能となる．

データはフローサイトメトリーと同様のfcs形式のファイルとして取得可能でFlowJoなどのフローサイトメトリーデータ解析用ソフトウェアでの解析が可能である．短所として，検体はイオン化されてしまうため解析後に生細胞として使用することはできないこと，金属同位体標識抗体の感度は蛍光色素ラベルされた抗体に劣るため発現量が多くないような抗原の解析にはむかないこと，フローサイトメトリーに比べ処理できる細胞の数が少ないことなどがあげられる．

ようなチャネル間のクロストークがない反面，金属同位体固有の特徴に注意する必要がある．例として，ガドリニウム（Gd）は^{155}Gd，^{156}Gd，^{157}Gd，^{158}Gd，^{160}Gd標識抗体が利用可能であるが0.1～2％程度，他のガドリニウム同位体が含まれることになる．また，金属同位体はネブライザ導入後にプラズマによりイオン化される過程で約1％程度が酸化され，酸化された金属同位体はもとの金属同位体の質量数＋16として検出されることになる．フリューダイム社ホームページからマスサイトメトリー解析パネル作成ツールであるMaxPar Panel Designerが利用可能であり，前述の同位体純度による影響，酸化により影響を受ける検出器（チャネル）を確認することが可能である．

金属同位体標識抗体

金属同位体標識抗体は，現在フリューダイム社より購入が可能である．必要な抗体，金属同位体の組合わせが購入できない場合は金属同位体標識キット（maxpar antibody labeling kit）を購入し独自の抗体，金属同位体の組み合わせをつくることも可能である．フローサイトメトリーのような蛍光補正が必須となる

実験方法，検体の調製からCyTOF2への導入まで

本稿ではわれわれのグループで解析に用いている患者リンパ節検体由来細胞のCyTOF解析までの一連の実験方法を説明する．末梢血単核球，骨髄由来単核球細胞などでも細胞の処理，染色方法は同様のため参考にしていただきたい（図2，表1）．

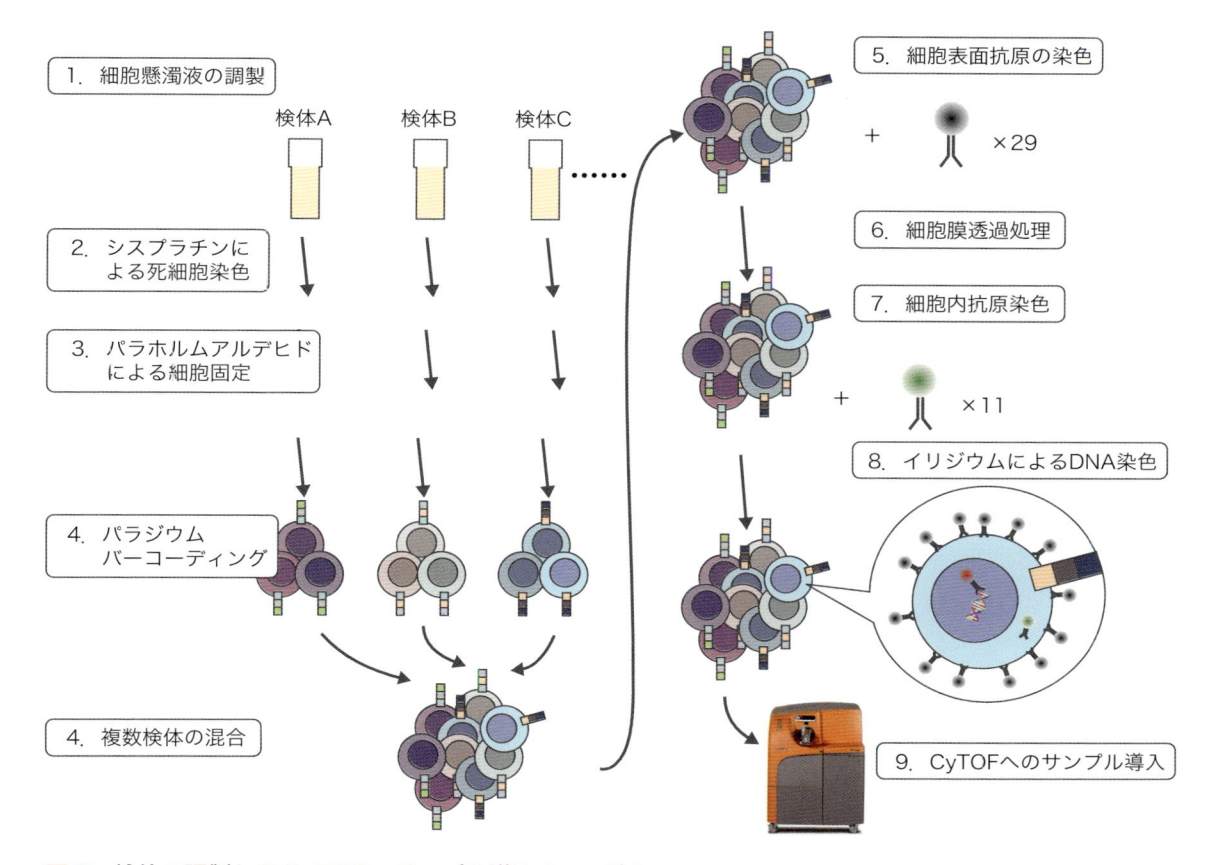

実践編　エマージング・テクノロジー **20**

図2　検体の調製からCyTOFへサンプル導入までの流れ

複数検体よりそれぞれ細胞懸濁液を調製する．検体ごとにシスプラチンによる死細胞の染色を行う．パラホルムアルデヒドにより細胞固定を行い，細胞内抗原発現状態を固定する．パラジウムバーコーディングキットを用いて複数検体を個別にバーコーディングする．バーコーディング処理後に複数検体を1本のチューブに集め以後の処理を行う．われわれのグループでは表1に示すパネルに従い29種類の細胞表面抗原に対する抗体をここで加える．続いて細胞膜透過処理を行った後，11種類の細胞内抗原の染色を行う．抗体染色後イリジウムによるDNA染色を行う．最後にサンプルを純水で再懸濁しCyTOFへ導入しデータを取得する．詳細は本文参照のこと

1. 検体細胞懸濁液の調製

リンパ節生検検体より細胞懸濁液を調製する．コラゲネースなどの酵素処理は行わずに良好な細胞数を得ることができている（10％DMSO/90％FBSに再懸濁後に凍結保存も可能）．

2. シスプラチンによる死細胞染色

フローサイトメトリーにおいてPI染色が死細胞を解析から除く目的で利用されているのと同様に，シスプラチンに含まれる^{195}Ptが死細胞に効率的に取り込まれることを利用している[3]．

3. 1.6％パラホルムアルデヒドによる細胞固定

チロシンキナーゼなど細胞処理を行っている短時間で分解を受けてしまうタンパク質を検出したい場合，細胞のタンパク質の状態をすみやかに固定する必要がある．細胞表面抗原への影響を最小限にするために1.6％パラホルムアルデヒドを用いる（固定後に10％DMSO/90％FBSにて凍結保存も可能）．

表1 マスサイトメトリー解析パネルの例

89Y-CD45	144Nd-CCR5	156Gd-CD183	*168Er-CD154*
102Pd-BC	*145Nd-BCL2*	157Gd-CD360	169Tm-CD25
104Pd-BC	*146Nd-FOXP3*	158Gd-CD134	170Er-CD3
105Pd-BC	*147Sm-Blimp1*	*159Tb-RORgT*	171Yb-CXCR5
106Pd-BC	*148Nd-TBET*	160Gd-CD28	172Yb-ICOS
110Pd-BC	149Sm-CD194	*161Dy-CTLA-4*	*173Yb-GranzymeB*
112Cd-CD45RA	150Nd-LAG3	162Dy-CD69	174Yb-CD4
115In-CD8	*151Eu-BCL6*	163Dy-BTLA	*175Lu-Perforin*
139La-CD244	*152Sm-GATA3*	164Dy-CD178	176Yb-CD127
141Pr-CD137	153Eu-TIGIT	165Ho-CD45RO	191Ir-DNA
142Nd-CD19	154Sm-TIM-3	166Er-CD44	193Ir-DNA
143Nd-CD160	155Gd-PD-1	167Er-CCR7	195Pt-Cisplatin

BC：バーコーディングチャネル，DNA：DNA染色，Cisplatin：死細胞染色
斜体は細胞内染色を示す

4. パラジウムバーコーディング，複数検体の混合（図3）

複数の検体を一度に処理するためフリューダイム社よりパラジウムを用いたバーコーディングキットが市販されている（Cell-ID 20-Plex Pd Barcoding Kit）．以降のステップをすべて1本のチューブ内で行うことが可能である．この方法を用いることにより検体間での染色のバラツキを最小限にすることができるだけでなく1検体あたりの必要細胞数，必要抗体量を減らすことができるためトータルでの実験費用を減少することにもつながる[4]．

5. 金属同位体標識された抗体による細胞表面抗原の染色

事前に至適濃度を検討した細胞表面抗原染色抗体を加える．

6. 細胞膜透過処理

サイトカイン，転写因子などの細胞内抗原を染色する場合は100％メタノールなどを用いて細胞膜透過処理を行う．

7. 金属同位体標識された抗体による細胞内抗原の染色

事前に至適濃度を検討した細胞内抗原染色抗体を加える．

8. イリジウムによるDNA染色

マスサイトメトリーではフローサイトメトリーで細胞検出に用いるFSC，SSCのような検出機能はない．そのかわりにイリジウム（[191]Irと[193]Ir）がDNA二本鎖に効率的に取り込まれることを利用し，細胞膜透過処理後の有核細胞をイリジウム陽性イベントとして検出する．

9. CyTOFへのサンプル導入，データの取得

CyTOFへの導入直前に補正用ビーズ（EQ Four Element Calibration Beads）を加えた純水に再懸濁し，シリンジを用いてサンプルを導入する（図4）．検体導入速度の調整は簡便ではないため，あらかじめ適切な細胞濃度への調整が必須である．データはfcsファイルとして出力される．

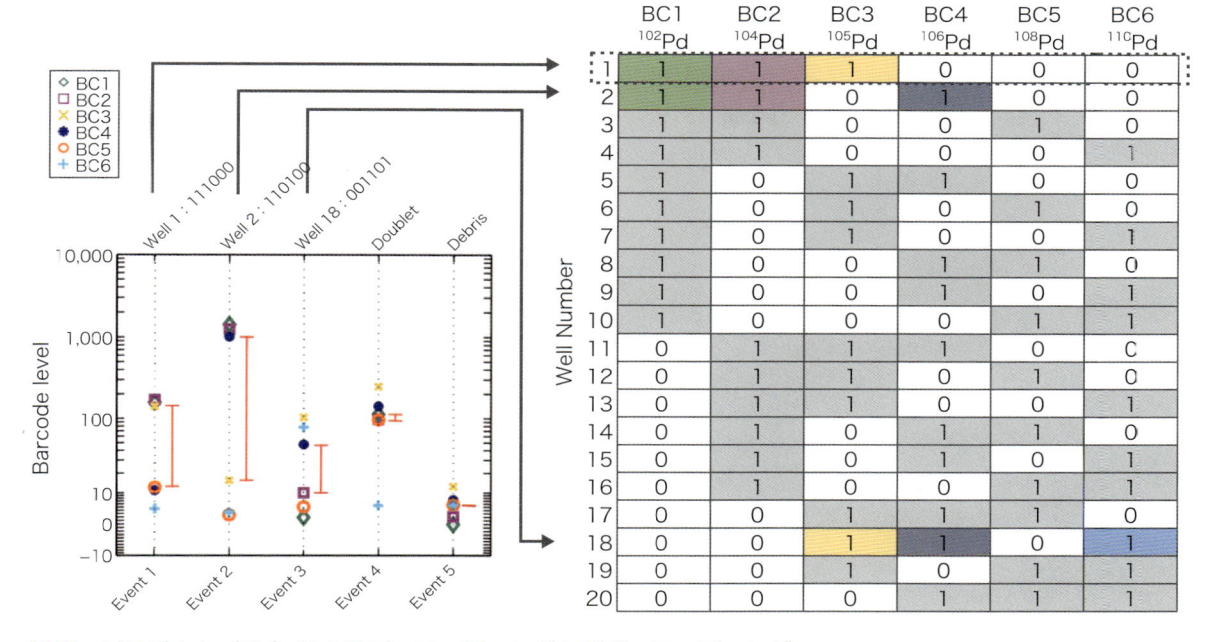

図3 パラジウム（Pd）によるバーコーディングとデバーコーディング

Cell-ID 20-Plex Pd Barcoding Kit では，それぞれのウェルに6種類のうち3種類のパラジウムがあらかじめ分注されている．例えばWell Number 1 には^{102}Pd，^{104}Pd，^{105}Pd があらかじめ混合分注されており，1つのwellを1つの検体に使用した後，複数検体を混合しfcsファイルを取得後にデバーコーディングソフトウェアを用いると，ソフトウェアは1イベント（細胞）ごとに6つのパラジウムバーコードシグナルの強度を比較し，3種類のパラジウムバーコードシグナルをもつイベントをそれぞれの検体由来のイベントと判断する．Event 1，Event 2，Event 3はそれぞれWell Number 1，2，18でバーコードされた検体である．4つ以上のパラジウムバーコードシグナルをもつイベントは2検体以上の凝集と判断される（Event 4）．6つのパラジウムバーコードシグナルのいずれももたないイベントはデブリスと判断される（Event 5）〔文献4より引用（右図の破線ならびにパラジウム同位体の記載は著者による）〕

データ解析，fcsデータから高次元データの視覚化まで

1．fcsファイルの取得

CyTOF本体よりfcsファイルを所得し，必要に応じて複数のfcsファイルを結合した後に以下の解析に用いる．

2．データの正規化（normalization）

CyTOFはイオン化された細胞成分の検出器への集積，プラズマによる細胞のイオン化効率の変動のため，同一の実験日でも信号強度の変化が観察される．そのため，前述の補正用ビーズの信号強度の変化をもとにデータを補正する必要がある[5]．正規化に必要なソフトウェアはフリューダイム社のソフトウェアを用いるかDr. Garry Nolanらの研究グループのGitHubホームページより無料でダウンロード可能である．

3．デバーコーディング（debarcoding）

それぞれの検体をパラジウム同位体である^{102}Pd，^{104}Pd，^{105}Pd，^{106}Pd，^{108}Pd，^{110}Pdのうち3種類のパラジウムでバーコードすることにより，1本のチューブで複数の検体処理が可能となる．CyTOFより出力されたfcsファイルを専用のプログラムを用いて，検体ごとの独立したfcsファイルに変換する．またパラジウム同位体の染色強度を利用しているため2細胞以上が同時に処理されてしまった凝集塊も効率よくとり除くこと

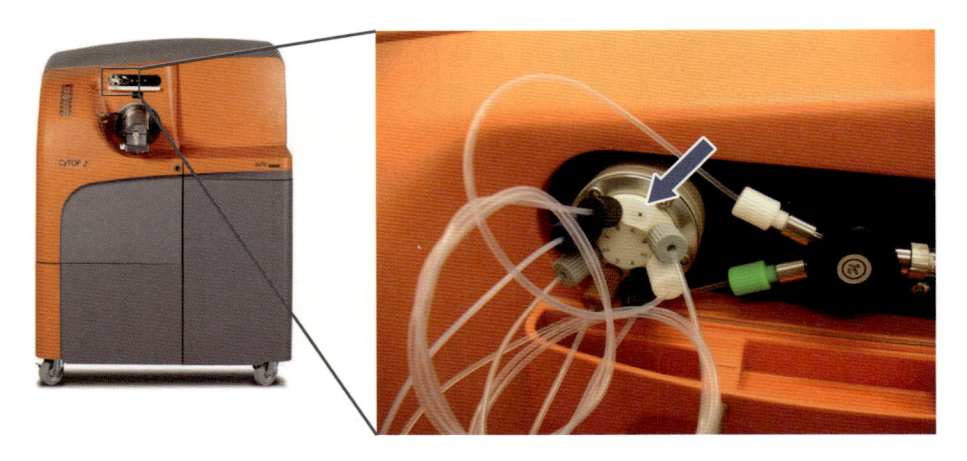

図4　CyTOF2のサンプル導入部分の拡大
CyTOF2では，フローサイトメトリーで一般的に用いられているFACSチューブとアスピレーターによるサンプルの導入ではなく，検体を1.0 mLシリンジを用いて導入する．矢印で示した部分がサンプル導入のためのシリンジを結合させる部位である．検体導入前に純水で細胞濃度を$3〜7×10^5$ cells/mLに調整し，45 μL/minの流速で測定する．細胞濃度が高すぎるとダブレットが多く形成されることになり，解析可能な細胞数が少なくなってしまうため細胞濃度調整は重要である（画像はフリューダイム社のご厚意による）

ができる（図3）[4]．正規化，デバーコーディング処理後のfcsファイルはフローサイトメトリーから得られたfcsファイルと同様，FlowJoなどの解析ソフトウェアで利用可能である．

4. 視覚化のためのチャネル選択

バーコーディングに用いたチャネル情報などは視覚化の際には必要ないため選択しない．われわれのグループでは目的に応じて通常30から40チャネルを選択しデータの視覚化を行っている．

5. クラスタリング・次元圧縮法による高次元データの視覚化

CyTOFより得られたデータはフローサイトメトリーデータと同様に2Dまたは3Dプロットやヒストグラムでの解析が可能である．しかし，マスサイトメトリーデータは1細胞が30種以上のパラメーターをもつことになるため，クラスタリング解析や次元圧縮法（dimensional reduction）による高次元解析を行うことでデータの有効的活用が可能となる．これまでに複数の多次元データ解析法が開発されており[6]，代表的なt-SNE，SPADEについて概説するがそれぞれの手法において解析の前提となる仮定や推測が解析手法ごとに異なるため，目的に沿った解析法を選択するのが重要である．

1）t-SNE：t-stochastic neighbor embedding（図5A）

viSNE（visualization of stochastic neighbor embedding）は次元圧縮による非線形データの視覚化解析の方法として開発された[7]．t-SNE（t-stochastic neighbor embedding）※2とよばれる新たな要約パラメーターを構成することで高次元データを二次元データへ圧縮し，1細胞レベルの解像度を保つことを可能とする（図5）．急性白血病細胞の表面抗原解析への応用例などが報告されている[8]．注意点としては，クラ

※2　t-SNE：t-stochastic neighbor embedding
非線形データの次元圧縮による視覚化解析の方法として開発され，t-SNEとよばれる新たな要約パラメーターを構成することで高次元データを二次元または三次元データへと圧縮する[8]．1細胞RNA-Seqデータにも応用されており，1細胞解析のための解析ツールとして一般的になりつつある[9]．

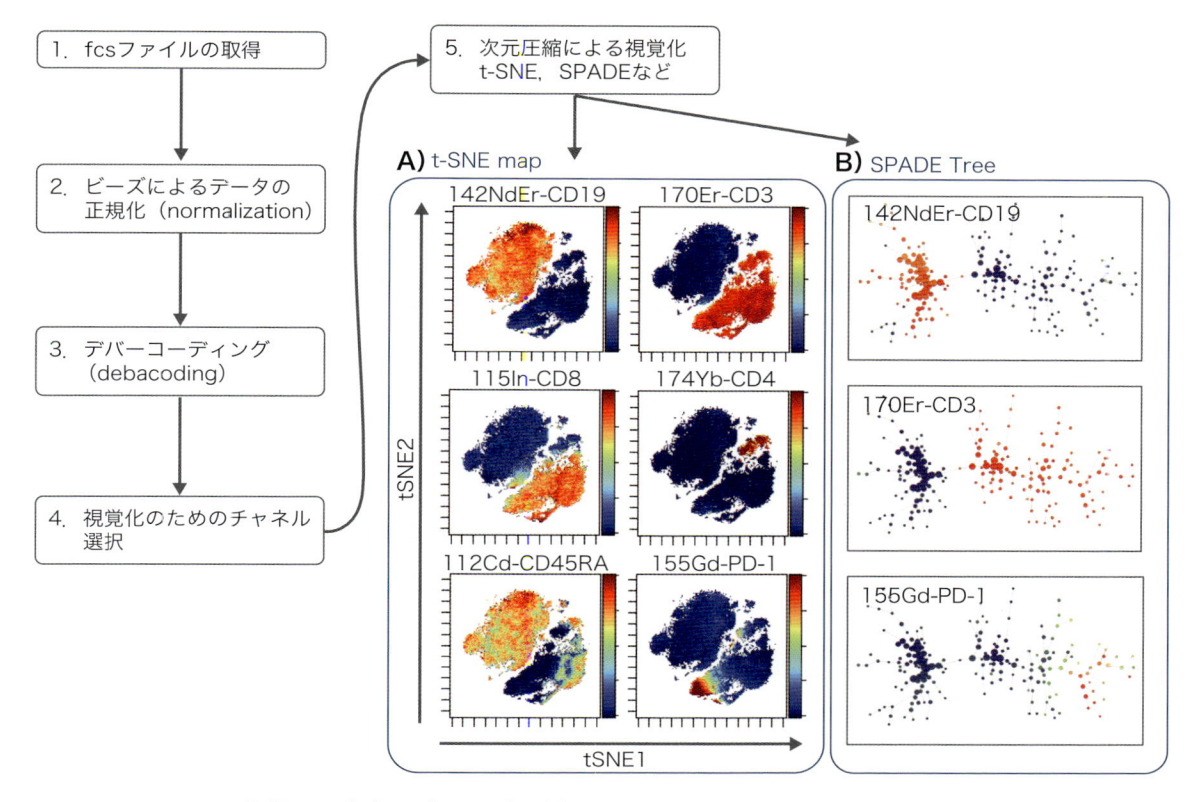

実践編　エマージング・テクノロジー　20

図5　Fcsファイル取得から高次元データの視覚化

われわれのグループにて解析した炎症性リンパ節腫大患者検体のfcsファイル取得から視覚化までを示す．CyTOF2から得られたfcsファイルの正規化（normalization）を行う．複数検体の混合したfcsファイルからデバーコーディング処理を行い目的の検体のデータを抽出する．視覚化のために使用するチャネルを選択する．ここで選択するチャネルの情報をもとにt-SNE mapやSPADE treeが描かれる．**A)** t-SNE map：炎症性リンパ節腫大患者検体のt-SNE map．70,000細胞を示す．表1の48種類のチャネルのうちバーコーディング，DNA染色，死細胞染色に用いたチャネルを除く40種類のチャネルを選択することでデータは40次元の情報として扱われ，t-SNEにより次元圧縮され2Dプロットに表示される．それぞれのチャネルの情報はカラースケールにより表示される．赤は高発現，青は低発現を示す．検体はCD19陽性のB細胞，CD3陽性のT細胞からなることがわかる．またT細胞にはCD4陽性のヘルパーT細胞，CD8陽性のキラーT細胞に分類される．T細胞の一部はPD-1を発現しており，またB細胞とT細胞の一部はCD45RAを高発現している．**B)** SPADE Tree：t-SNE mapと同一のデータを用いたSPADE tree．70,000細胞は約200個の円（クラスター）として表示される．CD19陽性のB細胞，CD3陽性のT細胞，一部のPD-1陽性のT細胞の集団が同定できる．t-SNEと比較し，1細胞の解像度は失われ，高次元データで類似する細胞集団は大きな円として表示される

スタリングを行うわけではないので細胞集団を同定するにはマニュアルゲーティングをするか後述のPheno-Graphなどの解析手法が必要となる．

2) SPADE：spanning-tree progression analysis of density-normalized events
（図5B）

複数のパラメーターによる高次元データから，互いに類似する細胞集団を同定し階層的クラスタリングを行うことでマスサイトメトリーデータを可視化する方

257

法としてSPADEがあげられる[10)11)]．CD34陽性CD38陰性細胞を起点として分化成熟した各血球系への成熟過程や，サイトカイン，チロシンキナーゼ阻害剤への各細胞分画の反応性の相違を可視化した解析結果が報告されている．サンプル全体の組成や特徴を可視化する方法として優れている反面，クラスタリングを行うことで1細胞レベルの解像度は失われる点や，1％以下の稀な細胞集団を検出するためには確率的なダウンサンプリング処理を行う必要があるため，結果が解析ごとに異なることに留意する必要がある．

おわりに

CyTOFは新しい技術であるがその概念や実験手法はこれまでに長年にわたり確立されてきたフローサイトメトリーと類似する点が多い．今後の技術開発により，前述した細胞の処理能力などの問題点は改善されていくと考えられる．

CyTOFの最大の利点は複数のパラメーターからなる1細胞レベルの高次元データが得られることにある．これまで一般的であったヒストグラム，2Dプロットだけでなく高次元解析のアプローチが得られたデータを活用するために重要となる．今回誌面の都合上紹介できなかったが，t-SNEでの次元圧縮を補完するクラスタリング手法であるPhenoGraphや[12)]，次元圧縮とともに細胞集団の同定を可能とするWanderlust[13)]など，目的に沿った高次元解析手法の開発が進行中である．フローサイトメトリーの技術が血液免疫系細胞，造血系悪性腫瘍を中心に発展してきたのと同様，CyTOFも正常免疫系細胞や造血器悪性腫瘍患者検体の解析への応用が中心であるが，固形腫瘍細胞集団，または悪性腫瘍の微小環境を構築する免疫細胞のheterogeneityの解析など，多分野への応用が期待される．患者検体など検体量が限られるような状況では一度に多数の情報をハイスループットに処理できるCyTOFは強力な解析ツールとなりうる[14)15)]．今後，CyTOFが1細胞解析手法として他の1細胞RNA-Seqなどの技術と相補的に発展することを期待したい．

◆ 文献

1) Bendall, S. C. et al.：Trends Immunol., 33：323-332, 2012
2) Ornatsky, O. I. et al.：Anal. Chem., 80：2539-2547, 2008
3) Fienberg, H. G. et al.：Cytometry A, 81A：467-475, 2012
4) Zunder, E. R. et al.：Nat. Protoc., 10：316-333, 2015
5) Finck, R. et al.：Cytometry A, 83A：483-494, 2013
6) Mair, F. et al.：Eur. J. Immunol., 46：34-43, 2015
7) Van der Maaten, L. & Hinton, G.：J. Mach. Learn. Res., 9：2579-2605, 2008
8) Amir, EAD. et al.：Nat. Biotechnol., 31：545-552, 2013
9) Grün, D. et al.：Nature, 525：251-255, 2015
10) Bendall, S. C. et al.：Science, 332：687-696, 2011
11) Qiu, P. et al.：Nat. Biotechnol., 29：886-891, 2011
12) Levine, J. H. et al.：Cell, 162：184–197, 2015
13) Bendall, S. C. et al.：Cell, 157：714–725, 2014
14) Newell, E. W. et al.：実験医学，33：20-25, 2015
15) Chattopadhyay, P. K. et al.：Nat. Immunol., 15：128-135, 2014

◆ 参考

・Dr. Garry Nolanらの研究グループのGitHubホームページ
https://github.com/nolanlab

実践編 21

マスサイトメーターのセッティング
フリューダイム株式会社
(Helios a CyTOF system)

エマージング・テクノロジー（最先端の技術を知る）

齋藤和徳，細野直哉

> マスサイトメトリー CyTOF® システムは，金属標識抗体を用い，質量分析技術で金属シグナルを検出することにより，多岐にわたる多変量解析を可能にした．多様性に富む細胞集団のさまざまなサブセットの細胞機能，シグナル伝達系の状態などを広くとらえることができ，それぞれの細胞について深く解析ができる．

はじめに：マスサイトメトリー CyTOF システムの特徴

マスサイトメトリー CyTOF システムでは，金属標識抗体でタンパク質をラベルした細胞を分析する．標識した細胞懸濁液をシステムに注入すると，細胞はネブライザでアルゴンガス中に一定速度で噴霧され，細胞を含むエアロゾルとなる．個々の細胞は，高温の誘導結合プラズマ（ICP）で原子レベルまで分解，イオン化されて，細胞の大きさにかかわらず一定サイズのイオン雲となり，連続的に質量分析部に送られる．質量分析部では，まず四重極型イオンフィルターで低質量の元素イオン（75 Da 未満）が除去され，高質量の金属イオンのみが検出部に送られる．検出部の飛行時間型質量分析計（TOF-MS）により，1秒間に76,800回分析を行い，質量75～210 Da のイオンを分離，カウントする．ソフトウェアは，1細胞ごとに，金属イオンの種別と量が記録されたファイルを生成する．

最大の特徴は，同時に多数の金属イオンを検出可能なことであろう．2015年にCyTOFは，第三世代のHelios（Helios a CyTOF system）へと進化し，ハードウェアとしては135の検出チャネルを装備している．現在フリューダイムでは40以上の金属標識を用意しており，高い検出感度で，コンペンセーションすることなく同時に検出することが可能である．出力された膨大なデータは，多元的にデータを解析するソフトウェア CytoBank を用いて詳細な解析が可能である．ここでは，最新機種，Helios について説明をする．

マスサイトメーターのセッティングの流れ

1. MaxPar® 金属標識抗体について

フリューダイムでは，600以上の金属標識済抗体が発売されている（2016年7月現在）．また，あらかじめパネル化されたキットもあり，免疫系，iPS/ES細胞の解析などに有用である．標識済み抗体がメニューにない場合には，金属標識キットを用いて標識することが可能である．パネルデザインはMaxPar Panel Designer ソフトウェアを用いれば，容易に作成できる．

2. サンプル調製

CyTOFシステムの解析における細胞染色とサンプル調製はフローサイトメトリーの手順とほぼ同じである．分析対象の細胞を，PBS（calcium free）で懸濁し，生死判定用のCell ID™ Cisplatinで，死細胞を染色する．Fc-Receptor Blocking Solutionを加えて非特異吸着をブロックし，細胞表面の抗体混合液を反応させる．その後，MaxPar Fix & Perm Bufferで処理，細胞内抗体混合液で標識後，DNA量の同定用のCell ID intercalator-Irを加えて反応させる．測定直前に，MaxPar Waterに細胞を再懸濁する．

3. ランニングコスト

金属標識抗体の価格は抗体にもよるが，ほぼ100回分で56,000円前後である．また，金属標識キットは1金属40回標識分で262,000円であるが，最大10種類の金属で標識できるMulti-Metal labeling Kitは，40回標識分420,000円であるため，後者のキットの方がコストを抑えることができる（価格は2016年4月現在）．

Heliosでは，スタンバイ時にも真空ポンプは動作しており，測定に必要な真空度は維持されている．日々の測定に際しては，後述の手順でハードウェアの準備を行う．

準備

- ☐ Tuning Solution（PN 201072）
- ☐ EQ Four Elements Beads（PN 201078）
- ☐ Washing Solution（PN 201070）
- ☐ 超純水（18.2 MΩ以上）またはMaxPar Water（PN 201069）
- ☐ 5 mLの丸底試験管

プロトコール

1. ソフトウェアの起動

Heliosソフトウェアを起動し，ログインする．ユーザーレベルにはUserとAdministratorがあり，操作が可能な権限に差がある．ユーザーごとに権限を設定できる．

2. プラズマの点灯

本体パネルのLEDを確認する．RFG，AIR，TORCH，ARGON，SHIELDが緑に点灯しているか確認する（図1）．ソフトウェアの下部にある「start」ボタンを押すと，セルフチェックの後，自動でプラズマが点灯する．ソフトウェアの指示に従い，ネブライザをアダプターポートにセットする．もし問題が検出されれば，安全装置が働いて，プラズマは点灯しない．ヒーター

図1　本体パネルのLED
Helios本体のパネル．プラズマを起動するには，RFG，AIR，TORCH，ARGON，SHIELDが点灯していなければならない．CHILLは，プラズマの起動中に自動点灯する

温度が測定可能な200℃に到達し，プラズマが安定するまでには15〜30分かかる．測定可能な状態になれば，ボタンが緑になり，Readyと表示される[※1]．

> ※1　起動に失敗する場合は，再度，LEDの状態，ネブライザが接続されているか，ガスのラインが抜けていないかを確認する．

3. ハードウェアの自動調整（キャリブレーション）

さまざまな要素が感度に影響するため，安定した結果を得るためには装置の調整が非常に重要であるが，Heliosではすべて自動化されている．調整に用いるTuning SolutionはCs，La，Tb，Tm，Irの5種の重金属を含んでおり，ソフトウェアはそれぞれの信号を検出して自動で調整を行う．

❶ Tuning Solutionを5 mLの丸底チューブに1〜2 mL入れ，サンプルローダーにセットする

⬇

❷ Tuneタブを開き，Previewボタンを押して，信号が安定するまで待つ

⬇

❸ 信号が安定したら，Recordボタンを押して，キャリブレーションを実行する

⬇

❹ キャリブレーションの終了後，Resultsボタンを押して，結果を確認する．基準を満たしていれば，項目は緑で表示される（図2）．すべての項目が基準を満たせば，次のステップに進む[※2]

> ※2　基準を満たさない項目がある場合，主な原因として，ラインの詰まり，インターフェース部の汚れがあげられる．装置に付属するガイドに従って対応することも可能だが，まずはサポートまでご相談いただきたい．その際，Results画面のコピーがあると，原因を特定しやすい

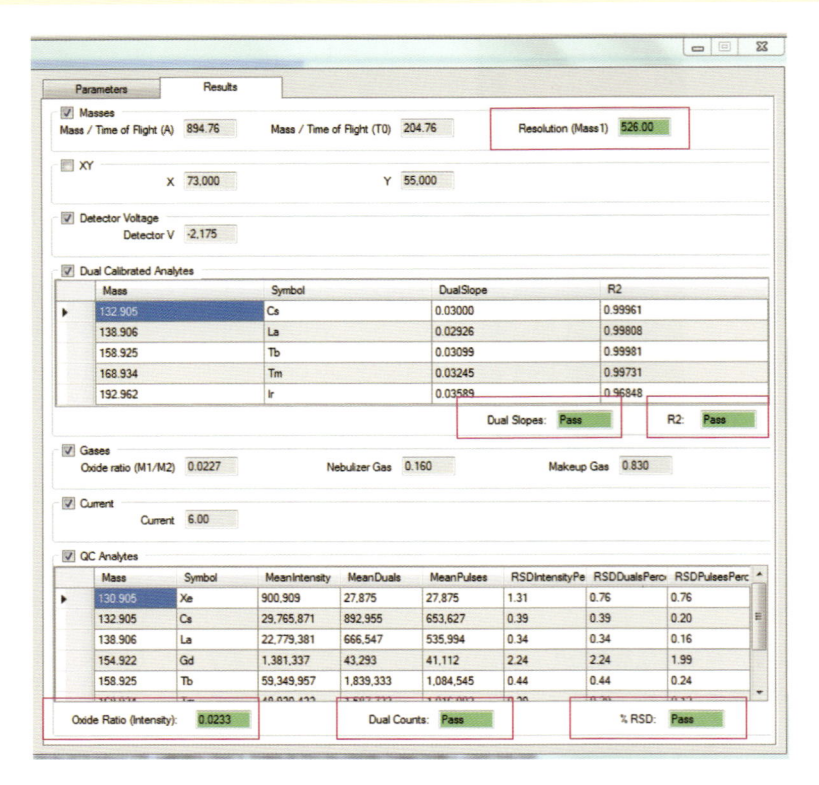

図2　キャリブレーション後のコンピュータ画面
Results画面．赤で囲んだ6つの項目が緑に表示されていれば，装置の性能は維持され，調整が成功したことを示す．もし失敗した項目があれば，この画面をフリューダイムのサポートまでお送りいただきたい

4. サンプルライン洗浄

　　ラインを洗浄するために，サンプルローダーにWashing Solutionの入ったチューブをセットする．Sample IntroductionをONにし，2分間通液して，チューブの内部を洗浄する．さらに，純水の入ったチューブと交換し，同様に2分間通液してから，Previewボタンを押してバックグラウンドの確認を行う．もしまだ汚れがあれば，再度洗浄操作をくり返す．

5. ビーズを使った，装置の動作確認

❶ EQ Four Elements Beadsのボトルは，ボルテックスミキサーなどで均一になるまでよく撹拌し，5 mLチューブに1 mLほど移し，サンプルローダーにセットする

❷ Acquisitionタブを開く

❸ Stop atボタンを押して，Timeを選択し，120 secを入力して，OKを押す

❹ Recordを押して，測定をする

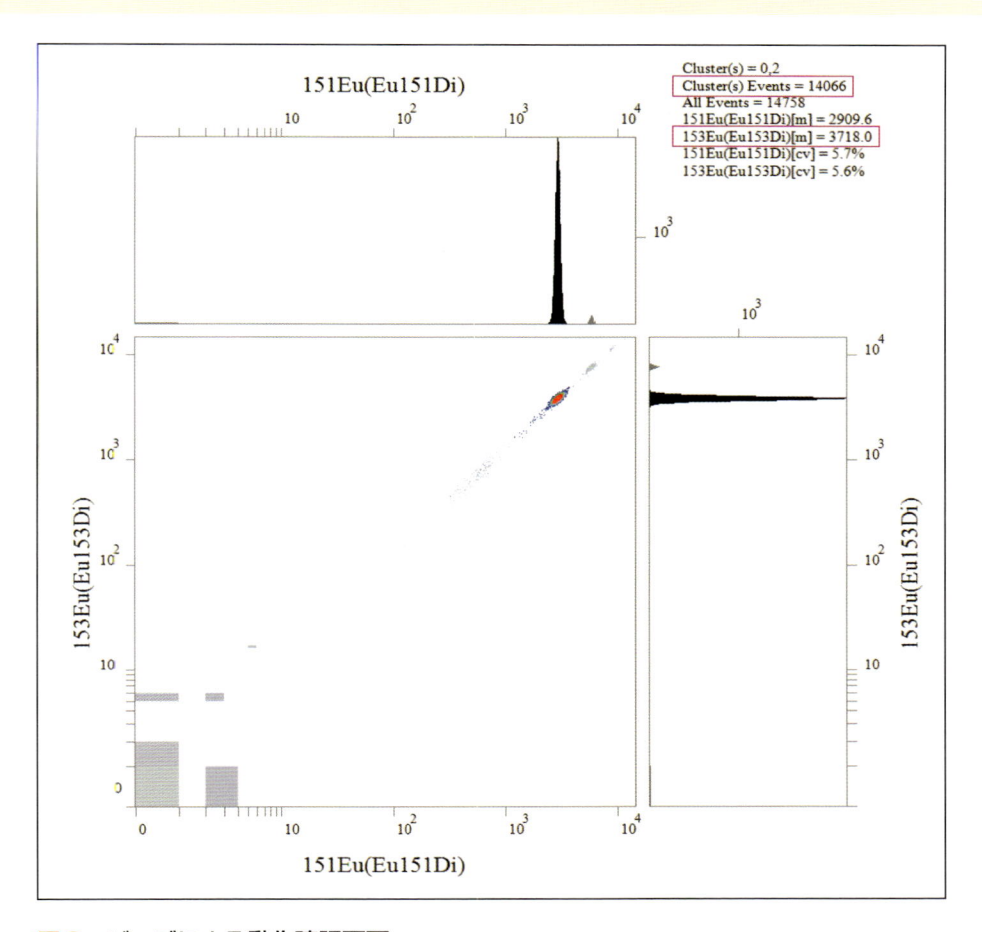

図3 ビーズによる動作確認画面
Beadsの測定結果．付属ソフトウェアのPlotviewerでシングレットを選択すると，右上にシングレットのイベント数と，信号強度の中央値が表示される

❺ データを確認する．Cytobankが利用可能であれば，新しいExperimentを作成して　ファイルをアップロードする

❻ Cytobankがなければ，ソフトウェアに付属するPlotviewerを使ってもよい．Plotviewerは，測定が終わると，自動で開く

❼ ^{151}Euと^{153}Euでプロットを描く

❽ シングレットでゲートをする．イベント数が9,000以上，^{153}Euの強度中央値が1,000以上であることを確認する（図3）[※3]

※3　上記を満たさない場合には，ビーズを再度撹拌して，再度測定を行う．

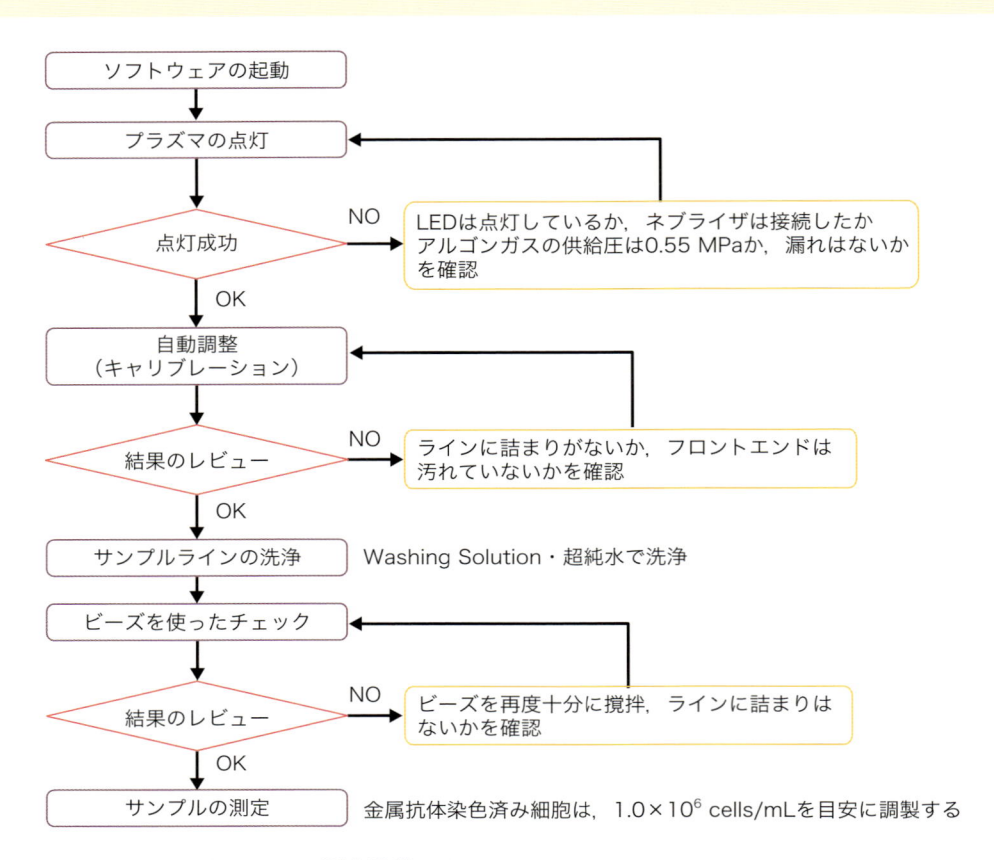

```
ソフトウェアの起動
      ↓
プラズマの点灯 ←──────────────┐
      ↓                      │
  点灯成功 ──NO──→ LEDは点灯しているか，ネブライザは接続したか
      │OK          アルゴンガスの供給圧は0.55 MPaか，漏れはないか
      ↓            を確認
  自動調整 ←──────────────┐
（キャリブレーション）      │
      ↓                    │
  結果のレビュー ──NO──→ ラインに詰まりがないか，フロントエンドは
      │OK                  汚れていないかを確認
      ↓
サンプルラインの洗浄   Washing Solution・超純水で洗浄
      ↓
ビーズを使ったチェック ←────┐
      ↓                    │
  結果のレビュー ──NO──→ ビーズを再度十分に撹拌，ラインに詰まりは
      │OK                  ないかを確認
      ↓
  サンプルの測定   金属抗体染色済み細胞は，$1.0×10^6$ cells/mLを目安に調製する
```

図4　マスサイトメトリー測定準備スキーム
測定準備のフローチャート．測定前の準備には，全体で30〜60分ほど必要となる

6. サンプルの測定

サンプルは，細胞濃度が $1.0×10^6$ cells/mL になるように調製する．データのファイル名や保存先を確認する．Stop at ボタンを押して，必要な量のデータが得られるように，測定時間，またはイベント数を設定する．少なくとも50μLのサンプルがチューブに残るようにする．その後の操作は，ビーズの測定を同じ手順で行う．測定準備スキームを図4に示す．

おわりに

生命科学の基礎ならびに臨床研究あるいは創薬研究において，細胞表面や細胞内タンパク質を網羅的かつ多元的に解析する多変量解析の重要性が高まっている．抗体を用いて細胞内外の数多くのタンパク質の変動を同時に解析できる技術は新しい知見が得られる可能性を秘めている．30，40，50種類以上といった数多くの抗体をいかにして検出するかという課題に，答えを出したのが金属標識抗体，質量分析を組合わせたマスサイトメトリーである．蛍光標識の限

界を解決したと言える．数が多くなれば難しくなる蛍光補正であるが，補正を必要としないマスサイトメトリーの系では多変量解析のためのパネルを容易にデザインできる．さらには抗体だけではなく，RNAプローブを金属標識し，タンパク質発現とRNAを同時に測定した論文も発表され[1]，マスサイトメトリーを用いたすぐれた研究論文が加速度的に増えてきている[2]～[6]．フリューダイムではマスサイトメトリー技術を使ったイメージング解析装置も開発中である．

◆ 文献

1) Frei, A. P. et al.：Methods, 13：269-275, 2016
2) Behbehani, G. K. et al.：Cancer Discov., 5：988–1003, 2015
3) Das, R. et al.：J. Immunol., 194：950–959, 2015
4) Levine, J. H. et al.：Cell, 162：184–197, 2015
5) Spitzer, M. H. et al.：Science, 349, doi：10.1126/science.1259425, 2015
6) Wong, M. T. et al.：Cell Rep., 11：1822–1833, 2015

Helios™ マスサイトメトリーシステム

1細胞でのタンパク質発現を37種類の重金属標識抗体を用いることにより同時に多パラメーターで網羅的に解析することが可能に!!

細胞内シグナルパスウェイなどの複雑なタンパク質発現解析もコンペンセーション不要！

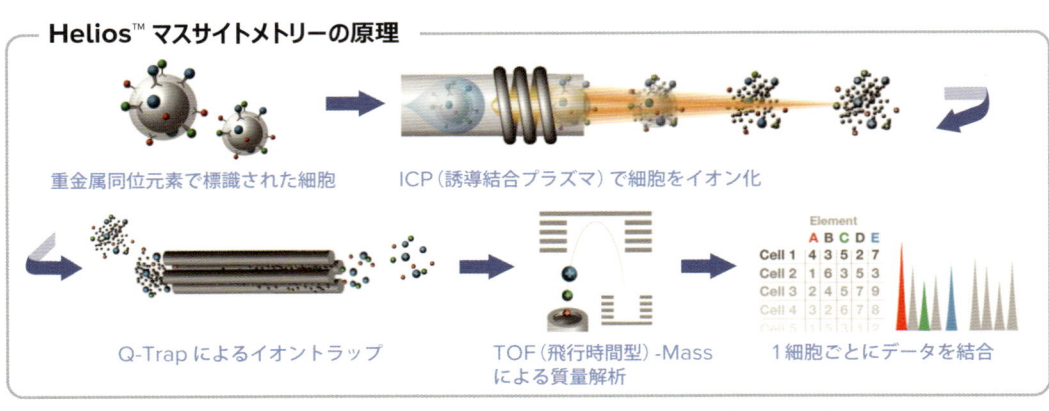

MaxPar® 金属標識抗体 ＋ Helios™ マスサイトメーター ＋ データ解析ソフト Cytobank

Helios™ マスサイトメトリーの原理

重金属同位元素で標識された細胞 → ICP（誘導結合プラズマ）で細胞をイオン化 → Q-Trapによるイオントラップ → TOF（飛行時間型）-Massによる質量解析 → 1細胞ごとにデータを結合

＊弊社カタログ掲載の抗体だけではなく、金属標識キットやサービスをご使用いただくことで既存の抗体をパネル化することも可能です。お気軽にご相談ください。

フリューダイム株式会社
〒103-0001　東京都中央区日本橋小伝馬町 15-19 ルミナス 4 階
TEL: 03-3662-2150　FAX: 03-3662-2154
Email: info-japan@fluidigm.com

実践編 22

エマージング・テクノロジー（最先端の技術を知る）

1細胞採取法としてのフローサイトメトリーと関連技術
1細胞遺伝子発現解析の観点から

林 哲太郎，二階堂 愛

次世代シークエンサー（NGS）や微量RNA増幅法の発展により，1細胞解像度での遺伝子発現解析は，今や特別なものではなくなりつつある．当然，1細胞発現解析には，1細胞採取が必須であり，フローサイトメーター（FCM）が活用されている．そこで，FCMを用いた1細胞RT-qPCRとRNAシークエンスについて解説する．また，FCMと原理の異なる，分子生物学的反応に特化した1細胞自動単離解析装置についても紹介する．

はじめに

1細胞レベルで細胞の状態（大きさ，形状，タンパク質発現，遺伝子発現）を大量かつ高速に定量化できる手法は，今も昔もフローサイトメトリーしかない．

生命現象を理解するうえで，細胞集団の不均質性を知ることは非常に重要である．発生段階における細胞の不均質性がもたらす分化制御機構や，がん幹細胞，体性幹細胞などの希少細胞集団の同定などは，細胞集団レベルの解像度では検出できない．また，再生医療の分野においても，移植用細胞の安全性・有効性を判断するうえで未分化細胞の残存，細胞の分化成熟度合いや濃縮率など，これまでの集団解析では可視化できなかった「1細胞解像度」の解析に大きな期待が寄せられている（図1）．ここでは，1細胞発現解析とFCMのかかわりや，FCMと原理の異なる1細胞採取法について解説する．

FCMによる1細胞採取

1細胞解析の最も重要なポイントは，いかに1細胞を採取してくるかである．1細胞を採取するうえで考慮する点は，①採取精度（歩留まり），②採取速度と細胞数，③採取可能な細胞のサイズ，④持ち込みバッファー量，⑤採取先の反応容器の種類，の5つがあげられる．①と②はスループット性に大きく影響する．また，速度は細胞の生存率や遺伝子発現に影響をもたらす．装置依存で③の制限が出るものもある．また④が多いと，採取後の分子生物学的反応の阻害や，反応容量が大きくなりコストや操作に悪影響をもたらす．⑤は，一般的な分子生物学実験で使用される（96，384ウェルプレートなどの）SBSフォーマットであるのか，独自フォーマットなのかで，実験内容やスループット性，利便性が変わってくる．

FCMはこれらを兼ね備えた装置である．多くのFCMには1細胞ソーティングモードが用意されている．十分な最適化を行えば，マイクロウェルチューブやマイクロウェルプレートへ1細胞を採取できる．1細胞採取は，チューブやプレートを載せるステージをソーティングタイミングと合わせて移動させることで実現されている（一部機種ではオプションが必要）．それ以外は，通常のFCMと全く同じ機能が利用できる．特に，後述するほかの方式では達成できない，細胞の多重蛍

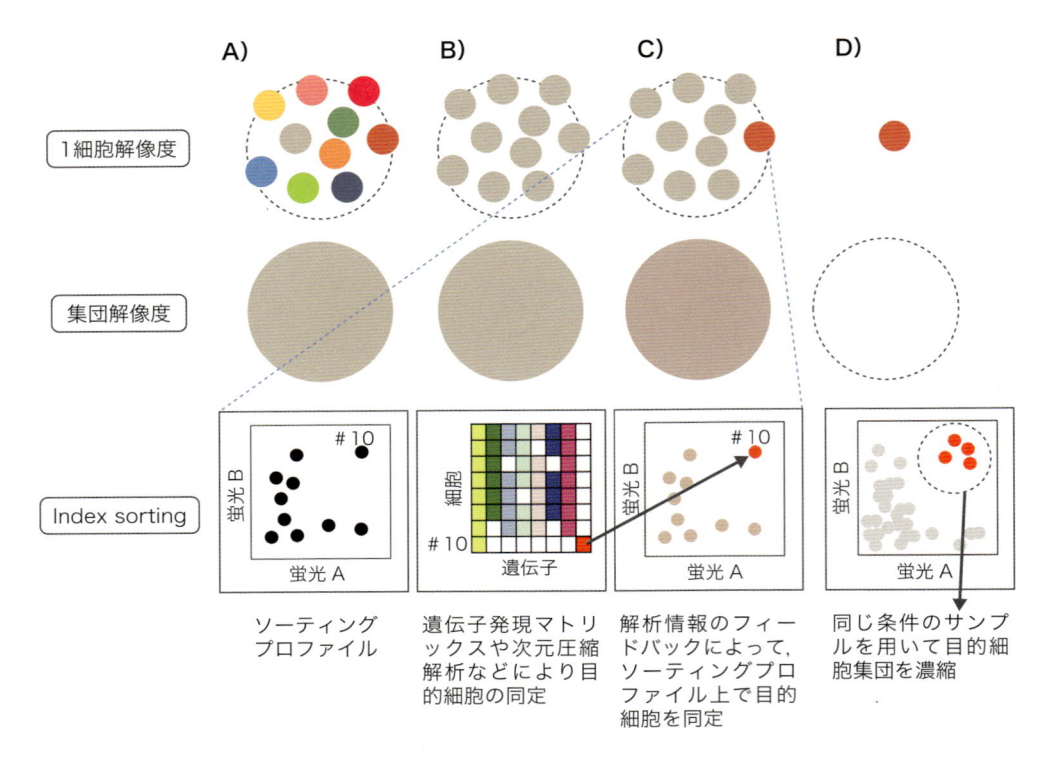

図1　1細胞と集団細胞解像度解析のイメージ図

A) ターゲット細胞集団が不均一な場合．B) ターゲット細胞集団が均一な場合．C) ターゲット細胞集団に未知，もしくは目的の希少細胞集団が含まれる場合．D) ターゲット細胞が少ない場合．細胞の性質を色で表現．集団解像度は，各細胞の色を平均化したもの．AかBかの判定は，集団解像度ではわからない．また，希少細胞集団を含むCは，その他の細胞で希釈されるため，集団解像度だと，Bとの差はほとんど見分けがつかなくなる．一方でサンプルによっては，ターゲット細胞がほとんどとれない場合もある（D）．この場合は，そもそも，集団レベルの解析ができない．またN数を稼ぐことが難しいため，1細胞レベルでの解析が有効となる．Index sorting機能を使うと，ソーティングした細胞で取得した各蛍光パラメーターとサンプルのウェル番号を紐づけすることができる．これによって，蛍光強度データと遺伝子発現データの相関を解析したり，次元圧縮解析などで同定された目的の細胞集団の蛍光パラメーター情報から，ソーティングプロファイル上で目的の細胞を同定することができる．この情報を元に，同じ条件の細胞サンプルをソーティングすることで目的とする細胞集団の濃縮・単離が可能となる

光標識を利用した目的細胞のみの濃縮，高速な1細胞採取ができる点が魅力である．また，index sorting機能を利用すれば，多重蛍光標識された1細胞を目標のチューブ／ウェルに採取できるため，FCMの細胞情報と採取後に得られる発現データが対応づけられる．これにより遺伝子発現データと細胞表面マーカーとの相関性を解析できる[1]〜[3]．またソーティングプロファイル上で目的細胞集団を同定し，濃縮することが可能となるかもしれない（図1下）．

われわれの経験では96ウェルプレートに95％以上の成功率で，1細胞を採取できる．96ウェルプレートで2分以内，MoFlo Astrios（ベックマン・コールター社）を用いた1,536ウェルプレートでも約9分でソーティングを完了できる．

一般的にFCMでソーティングするには，ある程度の細胞数（10^5個細胞以上）が必要である．しかしながら，目的外の細胞や標準ビーズをスパイクインすることで，安定したフローのモニタリングが可能となり，

たとえわずかな細胞数しか得ることができないサンプルであっても，場合によっては1細胞ソーティングが可能である．

さらにFCMは，複数条件のサンプル，複数枚のプレートの採取が可能なうえ，細胞解離液の状態で冷凍保存できる．これにより解析結果に応じて後から解析する細胞数を追加することや，1細胞RT-qPCRなど複数の異なる実験に利用できる．また，冷凍輸送で研究室間のサンプル移動も可能となる．FCMで採取した細胞は通常のチューブやプレートに存在するため，さまざまなオリジナルの分子生物学的反応を利用できる．

FCMの最大の弱点は，やはり細胞のイメージング情報がないことである．さらに組織中での細胞の位置情報は喪失してしまう．また，FCMは1細胞採取までしかできず，その後の分子生物学的反応が，別途必要となる．分注ロボットなどのインフラが整った研究室を除き，多くの場合は手作業となってしまい，つまり実務者の手技や修練度が，その後の結果を大きく左右することになる．

FCMによる1細胞採取の発現解析への応用

1. 1細胞RT-qPCR法

1細胞RT-qPCR法は，1細胞ソーティングの検証や1細胞シークエンス解析の再現性を確認するうえで非常に重要な解析ツールである．発現量の比較的高い遺伝子であれば，1細胞あたり5〜10遺伝子程度を十分に定量できる．最近，当研究室では，「もっと手軽に1細胞ソーティングを」をモットーに，ソニー社との共同開発で全自動セットアップ型のセルソーターにおいて初の384ウェルソーティング機能の実装に成功した（図2）．その成否について，1細胞RT-qPCR法を用いて確認したところ，187/192（97％）という非常に高い効率で1細胞ソーティングの成功を確認することができた（図3）．

2. 高精度・高再現性を誇る1細胞RNA-seq法：Quartz-Seq

2013年にわれわれは，Poly A tailing法とsuppression PCR法を組合わせた1細胞mRNAシークエンス法，Quartz-Seq法を開発した[4]．1細胞中のわずか0.1 pgしかないmRNAをDNAシークエンサーで読む場合，1本鎖RNAをシークエンスアダプター配列が付加された2本鎖DNAへ変換することと，全遺伝子配列の均等な増幅が必要不可欠である．Poly A tailing法を用いた高感度な2本鎖DNA変換とsuppression PCR法による副次DNAのPCR増幅を抑制することで，世界最高精度の感度と再現性をもった1細胞mRNAシークエンス法が実現した．この方法より，マウスES細胞と原始内胚葉（primitive endoderm：PrE）で有意に発現量が異なる遺伝子を約1,500種類同定できた（図4A）．さらに，FCMで細胞周期に分けて採取してきた1細胞のシークエンス結果をPCA解析したところ，細胞周期に応じてクラスターが分かれ，細胞周期のようなわずかな差であっても捉えることに成功している（図4B）．またQuartz-Seq法で得られた発現定量結果は，1細胞RT-qPCR法でも再現されることが確認されている（図4C）．

現在は，自動DNA精製プログラム，微量DNA磁気ビーズ精製用マグネットプレートの開発，遠心分注用マルチウェルキャッププレートの導入により，96ウェルプレートでの運用が可能となっている（図2右上）．これまでにFCMで1細胞ソーティングした計2,000個以上の1細胞RNAシークエンス実施に成功している．なお，Quartz-Seq法の詳細については，稿末の参考図書を参照していただきたい．

その他の1細胞採取法とシークエンス技術への応用

1. 1細胞ピッキング・レーザーキャプチャーマイクロダイセクション

ピッキング方式は，最も古典的な手法であるが，確

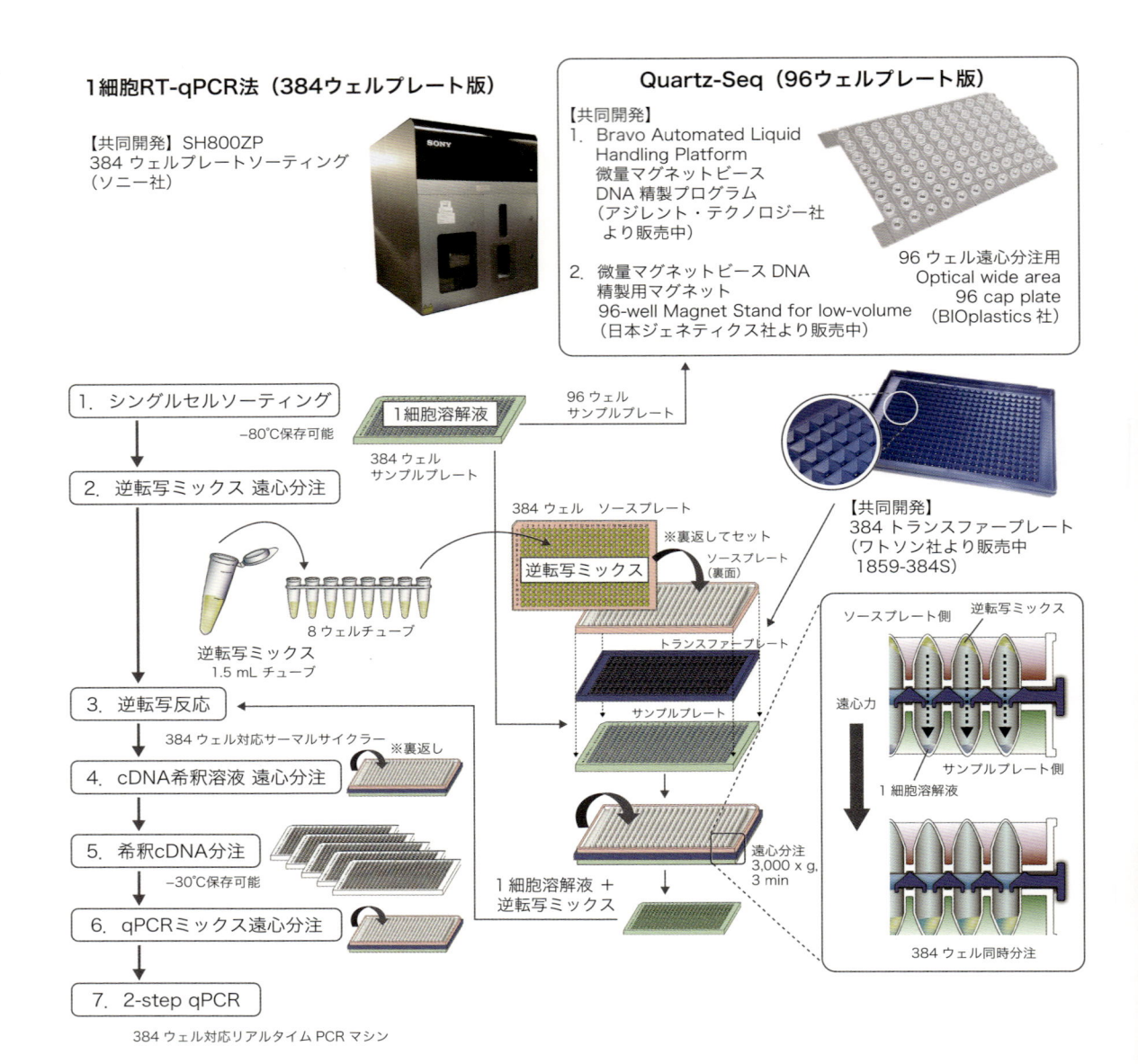

図2 ハイスループット1細胞遺伝子発現解析法の手順
遠心分注法を用いた384ウェルプレート版1細胞RT-qPCR法を主に示す．遠心分注法は，遠心力を利用してマルチウェルプレートに同時に一括分注する方法である．高価な分注ロボットや専用チップを必要としない

実性の高い1細胞取得法である．最近では，AS OneCell pickingシステム（アズワン社），Single Particle isolation System "On-chip SPiS"（On-chip Biotechnologies社）などの新しいピッキング装置も販売されている．これはマイクロチャンバーやチューブ中の1細胞をキャピラリーなどで1細胞ずつ採取してくる方式である．このメリットは，1細胞であることを目やカメラで確認しながら採取できることだろう．また，イメージングによる薬剤応答や，パッチクランプなどによる細胞生理活性情報を用いて目的の細胞を

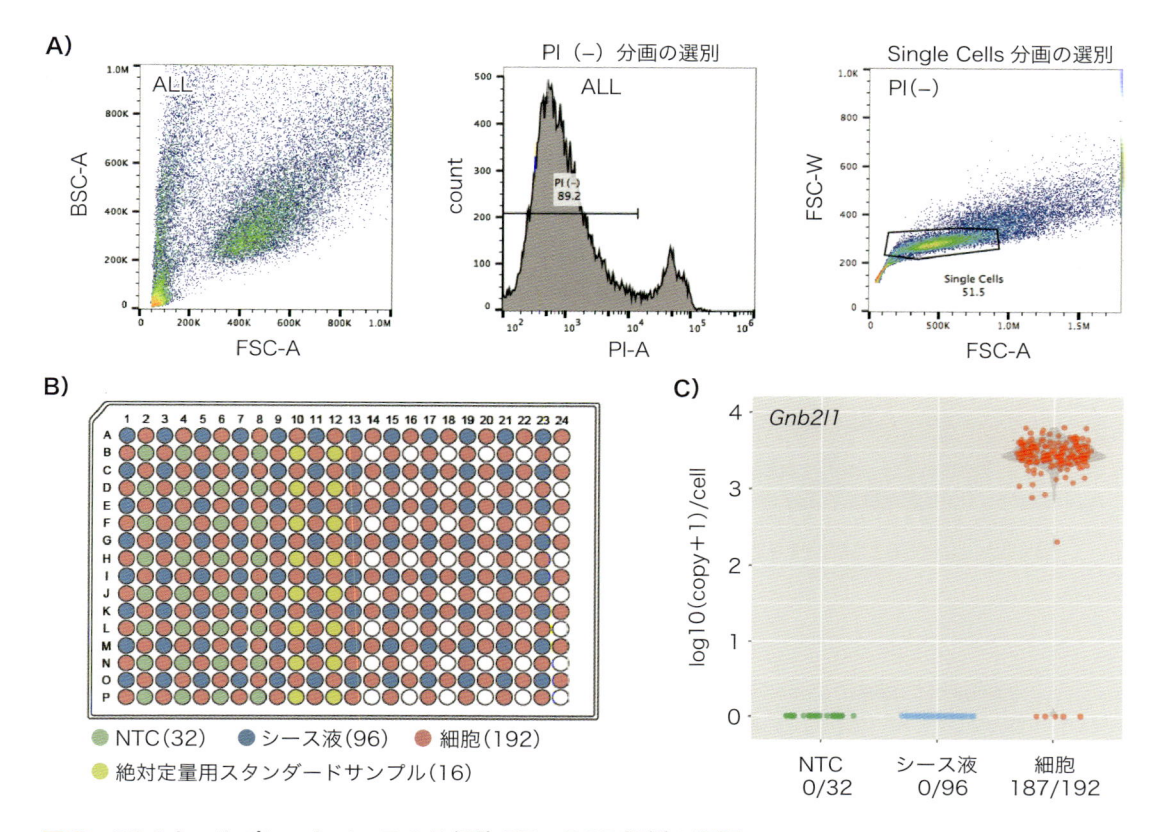

実践編　エマージング・テクノロジー　22

図3　384ウェルプレートベースの1細胞RT-qPCR解析の評価
A) マウスES細胞のソーティングプロファイル．死細胞とダブレット細胞を除くため，PI（−）かつSingle Cells分画を1細胞ソーティングした．**B)** RT-qPCRのサンプルレイアウト．1細胞を192ウェルに採取した．また，クロスコンタミネーションとバックグラウンドノイズを検出するため，シース液のみをソーティングしたサンプルを96ウェル，なにもソーティングしないノンテンプレートコントロール（NTC）を32ウェル用意した．**C)** 高発現遺伝子 *Gnb2l1* の検出コピー数．qPCRは，1/6量のcDNAで行い1細胞あたりのコピー数に換算したもの．*Gnb2l1* の均一な発現パターンの検出に成功．NTC，シース液サンプルは特異的な発現はみられず，クロスコンタミネーションが起きていないことが確認された

選ぶことも可能である[5]．さらに，レーザーキャプチャーマイクロダイセクションを用いれば，細胞の組織内での位置情報も付加することが可能になる．これは凍結切片からレーザーを利用して細胞を切り出し，チューブへ採取する方式である．これらの方式は，速度，スループット性の低さと反応容器への培地などの持ち込み量が多いのが難点となる．

2．分子生物学的反応が可能な 1細胞採取装置

1）細胞採取と反応の自動化

最近になって，1細胞採取だけでなく分子生物学的反応までがセットになった1細胞自動単離解析装置が相次いで登場し大きな注目を浴びている．これらに共通するのは，反応の自動化とナノリットルレベルの微小反応容器内で分子生物学的反応が行われることである．通常のチューブやウェルプレートはマイクロリットルレベルであるが，ナトリットルレベルでの反応は分子混み合いにより反応効率を上げるとされている．

271

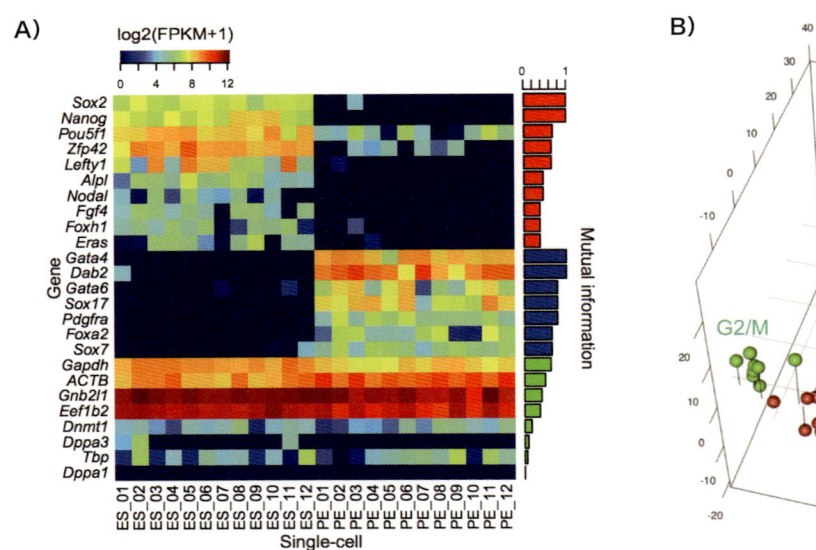

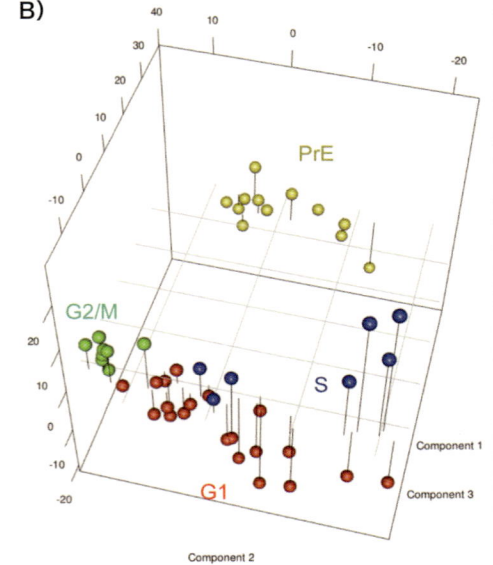

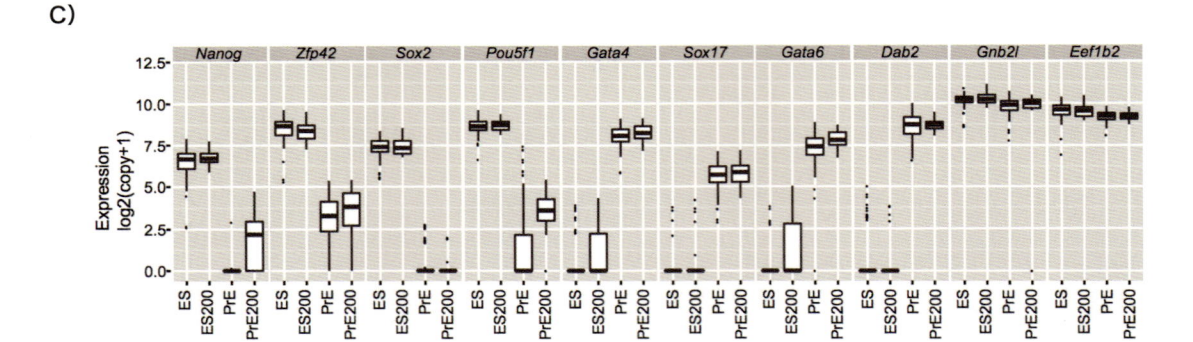

図4 Quartz-Seq法を用いたマウスES細胞とPrE細胞のシングルセルRNAシークエンス解析
A) ES細胞とPrE細胞のヒートマップ解析．ES：ES細胞，PE：PrE細胞．B) Hoechst 33342の蛍光強度により，細胞周期に分けてソーティングしたES細胞（G1期，S期，G2/M期）とPrE細胞（G1期）の主成分分析．C) 1細胞RT-qPCR法を用いたESマーカー遺伝子，PrEマーカー遺伝子の発現定量解析．ES/PrE：1細胞での発現量（n = 96）．ES200/PrE200：200細胞を平均化した1細胞分の発現量（n = 48）（AとCは文献5より引用）

つまり1細胞RNAのような微量ターゲットの場合は有利であると考えられる．

2）集積流体回路方式

現在，この分野で最も普及しているのが，フリューダイム社のC1 Single-Cell Auto Prep System（C1）である．C1は集積流体回路（integrated fluidic circuit：IFC）を用いることで，96個のキャプチャーサイトに1細胞をトラップすることができる．またバルブ機構により流体回路内で多段階反応を実現しており，細胞採取からcDNAの増幅までを1つの装置内で完結できる唯一のオールインワン装置であり，SMART法を用いたmRNAシークエンスが可能である．さらにセルバーコードを用いて最大800細胞をトラップできるハイスループット版IFCも発表している．ただしIFCの構造上，細胞の大きさに制限があるのが難点である．

集積流体回路方式は，細胞の多重蛍光標識による目

的細胞の濃縮やindex sortingができない。ハイスループット顕微鏡を利用すれば，集積流体回路内の細胞を観察することは可能である．この装置は温調や送液をある程度ユーザーがプログラムできる．そのため，自作のプロトコールで分子生物学的反応を起こせる．ただし，流路構造は変更できないので，行える反応には大きな制限がある．

3) ドロップレット方式

スループット性では他者の追随を許さないのが，ドロップレット方式のChromium（10X Genomics社）である．マイクロ流路内で微小ドロップレットを形成させ，この中にセルバーコード付きの微小ゲルビーズと細胞をトラップする．これにより細胞から溶け出したRNAは，細胞ごとにユニークなDNAバーコード配列が付いた逆転写プライマーにトラップされる．10分間で最大48,000細胞をキャプチャーすることが可能であり，数万オーダーの1細胞解析が可能となる．

特筆すべきは，セルバーコード技術によって超ハイスループットを実現していることであろう．セルバーコード付きの逆転写プライマーを用いて逆転写を行うことで，合成されたcDNAの5′側に個々の細胞固有のシークエンス標識を付加することができる．これによって，逆転写反応以降は，数百から数千の多サンプルを一本のチューブに集約することが可能となる．液滴はナノリットルレベルなので試薬量も少ないため，細胞あたりの試薬代が安い．

ただし，セルバーコードを用いたシークエンス法はmRNAの3′末端領域のみをシークエンスする手法となり，遺伝子構造は解析できない．現在のところ，装置を販売している会社の試薬キットを利用することが前提であり，オリジナルの反応を利用できない．また，現段階ではサンプル間のデータ量のバラツキが非常に大きく検出できる遺伝子数は少ない．さらに，細胞の多重蛍光標識による目的細胞の濃縮やindex sortingが原理的にできない．そのため，死細胞の判定すらできない．

4) マイクロウェル方式

WaferGen社が発表したのが，微細加工技術で作製した5,184穴のマイクロウェル（100 nL/well）に1細胞をトラップするICELL8 Single-Cell Systemである．ウェルには，細胞を特定するための5,184個のセルバーコードをもつ逆転写プライマーが配置され，1細胞ごとに異なるバーコードがcDNAへ付加される．また，試薬分注のためのナノリッター分注機，1細胞認識イメージングシステムを組合わせた装置になっており，一度に約1,800細胞ほどの解析が可能になる模様だ．また，5～100 μmの幅広い細胞サイズに対応していることも強みである．ただしFCMを利用する方法と比較すると，細胞の採取はポアソン分布に従って行われるため，その歩留まりを考慮すると，ICELL8は採取速度が若干遅いと予想される．

1細胞テクノロジーとFCMの展望

最近，ヒト死後脳などの凍結サンプルの細胞核や固定した神経細胞を用いた1細胞mRNAシークエンス解析[6), 7)]が発表されている．これらの方法を用いれば，生細胞では難しかった，病理サンプルのような貴重なサンプルから1細胞RNA-seqが可能となる．また，細胞の位置情報の取得という観点からは，組織中の特定の場所の細胞だけを標識することのできるTIVAシステムなどを用いることで解決できるかもしれない．

さらに1細胞解析の対象は，RNAだけではない．ゲノム解析[8), 9)]やエピゲノム解析[10)～13)]，特にRNAとゲノムなどを同時に捉えるマルチオミックス解析[14), 15)]が，今後，大きく注目される技術になるであろう．FCMは，既製機器とは異なり，そのアプリケーションが限定されない．これらの新手法に対しても，FCMユーザーであれば，専用装置の登場を待つまでもなく，いち早く試すことができる．

またFCM装置としては，SH800（ソニー社）からはじまったキャリブレーションの自動化の流れが，FACSMelody（BD Biosciences社）や，1細胞専用のFACSseq（BD Biosciences社）によってさらに加速

し，より簡便に精度よく1細胞ソーティングが可能となるはずである．一方で，FCMの採取先容器としては，現在のところ1,536ウェルプレートが限界である．こちらについては，さらなる集積化を可能にする技術革新に期待したい．

おわりに

　一昔前までは，フローサイトメトリーと言うと，専用オペレーターが必要なハードルの高い実験であった．1細胞ソーティングはなおさらである．しかしながら，昨今の全自動セットアップ型の登場により，誰でも1細胞ソーティングができる時代となりつつある．微量核酸の増幅技術も精度や安定性が増し，当たり前の技術になりつつある．本稿で示してきたように，さまざまな専用機が開発されるなかであっても，1細胞解析・採取法の祖とも言えるFCMの価値は，その汎用性から，これからも増す一方であろう．

◆ 文献

1) Hayashi, T. et al. : Dev. Growth Differ., 52 : 131-144, 2010
2) Wilson, N. K. et al. : Cell Stem Cell, 16 : 712-724, 2015
3) Nestorowa, S. et al. : Blood : Epub ahead of print, 2016
4) Sasagawa, Y. et al. : Genome Biol., 14 : R31, 2013
5) Fuzik, J. et al. : Nat. Biotechnol., 34 : 175-183, 2016
6) Lake, B. B. et al. : Science, 352 : 1586-1590, 2016
7) Thomsen, E. R. et al. : Nat. Methods, 13 : 87-93, 2016
8) Dean, F. B. et al. : Genome Res., 11 : 1095-1099, 2001
9) Zong, C. et al. : Science, 338 : 1622-1626, 2012
10) Cusanovich, D. A. et al. : Science, 348 : 910-914, 2015
11) Buenrostro, J. D. et al. : Nature, 523 : 486-490, 2015
12) Guo, H. et al. : Genome Res., 23 : 2126-2135, 2013
13) Smallwood, S. A. et al. : Nat. Methods, 11 : 817-820, 2014
14) Macaulay, I. C. et al. : Nat. Methods, 12 : 591-522, 2015
15) Angermueller, C. et al. : Nat. Methods, 13 : 229-232, 2016

◆ 参考

『次世代シークエンス解析スタンダード』（二階堂愛/編），pp216-228, 羊土社，2014

実践編

エマージング・テクノロジー（最先端の技術を知る）

23 フローサイトメーターを用いた1細胞遺伝子発現解析の実際

林 哲太郎, 二階堂 愛

> フローサイトメーター（FCM）を用いて1細胞遺伝子発現解析を行う手順と1細胞ソーティングのコツについて述べる．例として384ウェルプレートへの1細胞ソーティングと，遺伝子特異的プライマーを利用した1細胞RT-qPCR法について詳しい手順を示す．この手法はそのまま1細胞RNA-seqにも利用できる．1細胞RNA-seqの反応手順については，稿末の参考図書に記載されているので，そちらを参照していただきたい．

はじめに

われわれは，FCMを使った1細胞ソーティング技術を駆使し，1細胞RT-qPCRや1細胞RNA-seqを実現してきた．細胞融解液を分注しておいた，チューブやマイクロウェルプレートに1細胞を採取し，cDNA合成やcDNA増幅を行うことで，1細胞での遺伝子発現を解析できる．1細胞RNA-seqでも1細胞RT-qPCRでも，1細胞採取の手順は同じである．ここでは，1細胞RT-qPCRを例にその方法の詳細を述べる[1]．1細胞RNA-seqについては，稿末の参考図書を参照していただきたい．

われわれは，ソニー社と共同で全自動セットアップ型セルソーターSH800ZPの384ウェルプレート1細胞ソーティング機能を開発した[2]．これにより，簡単なセットアップのみで誰にでも384ウェルプレートへのソーティングが可能となった．さらに，ソーティング後の反応ステップにおいても，ワトソン社と共同開発した384ウェルトランスファープレートを用いることで，高額な分注機を使用することなく，遠心だけで，384ウェルプレートへ反応液を同時に分注（遠心分注法）することを可能とした．ここでは，遠心分注法を用いた384ウェルプレートベースの1細胞RT-qPCR法の手順を説明する．

384ウェルプレートを用いた1細胞RT-qPCR法

準備

機器
- セルソーター（SH800ZP, ソニー社）
- マイクロプレートミキサー
    - ミックスメイト（5353000022, エッペンドルフ社）
    - サーモミキサーC（5382000023, エッペンドルフ社）
    - サーモミキサーC用SmartBlock PCR 384（5306000006, エッペンドルフ社）

- ☐ スイングタイプ遠心機
    - 多本架冷却遠心機（AX-521，トミー精工社）
    - 多本架冷却遠心機用ローター（TS-41C，トミー精工社）
- ☐ アングルタイプ遠心機
    - 微量高速冷却遠心機（MX-307，トミー精工社）
    - 微量高速冷却遠心機用ローターラック（TMA-300，トミー精工社）
    - 微量高速冷却遠心機用ラックインローター（PCR96-02，トミー精工社）
- ☐ 電動8連ピペッター 10μL
    - Picus NxT電動ピペット 8ch 0.2-10μL（LH-745321，Sartorius社）
- ☐ 電動8連ピペッター 20μL
    - ピペットマン M 8ch電動ピペッター（20μL）（F81027，ギルソン社）
- ☐ 電動8連ピペッター 120μL
    - Picus NxT電動ピペット 8ch 5-120μL（LH-745341，Sartorius社）
- ☐ 384ウェル対応リアルタイムPCRマシン
    - LightCycler 480（ロシュ・ダイアグノスティックス社）
- ☐ 384ウェル対応サーマルサイクラー：
    - C1000（バイオ・ラッド ラボラトリーズ社）

器具

- ☐ サンプルプレート/qPCR用プレート：
    - LightCycler Multiwell Plate 384, clear with sealing foils（ロシュ・ダイアグノスティックス社）
- ☐ 遠心分注用ソースプレート（BC-PCR384WHT10，バイオメディカルサイエンス社）
- ☐ 遠心分注用384トランスファープレート（1859-384S，ワトソン社）
- ☐ ART10 Reach low retention（2140-05-HR，サーモフィッシャーサイエンティフィック社）
- ☐ ART20 Reach low retention（2149P-05-HR，サーモフィッシャーサイエンティフィック社）
- ☐ ローリテンションチップ 5-200μLフィルター付き（LH-LF790201，Sartorius社）
- ☐ DNA LoBind Tubes, DNA LoBind, 1.5 mL, PCR clean（0030108051，エッペンドルフ社）
- ☐ 8ウェルチューブ
    - 0.2 mL Hi-8-Tube（NJ300，タカラバイオ社）
    - 0.2 mL Hi-8-Dome Cap（NJ301，タカラバイオ社）
- ☐ アルミシール
    - Adhesive PCR sealing Foil sheets（AB-0626，サーモフィッシャーサイエンティフィック社）
- ☐ 384-well アルミブロック×2個

試薬

- ☐ RNase-free Water（9012，タカラバイオ社）
- ☐ NP-40 Surfact-Amps Detergent Solution（28324，サーモフィッシャーサイエンティフィック社）

- ☐ RNasin Plus RNase Inhibitor 40 U/μL（N2611, プロメガ社）
- ☐ RNase Away（7002JP, Molecular BioProduct社）
- ☐ SuperScript VILO cDNA Synthesis Kit（11754050, サーモフィッシャーサイエンティフィック社）
- ☐ QuantiTect SYBR Green PCR Kit（200）（204143, キアゲン社）
- ☐ Nuclease-Free Water（1,000 mL）（129115, キアゲン社）

プロトコール

1. 実験を始める前に

　　　　RNaseや核酸の混入は，実験の成否に大きく影響するので以下の点を遵守すること．①大腸菌や組織などを破砕するような実験をする部屋と別の部屋の実験台を使用すること．②RNaseや核酸の混入のリスクを低減するために，マスクや手袋を必ず着用すること．特に手袋のリユースはしない．③実験に使うマイクロピペッターなど使用する器具や実験台，セルソーター（特にソーティング部）はRNase／核酸除去試薬であるRNaseAwayで一度拭き，その後70％もしくは80％エタノールで，拭き直してRNaseAwayを除去すること．④試薬・消耗品などはRNaseのコンタミネーションを防ぐため，細心の注意を払う．⑤RNaseの不活化や酵素活性の維持のため，特筆のない限り試薬の調製，分注はすべてオンアイスで行う．また遠心機やサーモミキサーは，4℃設定にしておく．⑥使用するピペット用チップは，すべてフィルター付き，低吸着タイプを使用すること．

2. 実験の手順

❶ セルソーターのセッティング，細胞サンプル調製は，それぞれのマニュアルに準じる

❷ 1.5 mLチューブに細胞溶解液を調製する

384-well プレート1枚分	（μL）	（μL/well）
NP40	10	0.02
RNasin Plus RNase Inhibitor 40 U/μL	5	0.01
RNase free water	185	0.37
Total	200	0.4

❸ 調製した細胞溶解液を，一度，8ウェルチューブに24μLずつ分注し，8連電動ピペッター10μLで，サンプルプレートに0.4μL/wellとなるように連続分注する[*1]

[*1] 連続分注の際は，必ずチップ内を試薬でリンスした後に使用する．また1μL以下の連続分注の場合，最後の吐出分は，設定値未満になりやすい．このため25回吸って24ウェル連続分注し，最後の吐出分は元の8ウェルチューブに戻す．これを2回くり返すと384ウェル分となる．

❹ サンプルプレートにアルミシールで蓋をし，スイングタイプ遠心機でスピンダウンしておく．使用まで4℃で保存しておく

❺ SH800ZP用384ウェルPCRプレートホルダーを冷凍庫から出してセットする

❻ PIや7ADDなどで死細胞およびFSC-A vs FSC-Wなどでダブレット分画をゲートアウトさせ，1細胞ソーティングを行う．設定は，後述の「失敗しない1細胞プレートソーティングのポイント」を参照

❼ ソーティング終了後はすみやかに，アルミシールで蓋をし，アングルタイプ遠心機で10,000×g，1分間遠心する*2（スイングタイプを使用する場合は，3,000×gで2分間遠心する）

> *2 MX-307のラックインローターPCR96-02を用いて384ウェルPCRプレートを遠心する際は，同タイプの384ウェルPCRプレートを一枚ダミーとして重ねることで，ラックインローターにぴったりとはめることができる．

❽ 遠心後は，サーモミキサーC（または，4℃冷蔵庫内のミックスメイト）で2,600 rpmで1分間ミックスする．再度，アルミシールがきっちりと接着していることを確認し，すみやかに−80℃で冷凍保存する

❾ 逆転写ミックスを1.5 mLチューブで調製する．混合はピペッティングで行う

384-well プレート1枚分	（μL）	（μL/well）
5 × VILO Reaction Mix	252	0.6
10 × SuperScript Ⅲ Enzyme Blend	126	0.3
RNase free water	714	1.7
Total	1,092	2.6

❿ 一度，8ウェルチューブに135 μLずつ分注してから8連電動ピペッター20 μLで，遠心分注用ソースプレートに2.6 μL/wellとなるように分注する*3, 4

> *3 分注の際は，7回分吸って最後の1回分は8ウェルチューブに戻す．これを12回くり返すと，384ウェル分となる．またプレートへの分注時は，オンアイスのアルミブロック上に設置しておくこと．
>
> *4 遠心分注用ソースプレートは，クロスコンタミネーションの可能性があるので，必ず指定のプレート（BC-PCR384WHT10，バイオメディカルサイエンス社），もしくは，使用可能であることが確認されたプレートを使用すること．また，遠心分注の際，プレートが反転するため，複数種類の試薬を分注する際は，プレートの向きに注意する．

⓫ ❹で保存しておいたサンプルプレートを氷上においたアルミブロック上で細胞溶解液を融解させる．融解後はすみやかにアングルタイプ遠心機で10,000×g，1分間遠心する（スイングタイプで代用可能）

⓬ 遠心後のサンプルプレートを氷上においたアルミブロックにのせ，液跳ねしないように慎重にアルミシールを剥がす

⓭ サンプルプレートに遠心分注用トランスファープレートを載せる

⓮ さらに，トランスファープレートのうえに❽のソースプレートを裏返して載せる．その際，しっかりとトランスファープレートにかみ合わせる*5（実践編22 図2中央）

＊5　液漏れの原因となるので，ソースプレートとトランスファープレートがしっかりと噛み合っていることが重要．中央部が若干浮く場合があるが問題がないことが多い．なお，指定のプレートでも，操作に慣れるため，事前に色つきの溶液などで液漏れが起きないか，確認しておくことが必要である．

⓯ サンプルプレート，トランスファープレート，ソースプレートで挟んだ状態（裏返したソースプレートが一番上になる）で，スイングタイプ冷却遠心機を用いて3,000×gで3分間遠心し遠心分注を行う．遠心分注は必ずスイングタイプを用いる

⓰ 遠心後，トランスファープレートとソースプレートを外し，サンプルプレートに分注された液量を確認する．目視で液量が揃っていれば問題ない．全量で3μLとなる

⓱ qPCR用クリアフィルムでシールし，サーモミキサーCで2,600 rpmで1分間ミックスする

⓲ 384ウェルプレート対応のサーマルサイクラーで逆転写させる．
　　反応条件：25℃ 10分 → 42℃ 60分 → 84℃ 5分 → 4℃ ∞

⓳ 逆転写反応後，Nuclease-Free Waterで希釈した0.01％ NP40を新しいソースプレートに9μL/wellになるよう8連電動ピペッター120μLで分注する＊6, 7

　　＊6　解析したい遺伝子数や，その発現量によって，希釈する溶液量は調整する．前述の場合は，1細胞分の1/6量のcDNAをqPCRに用いる計算となる．
　　＊7　ソースプレートは，クロスコンタミネーションの可能性があるので，必ず指定のプレート，もしくは，使用可能であることが確認済みのプレートを使用すること．

⓴ 新しいトランスファープレート使用して，逆転写後のサンプルプレートに遠心分注（⓫〜⓭参照）し，逆転写産物を希釈する．これをcDNAマスタープレートとする．分注後は必ずサンプルプレートの液量を確認する．目視で液量が揃っていれば問題ない．全量は12μLとなる

㉑ cDNAマスタープレートをアルミシールでシールし，サーモミキサーCで2,600 rpmで1分間ミックスする．ミックス後はアングルタイプ遠心機で10,000×g，1分間でスピンダウンする（スイングタイプで代用可）

㉒ スピンダウン後のcDNAマスタープレートから，qPCR用プレート5枚へ2μL/wellとなるように分注し，これらをcDNAプレートとする＊8

　　＊8　8連電動ピペッター10μLで，5回分吸引して5枚に連続分注する．残液は，マスタープレートに戻す．これをチップ変えながら，48回くり返す．一番大変なステップであるが，ウェルを間違えないように細心の注意を払うステップでもある．epMotion 96（5069000004，エッペンドルフ社）などを使用すると操作が非常に楽になる．

㉓ cDNAプレート（cDNAマスタープレートを含め計6枚）は，アルミシールで蓋をし，−30℃で保存しておく

㉔ 1.5 mLチューブにqPCRミックスを調製する

384-well プレート1枚分	（µL）	（µL/well）
100 µM qPCR Forward primer	12.6	0.03
100 µM qPCR Reverse primer	12.6	0.03
2 × QuantiTect SYBR Green PCR Master Mix	1,050	2.5
Nuclease-Free Water	184.8	0.44
Total	1,260	3

㉕ 8ウェルチューブに150 µLずつ分注し，8連電動ピペッター 20 µLを使って新しいソースプレートにqPCRミックスを3 µL/wellとなるように分注する*9, 10

＊9　分注の際は，6回分吸って6回分注する．これを12回くり返すと384ウェル分となる．
＊10　ソースプレートに複数のプライマーセットをレイアウトする際は，反転をあらかじめ考慮したレイアウトが必要である．

㉖ cDNAプレートを解凍しアングルタイプ遠心機で10,000 × g，1分間遠心する（スイングタイプで代用可）

㉗ cDNAプレートに新しいトランスファープレートを重ね，qPCRミックス入りソースプレートをセットし，遠心分注（⓫〜⓭参照）する

㉘ 遠心後，トランスファープレートとソースプレートを外し，cDNAプレートに分注された液量を確認する．目視で液量が揃っていれば問題ない．全量は5 µLとなる

㉙ qPCR用クリアフィルムでシールし，サーモミキサーCで2,600 rpmで1分間ミックスする

㉚ 384ウェル対応リアルタイムPCRマシンで定量する*11．このとき，以下の条件で2-step PCRを行う．
反応条件：95℃ 15分→45サイクル（95℃ 15秒→60℃ 1分），融解曲線解析ステップ

＊11　3 pgを1コピーとして，ゲノムDNAをスタンダードに使用し絶対定量することも可能である．その際は，ゲノムDNAが検出可能な（シングルエキソン内で）qPCRプライマーを設計する必要がある．また，ゲノムDNAやRNAにマルチヒットするプライマーは使用しない．

㉛ qPCRの結果より遺伝子発現定量を行う．融解曲線解析から偽陽性データを除去し，絶対定量法または，Log2Ex法[3]を用いて1細胞あたりの遺伝子発現量を推定する

失敗しない1細胞プレートソーティングのポイント

　ここ数年で，全自動セットアップ型セルソーターが登場しセルソーティングのハードルが一気に下がった．1細胞ソーティングは難しいというのは，もはや過去のことである．われわれの研究室では，全自動セットアップ型のSH800ZP（ソニー社）とハイエンド型のMoFlo Astrios（ベックマン・コールター社）を導入しており，これらの機種を中心に1細胞ソーティングのポイントを挙げていきたい．

1. **メンテナンス**：当然のことながら，メンテナンスを怠らない．常に機械のパフォーマンスを最善にしておく努力が必要となる．たとえ全自動セットアップ型であっても，ソーティングの機構は他と同じである．シャットダウン後の偏向板の清掃はもとより，スタート前やソーティング前に偏向板の汚れがないこと必ず確認しておく必要がある．共通機器など不特定多数が利用する装置は特に注意が必要である．

2. **ノズル径の選択**：1細胞ソーティングの場合，大きめのノズルサイズを選ぶとよい．（McFlo Astrios：70μmよりも100μm，SH800ZP：100μmよりも130μm）．ノズル径が大きくなればソーティングスピードは低下するが，1細胞ソーティングの場合は細胞の消費を考えると，スピードはむしろ遅い方が適している．また，大型細胞に対しても安定してソーティングできるというメリットは大きい．さらには，ノズル径が大きくなると必然的にドロップの容積も大きくなり，万一，ウェルの底の細胞溶解液に落ちず，壁面へ落ちた場合であっても，ドライアップすることはなく，ソート後の遠心操作によってレスキューすることが可能となる．

3. **スプラッシュガード**：SH800ZPの場合，直径20μm前後の細胞をソーティングする際，サイドストリームが不安定になり飛沫が起きやすい．特に384ウェルプレートを用いる際は，この飛沫がクロスコンタミネーションの原因となる．残念ながら標準装備のスプラッシュガードはプレートよりもかなり高い位置に設置されているため，この飛沫を防ぐことができない．このため，われわれの研究室では，プレート直上に自作のスプラッシュガードを設置して対応している（図1A，B，設置に際しては自己責任となるので注意が必要）．

4. **冷却機能**：RNAをターゲットとする場合，RNaseを活性化させないための温度コントロールが非常に重要である．採取用のプレートホルダーに冷却機能がある場合は必ず使用する．ない場合は，あらかじめ冷却しておいたプレート用アルミブロックを使用するか，96ウェルプレートの場合はIsoFreeze PCR SBS（5650，サイエンティフィック スペシャリティーズ社）などを使用するとよい．その際，装置と干渉しないかプレートの高さ方向やプレートホルダーとの相性に注意する必要がある．MoFlo Astriosの場合は，PCRプレート用のホルダーがないため，384ウェルプレートは，Insert 384 Eppendorf twin.tec PCR（060）（G5498B#060，アジレント・テクノロジー社），96ウェルプレートは，V_P PCR Plate Insert VP741I6A（013）（G5498B#013，アジレント・テクノロジー社）を標準の冷却機能付きプレートホルダーに載せて使用するとよい．

5. **ソートポジションの調整**：サイドストリームの角度を調整できる機種については，できるだけ垂直に近くなるようにセットする．MoFlo Astriosには，センターストリームで細胞を採取するモードもあるが，1細胞ソーティングの場合は，コンタミネーションの恐れからお勧めはしない．ソートポジションの調整では，実際にソーティングを行う同タイプのプレートにqPCR用のクリアフィルムを貼り，テストソートしたドロップとウェルの位置関係を確認する．重要な点としては，サイドストリームの傾きを考慮して，ウェルの口径に対して1/6〜1/4程度右側（センターストリーム側）にずらして落ちるように設定することである（図1C）．SH800ZPの場合は，Angled holder（傾斜付き）なので，基本的には中央に落ちるように設定すればよい．

6. **テストソーティング（空打ち）**：5〜10ドロップ/ウェルとなるように，96ウェル（384ウェルプレートの場合は，4ウェルに1つ程度でよい）にドロップを空打ちする．ドロップの位

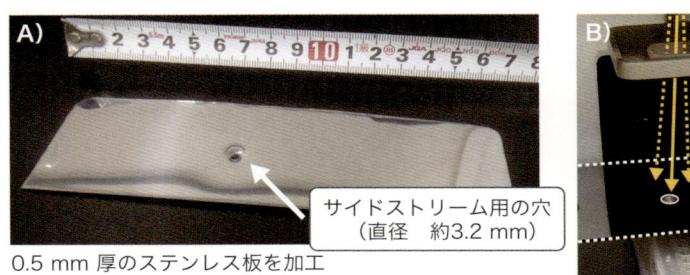

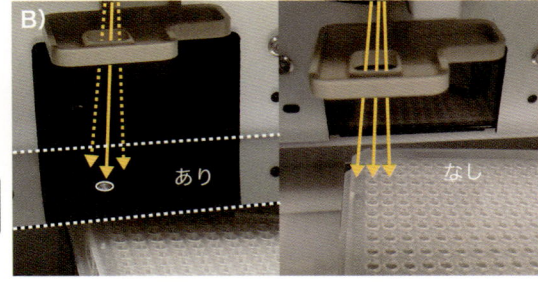

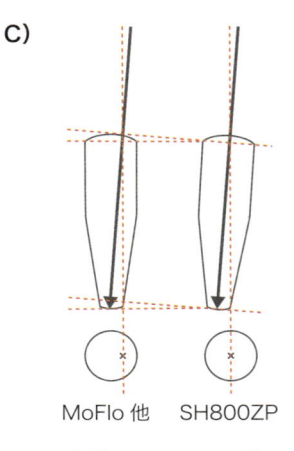

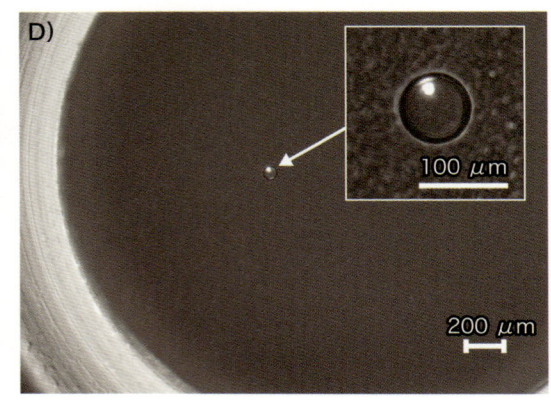

図1　1細胞ソーティングのポイント
A）自作したSH800ZP用スプラッシュガード．B）自作スプラッシュガードを装着し384ウェルプレートにソーティングした場合（左）標準スプラッシュガードのみの場合（右）．大きめ細胞をソーティングする際は，標準スプラッシュガードだけでは，サイドストリームの飛沫によるクロスコンタミネーションを回避できない．黄色矢印は，サイドストリームを示す．黄色点線矢印は，スプラッシュガードによって，プレートに落ちないサイドストリームのイメージ図．白円は，サイドストリーム用の穴．白点線は，自作スプラッシュガード．C）ソーティングドロップ位置設定．SH800ZP以外は，上下中心かつ右方向に1/6～1/4口径分ずらして設定する（模式図左）．値はサイドストリームの角度調整具合によって変わる．SH800ZPの場合，各ウェル上面の中心に落ちるように設定する（模式図右）．黒矢印はサイドストリームを示す．MoFlo Astriosを使って96ウェルプレート（右上），384ウェルプレート（右下）にテストソートした場合のドロップ．D）MoFlo Astriosで384ウェルプレートにシングルセルソートしたマウスES細胞．Hoechst33342の蛍光を検出．細胞は，プレートに貼ったqPCR用クリアフィルム上に落とし，さらに別のクリアフィルムを上から被せて倒立顕微鏡で撮影した．ボックス内は，細胞とドロップの拡大画像

置にズレや隣接ウェルへのコンタミネーションがないか，また，飛沫がないか確認する．空ソーティングができない機種の場合は，標準ビーズや，FSCのゲインを上げてノイズシグナルをソーティングするように設定する．

7. **ビーズでテストソーティング**：光軸調整用のビーズを用いて1細胞ソーティングの評価を行う．Sort Modeなどの設定は，かならず「Single Cell」になっていることを確認する．MoFlo Astriosの場合は，Abort modeを「Single」，Drop Envelopeを「0.5」に設定するとよい．プレート上面に貼ったqPCR用クリアフィルム上にソーティングを行い，ソート後に，別のqPCR用クリアフィルムを上からかぶせ，ソーティングしたビーズをサンドする．そのままプレートを逆さまにし，倒立蛍光顕微鏡でビーズを観察する．1ビーズ/ウェルとなる割合が94/96以上であることが望ましい．空ウェルが多数ある場合は，ソーティングモードが適切であるか確認する．またドロップの位置に大きなズレがある場合は，ソートポジションを再調整する．

8. **細胞でテストソーティング**：細胞の場合，ビーズとは異なり大きさや形状が不均一なため，サイドストリームが不安定になりやすい．安定した1細胞ソーティングを行うには，サンプルプレッシャーを可能な限り下げておくことが望ましい．テストソート用の細胞は，Hoechst 33342などで蛍光ラベルしておくと，ソーティング後の細胞の確認がしやすくなる．FSC-AとFSC-Wなどのパラメーターでダブレットを除去したうえで，ビーズと同様にクリアフィルム上に冷却しながら1細胞ソーティングを行う．ソーティングしたドロップがすぐにドライアップしてしまう場合は，あらかじめ5～10ドロップほど空打ちし，その上に細胞を落とすようにするとよい．ソーティングが終了したら，すみやかにクリアフィルムを被せる．このとき，強く貼り合わせると細胞が潰れるため，軽く載せるくらいにしておく．倒立蛍光顕微鏡で観察し歩留まり（ここでは1細胞/ウェルとなる割合）を確認する．細胞の大きさや形にもよるが，90％以上の歩留まりは欲しい．また，ダブレットが入ってきていないことも必ず確認しておく（図1D）．ダブレットが入ってきた場合は，index sort機能を用いてプロファイルを確認し，必要に応じてソーティングゲートを調整する．顕微鏡観察で問題なければ，腕ならしも兼ねて，1細胞RT-qPCRなどで1細胞ソーティングを評価してみることをお勧めする．

おわりに

本稿で紹介した1細胞ソーティングのポイントと1細胞RT-qPCRやRNA-seqを実践していただき，1細胞レベルの解析を実感していただきたい．

◆ 文献

1) Sasagawa, Y. et al.：Genome Biol., 14：R31, 2013
2) Sakai, Y. et al.：http://www.sony.co.jp/Products/fcm/note/file/CYTO2015_SH_PosterPresentation.pdf（テクニカルノート）
3) Durruthy-Durruthy, R. et al.：Cell, 157：964-978, 2014

◆ 参考

『次世代シークエンス解析スタンダード』（二階堂愛/編），pp216-228, 羊土社，2014

実践編 エマージング・テクノロジー（最先端の技術を知る）

24 スペクトル解析型セルアナライザー

古木基裕

> ソニー株式会社が開発した，スペクトル解析機能を搭載した世界初Spectral Cell Analyzer SA3800/SP6800Zに関して原理・機能・利点を解説する．抗体試薬の蛍光強度のみならずスペクトル形状情報を用いることにより，多色解析でも蛍光補正を再現性よく自動で簡単に行えることを解説する．さらに従来のフローサイトメーターでは不可能であった自家蛍光スペクトル解析や，創薬・バイオマーカー開発に有用な多検体サンプルの高速・低キャリーオーバー全自動測定など，新機能を搭載したスペクトル解析装置ならではのアプリケーション例を紹介する．

■ はじめに

フローサイトメーターが利用される分野は年々幅広くなってきており，基礎研究から臨床診断，そして創薬開発にまで大きく貢献してきているが，領域ごとにそれぞれ求められる機能が異なっている．しかし，再現性のある高精度な結果，簡単操作で実験を迅速かつ高効率に，さらに試薬などの実験費用を抑制したいという要求は共通項目である．

基礎研究，免疫研究では，マルチカラー解析機能が求められるが，レーザー，試薬色素，フィルターなどの煩雑な組合せを考慮することなく，試薬色素のスペクトル重なりが多くあっても，簡単に"キレ"よく細胞解析したいということが求められている．さらに自家蛍光の影響を定量的に排除し，希少細胞の高度な定量解析が要求されている．

一方臨床診断研究，創薬開発では，多検体サンプル測定や細胞表面抗原の同時解析を，自動で迅速に測定し簡便に解析できることが求められている．また再現性はもちろん，各機関での取得データの整合性，標準化（Standardization & Quality Control）機能なども

求められている．バイオマーカーの開発やコンパニオン診断薬開発のために，96/384 multi-well plateを利用した高速大量処理スクリーニング（high-throughput screening）が必須であるが，大量サンプルをソフトウェアで簡単に条件を設定でき，全自動で安定的にコンタミネーションなく計測でき，解析も簡単にできることが要求されている．

しかしどちらの領域も多くの実験時間と試薬を必要とする測定であり，可能ならば実験時間を効率化させ，さらに試薬コストも抑制したいというニーズが根底に存在する．この共通ニーズを解決できるのがスペクトル分離方式のフローサイトメーターであり，スペクトルライブラリ機能と分離アルゴリズムを利用することで，簡単操作で，従来の蛍光補正精度向上させることができるとともに，実験時間効率化，コスト抑制を実現することができる．

今回われわれは，前述課題を解決しつつ，分野ごとに求められる機能を考慮し開発した2つのスペクトル解析型セルアナライザーSP6800ZとSA3800（図1）とを紹介する．SP6800Zはマルチカラー解析など高度計測用として，SA3800は多数のサンプル測定を簡単

実践編　エマージング・テクノロジー　24

SP6800Z　　　　　　SA3800

図1　スペクトル解析型セルアナライザー

かつ全自動で行う目的で開発された[1]．

装置の原理・特徴

　スペクトル解析型セルアナライザーの最大の特徴は，免疫染色された1つ1つの細胞において，光学フィルターに依存しない，ありのままの蛍光シグナルを解析することで，従来FCMに比べてデータの信頼性，細胞集団分離能を向上させることが可能なことである．1細胞ごとに最大34個ものPMT（photo multiplier tube）を用いて取得する蛍光波長情報を測定・解析することで，従来不可能であった近接蛍光分離やマルチカラー解析を簡単に再現性よく実現できる．
　従来FCMの場合，他検出器への蛍光強度の漏れこみ量を引き算し，煩雑な蛍光補正計算（蛍光コンペンセーション）を，実質手動補正にて蛍光補正係数を修正しネガ・ポジ集団の直行性を調整しなければならない．逆正方行列による蛍光補正方法を使用するので，蛍光色素数と同数のPMT検出器からのデータを用いて計算するため，1蛍光色素の波長情報はPMTの個数しかない．つまり4カラー解析であればFL1～FL4と最大4個の波長情報しかなく，細胞自家蛍光スペクトルのわずかな変化や近接蛍光色素分離など，分解能が低く不可能である．さらに手動にて蛍光補正係数を変更

できるため解析する人により，細胞集団分布の統計結果が異なるという問題が存在している（図2）．
　一方，スペクトル解析型セルアナライザーでは，すべてのサンプル細胞が，合計34個ものPMT検出器により高分解能波長情報をもって計測される．それゆえ独自アルゴリズム重み付最小二乗法（weighted least square method : WLSM）によるスペクトルUnmixing（分離）計算を行うと，全蛍光色素が定量かつ客観的に瞬時に一括取得される[2)3)]．この方法は誰が行っても何度行っても同じ結果を示すとともに，スペクトルの重なり度合（オーバーラップ）が著しい色素の識別でも波長分解能が高いため，精度よく，すなわち"キレ"よく，細胞集団分離を簡単に実現できる．従来の蛍光強度のみ一部検出という装置に比べ，蛍光スペクトル情報という新たな機能を付加した世界初のフローサイトメーターであり，その装置原理の詳細，そしてこれから得られるアプリケーション例をご紹介する．

1. スペクトル解析光学技術と高速自動サンプラー

　現在ソニー社より2つのスペクトル解析型アナライザーが発売されている．マルチカラー解析など高度計測用として開発されたSP6800Zと，多数のサンプルを高速に全自動測定可能なSA3800の光学および高速自動サンプラーについて図3に示す．

285

従来の方法（フィルター方式）

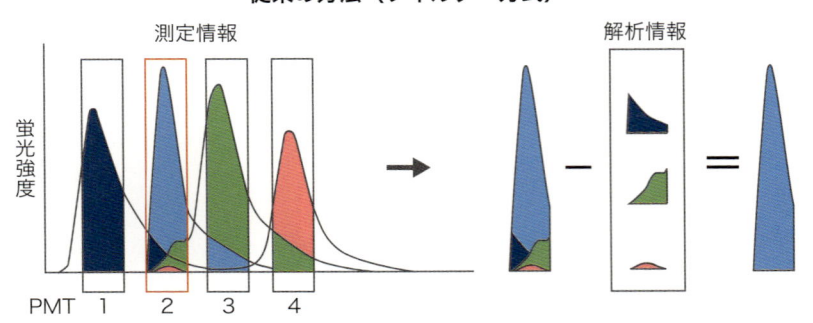

スペクトル Unmixing（スペクトル方式）

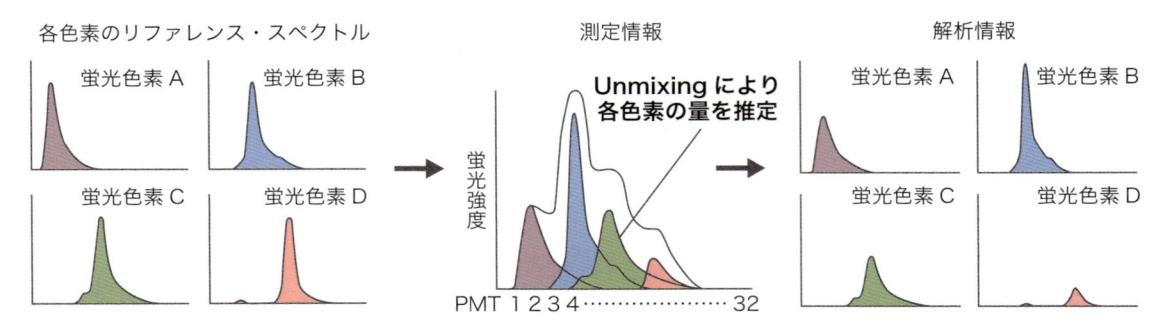

図2　スペクトル解析による蛍光色素分離方法と従来の蛍光補正方式概念図
従来FCMは煩雑な蛍光補正手順が必要であり，個人差や再現性に問題が存在した．一方スペクトル解析は，各色素のスペクトルリファレンスを用いて，計測された蛍光スペクトルのUnmixing計算を数学的に行うため，定量かつ客観的な結果が得られ，波長分解能が高く，"キレ"よく細胞集団分離が可能となる

　SA3800は488 nmレーザーに加え，405/561/638 nmレーザーを必要に応じ選択が可能で同軸最大4レーザー搭載が可能である[1]．蛍光検出に関しては，特殊低反射膜付プリズム光学系を通すことで極力フォトンを損失しないように蛍光が分散され（図3A），アレイ状に配置された32個ものPMT（32ch-PMT）へ投影され，500〜800 nmの波長範囲を分解能高く蛍光検出する（図3B）．検出面に独自設計マイクロレンズアレイを一体化させることで，検出面に効率よく蛍光の集光が可能となっている（図3C）．405 nm励起レーザー用にはこの32ch-PMTに加え，500 nm以下の短波長蛍光検出では，単体のPMTを2つ設け，420〜440 nmと450〜469 nmとの蛍光情報が追加され，合計34個ものスペクトル情報を検出している．405 nmのレーザーで励起される代表的な蛍光色素Brilliant Violet™ 421, Pacific Blueなどの蛍光波長範囲に対応しており，ありのままの蛍光スペクトル形状と蛍光強度をすべての細胞に関して計測解析できるセルアナライザーである．通常のFCMと同様の機能を備え，前方・側方散乱を測定し，ダブレットを除去して蛍光展開していき，所望のネガ・ポジ集団をドットプロットにて解析するが，この他にこれらの集団がどのようなスペクトル分布をしているか確認することができる．一例としてスペクトルプロットを示すが，横軸は波長，縦軸は蛍光強度，色はSpectral Density plotを示し，赤い部分が最も多く存在するスペクトルを意味し，青は少ないことを意味する（図3D）．光学フィルターを一切使用しないため，従来のFCM装置使用時に問題となるレーザー波長，光学フィルター，そして蛍光色素という3つのパラメーターの煩雑な組合せを考慮する

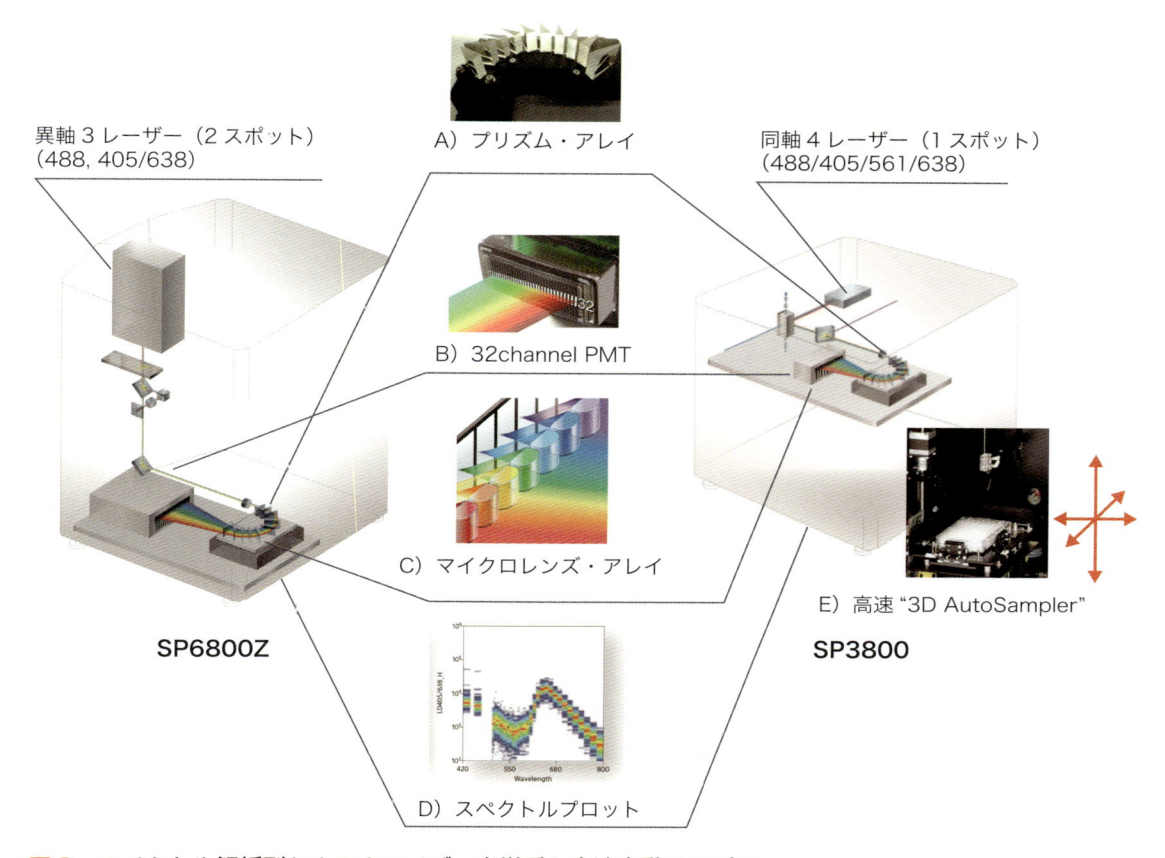

実践編　エマージング・テクノロジー　24

図3　スペクトル解析型セルアナライザー光学系と高速自動サンプラー

（図中ラベル）
異軸3レーザー（2スポット）（488, 405/638）
A）プリズム・アレイ
同軸4レーザー（1スポット）（488/405/561/638）
B）32channel PMT
C）マイクロレンズ・アレイ
D）スペクトルプロット
E）高速"3D AutoSampler"
SP6800Z
SP3800

必要がないという特長がある．

また図3Eに高速・低キャリーオーバーの"3D AutoSampler"写真を示す．サンプル吸引固定方式にし，96/384 well plate用ステージが前後左右に加え上下にも高速に3D駆動することで，これまで両立が難しかった，移動—吸引—洗浄といった一連の動作を高速かつ安定的に行えると同時に，0.1％以下の低キャリーオーバーの実現により多検体の測定もコンタミネーションの懸念を極力排除し高速に測定が可能である．

一方，マルチカラー解析など高度計測用スペクトルアナライザーのSP6800Zは3レーザー2スポットの異軸光学系を採用し，488 nmスポットと405 nm/638 nmスポットの2つが光学配置されている．すなわち1つの細胞が励起エリアを通過する際，488 nm励起時に32個のPMT検出信号情報が最初に得られ，次に405 nm/638 nm励起時に34個（32個＋2個）のPMT信号が得られ，1細胞当たり合計66個ものPMT信号情報をもつことになる．この情報を用いてスペクトルUnmixingを行うことでマルチカラー解析が可能となる．異軸励起光学系とスペクトル検出のためPE-Cy5とAPCなど容易に分離することも可能で，従来FCMでは不可能な2レーザーで16カラー解析や自家蛍光を含む近接蛍光分離が可能である．

2. スペクトル・リファレンスライブラリ機能

従来の蛍光補正法（コンペンセーション法）では，実験デザインごとに煩雑なシングルステイン（単染色）

287

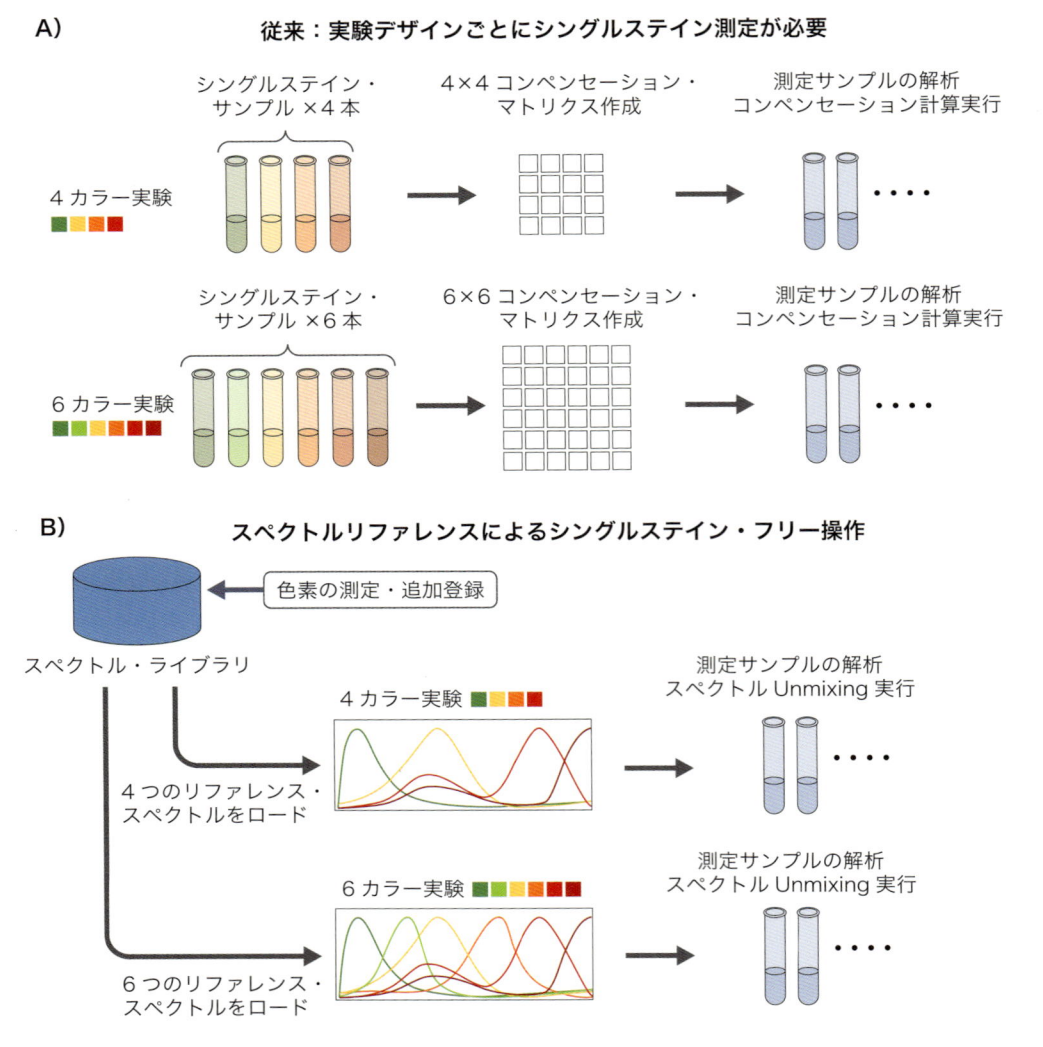

図4 スペクトル・リファレンス ライブラリ機能
A) 従来蛍光補正法では，実験ごとに毎回シングルステイン（単染色）測定しコンペンセーションマトリクスが必要である．**B)** スペクトル解析型は，ライブラリから各色素を呼び出すだけでマルチカラー解析可能．単染色計測の手間と試薬の節約が可能である

の測定，およびそれを用いたコンペンセーション・マトリクスが必要であった．SP6800/SA3800ソフトウェアが提供するスペクトル・リファレンス機能では，各色素のスペクトルをライブラリからよび出すだけで，マルチカラー実験の解析作業をすみやかに行うことが可能である．カラー数や色素の組合せに依存せず共通して利用できるため，シングルステイン計測の手間を大幅に省くことが可能であると同時に，試薬の消費も抑えることが可能である．例えば，従来FCMでは4カラーの実験を行った場合，シングルステインを4本計測し4×4のコンペンセーション・マトリクスを作成し，所望サンプルに対して蛍光補正計算を行う（図4A）．しかしながら，次に2カラーだけを追加して6カラー実験を新たに行う場合でも，もう一度6カラー

全部のシングルステインを計測し6×6のコンペンセーション・マトリクスを作成し，サンプルに対して蛍光補正を行う必要があり，試薬をさらに消費する必要があると同時に，時間など手間がかかる．一方スペクトル・リファレンスライブラリ（図4B）では，一度蛍光色素のスペクトルを登録してしまえば，次の実験では，いかなるカラー数，色素の組合せにも依存せず，スペクトルをロードし利用することが可能で，不足の色素のスペクトルのみを測定・登録することでUnmixingが可能となり，手間を大幅に削減可能である．

3．ワークフロー

ワークフローとしては，本体を起動し，専用ソフトウェアを起動し，QCを行い，測定後，自動スペクトルUnmixingを行い解析終了である．Daily QCは装置セルフチェック，レーザーパワー・位置調整が自動にて行われ，Align Check Beadsを流し散乱性能が確認される．Monthly QCはそれに加えて，8 peak beads[※1]を流すことで，蛍光感度，線形性，Q値，B値が確認され，すべてLevey-Jenningsチャート[※2]によりログ管理されている．前述のスペクトル・リファレンスライブラリを利用することで，検体サンプルに実際に用いられている各蛍光色素のシングルステイン・スペクトルを簡単に検索してよび出し測定解析できる．登録がない色素は，設定条件を統一させて測定して追加することにより，今後何色の測定解析でも利用可能になる．その後，目的の検体サンプルを，改良重み付最小二乗法を用いたWLSM Unmixing計算により，リアルタイムにて全色素を定量的に算出する．表示方法や解析方法においては，従来FCMと同様に扱うことができ，スペクトル表示はもちろん，従来のヒストグラム，ドットプロットをリアルタイム表示し，データをFCS3.0，3.1形式のファイルでのExportが可能で，FlowJoなど他社解析ソフトでの読み込みにも対応している．特にDeNovo社のFCS Express解析ソフト[4]は，SA3800のスペクトル形式のファイルをもそのまま読み込め，従来のFCM細胞集団プロット解析に加え，スペクトル・オーバーレイ機能やバッチ処理など，スペクトル形状を豊富な機能で定量解析が可能となっている．

■ マルチカラー解析：2レーザー16カラー解析例

ヒト末梢血単核細胞サンプルを図5に示す抗体色素にて染色し，SP6800Zの2レーザー（488 nm／405 nm）異軸光学系を用いて測定し，16カラー解析を行った結果を図6に示す．図5より各抗体色素のスペクトル形状が重なり合っており，従来FCMの光学フィルター方式では蛍光補正による分離が非常に難しいパネルであることがわかる．しかしながら，図7に示すようにスペクトルUnmixingアルゴリズムWLSMを用いるとPE-Cy5とPE-Cy5.5やPacific BlueとBV421といった分離が難しい近接蛍光色素でも集団が分離されていることが確認できる．また設定したゲートに含まれる細胞のスペクトルを可視化表示することが図8に示すように可能である．全リンパ球にはさまざまなスペクトルが混在しているが，ナイーブヘルパーT細胞，エフェクター細胞傷害性T細胞，ナイーブB細胞と各細胞集団に対するスペクトルを確認すると，細胞種ごとに異なるスペクトルパターンを示していることがわかる．

※1　8 peak beads
フローサイトメーター装置のMonthly QCチェック用として使用され，蛍光感度，蛍光強度直線性チェック用標準ビーズとして，長期信頼性を確認するための自動校正用ビーズである．ほぼ同一サイズのプラスチック粒子が約10^6個/mLの濃度で調製されており，365 nmから650 nmの範囲で励起可能で，異なる8段階の蛍光強度のビーズが混合されている校正ビーズである．

※2　Levey-Jennings（L-J）チャート
Daily QC，Monthly QCにより装置の状態を長期に渡って時系列的にログとして管理し，各性能の安定性および主要パーツの異常などを早期に確認できるチャート．

	488 nm レーザー
CD3	Alexa Fluor 488
CD8	PE
CD4	PE Dazzle 594
CD24	PE Alexa Fluor 610
CD19	PE Cy5
CD20	PE Cy5.5
CD13	PerCP efluor® 710
CD45	PE Cy7

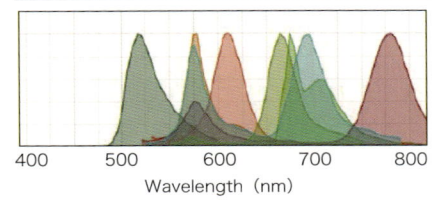

	405 nm レーザー
HLA-DR	Pacific Blue
CD38	BV421
CD45RA	BV510
CD33	BV570
CD16	BV605
CD11b	BV650
CD11c	BV711
CD14	BV785

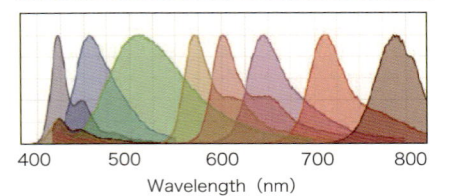

図5　2レーザー16カラー解析パネル
ヒト末梢血単核細胞をSP6800Z（405 nm/488 nm）2ビーム異軸光学系を用いた測定する際の抗体試薬パネル

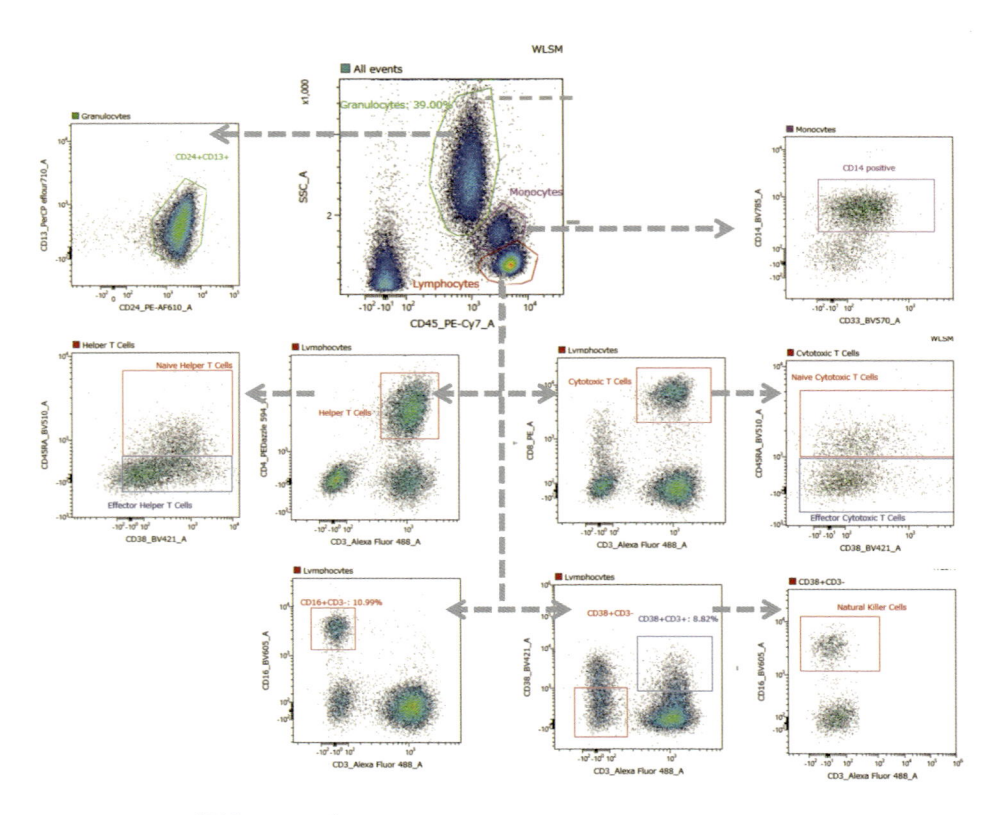

図6　マルチカラー解析2レーザー16カラー
ヒト末梢血単核細胞サンプルをSP6800Zの2レーザー（488 nm/405 nm）異軸光学系を用いて測定・解析した

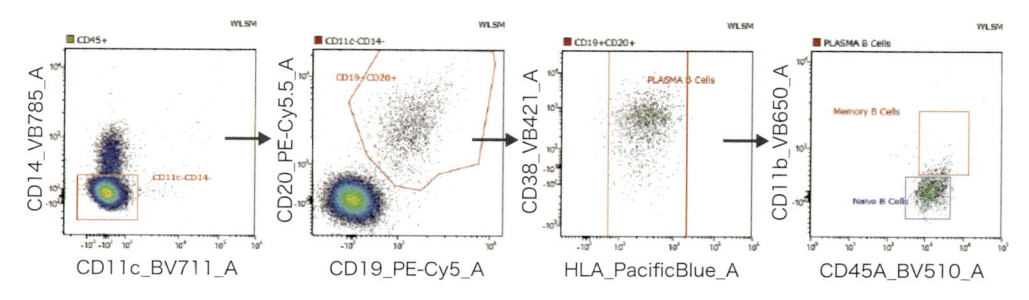

実践編　エマージング・テクノロジー **24**

図7　近接蛍光色素分離
WLSMスペクトルUnmixingアルゴリズムにより，近接蛍光色素であるPE-Cy5とPE-Cy5.5や，Pacific BlueとBV421といった分離が難しい組合せ色素でも集団が分離されていることが確認された

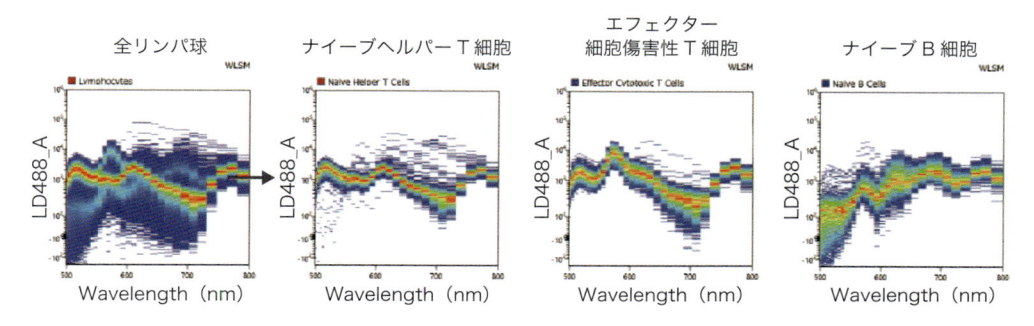

図8　各細胞集団のスペクトル形状

自家蛍光分離による偽陽性集団の識別

　これまで"弱陽性，自家蛍光または非特異的吸着だろう"と推測で判断するしかできなかった二次元プロット上の集団も，スペクトル解析技術を用いることで，その蛍光スペクトル形状から由来を確認することができる．さらにその自家蛍光成分を分離することで，色素に由来するシグナルのみを的確に評価することが可能である．図9では，マウスの脾臓細胞をPE標識のIL2抗体で染色されたプロットが示されている．図9Aの紫のゲートFの集団は，PEポジティブを示しており，スペクトルを参照してもPE色素のスペクトルが確認される．水色のゲートで囲ったGの細胞集団は生物学的な意味が十分に理解できず，PEとAPCのポジティブに位置されていることがわかるが，スペクトル形状を確認すると，PEやAPCのスペクトル形状と大きく異なることが一目瞭然である．この集団は実際には，高蛍光強度の自家蛍光を発する細胞集団でPEやAPCで染色されておらず，偽陽性ということが認識できる．このゲートGの集団を自家蛍光としてスペクトル・リファレンスライブラリに登録し1つのカラー数としてUnmixing分離を行い再プロットさせると，図9Bではこの集団は消失し，自家蛍光による偽陽性を排除できたことを示している．

　また自家蛍光アプリケーションの1つとして，生体内の現象を生きたまま，蛍光顕微鏡やフローサイトメーターなどでリアルタイムに観察することができるGFPやVenusなどの蛍光タンパク質プローブの定量解析がある．蛍光タンパク質のスペクトル形状は幅広く，FITCなどの既存蛍光色素などと非常にスペクトルが重なり合い従来FCMでは分離が難しいが，スペクトル

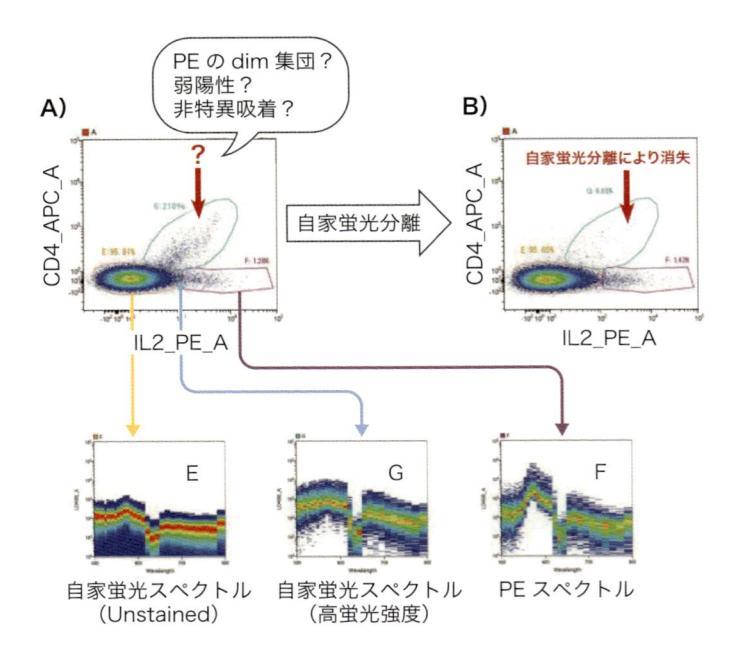

図9 自家蛍光分離による偽陽性集団の識別

Aはマウスの脾臓細胞をPE標識のIL2抗体で染色されたプロットが示されているが，各細胞集団のスペクトル形状を確認することで，偽陽性か否か，自家蛍光か否か判別が可能．自家蛍光をスペクトル・リファレンスライブラリに登録し1つのカラーとしてUnmixingを再度行うことにより，偽陽性を排除することが可能である（B）．

Unmixingによりこれらの近接蛍光分離による定量化も可能なことが報告されている[3)5)6)]．さらに単細胞藻類の自家蛍光スペクトル形状による同定なども近年報告されている[7)]．

おわりに

本稿では世界初マルチカラースペクトル解析型セルアナライザーSP6800Zと，多検体を自動高速簡便測定できるSA3800の特長とその応用例を紹介した．今まで分離区別不可能であった集団をこのスペクトルUnmixingによって分離可能なことが示唆され，マルチカラー解析はもちろん，蛍光強度の異なる近接蛍光色素分離，ラベルフリー解析を含む自家蛍光スペクトル解析など多くのアプリケーションを創造する可能性を秘めた装置となっている．研究者の方々，先生方に，アプリケーションを通してスペクトル解析の利点を引き出してもらうべく，ソニーは国産メーカーとしてさまざまな要望に貢献してゆく所存である．

◆ 文献・URL

1) ソニー株式会社のフローサイトメトリー商品情報ページ http://www.sony.co.jp/Products/LifeScience/index.html
2) Gregori, G. et al.：Hyperspectral Cytometry, 377：191-210, 2013
3) Futamura, K. et al.：Cytometry Part A 87：830–842, 2015
4) De Novo社のウェブサイト https://www.denovosoftware.com/
5) Telford, W.G. et al.：PLoS One, 10：e0122342, 2015
6) 戸村道夫：細胞工学，33：1072-1079, 2014
7) Dashkova, V. et al.：Algal Research, 2016（online published）

25 イメージングサイトメーターの原理と応用

山崎 聡, 小林民代

> イメージングサイトメトリーはフローサイトメトリーと同様に細胞解析手法の1つである. イメージングサイトメーター（ICM）はフローサイトメーターでは得られない多くの時間的空間的な数値化情報を与え, 研究の幅を広げてくれる. フローサイトメーターによる解析だけでは知ることができない重要な現象に気づかせてくれる可能性がある. ここではイメージングングサイトメーターとは何か, どのような細胞解析がこれにより可能になるのかについてフローサイトメーターと比較しながら概説する.

はじめに

　生命科学分野においてフローサイトメーター技術を用いた解析が必要不可欠な存在になっている. 機器の小型化や低価格化に伴い共通機器から個々の研究室に設置できるようになったことも技術の加速化を支えている. 一方で, 組織形成が強固な固形臓器や生体の脳組織などは解析までに単一細胞処理が必要であり, 必ずしもフローサイトメーターによる解析が適しているとは言えないのが現状である. さらに, フローサイトメーターはあくまでシグナルの検出最小単位は細胞1個のレベルであり, 例えば, 蛍光染色によりその細胞内がどのように染色されているのかなどの細胞内分子局在や細胞の形態などを知ることはできない. 光電子増倍管（photomultiplier tube：PMT）検出器をベースとしたフローサイトメーターだけでは取得できない数多くの細胞情報を無駄にしてしまっている可能性もある.

　この問題を解決する方法として, 高感度CCDカメラによるイメージング技術とその取得した画像を解析・数値化するプログラムを用いることであたかもフローサイトメーターのような定量化解析できる機器, いわゆるイメージングサイトメーターの開発が飛躍的に進んでいる. これらの技術により, 取得した画像データを実際に可視化することができ, 細胞1つを最小単位とした蛍光シグナル情報だけでなく, 目で見た蛍光画像の情報を数値化・定量化するということが可能になってくる. そのためフローサイトメーターではとらえることができない新たなパラメーターの追加が期待される. まさに, イメージングが見るだけではなく, どのように定量的かつ数値化できるかが重要になる.

　また浮遊細胞である血液細胞全般においては, フローサイトメーターは容易に用いられる細胞解析装置である. しかし, 例えば白血病細胞など染色体異常を検出するFISH（fluorescence in situ hybridization）法では蛍光顕微鏡画像を観察し, FISHスポットをカウントする必要がある. このように血液細胞であっても従来のフローサイトメーターだけでは限界があるアプリケーションが存在することも事実である.

　本稿では, 細胞をいわゆる"流さない"顕微鏡タイプと, "流す"フロータイプの2つのイメージングサイトメーターについてその技術とアプリケーションを概説する.

イメージングサイトメトリー

　現在の技術においてイメージングサイトメトリーというと2種類に大別される．マイクロプレートやスライドガラス上にある細胞サンプルを顕微鏡ベースの装置にて撮像し，取得した画像に基づいて定量的に画像解析を行うものである．一般的にはハイコンテンツアナリシス（high content analysis：HCA）や，スクリーニングに適用される場合はハイコンテンツスクリーニング（high content screening：HCS）などとよばれている（ここではHCAイメージングとよぶことにする）．

　また，フローサイトメトリーとイメージングを融合させた技術を搭載した，いわゆる"イメージングフローサイトメーター"（以下イメージングFCMとする）もある．イメージングFCMはフローサイトメーター同様にラミナーシース・フロー（層流）技術を用いて1つ1つ細胞を流しながら，しかも細胞1つ1つの画像を取得，画像から数値化定量解析する機器である．

　フローサイトメーター，HCAイメージング，イメージングFCMの比較を大まかに表1に示した．またフローサイトメーターと違いこれらイメージングサイトメーターに特徴的なのは，例えば，図1に示すような画像解析後，そのスキャッターグラムと個々のイベント画像をリンクさせることができることである．そのため目視による確認ができ，特に希少イベント検出の際には非特異結合やゴミなどの確認にも有用である．

HCAイメージング

　いわゆるHCA・HCSイメージングシステムは米国から2000年ごろ日本に導入されたシステムであり，当初は接着系の培養細胞を用いた化合物／薬剤などのスクリーニングを意識した装置であった．最近では，例

表1　各装置技術による解析手法の比較

	フローサイトメーター	HCAイメージング	イメージングFCM
浮遊細胞	◎	○ 観察面に付着させる必要あり	◎
接着細胞	○ 個々の細胞にばらばらにする必要あり	◎	○ 個々の細胞にばらばらにする必要あり
組織切片	×〜△ 個々の細胞に単離できれば可能	◎	×〜△ 個々の細胞に単離できれば可能
スフェロイド，コロニー	×〜△ 個々の細胞に単離できれば可能	◎ 共焦点機能付きHCAであればなおよい	×〜△ 個々の細胞に単離できれば可能
解析スピード	○ 数万／秒	△ 数千／秒（倍率やカラー数に依存）	〜五千／秒（倍率に依存）
多重染色解析	◎ 〜15カラー程度同時染色解析可能	△ 4カラー程度	○ 10カラー程度可能
形態解析	×	◎ 共焦点機能付きHCAであればなおよい	△ 接着細胞の場合困難
3D解析	×	◎ 共焦点機能付きHCAであればなおよい	×
ライブセルイメージング	×	◎ CO₂インキュベータ取り付け時に可能	×

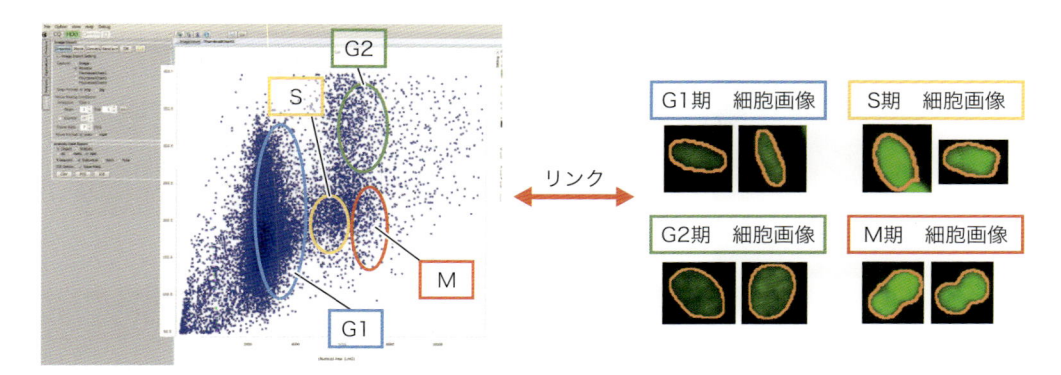

図1　細胞周期解析の例
スキャッターグラム上のイベントと各画像とはリンクしているため，ドットをクリックするとその画像と画像認識状態を確認することができる．横河電機社CQ1にて撮像・解析

えば組織切片やライブセルイメージングから薬剤スクリーニングまでと研究者の用途にあわせたさまざまな機種がより多くのメーカーから上市されている．光源も蛍光ランプやLED，共焦点顕微鏡で用いられるようなレーザーと幅広いラインナップがみられる．最近の傾向はボックス型のオールインワンタイプが主流であるため暗室を必要とせず，また顕微鏡操作が苦手な方でもPC上から簡単に操作ができるように工夫されている．代表的なものにサーモフィッシャーサイエンティフィック社のArrayScanシリーズやCellnsight，パーキンエルマー社のOpera PhenixやOperreta，横河電機社のCellVoyagerやCQ1，GEヘルスケア社のIN Cell AnalyzerシリーズやCytell Cell Imaging systemなどがある．

HCAイメージングでは顕微鏡ベースで画像取得するため，マイクロプレート，培養ディッシュやスライドガラス上にサンプルを準備する必要がある．そのため接着細胞においては，"細胞を剥がす"という作業が不要になり，染色作業においても遠心操作が不要という利点がある．特にマルチウェルプレート上で培養している接着細胞を解析する際にはその実験効率のよさを前処理段階から実感することができるだろう．フローサイトメーターで測定するためには，接着細胞であればプレート面から細胞を剥がしてばらばらにしなければならない．細胞の種類によっては，この工程により発現強度が変化してしまう可能性，また非常に弱い細胞ではダメージを受けて死んでしまうこともある．組織や臓器切片などでは結合組織などの強固なものを破壊して個々の細胞にばらばらにするのも時として困難であり，できるだけ切片の状態で測定・解析することが望ましい（図2）．さらに，フローサイトメーターではその装置の構造上から測定時における細胞のロスが避けられないが，イメージングではプレートなどの容器上で測定するため測定時における細胞のロスはきわめて少ない．例えば血中循環腫瘍細胞（circulating tumor cells：CTC）は血液中10 mLあたり数十万個以上存在する細胞中にわずか数十個程度しか存在しない細胞であり，その有無の測定ががんの転移，再発の診断に役立つと考えられている．CTCのような希少細胞を検出する場合，イメージングでは解析後にCTCと思われる細胞の画像を目視確認できることはもちろんのこと，さらに高倍率で再測定することも可能であり，より精度の高い測定ができる．

フローサイトメーターでは検出の最小単位が細胞1個であるのに対して，イメージングでは，ターゲット分子が細胞内のどこに存在するかなど細胞内の場所（例えば核，細胞質，細胞膜など）を指定してターゲット分子の蛍光強度，数や大きさなど視覚化している情報を数値化し定量解析できる利点がある．

GPCR（Gタンパク質共役型受容体）の細胞膜から

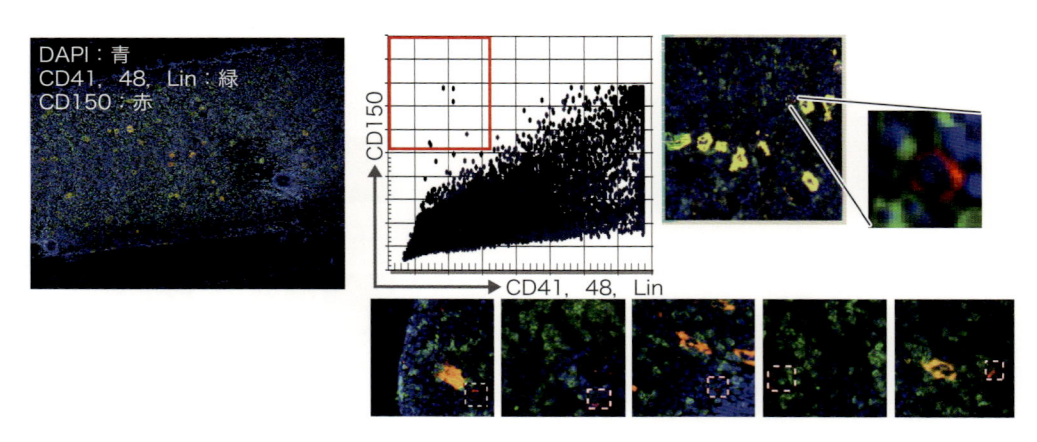

図2　ArrayScanを用いた骨髄切片中の造血幹細胞画分解析
マウスの造血幹細胞はCD41，48，Lineageマーカー陰性でCD150陽性の分画で骨髄中に存在している．その造血幹細胞が骨髄のどこに局在しているかを客観的かつ自動的に解析することができる．サーモフィッシャーサイエンティフィック社ArrayScanにより撮像・解析

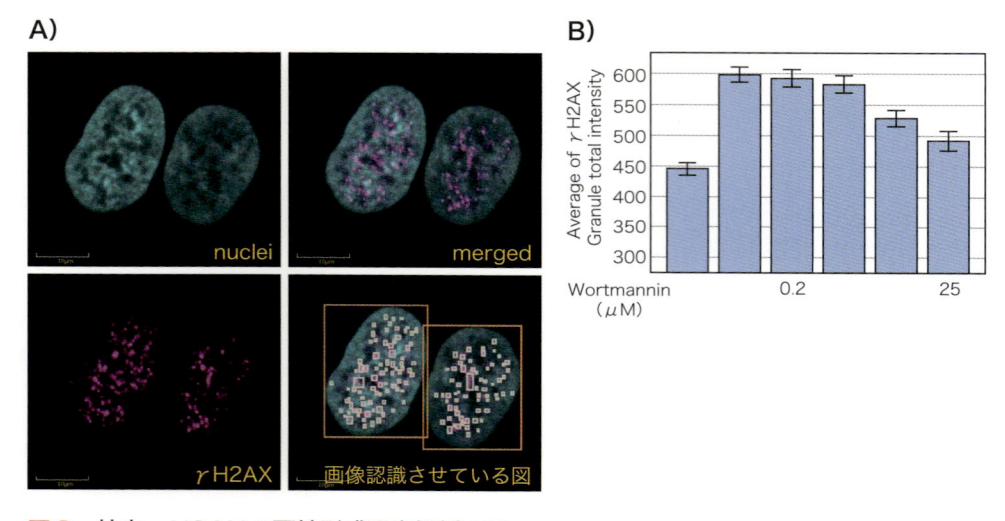

図3　核内γH2AXの顆粒形成阻害解析の例
A) 顆粒など小さな対象物は，落射式蛍光顕微鏡ベースで定量を行うと，上下の顆粒が重なり正確な値を求めることが困難になる．共焦点顕微鏡ベースで3D解析を行うことで，より正確に測定・画像定量解析できる．横河電機社CQ1にて撮像・解析．**B)** HeLa細胞にWortmannin存在下で1 mMのH_2O_2を添加し，45分間処理後，細胞を固定をHoechst 33342による核染色と，抗γ2AX抗体を使用した免疫染色を行った．グラフは核内に含まれるγH2AX顆粒の総蛍光強度の1 wellあたりの値を示している（n＝5 well）

細胞質へのインターナリゼーションやDNA損傷反応である損傷部位への集積（フォーカス形成）を対象とした顆粒／ベシクル解析にも幅広く使用できる（図3）．もちろん細胞内だけでなく，細胞間や細胞外の情報も同時に解析することも可能である．また，フローサイトメーターでは非常に困難である神経細胞の突起の長さや薬剤による細胞の形態変化などもHCAイメージングでは数値化して定量することができる．

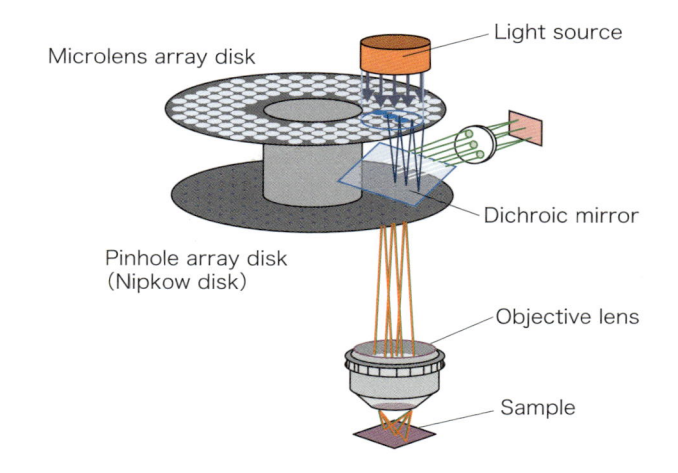

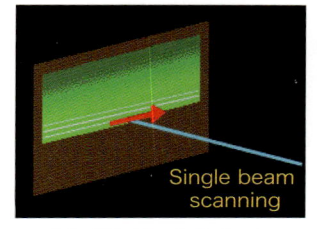

図4 マイクロレンズ付きワイドニポウ式共焦点（CSU技術）
CSU技術は約20,000個のピンホールを等ピッチ螺旋配置した「ピンホールアレイディスク」と，個々のピンホールに励起光レーザーを集光する「マイクロレンズアレイディスク」の2枚の円板を連動して高速回転させ，観察領域を約1,000本のレーザービームでマルチスキャンする横河電機社独自の方式である．マルチビームスキャンは，高速だけではなく，1ビームあたり非常に低いレーザー強度で高効率に蛍光色素を励起できるため，従来のシングルビームスキャン共焦点に比べ，光毒性，蛍光退色を大幅に低減させている

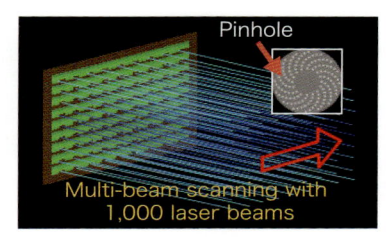

通常の落射式蛍光顕微鏡ベースのイメージングと比べ，レーザー共焦点顕微鏡をベースとしたHCAイメージングでは非常に鮮明な画像が得られ，さらにZ軸方向に連続撮像することで3D画像取得および定量解析も容易に行うことができる．特に再生医療などの研究分野では，ES細胞やiPS細胞のコロニー解析やスフェロイド形成，細胞シートなど長期間にわたる立体培養を必要とすることが多く，共焦点顕微鏡ベースの3Dライブセルイメージング装置が非常に有効である．

横河電機社のCQ1では，独自の共焦点光学系CSU技術を用いたマイクロレンズ付きワイドニポウ式共焦点を搭載し，従来からのシングルビーム方式共焦点に比べ，高速でかつ蛍光退色や光毒性など細胞へのダメージを最低限に抑えることを実現している（図4）．この技術により退色が気になるサンプルや，くり返し測定する必要があるタイムラプス解析などのイメージングには非常に適しているといえる．細胞シートを重ねて立体培養し，血管内皮細胞がシート内にネットワーク状の集塊を形成している様子をタイムラプス測定して定量画像解析も可能である（図5）．また図6にiPS細胞コロニー解析の例を示す．今後，培養中のiPS細胞のコロニーの品質管理として，コロニー内の細胞数

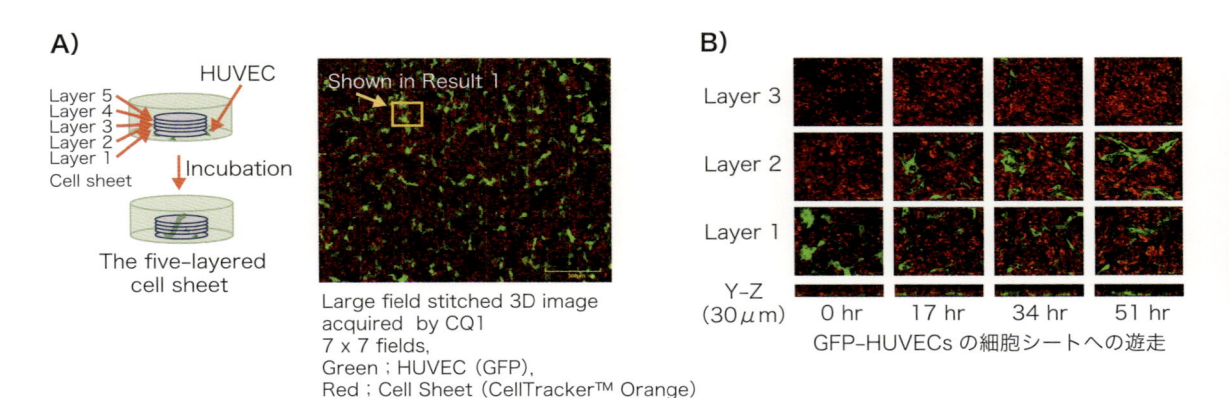

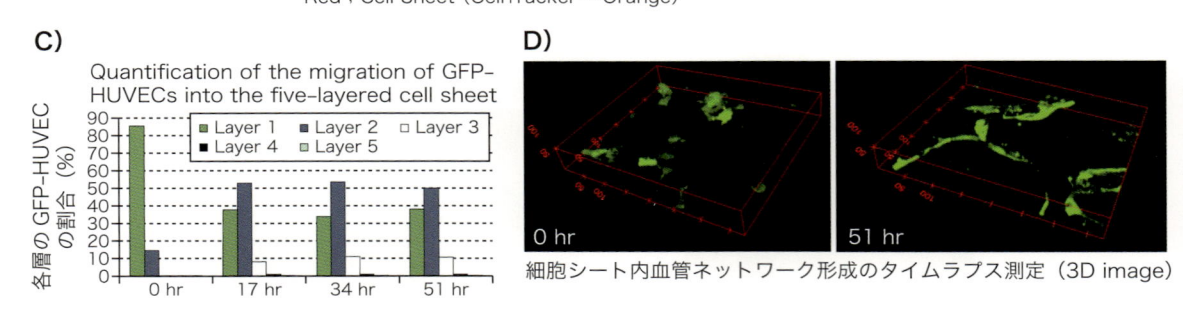

図5 細胞シート解析
A) HUVEC（GFP発現）を播種したディッシュに骨格筋筋芽細胞，骨格筋線維芽細胞からなる細胞シート（CellTrackerOrange）5層を重ねた板状組織を配置し，CQ1で培養しながら51時間のタイムラプス撮像を行った．B)〜D) 血管内皮細胞がシート上部方向へ緩やかに遊走しながらシート内にネットワーク状の集塊を形成する様子が観察された．横河電機社CQ1にて撮像・解析〔本図は大阪大学大学院工学研究科生命先端工学専攻生物工学講座生物プロセスシステム工学領域（紀ノ岡研究室）のご厚意による〕

を評価するだけでなく分化／未分化の状態別に細胞数を評価することも重要になると予想される．培養工程の検討段階では蛍光染色を用いた詳細な検討が必要とされているが，培養工程が確立した後のルーチンな培養段階においては，可能な限り非染色で品質確認できることが重要である．例えば，ラベルフリー細胞解析ソフトウエアCellActivision（横河電機社）の学習機能を利用し，蛍光画像と非染色位相差画像との相関アルゴリズムを算出させ，最終的にはラベルフリーの位相差画像だけでiPS細胞の品質管理を行うことにも今後期待できる．

このように，フローサイトメーターでは測定が困難な時間的空間的な細胞の動態を検出しながら，定量解析できるのもHCAイメージングの魅力であろう．

イメージングFCM

イメージングFCMはフローサイトメーターでありながら，同時に細胞1つ1つの画像を取得する，まさにイメージングとフローサイトメーターの合体版である．前項で述べたHCAイメージングと同様，例えばターゲット分子の細胞内局在の定量解析を実現しており，さらなる可能性が期待されるイメージングサイトメーターである．イメージングFCMの先駆けはAmnis社（現在はEMD Millipore社）が開発したImageStreamがあげられる．一般にフローサイトメーターで使用されている検出器はPMTであるが，ImageStreamではPMTの5〜10倍の量子効率を示すTDI（time delay integrated）−CCDカメラを用いることにより高感度

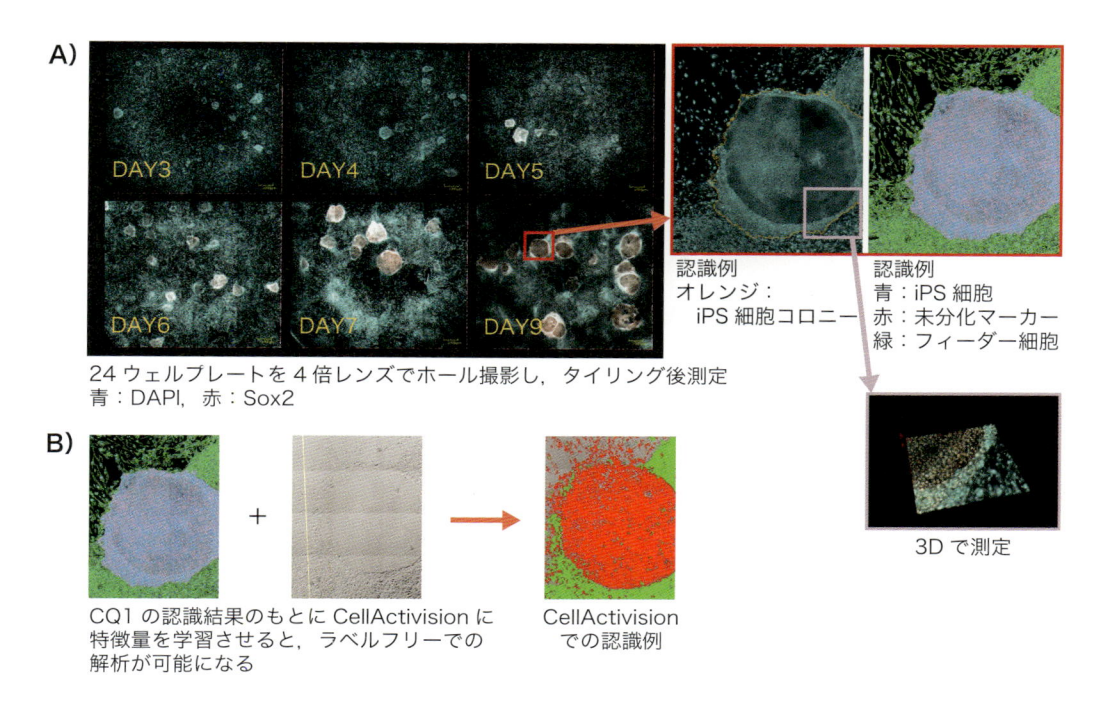

実践編　エマージング・テクノロジー　25

図6　iPS細胞のコロニータイムラプス解析
iPS細胞におけるコロニーの大きさを経時的に解析する．横河電機社CQ1にて撮像・解析
（染色サンプルご提供：農林水産省動物医薬品検査所・能田健先生，中島奈緒先生）

撮像を可能にしている．一般的なフローサイトメーターの蛍光検出感度をはるかに上回り，MESF（molecules of equivalent soluble fluorochrome）は5以下を有する．このTDI-CCDにより蛍光量を積算することで一般的なフローサイトメーターに比べて優れたS/N比を実現し，非常に高い分離能をもつ．例えば血球細胞を蛍光標識した表面抗原CD45と側方散乱光（SSC）でスキャッターグラムを見た場合，通常のフローサイトメーターでは困難な好中球，好塩基球，好酸球の顆粒球集団を個別に正確にゲーティングすることができる．最大7本のレーザを搭載でき，明視野，暗視野（SSC）に加え最大10カラーの蛍光パラメーター（最大12チャネル）の画像を同時に取得できる．その処理速度は最大5,000イベント/秒（ただし対物レンズの倍率に依存）である．またEDF（extended depth of field）機能を搭載することにより被写界深度を拡張，つまり流体中の細胞の位置に依存しない焦点の合った画像を得ることが可能になる．例えば，FISHのような蛍光スポットや核DNAのフォーカス形成などの対象分子に対しても焦点の合った精度の高い画像データを撮像し，その定量統計解析を可能にしている．

シスメックス社ではEMD Millipore/Amnis社のイメージングFCMをさらに発展させ，独自の解析アルゴリズムを搭載して従来からの蛍光顕微鏡下で行われているFISH検査をイメージングFCMによって実現することをめざしている．FISH検査では1検体あたり200個以上の細胞を観察するのに約20分の時間を要するうえに，その精度を高めるために1検体を2名の検査者により観察し，互いの検査結果を確認しあう作業が行われており検査者の負担が大きい．さらに蛍光顕微鏡下では，Z軸の上下操作によりFISHの蛍光スポットを確実に捉える必要があり，検査者の負担をさらに増大させている．イメージングFCMによるフローFISH法ではそれらを考慮し，EDF機能を駆使することで

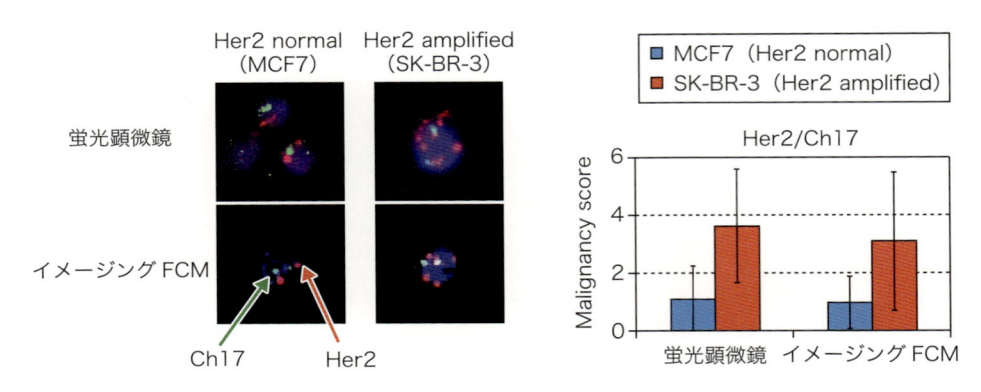

図7 FISH（Her2/Ch17）の検出方法による比較
イメージングFCMでは現行の蛍光顕微鏡下による病理診での検出方法と同等の性能を有することがわかる.
ImageStream^X Mark II（EMD Millipore/Amnis社）にて撮影

10,000個のクリアな細胞画像取得から自動解析までを約10分間で実現している．また，蛍光顕微鏡下で行われる細胞数カウントをはるかに増加させることにより，測定精度を向上させている（図7）．液相において細胞形態を維持した状態でFISHの細胞染色を含めた前処理を行い，図8で示すようにイメージングFCMにて細胞の画像を撮像する．明視野，FISH輝点，核染色の画像を別々のチャネルで同時に撮像し，FISH輝点の位置情報から個々の細胞の陰性／陽性を自動解析する．もちろんFCMの原理を採用しているため，例えば，核の形態情報を用いてゲーティングした好中球のFISHや表面マーカーなどを組合わせて，特定のリンパ球に対してFISHを同時解析するなど，特定の細胞集団に対してFISH解析を行うことも可能である．顕微鏡ベースのHCAイメージングでは多重染色が通常4カラー程度であるのに比べて，同様な画像解析機能をもつイメージングFCMでは最大10カラーの蛍光染色を実現している．そのため免疫分野の研究でフローサイトメーター使用しているように，マルチカラー染色し細胞集団を染め分けることができることも魅力である．

ソフトウエア

イメージングサイトメーターのソフトウエアという

と画像解析などややハードルが高く感じる方もいるかもしれないが，最近ではわかりやすく容易に目的の画像解析できるように，各社ソフトウエアに工夫を凝らしている．また，使用するイメージングサイトメーターにて画像解析を行って定量化した数値データは通常fcs形式でエクスポートできるようになっている．そのため，さらに独自に複雑なゲーティング解析を行いたい場合や，プレゼンテーションや論文のためによりグラフィカルなグラフなどを作成したい場合は，普段から慣れているフローサイトメーター専用ソフトウエアFlowJo（FlowJo社），Flowlogic（Inivai Technologies社）やFCS Express Cytometry（De Novo Software社）などのサードパーティーのソフトウエアを用いてデータを解析することも可能である．最新版であるFCS Express CytometryではEMD Millipore/Amnis社のイメージングFCMのファイル形式であるdaf形式もダイレクトに取り込むこともでき，さらに格段と解析処理スピードが上昇している．また，FCS Express Image Cytometry（De Novo Software社）はイメージングサイトメーターで得られた画像ともリンクさせることができるため，画像を確認しながら思い通りにゲーティングや統計処理することができる．得られたプロットデータから回帰曲線を計算し，IC_{50}などの統計値も簡単に算出でき，現在世界中で普及している．その他オープンソースの無料ソフトウエアで

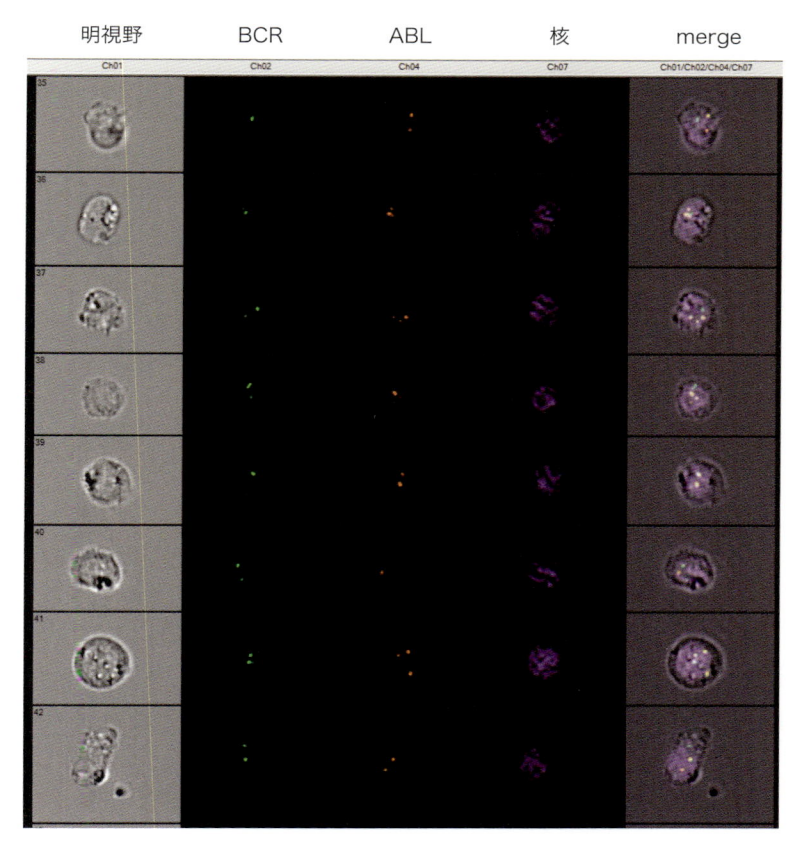

実践編　エマージング・テクノロジー 25

明視野	BCR	ABL	核	merge

図8　PALL2細胞株を用いたFISH（BCR/ABL）の検出
ImageStream^X Mark II（EMD Millipore/Amnis社）にて撮像

あるCellProfiler（cell image/non-cell image 対応）はトレーニング不要ですぐに使用できるというコンセプトでデザインされており海外を中心に普及している．3DイメージングではVolocity（Improvision社）やImaris（Bitplane社）などのソフトウエアがよく使用されており，これらは共焦点イメージングで撮像した3D画像解析だけでなく，プレゼンテーションの際にも視覚的にうったえるような3D／4D動画を作成することができる優れたソフトウエアである．

おわりに

イメージングサイトメトリーは研究の幅を広げてくれる細胞解析手法である．すでにフローサイトメーターを使用している研究者や，単に顕微鏡の細胞画像をある程度感覚的に評価している研究者にも，イメージングサイトメトリーの魅力をぜひ知ってほしい．画像から得られる視覚情報を数値化定量，統計解析することにより今まで気づかなかった新たな現象に出会うことができるかもしれない．現在，各社から多くのラインナップが上市されており，最近では技術の進歩により低価格帯のエントリーモデルとしながらも高性能で操作しやすいイメージングサイトメーターもある．選ぶ際には，前述で述べたようなことを参考に，研究目的，用途にあった装置システムを見極める必要がある．

◆ 文献

1) Nagamori, E. et al.：Biomaterials, 34：662-668, 2013

301

CQ1

YOKOGAWA

共焦点定量イメージサイトメーター CQ1

オールインワン共焦点イメージングシステムを
リーズナブルな価格でご提供！

特長

- ■スピニングディスク共焦点方式により高速かつ低退色な画像撮影
- ■高速タイムラプス機能[※1]で心筋拍動の撮影も可能 **New**
- ■環境保持機能によるライブセルイメージングも可能[※2]
- ■ベンチトップサイズで暗室不要

※1 有償オプションです。最大毎秒20枚の撮影が可能です。
※2 環境保持機能はオプションです。温度制御、加湿、CO_2、O_2濃度制御が可能です。

アプリケーション例

- ■スフェロイドの3D、4D解析 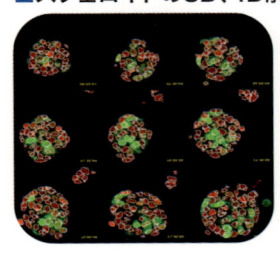
- ■マイグレーションアッセイ 
- ■神経突起伸長 **New**

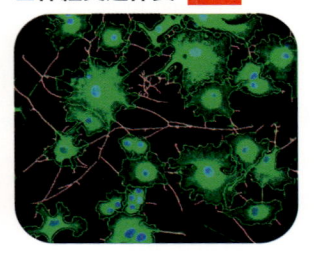

Fucci System
Cell Cycle (M, G2, S, G1)

横河電機株式会社　計測事業本部
ライフサイエンスセンター
E-mail：CSU@CSV.yokogawa.co.jp
Web Page：http://www.yokogawa.co.jp/scanner/

金沢　（076）258-7028　FAX（076）258-7029
　　　〒920-0177 石川県金沢市北陽台2-3
東京　（0422）52-5550　FAX（0422）52-7300
　　　〒180-8750 東京都武蔵野市中町2-9-32
関西　（06）6341-1408　FAX（06）6341-1426
　　　〒530-0001 大阪市北区梅田2-4-9 ブリーゼタワー

販売店
シスメックス株式会社
R&I事業本部　事業企画部　細胞計測事業推進課
ソリューションセンター　神戸市西区室谷1-3-2
〒651-2241　Tel 078-992-6272　Fax 078-991-2317
東京支店　東京都品川区大崎1-2-2
〒141-0032　Tel 03-5434-8556　Fax 03-5434-8557
http://www.sysmex-fcm.jp

26 赤色蛍光タンパク質
蛍光タンパク質長波長化のメカニズム

宮脇敦史

> 赤色蛍光タンパク質が緑色蛍光タンパク質に比べてより長い波長の光を吸収し放出する理由を，発色団の構造式を示しながら概説する．自ら蛍光性発色団を形成するGFP-like proteinsのなかで赤色およびオレンジ色の蛍光を発するタンパク質（RFPとOFP），およびヘム代謝中間産物ビリベルジンを取り込んで近赤外の蛍光性発色団に仕立てるタンパク質（iRFP）を取り上げる．

はじめに

1. 狭義の蛍光タンパク質

狭義の蛍光タンパク質とは自律的に蛍光性を獲得するタンパク質を指す[1)2)]．こうしたタンパク質を使うと，遺伝子導入によって蛍光を異所的に創りだすことができる．蛍光タンパク質研究は，オワンクラゲGFPとその改変体の作製や解析が先行しており，これらはまとめて Aequorea GFPs とよばれている．また，オワンクラゲ以外の動物（クラゲ類，サンゴ類，甲殻類，頭索動物など）に由来する蛍光タンパク質がGFP-like proteins と総称されている．Aequorea GFPs も GFP-like proteins も，自身のペプチド内の連続する3アミノ酸を材料にして自己触媒的に発色団を創り上げる．その3アミノ酸は，基本的に (X–Y–G)（X：任意のアミノ酸，Y：チロシン，G：グリシン）で，例外的にオワンクラゲGFPの改変体 CFP，BFP，Sirius では2番目のYがそれぞれW（トリプトファン），H（ヒスチジン），F（フェニルアラニン）に置き換わっている．世界中に出回る EGFP（オワンクラゲGFPの改変体）の観察にはいわゆるB励起が適用され，励起光として450〜490 nmの青色の光が用いられるのがふつうである．一方で，十年以上も前から，蛍光タンパク質の長波長シフトが検討されてきた．幸いにも GFP-like proteins のなかにはオレンジ色や赤色の蛍光を発するOFPやRFPとよばれるものが多く存在し（図1），励起光として550 nm辺りの緑色の光が用いられる（G励起）．こうした長波長化はさらに進み，最近では，600 nm辺りの光で励起されて650 nm辺りの蛍光を発するRFPが開発されている．

2. 広義の蛍光タンパク質

広義の蛍光タンパク質は，天然にある色素を取り込んで蛍光性の発色団に仕立てるタンパク質を含む．藍藻や真核藻類の光合成において集光色素として働くフィコビリン色素は，ヘムが開裂して生成する直線状テトラピロール化合物（ビリン）であり，フィコビリン色素を共有結合で取り込むフィコビリタンパク質には蛍光を発するものが多い．例えば，phycocyanobilinというフィコビリン色素を6分子取り込んで強い蛍光を発するフィコビリタンパク質が APC（allophycocyanin）である．APCは最大吸収波長650 nm，最大蛍光波長660 nmを示し，フローサイトメトリー解析で頻繁に用いられる．動物細胞への遺伝子導入によるAPC蛍光の創出はいまだ成功例がなく，海藻などから精製したAPCがフローサイトメトリー用抗体の蛍光標

識に使われている．

ところで，取り込まれる色素が動物細胞に豊富に存在すると，遺伝子導入によるタンパク質発現だけで，色素取り込み型蛍光タンパク質がその性能を実用的に発揮できる場合がある（図2）．ヘムが開裂して生成するビリン化合物のなかで普遍的なものにビリベルジンがある．植物，菌，細菌に存在する光受容タンパク質の一種フィトクロームはビリン化合物を発色団として抱えて赤色の光を吸収するが，なかでも細菌のフィトクロームはビリベルジンを利用することがわかっており，細菌フィトクロームの遺伝子導入によって動物細胞に赤色吸収を創出することができると思われた．さらに，変異導入によって細菌フィトクロームを蛍光性に改変することが行われた．こうして開発されたのがIFP1.4あるいはiRFP713である[4]．690 nm辺りの赤色の光を吸収し710 nm辺りの蛍光を放出するので近赤外蛍光タンパク質（infra-red fluorescent protein：iRFP）とよばれている．狭義の蛍光タンパク質ではできなかった700 nm超えの蛍光長波長化が，細菌フィトクロームの改変蛍光タンパク質の開発によって達成されたことになる．

GFP-like proteinsの発色団形成

図1をもとに説明を行う．*Aequorea* GFPsやGFP-like proteinsのなかで緑色の蛍光を発するタンパク質においては，X-Y-Gから緑の蛍光を発する発色団ができる．環化反応，脱水反応，そして酸化反応（YC$^\alpha$-C$^\beta$の酸化）を経て，*p*-hydroxybenzylideneimidazolinoneというπ共役構造（図1D）ができる[1]．βバレルのなかで，この緑色発色団は490 nm辺りの光を吸収し510 nm辺りの蛍光を放出する．

GFP-like proteinsのなかで，緑色よりも長い波長の蛍光を発するものは大きくDsRedファミリーとKaedeファミリーとに分けられる[2]．前者では発色団形成の全過程が自発的に進行し，後者では，その緑色発色団から赤色発色団への変換が紫（外）光の照射に依存して起こる．

1. DsRedファミリー

DsRedを代表とする赤色蛍光タンパク質（RFP）の赤色発色団（図1F）の形成には，やはりX-Y-Gから，環化反応と脱水反応に加えて，2つの酸化反応：YC$^\alpha$-C$^\beta$の酸化とXC$^\alpha$-NHの酸化が必要である．XC$^\alpha$-NHの酸化反応によりアミノ酸XのαC炭素（C$^\alpha$）とNH基との間に二重結合が導入される（N-acylimine構造）．オワンクラゲGFPの発色団と比較すると，*p*-hydroxybenzylideneimidazolinoneからさらにアミノ酸XのN末端側のペプチド結合を含むようにπ共役構造が広がっていることがわかる．

最近になってRFPの発色団形成の全貌が明らかになってきた．環化と脱水を終えた状態（図1C）からまず2つの酸化反応が競合的に起こる．YC$^\alpha$-C$^\beta$結合の酸化が先に起こると，オワンクラゲGFPと同様の緑色発色団（図1D）が生成される．この発色団は安定で，そこからXC$^\alpha$-NHの酸化を経て赤色発色団に成熟することはない（すなわち緑色発色団は最終副産物）．一方，XC$^\alpha$-NHの酸化が先に起こると，五員環（imidazolinone）からN-acylimine構造へとつながる青色発色団（図1E）が生成される．この発色団はいわゆる中間産物であり，この後YC$^\alpha$-C$^\beta$結合の酸化を経て赤色発色団（図1F）へと成熟する．当初，図1Dから図1Fへの経路を示すモデルが提唱されていたが，どうやらそのモデルは間違いらしい．

GFPと組み合わせる2色カラーイメージングを考慮すると，実用的RFPとしては緑色成分を含まないものが望ましい．ついでに青色成分は少ないほうがいい，すなわち赤色成分は早く出現するのが望ましい．そのため，図1C→Dの反応を無くし，図1C→E→Fの反応を極力強めることによって優秀な早熟RFPがつくられてきた．DsRedから開発されたmCherryなどはその一例である．実際，早熟RFPの観察に際しては，最終副産物（図1D）の緑色蛍光や中間産物（図1E）の青色蛍光はほとんど検出されない．

緑色発色団をなくして青色発色団の形成効率を高め，

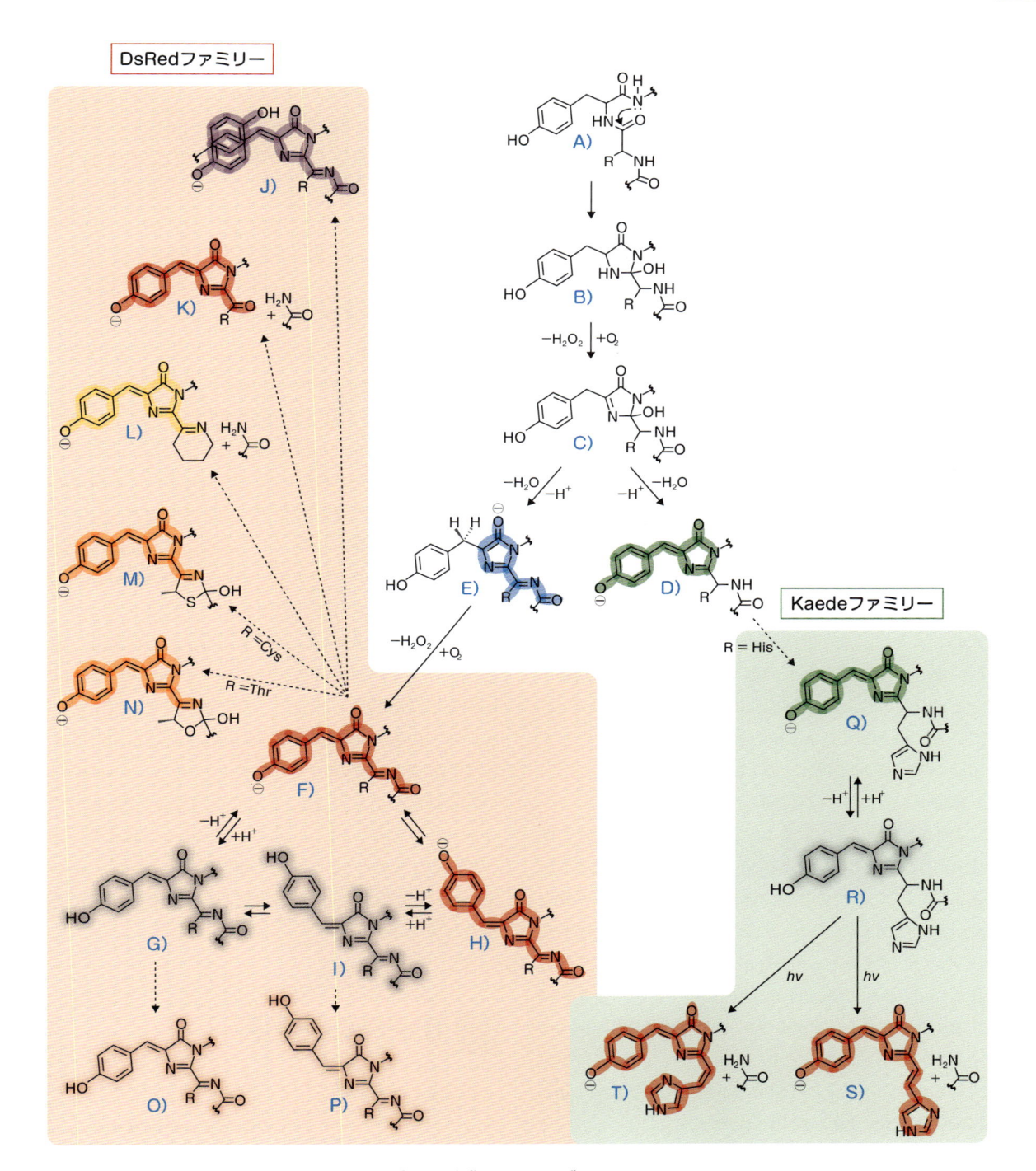

実践編　エマージング・テクノロジー　26

図1　赤色発色団（GFP-like proteins）の形成のメカニズム

DsRedファミリーとKaedeファミリーを橙と緑の背景で示す．可視領域の光を吸収する発色団に陰影が付加されている．陰影の色は，蛍光性のものについてはその波長色を，無蛍光性のものについては灰色を採用した．2本の逆向き実線矢印ペアは，シス・トランス異性化あるいはプロトン付加・脱離の平衡を表す．1本の実線矢印は，発色団あるいはその周囲の不可逆的な構造変化を表す．点線矢印は，アミノ酸置換（遺伝子変異導入）に伴う変化を表す．$h\nu$：光子

305

さらに赤色発色団（図1F）への成熟を適度に遅らせることでさまざまな蛍光タイマーをつくることができる．いわゆる晩熟型RFPである．そうした成熟のスピードは各々の蛍光タイマーに固有であることが報告されている．蛍光タイマーをレポーターとして用いて青と赤の2色カラーイメージングを行えば，遺伝子発現などの新旧を知ることができる．

PA（photoactivatable）-GFPは，紫（外）光を吸収して暗状態から明状態へ変換する緑色蛍光タンパク質である．同様に，紫（外）光を吸収して暗状態から明状態へ変換する赤色蛍光タンパク質PA-RFPが開発されており，PAmCherryやPATagRFPが有名である．いずれのPA-RFPについても，暗と明の状態の発色団はそれぞれ図1Eと図1Hに等しい．これらPA-RFPは，PALMなどの超解像光学顕微鏡観察に活用されている．

図1Fに示すRFPの発色団は，図1H，G，Iなどの発色団と平衡関係にある．平衡には，光照射によるYC$^\alpha$-C$^\beta$結合のシス・トランス異性化反応および水酸基のプロトン付加・脱離反応が関係する．このような関係をうまく活用し，光照射で明暗を可逆的に制御できるrs（reversible photoswitching）-RFPが開発されている．rsTagRFP，rsCherry，rsCherryRevなどがある．いずれのrs-RFPについても，暗状態（図1G，I）は水酸基にプロトンが付加している．

図1Oや図1Pに示すような発色団がいくつかの改変RFPに存在する．化学構造式はそれぞれ無蛍光性の図1G，Iと同じであるが，発色団上の電子状態が異なり蛍光性である．プロトンが付加した状態で比較的短波長の光を吸収し，速やかにイオン化状態に移行（excited-state proton-transfer）して赤色の蛍光を発する．大きなストークスシフト（励起極大と蛍光極大の波長差）を示すのが特徴で，Keima（励起極大／蛍光極大は684／708 nm），LSSmKate1（463／624 nm），LSSmKate2（460／624 nm）がある．

さらに，遺伝子改変によって作製されたさまざまな改変体をまとめてみた．発色団そのものの構造や発色団周囲の構造を変えることで，650 nmあたりに蛍光の極大をもつRFP（mRouge，E2-Crimson，mNeptune，TagRFP657など，図1J），発色団形成とともにペプチド主鎖に切断が導入されるRFP（図1K，L），p-hydroxybenzylideneimidazolinoneに加えてもう1つのヘテロ環構造をもつRFP（図1L，M，N），蛍光の極大が黄色の領域にあるもの（zFP538）（図1L），蛍光の極大がオレンジ色の領域にあるOFP〔mKO（図1M）とmOrange（図1N）など〕が開発されている．

2. Kaedeファミリー

Kaede，KikGR，EosFPなどの蛍光タンパク質では，緑から赤への色の変換が光照射に依存して起こる（フォトコンバージョン）．緑色発色団（図1Q）ができた後に，プロトンが付加された状態の発色団（図1R）が紫（外）光の照射によって励起されてβ脱離反応が起こる．この反応には，X-Y-GのXがH（ヒスチジン）であることが必要（R = His）で，さらにHの側鎖であるイミダゾール環がπ共役構造に加わることで発色団が拡張される（図1S，T）．フォトコンバージョンに伴う構造変化は，質量分析，NMR解析，結晶解析などで詳細に研究されており，Kaede，KikGR，EosFPでほぼ共通であるが，興味深い差異も見出されている．赤色の発色団の構造が，KaedeとEosFPに比べてKikGRのみが異なる．ヒスチジンのC$^\alpha$とC$^\beta$の間の二重結合の周りの配置が，KaedeとEosFPにおいてはトランス（図1S），一方KikGRにおいてはシス（図1T）になっており，こうした構造情報をもとに，フォトコンバージョンに伴うβ脱離反応の機構の詳細が考察されている[2]．

iRFPの発色団

図2をもとに説明を行う．フィコビリン色素のところ（「はじめに」の **2. 広義の蛍光タンパク質**）で述べたように，ビリンは直線状のテトラピロール化合物であり，ヘムオキシゲナーゼによってヘムが開裂してできるビリンがビリベルジンである．さらにビリベルジンが酵素によって還元されてビリルビンができるが，

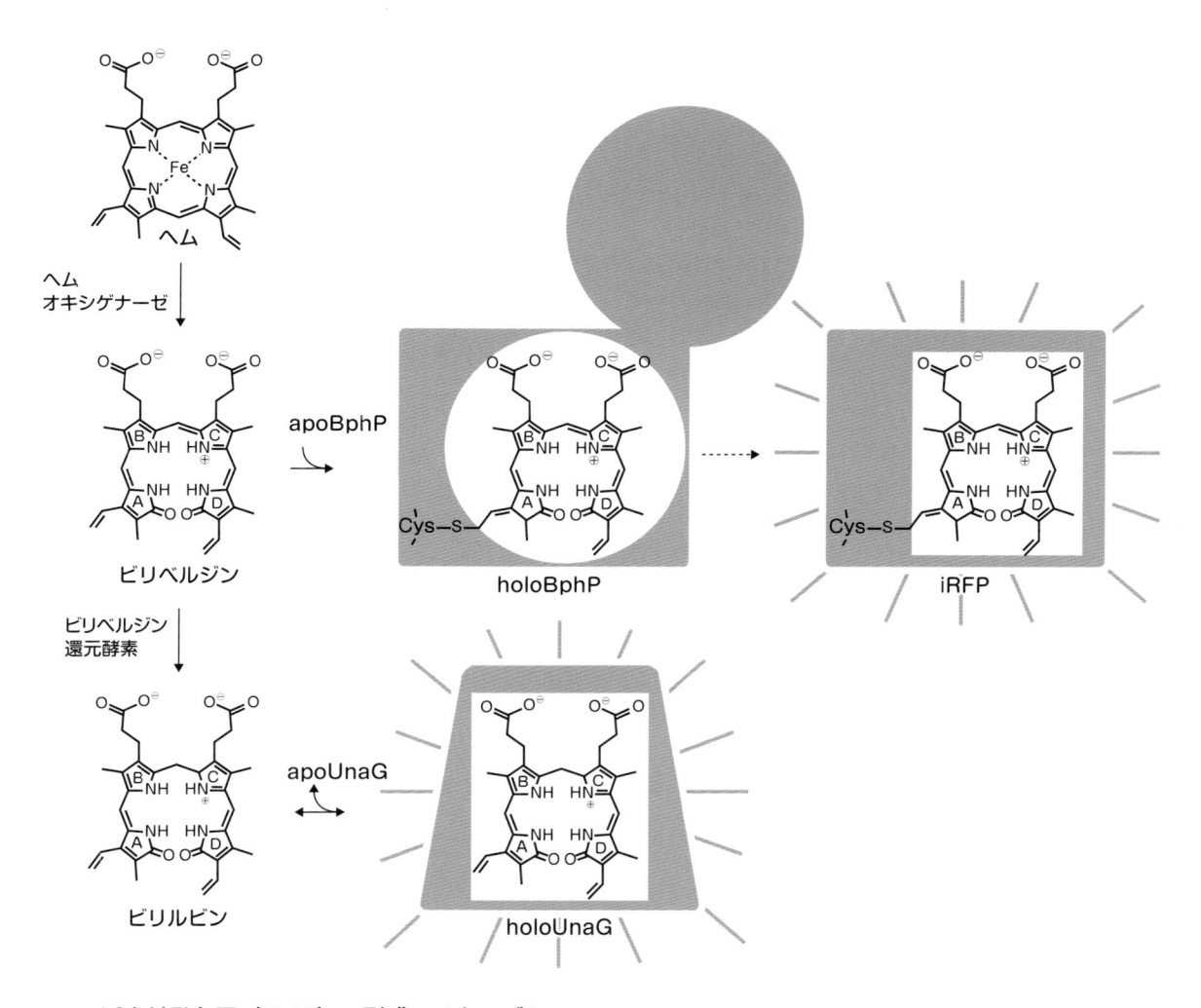

実践編　エマージング・テクノロジー　26

図2　近赤外発色団（iRFP）の形成のメカニズム

ヘムからビリベルジン，さらにビリルビンに至る代謝経路を左側に示した．細菌由来のフィトクローム（BphP）のタンパク質部分（apoBphP）のうち，PASとGAF領域を灰色四角で，PHYとエフェクター領域を灰色丸で示した．ビリベルジンが灰色四角内のポケット（白抜き）にはまりこんでholoBphPが完成する．ビリベルジンとタンパク質のシステインとの間に共有結合が形成されている．holoBphPは赤色光を吸収する光受容タンパク質として働く．しかしながらこのままの灰色四角内のポケットはビリベルジンが蛍光を発するような形状になっていない（丸型の白抜き）．BphPの灰色丸を除き，ビリベルジンが蛍光（近赤外）を発するように灰色四角内のポケット構造を変化させて（四角型の白抜き）iRFPが作製された．今回の範疇からはずれるが，われわれが最近ニホンウナギから遺伝子クローニングしたUnaGは，ビリルビンを非共有結合的に取り込んで蛍光性（緑色）を獲得する[3]

ここではビリベルジンのみを扱う．ビリベルジンにおいては，分子全体にわたってπ共役構造が広がっているため，この化合物は長い波長の光（赤色の光）を吸収する．細菌由来のフィトクローム（BphP）はビリベルジンを取り込んで，これを赤色を吸収するための発色団として使う．その際，タンパク質部分（apoBphP）のシステインとビリベルジンのA環のビニル基との間で共有結合（チオエーテル結合）ができる．apoBphPは，大きく4つの領域：PAS，GAF，PHY，エフェクタードメインから構成されるが[5]，ビリベルジンの取

307

り込みに必要かつ十分な領域はPASとGAFであり，これら2領域を材料に変異を導入して，蛍光の量子効率を実用的に上げることが試みられた（PHY領域も材料に含められる場合がある）．こうして出来上がったのが，まずIFP1.4（励起極大/蛍光極大は684/708 nm），iRFP713（692/713 nm），Wi-Phy（701/719 nm）であった[4]．iRFP713はさらに改変されて，iRFP670（643/670 nm），iRFP682（663/682 nm），iRFP702（673/702 nm），iRFP720（702/720 nm）が作製されている[6]．波長のバリエーションだけではなく，明るさ，ビリベルジン取り込みの効率，安定性（褪色やタンパク質分解の程度）などに関しても改良や改善が図られている．これら細菌フィトクロームの改変蛍光タンパク質はiRFPと総称されることが多い．

おわりに

長波長化をめざす理由を，あくまでも一般的な視点で議論する．可視光を用いるバイオイメージングにおいて，長波長光が短波長光に比べて有利と思われる点はたくさんあげられる．波長が長くなればなるほど劇的に光の組織透過性が高くなるので深部観察が容易くなる．フローサイトメトリーに関していえば，細胞のサイズや形状に依存しない定量的な計測が容易くなる．また，波長が極端に短い光は，生サンプルに対して直接の光障害をもたらし，レンズなどの光学素子による制御を困難にするので，長波長光はより安全で扱いやすいといえる．このような理由で，GFPあるいはCFPやBFPの代わりにOFP，RFP，iRFPを活用しようとする研究者が増えてきた．さらに，動物細胞でBFPやCFPやGFPの蛍光をイメージングする際にNAD(P)Hおよびフラビンに由来する自家蛍光が問題になることがあり，これもOFP，RFP，iRFPへの移行を促す要因となっている．

逆に，長波長光が短波長光に比べて不利と思われる点を捻出しようと試みるがあまり決定的なものはない．

まず，波長が長いほど空間分解能が劣るといえるが，理論的には（レイリーの式：2つの輝点を見分ける能力が，対物レンズの開口数と波長で決定されることを表した式に従えば）その程度は些細といえる．そのうえ，昨今流行の超解像光学顕微鏡技術のおかげで，波長の長短にかかわらず空間分解能の改善が可能になりつつある（上記PAmCherryやPATagRFPの利用）．次に，2光子励起顕微鏡に使われるチタンサファイア製の超短パルスレーザーが，その波長チューニングの範囲が限られているために，RFPやiRFPの観察には使えないことが問題にされてきた．ところが最近では，広帯域波長可変の超短パルスレーザーが市販されるようになり，こうしたRFPやiRFPの励起用レーザーの可用性問題は解消されつつある．

90年代，Aequorea GFPsの改変が盛んに行われていた頃，530 nm（YFP）よりも長波長の改変体を開発することがチャレンジングとみなされていた．前世紀のおわりからGFP-like proteinsがどんどんクローニングされ改良され，多くのOFPやRFPが発表されてきた．狭義の蛍光タンパク質の長波長限界は，今のところ約650 nmとみなされている．βバレル構造だけで果して700 nmを超える蛍光は創り出せるのか．これは現存するチャレンジングテーマである．一方，蛍光タンパク質を広く定義すると，天然に存在するビリベルジンを借りて720 nmの蛍光を放つiRFP720が，今のところ最長波長の実用的蛍光タンパク質といえる．蛍光タンパク質の長波長化をめざす開発研究はまだまだこれからである．

◆ 文献

1) Tsien, R. Y. : Annu. Rev. Biochem., 67 : 509-544, 1998
2) Miyawaki, A. et al. : Curr. Opin. Struct. Biol., 22 : 679-688, 2012
3) Kumagai, A. et al. : Cell, 153 : 1602-1611, 2013
4) Piatkevich, K. D. et al. : Chem. Soc. Rev., 42 : 3441-3452, 2013
5) Nagatani, A. : Curr. Opin. Plant Biol., 13 : 565-570, 2010
6) Shcherbakova, D. M. & Verkhusha, V. V. : Nat. Methods, 10 : 751-754, 2013

実践編

エマージング・テクノロジー（最先端の技術を知る）

27 AutoGateによるデータ解析のさらなる自動化

Leonore A. Herzenberg, Stephen Meehan,
Guenther Walther, David Parks, Wayne Moore, Connor Meehan,
Megan Philips, Eliver Ghosn, Leonard A. Herzenberg

> フローサイトメトリーの応用範囲は，開発当初のわれわれの想像をはるかに超えて，医学から海洋学まで多岐にわたり，その利用者は拡大の一途をたどっている．一方，機器の性能も向上の一途をたどり，1回の実験で得られるデータの量・複雑さは指数関数的に増加している．そのため，シンプルかつ論理的な再現性のあるデータ解析手法が必要とされている．本稿では，蛍光漏れ込み補正の自動化に続いてわれわれが開発した，統計学的手法を用いた細胞集団同定の自動化，AutoGateについて概説する．

はじめに

はるか昔，まだTリンパ球とBリンパ球の区別がなく，造血幹細胞についてほとんどなにも知られていなかったころ，われわれはFluorescence Activated Cell Sorter（FACS）を着想し開発した．ほぼ半世紀後の現在，細胞生物学は隆盛を極め，BD Biosciences，ベックマン・コールター，ベイバイオサイエンス，ソニー，DVS Sciencesなど数々の会社がフローサイトメーターを販売し，世界中の基礎および臨床の現場でデータを収集し細胞をソーティングしている．フローサイトメーターはTリンパ球，Bリンパ球や造血幹細胞の研究，そしてHIV，白血病，免疫不全をはじめとする数多くの疾患の診断と治療に欠かせないものとなっている．

現在入手可能なフローサイトメーターは初期の物に比べて比較にならないほど高性能である．最初は1つのレーザーに1つの検出器だけであったが，何年にも渡って継続的に改良が重ねられ，現在では18以上の蛍光色素を同時使用できる機種まで登場している．そして質量分析を利用したCyTOF（**実践編-20，21**）の登場により同時に観察できるパラメーターはさらに倍増しつつある．加えて，より低機能だが低価格の手頃なフローサイトメーターも続々登場している．これによって，フローサイトメーターの選択肢が増え，ユーザー数の増加とともにその利用分野は多様性を増している．

これは，多くの科学者・臨床家が日々フローサイトメトリーのデータを収集し，それに基づいて判断を下していることを意味する．加えて，多くの科学者・臨床家が科学誌に掲載されたフローサイトメトリーのデータを解釈し判断することを必要とされていることも意味する．かつてフローサイトメトリーはマイナーな分野で，そのデータの分析と解釈は限られた専門家の仕事であったが，いまや誰もが行わなければならないタスクなのである．そのためシンプルでよりよいデータ解析のためのツールの開発が急務である．

そこで本稿では，フローサイトメトリーのデータ解析を自動化するAutoGate[※1]を紹介する．このソフト

[※1] AutoGate
2016年8月現在，AutoGateはcytogenie.orgよりダウンロードして試用することができる．

ウェアには既存の手動解析ソフトの主な機能に加え，新しく導入した統計学的アルゴリズムにより細胞集団を自動的に同定し，サンプル間で比較する機能が実装されている．AutoGateは今までのようにユーザーが主観的にゲートをかける必要をなくすといっても過言ではない．もちろん自動的に検出された細胞集団のどれを次の解析対象にするか，などはユーザーの判断にゆだねられることになる．

フローサイトメトリーデータの収集と記録

フローサイトメーターがデータを収集する仕組みについては本稿を含むさまざまな場面で解説されている．細胞は識別可能な蛍光色素でラベルされた抗体や試薬によって染色される．染色された細胞をフローサイトメーターにかけると，フローサイトメーターは細胞による2種類の散乱光（細胞のサイズを反映するFSCと粒度を反映するSSC）と，各蛍光色素から発せられた細胞あたりの蛍光強度を測定する．今日のフローサイトメーターは最大毎秒12,000個程度の細胞を解析しデータを記録することができる．例えば1つのサンプルに含まれる500,000個の細胞ごとの8つの蛍光強度とFSC，SCCが1つのファイルに記録されることになる．

各サンプルのデータファイルは実験ごとにまとめられて各自のパーソナルコンピューター，もしくは専用のデータストレージに収納される．データファイルのサイズは巨大なので，すべての実験データを個人個人が各自のパーソナルコンピューターに収納しておくことは困難になりつつある．解析結果を含めたデータの欠落を防ぐためにも，研究室単位もしくは研究所単位でのデータ管理システムを整備することが望ましい．

スタンフォード大学の共用FACSコア・ファシリティでは，2003年にわれわれの研究室のWayne Mooreが開発したデータ自動保管システムが利用されている．データは各フローサイトメーターからデータ保管サーバに自動的に格納され，ユーザーはFlowJoなどの解析ソフトウェア上から，必要なときに必要なデータを数クリックでダウンロードできる．このような研究所単位でのデータ管理システムの需要は高まっており，それに呼応してCytobank（Cytobank社）などの汎用サービスが登場してきている．

われわれの研究室と共同開発中のCytoGenieは，フローサイトメーターが収集したデータのみならず，実験計画や使用した試薬の情報など，フローサイトメトリーに関するすべての情報を統合して管理するシステムである．後に紹介するAutoGateなどの解析機能も統合され，その解析結果も収納されるしくみとなっている．

蛍光漏れ込み補正

フローサイトメトリーのデータ解析の最初のステップは蛍光漏れ込み補正（コンペンセーション）である．このステップは，もし各蛍光色素からの蛍光が他の蛍光色素用の検出器に漏れ込まなければ必要ない．しかしフローサイトメトリーに使用される蛍光色素の蛍光波長は幅広いことが多く，現実には，わずか2種類の蛍光色素しか使用しない実験でも漏れ込みが起こる場合がほとんどである．このため正確な蛍光強度の決定には蛍光漏れ込み補正が必要となる．

当初，蛍光漏れ込み補正はアナログ電気回路としてフローサイトメーターに組み込まれていた（現在でもアナログ電気回路を使用している機種もある）．しかし，現在のソフトウェアを用いたデジタル演算による蛍光漏れ込み補正は，格段に正確な結果をもたらす．その理由については2006年のNature Immunologyの総説[1]で詳しく解説した．この総説は本稿で登場するその他の問題の背景を理解するためにも大変有用なので，是非一読していただきたい（その内容は本書の**基礎編1**でもカバーされている）．

われわれの研究室はアナログ電気回路による蛍光漏れ込み補正を最初に実現しただけでなく，ソフトウェ

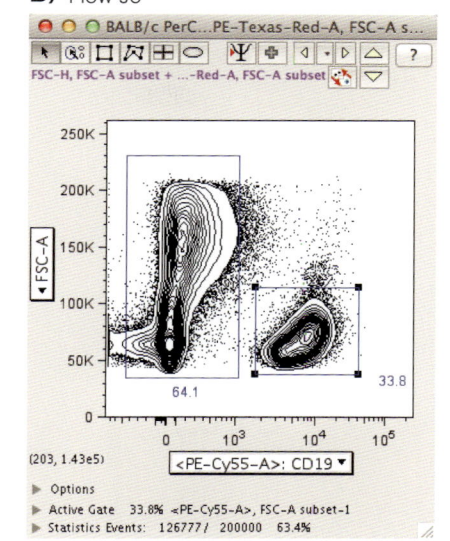

図1　統計学的手法による細胞集団の同定
A) AutoGateは表示されたデータのなかから統計学的に有意な細胞集団を自動的に同定する．**B)** 同じデータをFlowJoを用いて主観的にゲートをかけた状態

アによる蛍光漏れ込み補正理論についても開発の先頭に立ってきた．現在，その理論はさまざまなフローサイトメトリー・データ解析用ソフトウェア・パッケージに実装され，利用することができる．例えば，FlowJo（FlowJo社）は，コントロール・サンプルのデータが適切に収集されていれば，ほぼ自動的に蛍光漏れ込み補正を行う機能を提供している．

最新の蛍光漏れ込み補正理論の実装であるAuto-Compは，CytoGenieやFlowJoから必要なコントロール・サンプルの情報を収集し，完全に自動化された蛍光漏れ込み補正を実現している．

ひとたび必要な情報が得られたら，AutoCompは最新の統計学的手法を用いて蛍光波長の重複を計算し，そこから蛍光漏れ込みの補正係数が求められる．この補正係数はFlowJoなどの解析ソフトウェアに渡され，各サンプルのデータに適用される．後述するAutoGateはこれらの蛍光漏れ込み補正の情報を自動的に取り込み利用する．

細胞集団の同定と定量化

蛍光漏れ込み補正の次に行う解析が，細胞集団を同定し，その頻度や特徴となるマーカーの発現量を定量化する作業である．このステップのためにさまざまな解析ツールが利用可能である．しかしここで留意が必要となるのが，サンプルからいくつの細胞集団が同定されたとしても，もう1つ染色するマーカーを追加することによって，さらなる細分化や全く違う細胞集団の同定が可能になるということである．そこでわれわれは原則的に，予算が許す限りの多様な試薬（抗体）を入手して，可能な限り多くのマーカーを同時染色することを推奨している．

この原則に従うと，より多くの蛍光漏れ込み補正を必要とし，細胞集団の同定も複雑になるため，解析の難易度は高くなるが，先に紹介した蛍光漏れ込み補正の自動化と，次に紹介する細胞集団同定の自動化によってユーザーの負担は顕著に軽減される．

蛍光色素のかわりに金属同位体でラベルし質量分析

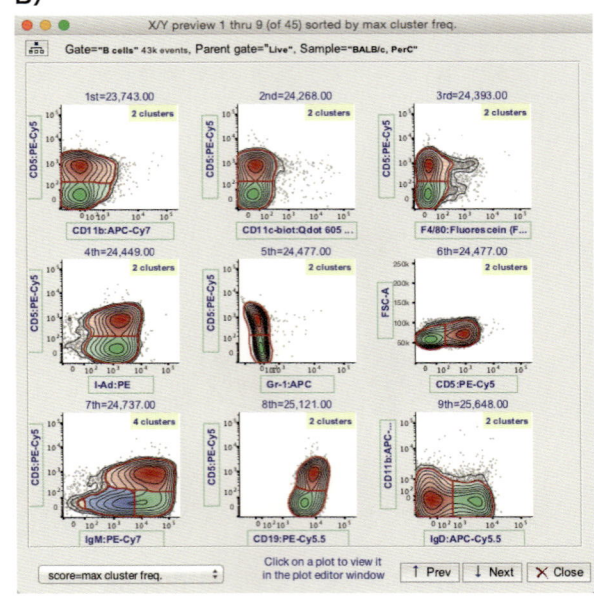

図2　AutoGateによる細胞集団同定の手順
A）自動的に同定された細胞集団から1つを選択し，次に注目すべきマーカーを指定すると，次の階層の細胞集団の同定が自動的に行われる．B）ユーザーが次に注目すべきマーカーを，統計学的に順位づけて推薦する機能

の原理で検出するCyTOFは，単位時間あたりに解析できる細胞数はまだまだ限られているが，さらに多くのパラメーターの同時測定を可能にする．細胞集団の同定を自動解析する手法は，蛍光色素を測定する従来のフローサイトメトリーのデータにも質量分析によるデータにも利用可能である．

細胞集団同定の自動化

データ解析用のソフトウェアは，ユーザーが選択した蛍光色素の組み合わせでデータをプロットし，その分布から視覚的に判断して細胞集団の境界をユーザーが主観的に定義する（ゲートをかける）機能を提供している．そしてゲートをかけた細胞集団について次の蛍光色素の組み合わせでデータをプロットし，さらに細分化していくことを可能にしている．この作業は3つの蛍光色素を使った実験ならば初心者でも簡単に行うことができるが，同時に使用する蛍光色素数が増えるにしたがって急激に難しくなる．同時に使用する蛍光色素数が6を超えると，もはや芸術とよべる領域になり，専門家のみが可能な作業となる．

しかし，前述のように同時に観察するパラメーター数が多ければ多いほど，より正確な細胞集団の同定が可能になる．実際に，今日の平均的なフローサイトメーターのユーザーは，研究対象とする細胞集団を同定するためには6～12，もしくはそれ以上の蛍光色素を同時に使用する必要性があると認識している．

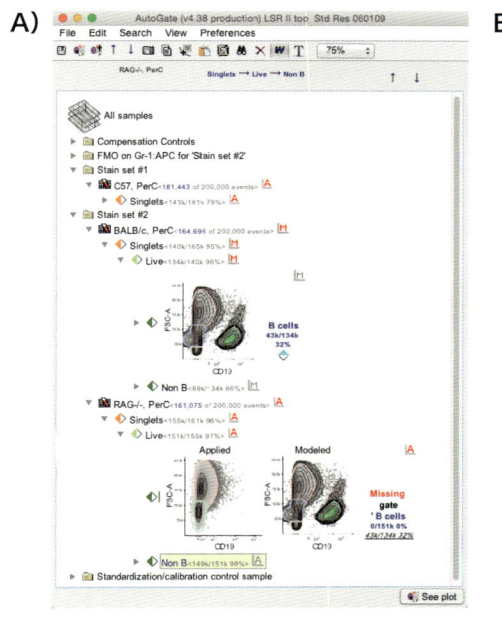

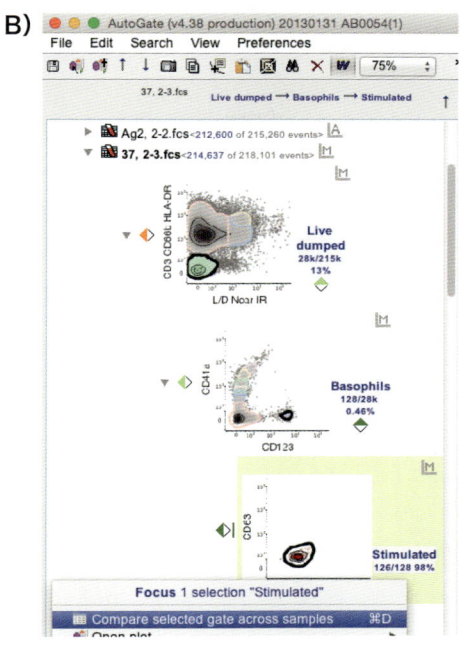

図3 AutoGateによるサンプル間の統計学的比較

A) サンプル1で検出された統計学的有意な細胞集団が，サンプル2では統計学的有意でない場合，AutoGateはそれを検知する（このサンプルではBリンパ球がMissingと判定されている）．B) AutoGateは統計学的手法を用いて，着目した細胞集団の，各サンプル間での類似度を算出できる．C) サンプル間類似度の一覧表示．この例は好塩基球にさまざまな刺激を加えた実験の刺激前（Model gate）と刺激後（Applied gate）の類似度（Difference score）を統計学的に算出している

　この問題を解決するためにわれわれはAutoGateを開発した．AutoGateは統計学的手法によってデータの解析をさらに自動化し，現在の解析ソフトウェアよりも簡単に，シンプルでわかりやすい結果を手にすることができる．現在の解析ソフトウェアでは，細胞集団を定義する境界（ゲート）はユーザーが主観的に決定することを繰り返す．例えばマーカーAとマーカーBの二次元プロットからある細胞集団にゲートをかけ，その細胞集団を次にマーカーCとマーカーDの二次元プロットで観察してさらに細分化して，ということを目的の細胞集団が見つかるか，選択肢がなくなるまで繰り返す．一方，AutoGateは統計学的に有意な細胞集団を同定してそのゲートを自動的に決定していく（図1）．そしてあるサンプルをもとに決定されたゲートを他のサンプルに適応する場合，ゲートの形状ではなく，ゲートの形状を決めた統計学的パラメーターが適応されていく（図2）．そのため，サンプル1に存在した統計学的有意な細胞集団が，サンプル2にも統計学的有意

に存在するのか否か，という情報を得ることができる（図3）．

加えて，ゲーティングを繰り返して細胞集団の細分化を進めていく際に，AutoGateは次にどのマーカーの組み合わせに注目するべきか，の優先順位を計算することができる（図4）．これによってゲーティングを深めていく順番も，ユーザによる主観的なものから，より論理的なものとなる．

現在のところ，12の蛍光色素とFSC，SSCのデータの解析まで可能となっているが，CyTOFなどのさらに高次元のデータやフローサイトメトリー以外のデータも解析できるように拡張を予定している．AutoGateを使うことによって，高次元のフローサイトメトリー・データを誰もが確実に解析することが可能になるのである．

おわりに：フローサイトメトリーの過去と未来

この原稿の依頼を受けたとき，われわれと監修者/編者は，われわれが2006年にNature Immunologyに発表した総論[1]のアップデート版を書くことを想定していた．しかしながら，2006年版の記事を読み返してみると，その内容は今日でも変わらず通用することに気付いた．なぜLogicle（もしくはBi-exponential）表示を利用すると，対数軸表示よりも正確にデータを解析できるのかといった今日の高次元フローサイトメトリー・データの解析と解釈に必要な理論はすべて含まれている．

そこでわれわれはこの機会に，過去に発表した内容のアップデートではなく最新の成果に基づいた未来の技術について紹介することにした．

現在開発中のCytoGenieシステムでは，実験計画やデータを統合して保管するCytoGenie，蛍光漏れ込み補正を自動的に行うAutoComp，そして本稿で紹介し

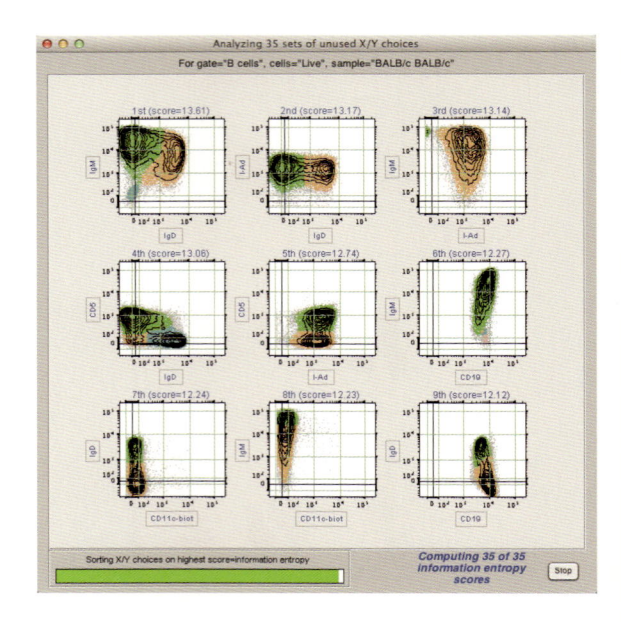

図4　AutoGateによる論理的なゲーティングの展開
AutoGateは次にどのマーカーの組み合わせに注目したらよいかの順位を提供する

た，統計学的手法を用いて細胞集団を自動的に同定するAutoGateなどの機能を統合することを目指している．

本稿によって，最新のソフトウェア技術により可能となる新しい可能性が読者の皆様に伝わると確信している．これらの技術によって，高次元のフローサイトメトリーデータの解析は，専門家だけの領分から，誰もが行えるものへとなるであろう．

翻訳：清田　純

◆ 文献
1) Herzenberg, L. A. et al. : Nat. Immunol., 7 : 681-685, 2006

◆ ウェブサイト
・「CytoGenie」http://cytogenie.org
　（CytoGenieシステムの最新情報のほかAutoGate機能の試用が可能）

付 録

① フローサイトメーター購入ガイド　　316
② 機器一覧　　318

① フローサイトメーター購入ガイド

石井有実子

フローサイトメーターは高額な装置であり，簡単に買い換えることはできない．購入後に後悔することのないように，おさえておきたいポイントをまとめてみた．

ソーターかアナライザーか

ソーターは構造上マシントラブルが起きやすいため，めったにソーティングしないというのであれば，アナライザーの方がよい．

ソーターであればJet-in-Airかフローセル内方式のどちらにするか考慮する．一般的にJet-in-Airはソーティングの収率がよく，細胞へのダメージも少ないが，レーザー照射部がノズル通過後のストリームにあるため，ノズルセットをするたびに光軸調整が必要になり（現在はそれほど面倒でない），測定感度も多少劣るため，マルチカラー解析時には適切な抗体パネル作成をする必要がある．フローセル内方式はレーザー照射部が固定されたフローセルにあるため，ノズルセット後も光軸調整をする必要なく，測定感度も優れており，マルチカラー解析には向いているが，フローセルの汚れによる散乱光ノイズの発生などが起きやすく，定期的にフローセルを洗浄する必要がある．

ソーターの場合はチューブ，プレートなど，使用できる回収容器を把握する．チューブに回収するのであれば，同時に何分画とることが可能なのか，プレートソート，スライドソートは可能かという点が重要である．

ハイエンドかローエンドか

結局は予算次第だが，最初に自分あるいはユーザーが主に行っている実験を把握する．GFP$^+$細胞や1～2色の解析・ソーティングしかしないのであれば，維持費が余計にかかる5本レーザー搭載のハイエンドモデルなどを買う必要は全くない．

ローエンドモデルは，初心者でも使いやすいものが多いが，機能は制限されている．ハイエンドの場合，多彩な機能をもち，さまざまなアッセイやソーティングが可能だが，それらを使いこなすには，フローサイトメーターに関する原理や蛍光色素などの知識が必要である．どちらのタイプでも，将来新しい実験系を立ちあげる可能性も考えて，どの程度のアップグレードが可能なのか確認する．

アップグレードについて

どの波長のレーザーを増設できるか，同時に何本のレーザーで発振し，シグナル検出できるのか（本数は多くても，同時発振ができない場合もある）を把握するとともに，使用可能なパラメーター数（検出器数）と，最大何パラメーターまで同時解析が可能か，光学フィルターの構成と，予備の蛍光フィルターを把握する．

サンプルの解析本数が多いようであれば，オートローダーシステムが付属あるいは増設可能

かどうか，チューブラックまたはプレートから測定できるか，セットできるチューブあるいはプレートに制限があるかどうか確認する．最小サンプルはどれくらいか，ソフトの使いやすさについては実際にデモを行って確認する．

ソフトウェアについて

　　ソフトウェアの動作はスムーズかどうか．特にマルチカラー解析や，存在比率が低頻度の細胞を測定する場合は，データとして取り込む細胞数が大きくなるため，動作が保証されている取り込み最大数を確認する．

　　ソフトウェアに関しては慣れの部分が大きく，新しいソフトウェアは使い勝手が悪いように感じるので（実際に悪い場合もあるが），事前に評価するのが難しい．またソフトの不具合も，購入後に判明することが多いため，サポート体制がどのようになっているかを確認する．

カタログスペックはあまり信用しない

　　ソーティングの最高速度や純度は記載されているが，高速ソーティングの際の圧力や周波数などの設定，どんな細胞を使用したか，その条件でソートした細胞の生存率，収率（ソートコンフリクト）に関する記載はほとんどない．デモなどで実際のサンプルを使用して，スペック通りのソーティングを行い，実用に耐えうるのか検証してみる．

あまり怒らない

　　新しい機種は古いものに比べ，性能などでより魅力的に感じるのは当然だが，フローサイトメーターの場合，新機種は何かしらの不具合を抱えていることが多い．国外の機器の場合，技術的な不具合情報などの伝達が遅く，不具合の解消までに時間がかかることが多々ある（致命的でなければ解消されないままのことも多い）．また，まだ国内にほとんど納入されていないような新機種の場合は，どのような不具合があるか（メーカーですらも）わかってない場合が多い点を考慮する必要がある．ずっとフローサイトメーターを使ってきているラボでは問題ないが，初心者しかいないラボでは，ある程度評価が出ている機種を購入した方が，よいのではないだろうか．

　　いろいろ書いたが，フローサイトメーターは装置の性質上，さまざまなトラブルが起きやすく，ある程度は避けられない．あまり怒らずに定期的にメンテナンスをして，その装置の性質を把握できるようになれば，トラブルは最小限におさえられ，精度の高い安定した結果が必ず得られるようになるだろう．

② 機器一覧

監修：清田　純

■アナライザー

製造元企業	製品名	付属ソフトウェア	レーザー数 （最大同時使用可能）	蛍光検出器 （最大同時使用可能）	備考
BD Biosciences	BD Accuri C6 フローサイトメーター	BD Accuri C6 Software	2	4	
	BD FACSCelesta フローサイトメーター	BD FACSDiva	3	12	
	BD FACSVerse フローサイトメーター	FACSuite	3	8	
	BD FACSCanto II フローサイトメーター	BD FACSDiva	3	8	
	BD LSR Fortessa セルアナライザー	BD FACSDiva	4	18	
	BD LSR Fortessa X-20 フローサイトメーター	BD FACSDiva	5	18	
	BD FACSVia フローサイトメーター	BD FACSVia Clinical	2	4	
	BD FACSCalibur HG フローサイトメーター	BD CellQuest Pro	2	4	
シスメックス	CyFlow Space	FloMax	4	14	
	CyFlow Cube 6/8	CyView	3	6	
	CyFlow Ploidy Analyser (CyFlowPA)	CyView			倍数性・異数性判定専用
オンチップ・バイオテクノロジーズ	On-chip Flow	専用ソフトウェア	3	6	
ソニー	SA3800	専用ソフトウェア	4	32チャンネルPMTによる蛍光スペクトラム解析	
	SP6800Z	専用ソフトウェア	3	32チャンネルPMTによる蛍光スペクトラム解析	
ベックマン・コールター	Cytomics FC 500	CXPソフトウエア	2	5	
	CytoFLEX/S	CytExpert	3	13	
	CyAn ADP	Summit 4.3　CyAn ADP専用ソフトウェア	3	9	
	Gallios	Kaluza	4	10	
	Navios	Navios	3	10	
ミルテニーバイオテク	MACSQuant Analyzer	MACSQuantify	3	8	
	MACSQuant VYB	専用ソフトウェア	3	8	
メルク	guava easyCyte	guavaSoft	2	6	
サーモフィッシャーサイエンティフィック	Attune NxT	Attune NxT Software	4	14	
ACEA Biosciences	NovoCyte	NovoExpress	3	13	

318　新版　フローサイトメトリー　もっと幅広く使いこなせる！

公式webページ	日本語情報	販売企業/代理店名	体外診断用医療機器承認	広告掲載ページ
http://www.bdbiosciences.com/instruments/index.jsp	http://www.bdj.co.jp/flow/index.html	日本ベクトン・ディッキンソン，池田理化，中山商事など		
			○	
			○	
			○	
http://sysmex-fcm.jp		シスメックス		
http://www.on-chip.co.jp/product/		池田理化		
http://www.sony.co.jp/Products/LifeScience/index.html		ソニー，池田理化，和光純薬工業など		
http://www.beckman.com/coulter-flow-cytometry/instruments/flow-cytometers	http://ls.beckmancoulter.co.jp/products/flow-cytometers/	池田理化，中山商事，東和科学，日京テクノス，ヤマト科学など		
			○	
https://www.miltenyibiotec.com/en/products-and-services/macs-flow-cytometry.aspx	http://www.miltenyibiotec.co.jp/ja-jp/products-and-services/macs-flow-cytometry.aspx	ミルテニーバイオテク，池田理化		
http://www.millipore.com/flowcytometry/flx4/flow_cytometry_guava		池田理化，東和科学		
https://www.thermofisher.com/us/en/home/life-science/cell-analysis/flow-cytometry/flow-cytometers.html	https://www.thermofisher.com/jp/ja/home/life-science/cell-analysis/flow-cytometry/flow-cytometers.html	池田理化，中山商事		表2
http://www.aceabio.com/products/novocyte/	https://www.lms.co.jp/products/lifescience/lifescience03/novocyte_acea.html	エル・エム・エス		

319

■ソーター

製造元企業	製品名	付属ソフトウェア	レーザー数（最大同時使用可能）	蛍光検出器（最大同時使用可能）	備考
BD Bioscieces	BD FACSJazz	BD FACS Software	3	6	
	BD InFlux セルソーター	BD FACS Software	10	24	
	BD FACSAria Ⅲ セルソーター	BD FACSDiva	6	16	
	BD FACSAria Fusion セルソーター	BD FACSDiva	6	16	
	BD FACSseq セルソーター	BD FACSseq	1	3	シングルセル・ゲノミクス用
	BD FACSMelody セルソーター	BD Chorus	3	9	
Union Biometrica	COPAS FP	COPAS Software	3	3	1,500μmまでの大きな細胞・粒子を観察可能
	BioSorter	FlowPilot or FlowPilot-Pro	4	3	1,500μmまでの大きな細胞・粒子を観察可能
オンチップ・バイオテクノロジーズ	On-chip Sort	専用ソフトウェア	3	6	マイクロ流路内でのソーティング
ソニー	SH800S/Z	専用ソフトウェア	4	6	
	FX500	専用ソフトウェア	3	6	
バイオ・ラッド ラボラトリーズ	S3e Cell Sorter	S3 ProSort	2	4	
古河電気工業	PERFLOW Sort	PERFLOW	3	11	不要な細胞を吸引除去するメカニカルフローソーティング
ベイバイオサイエンス	JSAN Ⅱ	Appsan2	3＋1	8	
	JSAN JR Swift	Appsan2	2	8	
ベックマン・コールター	MoFlo XDP	Summit	3	18	
	MoFlo Astrios EQ/Eqs	専用ソフトウェア	7	49	

■その他

製造元企業	製品名	付属ソフトウェア	レーザー数（最大同時使用可能）	蛍光検出器（最大同時使用可能）	備考
□磁気ビーズソーター					
ミルテニーバイオテク	AutoMACS Pro/Cell24 Separator	専用ソフトウェア			磁気ビーズ法を用いた自動細胞分離システム
□マスサイトメーター					
フリューダイム	Helios	Debarcoder			蛍光色素ではなく金属同位体でラベルして質量分析により解析
□イメージングフローサイトメーター					
メルク　ミリポア	FlowSight	INSPIRE	4		各細胞を蛍光顕微鏡が画像として取得した後解析
	Image Stream^X Mark Ⅱ Imaging Flow Cytometer		4		
□汎用解析ソフトウェア（付属のものを除く）					
FlowJo	FlowJo				FCSデータ解析ソフトウェア
Cytobank	Cytobank				FCSデータ解析ソフトウェア

公式webページ	日本語情報	販売企業/代理店名	体外診断用医療機器承認	広告掲載ページ
http://www.bdbiosciences.com/instruments/index.jsp	http://www.bdj.co.jp/flow/index.html	日本ベクトン・ディッキンソン，池田理化，中山商事など		
				表3
http://www.unionbio.com/	http://www.veritastk.co.jp/cat/CEL/	ベリタス，池田理化		後付1
				後付1
http://www.on-chip.co.jp/product/		池田理化		
http://www.sony.co.jp/Products/LifeScience/index.html		ソニー，池田理化，和光純薬工業など		
http://www.bio-rad.com/en-us/category/flow-cytometry	http://www.bio-rad.com/ja-jp/category/flow-cytometry	バイオ・ラッド・ラボラトリーズ，中山商事		p.22
http://www.furukawa.co.jp/bio/product/sort.htm		古河電気工業，アズワン		
http://www.baybio.co.jp/japanese/top.html		ベイバイオサイエンス，理科研，和研薬，正晃		
http://www.beckmancoulter.com/wsrportal/WSR/research-and-discovery/products-and-services/flow-cytometry/index.htm	https://www.beckmancoulter.co.jp/product/product01/cyto_index.html	池田理化，中山商事，東和科学，日京テクノス，ヤマト科学など		

公式webページ	日本語情報	販売企業/代理店名	体外診断用医療機器承認	広告掲載ページ
https://www.miltenyibiotec.com/en/products-and-services/macs-flow-cytometry.aspx	http://www.miltenyibiotec.co.jp/ja-jp/products-and-services/macs-cell-separation/automated-cell-separation/automacs-pro-separator.aspx	ミルテニーバイオテク，池田理化		
https://www.fluidigm.com/products/helios	https://jp.fluidigm.com/products/helios	フリューダイム		p.266
http://www.amnis.com/flowsight.html	http://www.millipore.com/flowcytometry/flx4/flow_cytometry_amnis&country=jp&lang=ja	メルク		
http://www.flowjo.com/	http://www.digital-biology.co.jp/allianced/products/flowjo/	トミーデジタルバイオロジー		p.37
https://www.cytobank.org/	http://www.digital-biology.co.jp/allianced/products/cytobank/	トミーデジタルバイオロジー		p.37

321

INDEX

数字・欧文

1細胞mRNAシークエンス法 … 269
1細胞RNA-seq … 275
1細胞RT-qPCR … 267, 269, 275
1細胞自動単離解析装置 … 271
1細胞ソーティング … 269
2光子励起顕微鏡 … 308
4-way ソート … 152
5-FU … 78, 81
7-AAD … 51
12カラー解析 … 114
16カラー解析 … 287
384ウェルプレート（/トランスファープレート）… 129, 270, 275

A～C

ACKバッファー … 40, 234
Alexa 647 … 63
AlexaFluor … 24
Allergin-1 … 247
α-ガラクトシルセラミド … 223
Annexin V … 76, 84, 85
APC … 24, 90
APF（aminophenyl fluorescein）… 88
Appsan2 … 152, 156
Area Scaling Factor … 144
ATL … 114
AutoComp … 311
AutoGate … 309
autoxidation … 92
BD FACSAria … 138
Bi-exponential … 19, 146, 314
BrdU … 52
Breakoff point … 145
Brilliant Ultra Violet … 140
Brilliant Violet … 24, 26, 140
C3H10T1/2細胞 … 208
CAD（caspase activated DNase）… 79
CCR4 … 117
CD1d … 223
CD3 … 106
CD4 … 100, 211
CD8 … 98, 211
CD34 … 210
CD38 … 211
CFDA-SE … 70
CFSE … 70
CFU-Fs（colony forming unit of fibroblast）… 206
c-Kit … 73, 181
Click-iT反応 … 67
CMV特異的CTL … 125
CST法 … 17
cycling G1 phase … 63
Cytobank … 263, 310
CyTOF … 251, 312
CytoGenie … 310

D～H

DAPI … 24, 63, 71
DCF … 88
DC前駆細胞 … 233
DNAM-1 … 98, 99
DNAX accessory molecule-1 … 98
Drop Delay … 145, 163
DsRedファミリー … 304
EAE … 100, 101
EdU … 63
eFluor … 24
endoreplication … 65
FACS … 10, 89, 138, 309
fcsデータ … 251
FITC … 24, 232
Flow-FISH法 … 104
FlowJo … 33, 110, 116, 256, 289, 310
FMO（fluorescence minus one）… 19, 32, 146, 181
Foxp3 … 100
FSC（前方散乱光）… 14, 110, 310
Fucci … 62
GVHD … 98
HCA（high content analysis）… 294
HCS（high content screening）… 294
Helios … 259
HIV … 309
HLA … 119
Hoechst 33342 … 51, 60, 63, 71, 197, 283

I～M

ICAD … 79
ICP-MS … 251
IFN-γ … 98, 100
index sorting … 268
iPS細胞 … 112, 137, 208
iRFP … 303
Jet-in-Air … 13, 168, 316
JSAN JR … 152
Jurkat細胞 … 51
Kaedeファミリー … 304
Ki-67 … 57, 63, 71
LAMP-1 … 241
LFA-1 … 100, 101
Lineage … 73, 179, 181, 187, 244
LKS細胞 … 74
Log2Ex法 … 280
Logicle … 18, 19, 314
MACSバッファー … 230
MESF（molecules of equivalent soluble fluorochrome）… 299
MHC … 122
MHC拘束性 … 124
MKC（megakaryocyte）… 65
MoFloシリーズ … 168
MSCs（mesenchymal stem cells）… 200
M期 … 50, 51

N～R

NIH 3T3細胞 … 78
NKT細胞 … 223
NK細胞 … 117
NMuMG/Fucci細胞 … 63
OFP … 303
OP9-DL1細胞 … 208
Pacific Blue … 24
PBMC … 106, 208
PDGFRα … 200
PE … 24, 232
PerCP … 24
PhenoGraph … 258
PI（propidium iodide）… 24, 51, 76, 85, 107, 220, 242
PMA … 95, 96
PMT（photomultiplier tube）… 14

INDEX

Pyronin Y ··············· 60	アポトーシス ············ 76, 77	蛍光プローブ ············· 88
qPCR ··················· 280	アポトーシス小体 ············ 76	蛍光（漏れ込み）補正
Quartz-Seq ············· 269	アロタイプ抗原 ············· 74	······ 15, 25, 29, 32, 144, 169, 188
quiescent G0 phase ······ 63	イオノマイシン ·········· 95, 96	蛍光有機化合物 ············ 62
RFP ··················· 303	異軸 ··················· 13	形質細胞様DC ············ 229
RNase ················· 277	異軸励起光学系 ··········· 287	血球細胞 ················ 218
ROS ··················· 88	移植 ················ 183,185	抗CCR4抗体 ············ 117
	位相差画像 ··············· 298	抗Ki-67抗体 ············· 63
## S～W	イメージングFCM ········· 298	膠芽腫 ·············· 190, 193
Sca-1 ············ 131, 200, 201	イメージング解析 ·········· 265	後期アポトーシス ·········· 85
SCID ·················· 119	イメージングサイトメーター ··· 293	抗原特異的細胞傷害性T細胞（CTL）
SH800S ·········· 126, 131, 137	インデックスソーティング ···· 129	······················· 122
side population ·········· 185	ウイルス特異的CTL ········ 122	光軸自動調整機能 ·········· 152
Sort Mode ·············· 282	液滴荷電方式 ·············· 12	高速ソーティング ······ 128, 168
SPADE ················ 257	液滴形成 ················ 132	好中球 ·················· 90
Spectrum Manager ········ 62	エフェクターT細胞 ········ 219	光電子増倍管 ·············· 14
SP細胞 ············ 185, 197	エフェクターメモリーT細胞 ·· 227	骨髄細胞 ············ 183, 231
SSC（側方散乱光）··· 14, 110, 310	遠心分注 ················ 270	固定 ················· 95, 97
sub G1 ············ 76, 79, 81	遠心分離 ················· 80	コラゲナーゼ ············· 234
Sweet Spot ············· 145	オートファジー性細胞死 ······ 76	ゴルジ体 ················· 94
S期 ················· 50, 51		コンペンセーション ····· 32, 134
TCR ··················· 209	## か行	
TdT ················· 82, 83	核膜透過処理 ·············· 97	## さ行
TGC（trophoblast giant cell）······ 65	カスパーゼ ············ 76, 77	臍帯血移植 ··········· 122, 124
Th17細胞 ··············· 100	活性酸素種 ··············· 88	サイトカイン ··········· 73, 93
TNF-α ················· 100	がん幹細胞 ············ 51, 185	サイドストリーム ··· 44, 126, 173, 174
TNP化卵白アルブミン（TNP-OVA）	間葉系幹細胞 ············· 200	サイトメガロウイルス（CMV）··· 122
······················· 248	気管支肺胞洗浄液 ······ 241, 243	細胞周期 ·············· 50, 62
TOF-MS ················ 259	キメリズム解析 ············ 119	細胞内サイトカイン染色 ··· 93, 94
Treg（regulatory T cell）··· 100, 117	逆転写 ·················· 279	細胞内タンパク質輸送阻害 ···· 94
TSLC-1 ················ 114	急性骨髄性白血病 ······ 123, 189	細胞表面抗原 ··········· 74, 254
t-SNE ················· 256	共焦点 ·················· 297	細胞表面マーカー ·········· 90
tumor sphere-initiating cell ······ 193	偽陽性 ·················· 291	細胞分裂評価 ·············· 70
TUNELアッセイ ········ 76, 82	胸腺細胞 ················ 224	細胞膜透過 ········ 94, 95, 97
T細胞 ············· 208, 223	共通DC前駆細胞 ·········· 229	散乱光 ·················· 310
UVレーザー用蛍光色素 ······ 26	キラーT細胞 ········· 219, 223	自家蛍光 ········ 42, 291, 308
Wanderlust ············· 258	近赤外蛍光タンパク質 ······· 304	色素選び ·············· 30, 31
	近接蛍光色素 ············· 289	磁気ビーズ法 ·············· 11
## 和文	近接蛍光分離 ············· 287	次元圧縮法 ··············· 256
	金属同位体 ········ 251, 252, 311	死細胞除去 ··············· 221
### あ行	金属標識 ········ 260, 264, 265	シスプラチン ············· 253
アイソタイプコントロール ···· 116	クラスタリング解析 ········· 256	次世代シークエンサー（NGS）··· 267
アナライザー ·············· 10	クローンソーティング ········ 11	質量分析 ······ 251, 259, 264, 311
	蛍光色素 ··········· 23, 133, 142	シミュレーション ·········· 149
	蛍光タンパク質 ········ 62, 303	集積流体回路方式 ·········· 272
		従来型DC ··············· 229

323

INDEX

樹状細胞 …………………………… 229
小腸粘膜固有層 …………………… 237
シングルステイン・サンプル …… 131
シングルセルソーティング
　　　………………………… 129, 181, 183
シングレット ……………………… 173
スプラッシュガード ……………… 281
スペクトル解析型セルアナライザー
　　　……………………………………… 284
スペクトル分離方式 ……………… 284
制御性T細胞 ………… 100, 223, 225
静止期 ………………………………… 51
成熟T細胞 ………………………… 209
成人T細胞白血病 ………………… 114
赤色蛍光タンパク質 ……………… 303
絶対定量法 ………………………… 280
セルストレーナー ………………… 38
セルソーター ………………………… 10
セルバーコード技術 ……………… 273
前駆細胞 …………………………… 213
全自動セットアップ型セルソーター
　　　……………………………………… 275
セントラルメモリーT細胞 ……… 227
前方散乱光（FSC）………………… 14
早期アポトーシス ………………… 85
造血幹細胞 … 51, 73, 177, 189, 213,
　　229, 309
増殖期 ………………………………… 50
ソースプレート …………………… 278
ソーティング …………………… 14, 38
ソーティングチップ ………… 127, 128
ソートポジション ………………… 281
側方散乱光（SSC）………………… 14

た行

対数軸 …………………………… 17, 18
体性幹細胞 …………………………… 51
タイムラプス測定 ………………… 297
多重染色解析 ……………………… 208
脱顆粒反応 …………………… 241, 248
多発性骨髄腫 ……………………… 189
多発性骨髄腫幹細胞 ……………… 190
ダブレット ………………………… 173
多変量解析 ………………………… 259
単核球 ……………………………… 222
単染色 ……………………………… 106
タンデム蛍光色素 ………………… 25

致死量放射線 ……………………… 183
超解像光学顕微鏡 …………… 306, 308
定量画像解析 ……………………… 297
テトラマー …………………… 122, 227
デバーコーディング ……………… 255
テロメア長 ………………………… 104
テロメア配列 ……………………… 105
同軸 …………………………………… 13
倒立蛍光顕微鏡 …………………… 283
特異的細胞表面マーカー ………… 200
トランスファープレート ………… 278
ドロップレット方式 ……………… 273

な行

ナイーブT細胞 …………………… 74
ナイーブヘルパーT細胞 ………… 223
ナチュラルキラーT（NKT）細胞
　　　……………………………………… 223
ナノクリスタル（Q-dot）………… 26
二次的ネクローシス ……………… 85
乳がん幹細胞 ………………… 193, 196
ネガティブ・サンプル ……… 131, 134
ネクローシス ………………………… 76
ネブライザ ………………………… 260
脳腫瘍幹細胞 ……………………… 193
ノズル径 …………………………… 281
ノズルサイズ ………………… 128, 144

は行

バーコーディング ………………… 255
ハイコンテンツアナリシス ……… 294
ハイコンテンツスクリーニング … 294
白血病 ……………………………… 309
白血病幹細胞 ……………………… 185
パネル ………………………… 23, 30, 259
パラジウムバーコーディング …… 254
鼻腔擦過細胞 ………………… 241, 243
飛行時間型質量分析計 …………… 259
脾臓 ………………………………… 234
ピッキング方式 …………………… 269
比テロメア長 ……………………… 110
非特異的吸着 ……………………… 291
非特異的細胞質エステラーゼ …… 70
ヒト白血球抗原 …………………… 119
ヒト末梢血単核球 …………… 106, 208
非分裂細胞 ………………………… 73

肥満細胞 …………………………… 241
病態解析 …………………………… 114
ビリベルジン
　　　……………… 303, 304, 306, 307, 308
フィコビリン色素 …………… 303, 306
フィトクローム ……… 304, 307, 308
プライマリマスト細胞 ……… 241, 244
ブレフェルディンA ………… 95, 96
フローサイトメーター … 11, 25, 38
フローサイトメトリー … 10, 23, 38
フローセル内方式 …………… 13, 316
ブロモデオキシウリジン（BrdU）… 52
分化誘導 …………………………… 208
ペプチド核酸 ……………………… 105
ヘルパーT細胞 ………… 96, 219, 223
ホスファチジルセリン ……… 77, 85

ま行

マイクロウェル方式 ……………… 273
マクロファージ …………………… 233
マスサイトメトリー ………… 251, 265
マススペクトロメトリー ………… 251
マスト細胞 ………………………… 241
末梢血T細胞 ……………………… 112
マルチカラー … 23, 62, 93, 168, 241,
　　284
マルチマー ………………………… 216
未熟T細胞 ………………………… 208
メモリーT細胞 …………………… 219
メモリー細胞 ……………………… 223
免疫疾患 …………………………… 200
免疫不全 ……………………… 185, 309

や行

誘導結合プラズマ（ICP）……… 259
溶血処理 …………………………… 40
抑制性免疫受容体 ………………… 246

ら行

リニア軸 …………………………… 17
流体力学的絞り込み ………………… 11
リンパ組織 ………………………… 234
冷却機能 …………………………… 281
レーザー ……………………… 13, 24
レシピエントマウス ……………… 733

執筆者一覧

◆監修
中内啓光　東京大学医科学研究所幹細胞治療研究センター／スタンフォード大学医学部幹細胞生物学・再生医療研究所

◆編集
清田 純　スタンフォード大学医学部幹細胞生物学・再生医療研究所

◆執筆者 [五十音順]

石井有実子　東京大学医科学研究所幹細胞治療研究センターFACSコアラボラトリー

石田 隆　東京大学医科学研究所幹細胞治療研究センター幹細胞治療分野／北里大学医学部血液内科学

井野礼子　ベックマン・コールター株式会社ライフサイエンス事業部マーケティング本部

大津 真　東京大学医科学研究所幹細胞治療研究センター幹細胞プロセシング分野

樗木俊聡　東京医科歯科大学難治疾患研究所先端分子医学研究部門生体防御学分野

沖田康孝　九州大学生体防御医学研究所分子医科学分野

小内伸幸　東京医科歯科大学難治疾患研究所先端分子医学研究部門生体防御学分野

金丸由美　筑波大学医学医療系免疫制御医学

河合文隆　ベイバイオサイエンス株式会社開発部

河本 宏　京都大学再生医科学研究所再生免疫学分野

日下部学　ブリティッシュコロンビア癌研究所

小林民代　シスメックス株式会社R&I事業本部細胞計測事業推進課

齋藤和德　フリューダイム株式会社

阪上—沢野朝子　理化学研究所脳科学総合研究センター細胞機能探索技術開発チーム

坂本金也　ベイバイオサイエンス株式会社開発部

佐藤奈津子　東京大学医科学研究所IMSUT臨床フローサイトメトリー・ラボ

篠田昌孝　ソニー株式会社IP&Sメディカル事業ユニットライフサイエンス事業部

柴田倫宏　日本ベクトン・ディッキンソン株式会社バイオサイエンス

渋谷 彰　筑波大学生命領域学際研究センター医学医療系免疫制御医学

渋谷和子　筑波大学医学医療系免疫制御医学

下野洋平　神戸大学大学院医学研究科生化学・分子生物学講座分子細胞生物学分野

鈴木健太　ベイバイオサイエンス株式会社開発部

角 英樹　ベックマン・コールター株式会社ライフサイエンス事業部マーケティング本部

陶山隆史　ベイバイオサイエンス株式会社開発部

関口貴志　ベックマン・コールター株式会社ライフサイエンス事業部マーケティング本部

滝澤 仁　熊本大学国際先端医学研究機構

武石昭一郎　九州大学生体防御医学研究所分子医科学分野

田中 聡　日本ベクトン・ディッキンソン株式会社バイオサイエンス

戸村道夫　大阪大谷大学薬学部薬学科免疫学講座

永井 恵　筑波大学医学医療系腎臓内科学

中山敬一　九州大学生体防御医学研究所分子医科学分野

二階堂愛　理化学研究所情報基盤センターバイオインフォマティクス研究開発ユニット

西村聡修　スタンフォード大学医学部幹細胞生物学・再生医療研究所

林哲太郎　理化学研究所情報基盤センターバイオインフォマティクス研究開発ユニット

廣瀬弥保　日本ベクトン・ディッキンソン株式会社バイオサイエンス

古木基裕　ソニー株式会社IP&Sメディカル事業ユニットライフサイエンス事業部

保仙直毅　大阪大学大学院医学系研究科癌幹細胞制御学寄付講座

細野直哉　フリューダイム株式会社

増田喬子　京都大学再生医科学研究所再生免疫学分野

松崎有未　島根大学医学部生命科学講座

宮脇敦史　理化学研究所脳科学総合研究センター細胞機能探索技術開発チーム

森川 暁　慶應義塾大学医学部歯科・口腔外科学

山崎 聡　東京大学医科学研究所先端の再生医療社会連携研究部門

山本 玲　スタンフォード大学医学部幹細胞生物学・再生医療研究所

渡辺恵理　東京大学医科学研究所IMSUT臨床フローサイトメトリー・ラボ

渡辺信和　福岡大学医学部腫瘍・血液・感染症内科

Eliver Ghosn　Department of Genetics, Stanford University School of Medicine

Leonard A. Herzenberg　Department of Genetics, Stanford University School of Medicine

Leonore A. Herzenberg　Department of Genetics, Stanford University School of Medicine

Connor Meehan　Division of Physics, Mathematics and Astronomy, California Institute of Technology

Stephen Meehan　Department of Genetics, Stanford University School of Medicine

Wayne Moore　Department of Genetics, Stanford University School of Medicine

David Parks　Department of Genetics, Stanford University School of Medicine

Megan Philips　Department of Genetics, Stanford University School of Medicine

Guenther Walther　Department of Statistics, Stanford University

Xuehai Wang　ブリティッシュコロンビア癌研究所

Andrew P. Weng　ブリティッシュコロンビア癌研究所

◆ **監修者プロフィール** ◆

中内啓光（なかうち ひろみつ）

東京大学医科学研究所幹細胞治療研究センター，センター長．1978年に横浜市立大学医学部を卒業，'83年に東京大学大学院医学系研究科より医学博士号を取得後，スタンフォード大学に博士研究員として留学（Leonard A. Herzenberg研究室）．帰国後，順天堂大学，理化学研究所を経て'93年より筑波大学基礎医学系教授，2002年より東京大学医科学研究所教授に就任し，'08年より現職．'14年よりスタンフォード大学の教授を兼ねる．大学院時代より一貫して基礎科学の知識・技術を臨床医学の分野に展開することをめざしている．

◆ **編者プロフィール** ◆

清田　純（せいた　じゅん）

2006年，東京大学大学院医学系研究科博士課程修了（中内啓光研究室）．同年，米国スタンフォード大学博士研究員（Irving L. Weissman研究室）．'07〜'10年，CIRM（California Institute for Regenerative Medicine）リサーチフェロー兼任．'10年，スタンフォード大学Instructor．'13年より現職．
現在の研究：幹細胞生物学とコンピューター・サイエンス・統計学を融合して，幹細胞システムをシステムとして理解するSystems Stem Cell Biologyの確立．
連絡先：jseita@stanford.edu

本書は『直伝！フローサイトメトリー　面白いほど使いこなせる！』（2014年発行）を改題した改訂版です

実験医学別冊　最強のステップUPシリーズ

新版　フローサイトメトリー　もっと幅広く使いこなせる！
マルチカラー解析も，ソーティングも，もう悩まない！

『直伝！フローサイトメトリー　面白いほど使いこなせる！』として 2014年2月1日　第1刷発行	監　修 編　集	中内啓光 清田　純
『新版 フローサイトメトリー　もっと幅広く使いこなせる！』へ改題 2016年9月25日　第1刷発行	発行人 発行所	一戸裕子 株式会社羊土社 〒101-0052 東京都千代田区神田小川町2-5-1 TEL　03（5282）1211 FAX　03（5282）1212 E-mail　eigyo@yodosha.co.jp URL　http://www.yodosha.co.jp/
© YODOSHA CO., LTD. 2016 Printed in Japan ISBN978-4-7581-0196-7	印刷所 広告取扱	株式会社加藤文明社 株式会社　エー・イー企画 TEL 03（3230）2744（代） URL　http://www.aeplan.co.jp/

本書に掲載する著作物の複製権，上映権，譲渡権，公衆送信権（送信可能化権を含む）は（株）羊土社が保有します．
本書を無断で複製する行為（コピー，スキャン，デジタルデータ化など）は，著作権法上での限られた例外「私的使用のための複製」など）を除き禁じられています．研究活動，診療を含み業務上使用する目的で上記の行為を行うことは大学，病院，企業などにおける内部的な利用であっても，私的使用には該当せず，違法です．また私的使用のためであっても，代行業者等の第三者に依頼して上記の行為を行うことは違法となります．

JCOPY ＜（社）出版者著作権管理機構　委託出版物＞
本書の無断複写は著作権法上での例外を除き禁じられています．複写される場合は，そのつど事前に，（社）出版者著作権管理機構（TEL 03-3513-6969，FAX 03-3513-6979，e-mail：info@jcopy.or.jp）の許諾を得てください．

大きなサンプルのためのフローサイトメーター＆ソーター

COPAS™ & Biosorter®

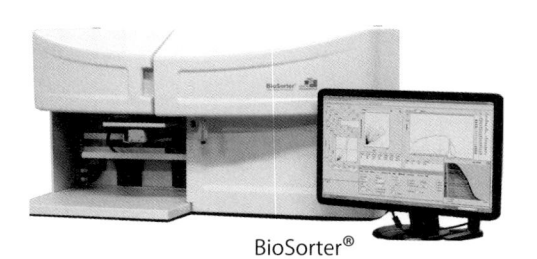

- 1500μmまでのサンプルを
- ダメージレスで
- 解析・ソーティング

※ 解析可能サイズ：250μm〜最大1500μm

BioSorter®

●サンプル例●
- 各種細胞、幹細胞クラスター、胚葉体
- がんスフェロイド、ニューロスフェア
- 膵島、集合尿細管
- 線虫、ハエ、ゼブラフィッシュ
- 植物の種、プロトプラスト

株式会社 池田理化
http://www.ikedarika.co.jp

本社　〒101-0044 東京都千代田区鍛冶町1-8-6 神田KSビル
TEL:03-5256-1811　FAX:03-5256-1818

八王子・小金井・鶴見・横浜・藤沢・平塚・三島・藤枝・名古屋
大阪・岩国・千葉・つくば・埼玉・高崎・宇都宮・仙台・札幌

羊土社のオススメ書籍

実験医学別冊
NGSアプリケーション

RNA-Seq 実験ハンドブック

発現解析からncRNA、シングルセルまであらゆる局面を網羅！

編集／鈴木　穣

次世代シークエンサーの数ある用途のうち最も注目の「RNA-Seq」に特化した待望の実験書が登場！　遺伝子発現解析から発展的手法，各分野の応用例まで，RNA-Seqのすべてを1冊に凝縮しました．

- ◆定価（本体 7,900 円＋税）
- ◆フルカラー　AB 判　282 頁
- ◆ISBN978-4-7581-0194-3

発行　羊土社 YODOSHA
〒101-0052　東京都千代田区神田小川町2-5-1　TEL 03(5282)1211　FAX 03(5282)1212
E-mail：eigyo@yodosha.co.jp
URL：http://www.yodosha.co.jp/

ご注文は最寄りの書店，または小社営業部まで

実験医学 をご存知ですか!?

実験医学ってどんな雑誌？

ライフサイエンス研究者が知りたい情報をたっぷりと掲載！

「なるほど！こんな研究が進んでいるのか！」「こんな便利な実験法があったんだ」「こうすれば研究がうまく行くんだ」「みんなもこんなことで悩んでいるんだ！」などあなたの研究生活に役立つ有用な情報、面白い記事を毎月掲載しています！ぜひ一度、書店や図書館でお手にとってご覧になってみてください。

最新の細胞解析のホットトピックスも特集してるよ

今すぐ研究に役立つ情報が満載！

特集では　幹細胞、がんなど、今一番Hotな研究分野の最新レビューを掲載

連載では　最新トピックスから実験法、読み物まで毎月多数の記事を掲載

こんな連載があります

NHPD　News & Hot Paper DIGEST　トピックス
世界中の最新トピックスや注目のニュースをわかりやすく、どこよりも早く紹介いたします。

Close Up 実験法　クローズアップ実験法　マニュアル
ゲノム編集、次世代シークエンス解析、イメージングなど有意義な最新の実験法、新たに改良された方法をいち早く紹介いたします。

Lab Report　ラボレポート　読みもの
海外で活躍されている日本人研究者により，海外ラボの生きた情報をご紹介しています。これから海外に留学しようと考えている研究者は必見です！

その他、話題の人のインタビューや、研究の心を奮い立たせるエピソード、ユニークな研究、キャリア紹介、研究現場の声、科研費のニュース、論文作成や学会発表のコツなどさまざまなテーマを扱った連載を掲載しています！

Experimental Medicine　実験医学　バイオサイエンスと医学の最先端総合誌

月刊　毎月1日発行　B5判 定価（本体2,000円+税）
増刊　年8冊発行　B5判 定価（本体5,400円+税）

詳細はWEBで!!　実験医学 online　検索

お申し込みは最寄りの書店，または小社営業部まで！

TEL　03（5282）1211　　MAIL　eigyo@yodosha.co.jp
FAX　03（5282）1212　　WEB　www.yodosha.co.jp

発行　羊土社